普通高等教育"十一五"国家级规划教材

 面向 21 世纪课程教材

 21 世纪高等学校机械设计制造
及其自动化专业系列教材

材料成形与机械制造技术基础

——材料成形分册

（原名：材料成形工艺基础）

主　编　沈其文　赵敖生

副主编　周世权　陈本德

参　编　罗云华　褚　衡　彭江英

　　　　李远才　王运赣　吴懿平

　　　　刘瑞祥　安　萍　余立华

主　审　傅水根

华中科技大学出版社

中国·武汉

内 容 简 介

本教材《材料成形及机械制造技术基础——材料成形分册》是普通高等教育"十一五"国家级规划教材,其前身是面向21世纪课程教材、普通高等教育"十五"国家级规划教材《材料成形工艺基础》(沈其文主编)。

本教材是在总结近几年教育部的"工程制图与机械基础系列课程教学内容与课程体系改革"的教改项目中所取得的经验,参考《金属工艺学》《机械制造基础》等教材的基础上,以扩大知识面、提高起点、满足宽口径教学要求为原则重新编写而成的。

本教材共分为铸造成形技术、塑性成形技术、焊接成形技术、材料的其他成形技术、材料成形技术的选择等5篇共22章,保留了前版教材《材料成形工艺基础》的特点,对传统的金属工艺学的内容进行了精选,并以零件形体结构设计与成形工艺的可行性为主线贯穿全书,大幅度增加了新材料、新工艺、新技术的内容,包括反映当今最新高科技成果的快速成形技术等内容,还增加了塑料、橡胶、粉末冶金、陶瓷及复合材料成形技术等章节。

本教材内容丰富,语言生动、流畅,通俗易懂;插图新颖、规范,图文并茂,便于自学;复习思考题量大且难度不一,可供不同层次读者选做。

本教材可作为高等学校机电类本、专科学生的教材,也可供有关工程技术及新闻、经济管理人员参考。

图书在版编目(CIP)数据

材料成形与机械制造技术基础——材料成形分册/沈其文 赵敖生 主编.—武汉:华中科技大学出版社,2011.4(2024.7重印)

ISBN 978-7-5609-5764-7

Ⅰ.材… Ⅱ.①沈… ②赵… Ⅲ.工程材料-成形-高等学校-教材 Ⅳ.TD3

中国版本图书馆 CIP 数据核字(2009)第 198614 号

材料成形与机械制造技术基础——材料成形分册　　　　　　　　沈其文 赵敖生 主编

责任编辑:徐正达　　　　　　　　　　　　　　　　　　　　封面设计:潘　群
责任校对:朱　霞　　　　　　　　　　　　　　　　　　　　责任监印:徐　露
出版发行:华中科技大学出版社(中国·武汉)　　　　电话:(027)81321913
　　　　　武汉市东湖新技术开发区华工科技园　　　　邮编:430223
录　排:华中科技大学惠友文印中心
印　刷:广东虎彩云印刷有限公司
开　本:710mm×1000mm　1/16
印　张:30　插页:2
字　数:656 千字
版　次:2024 年 7 月第 1 版第 10 次印刷
定　价:58.00 元

21世纪高等学校
机械设计制造及其自动化专业系列教材

总序

"中心藏之，何日忘之"，在新中国成立60周年之际，时隔"21世纪高等学校机械设计制造及其自动化专业系列教材"出版9年之后，再次为此系列教材写序时，《诗经》中的这两句诗又一次涌上心头，衷心感谢作者们的辛勤写作，感谢多年来读者对这套系列教材的支持与信任，感谢为这套系列教材出版与完善作过努力的所有朋友们。

追思世纪交替之际，华中科技大学出版社在众多院士和专家的支持与指导下，根据1998年教育部颁布的新的普通高等学校专业目录，紧密结合"机械类专业人才培养方案体系改革的研究与实践"和"工程制图与机械基础系列课程教学内容和课程体系改革研究与实践"两个重大教学改革成果，约请全国20多所院校数十位长期从事教学和教学改革工作的教师，经多年辛勤劳动编写了"21世纪高等学校机械设计制造及其自动化专业系列教材"。这套系列教材共出版了20多本，涵盖了"机械设计制造及其自动化"专业的所有主要专业基础课程和部分专业方向选修课程，是一套改革力度比较大的教材，集中反映了华中科技大学和国内众多兄弟院校在改革机械工程类人才培养模式和课程内容体系方面所取得的成果。

抚今这套系列教材出版发行9年来，已被全国数百所院校采用，受到了教师和学生的广泛欢迎。目前，已有13本列入普通高等教育"十一五"国家级规划教材，多本获国家级、省部级奖励。其中的一些教材(如《机械工程控制基础》《机电传动控制》《机械制造技术基础》等)已成为同类教材的佼佼者。更难得的是，"21世纪高等学校机械设计制造及其自动化专业系列教材"也已成为一个著名的丛书品牌。9年前为这套教材作序的时候，我希望这套教材能"加强各兄弟院校在教学改革方面的交流与合作，对机械工程类专业人才培养质量的提高起到积极的促进作用"，现在看来，这一目标很好地达到了，让人倍感欣慰。

　　李白讲得十分正确:"人非尧舜,谁能尽善?"我始终认为,金无足赤,人无完人,文无完文,书无完书。尽管这套系列教材取得了可喜的成绩,但毫无疑问,这套书中,某本书中,这样或那样的错误、不妥、疏漏与不足,必然会存在。何况形势总在不断的发展,更需要进一步来完善,与时俱进,奋发前进。较之 9 年前,机械工程学科有了很大的变化和发展,为了满足当前机械工程类专业人才培养的需要,华中科技大学出版社在教育部高等学校机械学科教学指导委员会的指导下,对这套系列教材进行了全面修订,并在原基础上进一步拓展,在全国范围内约请了一大批知名专家,力争组织最好的作者队伍,有计划地更新和丰富"21 世纪机械设计制造及其自动化专业系列教材"。此次修订可谓非常必要、十分及时,修订工作也极为认真。

　　"得时后代超前代,识路前贤励后贤。"这套系列教材能取得今天的成绩,是几代机械工程教育工作者和出版工作者共同努力的结果。我深信,对于这次计划进行修订的教材,编写者一定能在继承已出版教材优点的基础上,结合高等教育的深入推进与本门课程的教学发展形势,广泛听取使用者的意见与建议,将教材凝练为精品;对于这次新拓展的教材,编写者也一定能吸收和发展原教材的优点,结合自身的特色,写成高质量的教材,以适应"提高教育质量"这一要求。是的,我一贯认为我们的事业是集体的,我们深信由前贤、后贤一定能一起将我们的事业推向新的高度!

　　尽管这套系列教材正开始全面的修订,但真理不会穷尽,认识决无终结,进步没有止境。"嘤其鸣矣,求其友声",我们衷心希望同行专家和读者继续不吝赐教,及时批评指正。

　　是为之序。

中国科学院院士

2009.9.9

前　言

本教材《材料成形与机械制造技术基础——材料成形分册》是普通高等教育"十一五"国家级规划教材，是一本以常用工程材料及其成形技术为主要内容的技术基础课教材。本教材的前身是《材料成形工艺基础》（沈其文主编），其第二版列为教育部面向 21 世纪课程教材，第三版入选普通高等教育"十五"国家级规划教材。本教材是在以前各版的基础上，根据市场经济和工业水平迅速发展，拓宽了材料及其成形技术的范围，着重强调技术基础而重新编写的。同时，为拓宽口径、加强知识的融会贯通，另行编写了《材料成形与机械制造技术基础——机械制造分册》（沈其文、赵敖生主编），作为本教材的姊妹篇。

在重新编写本教材之际，特作如下几点说明。

（1）本教材前几版是在贯彻 1998 年国家教委会议精神，适应宽口径、新专业的教学需要，提高起点，加强基础，淡化专业界限，深化教学改革，拓宽学生视野的指导思想下编写的，涵盖整个材料工程所有的成形技术和工艺设计的内容，其深度、广度实际上有些偏重于专业基础课，强调以培养学生分析零件结构工艺性和选择成形工艺方法的基本素质为主线，它对于机械制造、机电一体化等专业是非常适合的。但是，在"材料工程"等专业进行教改的过程中，又出现了与专业课更接近的如《材料工程》等专业基础教材，为了避免前后课程内容重复的现象，我们决定将本教材更准确地定位为技术基础课教材，以扩大读者使用范围。

（2）本教材不过分强调零件的结构工艺性及工艺设计，其原因是许多三维绘图软件，如 Unigraphics、Pro/Engineer、AutoCAD、I-DEAS、CAXA、CATIA、Solid Works 的不断迅速升级，其模块设计功能更强，可早期发现有关零件结构工艺性的问题，并能及时纠正错误，弥补其设计的不足。

（3）本教材更注重贯彻"能适应才能创业"的指导思想。为了使学生能多方适应科学技术的突飞猛进和社会的不断进步，本教材又大幅度增加了新的成形技术，并与"机械制造技术基础"相结合，以弥补原书中缺少机械制造技术内容的不足。这是因为制造技术本身就是零件成形不可缺少的、最普遍的零件成形技术,并且许多成形技术所需的工模具及其尺寸公差和表面质量要求都与制造技术密切相关。

(4) 本教材尽可能结合日常所见到的机械零件如飞机、汽车、火车、自行车、家庭用具中的零件来选择材料及其成形技术,尽可能做到图文并茂,以便于读者理解,补充目前高等学校实习条件限制而难以见到的新工艺、新技术等方面的内容。

(5) 本教材特别注重同一种成形技术对于不同材料的应用。例如,液态成形技术不仅适用于铸造,也适用于锻造(如液态模锻),不仅适用于金属,也适用于塑料(如浇注成形)、陶瓷(如注浆成形)、复合材料(如液相成形);轧制、挤压成形技术不仅适用于金属,也适用于塑料(如挤出、压塑成形)、陶瓷(如压制成形)、玻璃(如拉引、压制成形)、复合材料(如挤拉、加压成形);焊接成形技术不仅适用于金属,也适用于塑料、陶瓷等(如等离子弧焊、激光焊、超声波焊及钎焊)。

(6) 关于称材料"成形"还是材料"成型",国外同类教材中区分较清楚,"成形"为"shaping","成型"为"forming"。一般"成型"技术通常使用具有内腔的模具,其最终产品通常是接近或就是所要求的形状,几乎不需要加工或只需要少量加工。例如形状复杂的金属或塑料壳体零件都是将它们熔化成液态浇入模腔中"成型"的。而形状简单的零件一般只用简单的工模具或不用有模腔的模具来"成形",如丝材及圆钢的拉拔、轧制等;切削加工使材料加工成形,一般也不需要模具。考虑到在一本教材中同时出现两种提法会影响读者阅读,因此本教材中仍然称材料"成形",而不称材料"成型",尽管它们有明确的分工。

(7) 本教材内容涉及领域广泛,叙述尽量通俗易懂,使之适合于机械类、材料工程类等专业师生的教学,也适合于非机械类,包括新闻、经济管理等类型的本科、专科及职业技术院校师生的教学,还适合于各类技术及管理人员自学阅读。

本教材仍保留了前几版的特色,突出了成形技术及与之相关的主要设备的基本原理,而淡化了机械设备及工艺装备详细结构的介绍,并以培养学生分析零件结构工艺性和选择成形技术的基本素质;同时,大幅度增加了新技术、新工艺的内容,特别是当今世界领先的相关高科技内容,并增加了材料成形技术综合选择篇章,对各种材料的成形技术进行了归纳总结,从而为学生学习后续课程、进行专业课程设计及今后的工作奠定较为扎实的基础。本教材考虑了与电化教学手段的配合,每章都附有难度不等的复习思考题,以满足不同课时教学的要求,供不同层次学生复习使用。

本教材仍考虑了与前后相关课程的衔接。在学习本教材之前应修完"工程制图""工程材料""工程实践"(或"金工实习")及"互换性与技术测量"等先行课程。凡在前期课程中已介绍的内容,除与材料成形密切相关的以外,本教材原则上不再赘述。但为了能让学生对材料成形技术有一个完整的概念,对有些必要的内容(如钢铁生产的过程)作了相应的介绍。

本教材在结构上突破了传统体系,以零件的结构与其成形工艺可行性的矛盾分析为核心,提高了学习的起点;内容丰富充实,深入浅出,有关新工艺、新材料的内容比较多,并有一定深度;体系完整、新颖,重点突出,主次分明,实践性强,避免了千篇一律式的叙述;淡化了专业界限,完整地表达了相关知识之间的内在联系,加强了基础知识,拓宽了学生的视野;语言流畅,通俗易懂,插图丰富、规范且图文并茂。

本教材的主编为沈其文、赵敦生,副主编为周世权、陈本德。参加编写的有:沈其文(编写第 1、2、3、5、18 章和第 4、21、22 章的部分内容),罗云华(编写第 6、7、9 章和第 8 章的部分内容),周世权(编写第 10、11、13、14 章和第 12 章的部分内容),褚衡(编写第 15、16 章),彭江英(编写第 17 章),李远才(编写第 19 章),王运赣(编写第 20 章),刘瑞祥(编写第 4 章的部分内容),安萍(编写第 8 章的部分内容),吴懿平(编写第 12 章的部分内容),余立华(编写第 21、22 章的部分内容)。全书由沈其文、赵敦生统稿。

由于编者水平有限,在教学改革中探索的经验也还有待进一步完善,因此,本教材难免存在错误或疏漏之处,恳请读者指正。

编　者
2010 年元月

目 录

第3篇　焊接成形技术

第 0 章

概　　述

　　随着经济的飞速发展和社会的不断进步,人们对所使用的机器设备、仪器、工具、用具及其零件的性能、品质的要求越来越高,这推动了科学技术和制造工程的进步。各式各样的产品,不论其大小和复杂程度如何,都可以通过选择不同的材料及其成形技术而得到。汽车就是其中的典型代表,它由几万个零件装配而成。这些零件的制造几乎涵盖了金属、粉末冶金、塑料橡胶、陶瓷、玻璃及复合材料等所有的工程材料及其相应的成形技术。插页中的图 0.1、图 0.2 所示分别是汽车和汽车发动机的主要零件,分述如下。

　　发动机汽缸体、汽缸盖:优质灰铸铁,砂型或壳型铸造成形(中大型汽车);铝合金,压铸成形(小轿车)。

　　进气歧管:铝合金,金属型铸造或消失模铸造成形。

　　排气歧管:蠕墨铸铁,砂型或壳型铸造成形;不锈钢,熔模精密铸造成形。

　　曲轴、凸轮轴、齿轮:中碳钢、低合金钢,模锻成形;球墨铸铁,铸造成形。

　　水泵体:铝合金,砂型铸造或金属型铸造成形。

　　汽缸套:灰铸铁或合金铸铁,离心铸造成形。

　　活塞:铝合金,金属型铸造、低压铸造成形或液态模锻成形。

　　气门:合金钢,镦锻成形。

　　衬套:铜合金,粉末冶金成形。

　　连杆、前桥:中碳钢,轧制成形。

　　车身、挡泥板、油箱:碳钢薄板,冲压成形后再用电阻点焊或缝焊焊接成形。

　　轮毂:铝合金,压铸成形或液态模锻成形。

　　方向盘:塑料,注塑成形。

　　挡风玻璃:钢化玻璃,压制成形。

　　轮胎:橡胶,压缩成形。

　　火花塞:陶瓷,灌浆成形。

　　与汽车一样,一般的机器装置都涉及多种材料及其成形技术,图 0.3 所示为最为常见的金属材料的主要成形技术。材料及其成形技术在人类生活的各个领域中已无处不在。我们必须认真学习和掌握常用工程材料基本的力学性能和工艺性能,充分认识材料基本成形技术的特点和应用范围,了解材料及其成形技术与经济建设的重要关系,能比较正确地选用材料及其成形技术,为国家的现代化建设奠定扎实的技术基础。

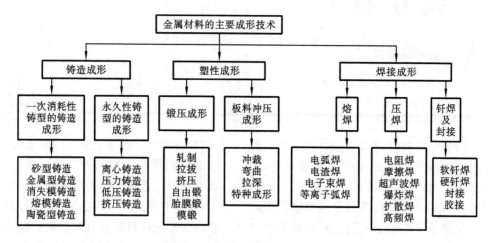

图 0.3　金属材料的主要成形技术

第 1 篇
铸造成形技术

第1章

铸造成形技术的理论基础

1.1 铸造成形技术的特点和分类

铸造是一种将液态金属或合金平稳地浇入铸型的型腔、冷却凝固后获得铸件的成形技术(图1.1),是公元前4000年就开始应用的古老技术。当时,铸造用于艺术品、铜剑及农具等的制造,后来发展到用于假牙及医疗器械的制造。今天,铸造已成为生产中一种重要的成形技术,正朝着优质、高效、低耗、清洁的方向发展。

金属铸造的工艺过程复杂,其中合金熔炼及凝固、铸型制备、浇注系统和冒口设计、铸造工艺设计是铸造过程中的主要环节,铸型制备涉及各种铸造成形技术的选择,浇注系统和冒口设计、金属熔炼及凝固则直接影响铸件品质。

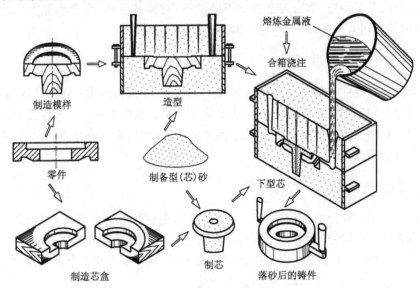

图1.1 汽车飞轮铸件的铸造工艺过程

1.1.1 铸造成形技术的特点

与其他成形技术相比,铸造成形技术有如下特点:

① 适合制造形状复杂，特别是内腔形状复杂的铸件，如箱体、机架、阀体、泵体、叶轮、汽缸体、螺旋桨等等。

② 铸件的大小几乎不受限制，如小到几克的钟表零件，大到数百吨的轧钢机机架，均可铸造成形。

③ 使用的材料范围广，凡能熔化成液态的材料（包括金属、塑料和陶瓷等）几乎均可用于铸造。对于某些塑性很差的金属材料（如铸铁），铸造是其零件或毛坯唯一的成形技术。在工业生产中，铸铁件的应用最广，其产量占铸件总产量的70%以上。一般说来，铸件是液态金属直接凝固成形的零件，其内部组织均匀性及致密度均较低，其力学性能低于塑性成形件。

1.1.2　铸造成形技术的分类

铸造成形技术依铸型材料、造型工艺和浇注方式不同，可分为重力作用下的铸造成形和外力作用下的铸造成形两大类；或按铸型使用寿命分为一次消耗性铸型的铸造成形和永久性铸型的铸造成形两大类。本教材按后者分类。此外，还有介于两者之间的半永久性铸型（如泥型、石墨型等）和复合铸型的铸造成形。不论根据何种方法分类，砂型铸造生产的铸件都占铸件总产量的70%～90%，它适用于金属材料、大小、形状和批量不同的各种铸件，且成本低廉。其他铸造技术如熔模铸造、金属型铸造、压力铸造、低压铸造、离心铸造和挤压铸造等，在铸件品质、生产率等方面优于砂型铸造，但其使用有局限性，成本也比砂型铸造高。

1.2　合金的铸造性能

合金的铸造性能是指合金在铸造过程中获得尺寸精确、结构完整的铸件的能力，主要包括合金的流动性、收缩性、吸气性以及成分偏析倾向性等。这些性能对铸件的品质有很大影响。合金的铸造性能是选择铸造合金材料、确定铸造工艺方案、进行铸件结构设计的依据之一。

1.2.1　合金的充型

液态合金填充铸型的过程称为充型。合金的充型能力是指液态合金充满铸型，获得轮廓清晰、形状准确的铸件的能力。若液态合金的充型能力不足，铸件将产生浇不到、冷隔等缺陷。影响合金充型能力的因素很多，凡是影响液态合金在铸型中的流动时间和流动速度的因素，都能影响其充型能力。

1. 合金的流动性

合金的流动性是指合金本身在液态下的流动能力。合金的流动性越好，充填铸型的能力就越强，也就越易于铸出形状复杂、轮廓清晰的薄壁铸件，越利于液态合金中气体和熔渣的上浮与排除，越有助于对凝固过程中所产生的收缩进行补缩。反之，若合金流动性越差，铸件就越容易产生浇不到、冷隔等缺陷。合金流动性差也是引起铸件气孔、夹渣和缩孔缺陷的间接原因。

1) 流动性测定

合金流动性的测定过程为:将液态合金浇入螺旋形标准试样(图 1.2)所形成的铸型中,冷凝后测出浇注试件的实际螺旋线长度。为便于测定,在标准试样上每隔 50 mm 设置一个凸台标记。在相同的工艺条件下,所得到浇注试件的螺旋线越长,合金的流动性就越好。在常用的铸造合金中,灰铸铁、硅黄铜的流动性较好,铸钢的流动性较差,铝合金的流动性居中。

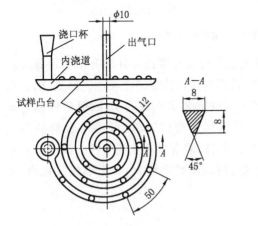

图 1.2　螺旋形标准试样

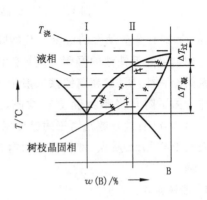

图 1.3　不同成分合金的结晶相图

2) 金属与合金的凝固(结晶)

固态的金属及其合金为晶体,所以其凝固又称为结晶。不同化学成分的合金,因结晶特性、黏度不同,其流动性亦不同。图 1.3 为不同成分合金的结晶相图,其中,$T_浇$ 表示合金的浇注温度,$\Delta T_过$ 表示合金的过热度(浇注温度与合金熔点之间的温度差),$\Delta T_凝$ 表示合金的凝固温度范围。

(1) 纯金属或共晶成分合金的结晶特性(以图 1.3 中共晶成分合金 Ⅰ 为例) ①在恒温下以共晶团进行结晶,其凝固状态是从表层开始向中心逐层凝固,结晶前沿(已凝固层与剩余金属液的界面)较平滑(图 1.4a),对尚未凝固金属液的流动阻力小;②共晶成分合金的熔点最低,在相同浇注温度下,其 $\Delta T_过$ 最大,保持液态的时间最长;③共晶结晶过程中放出的大量潜热有利于推迟金属的凝固,故共晶成分合金的流动性最好。

(2) 结晶温度范围大的合金的结晶特性(以图 1.3 中过共晶成分合金 Ⅱ 为例) ①其凝固过程是在一定温度范围 $\Delta T_凝$ 内完成的,经过了液、固两相共存区。该区是液相与固相界面不清晰的糊状凝固区,其中的固相为树枝晶,树枝晶主干间有液态合金存在,树枝晶有三维主干和支干,它使得凝固前沿较粗糙(图 1.4b),液态合金流动的阻力增大。②树枝晶的表面积大,导热快,因而加速了液态合金的凝固。铁及其合金一般糊状区窄(温差为 50 ℃),而铝、镁合金糊状区宽(温差为 110 ℃),这些合金都是糊状凝固。合金的凝固区越大,树枝晶越发达,其流动性也越差,并容易使铸件产生成分不均、偏析和显微多孔性。

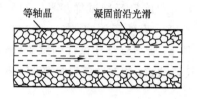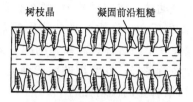

　　a) 纯金属或共晶合金在恒温下凝固　　　　　　b) 凝固温度范围大的合金

图 1.4　不同结晶特性合金的凝固状态

　　(3) 影响合金流动性的成分　凡能降低液态合金黏度的成分均有助于提高其流动性。如磷可降低铁液的凝固温度和黏度,因而可提高铁液的流动性。但是,磷会引起铸铁的冷脆性,所以,高磷铸铁一般用于力学性能要求不高的小件、薄壁件和艺术品铸件。为了防止浇不到和冷隔缺陷,获得轮廓清晰的铸件,可将磷含量提高至0.5%~1.0%(质量分数);对于耐磨要求高的铸件,磷含量可更高一些。硫能形成悬浮于铁液中的 MnS 质点,增加铁液的内摩擦,使铁液黏度增大,表面形成氧化膜,流动性下降。

2. 浇注条件

　　(1) 浇注温度　浇注温度对合金流动性的影响很显著。浇注温度较高的液态合金黏度较低,过热度较高,蓄热较多,保持液态的时间较长,故流动性较好。但浇注温度过高会导致合金的收缩增大,吸气增多,氧化严重,使铸件产生缩孔、缩松、气孔和黏砂等缺陷。因此,只是对薄壁复杂铸件或合金流动性较差的铸件,才采用适当提高浇注温度的方法来改善合金的充型能力。一般,在保证液态合金有足够充型能力的前提下,浇注温度应尽可能低。通常控制的浇注温度为:灰铸铁 1 200~1 380 ℃,碳钢1 520~1 620 ℃,铝合金 680~780 ℃,视铸件大小、壁厚、复杂程度及合金成分而定。

　　(2) 浇注压力　增大浇注压力显然可改善合金的充型能力,如生产中常采用增加直浇道高度的方法或采用压力铸造、离心铸造技术来增大浇注压力,提高合金的充型能力。

3. 铸型填充条件

　　(1) 铸型导热能力　在金属型铸造中,金属型导热能力强,合金的流动性容易降低。而在干砂型铸造中,特别是在加热状态的砂型中,合金的流动性将显著增加。

　　(2) 铸型的阻力　铸型型腔狭窄、复杂或铸型材料的发气量大,型腔内气体增多,如果铸型排气不通畅,会造成铸型内气体反压力增大,对液态合金流动的阻力增加,从而降低合金的充型能力。

1.2.2　铸造合金的收缩性

1. 合金收缩的概念

合金在浇注、凝固直至冷却到室温的过程中体积或尺寸缩减的现象称为收缩。收缩是合金固有的物理特性,如果在铸造过程中不能对收缩进行控制,就会导致铸件产生缩孔、缩松、变形和裂纹等缺陷。因此,必须研究合金的收缩规律。在图1.5中,合金Ⅰ从浇注温度冷却至室温的收缩过程有三个阶段。

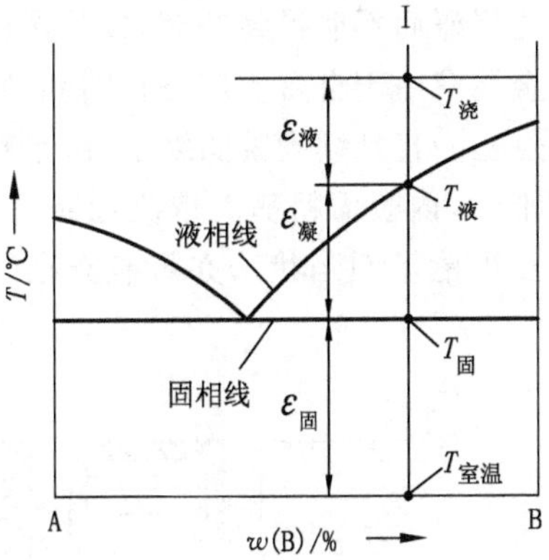

(1) 液态收缩 $\varepsilon_{液}$　$\varepsilon_{液}$ 是从浇注温度 $T_{浇}$ 到凝固开始温度(即液相线温度 $T_{液}$)间的收缩。

(2) 凝固收缩 $\varepsilon_{凝}$　$\varepsilon_{凝}$ 是从凝固开始温度到凝固终了温度(即固相线温度 $T_{固}$)间的收缩。

(3) 固态收缩 $\varepsilon_{固}$　$\varepsilon_{固}$ 是从凝固终了温度到室温 $T_{室温}$ 间的收缩。

图 1.5　合金收缩三阶段

合金的总收缩为上述三个阶段收缩的和。

合金的液态收缩和凝固收缩表现为合金体积的缩减,常用体收缩率表示,它们是形成铸件缩孔和缩松缺陷的基本原因。合金的固态收缩直观地表现为铸件轮廓尺寸的减小,因此,用铸件单位长度上的收缩量,即线收缩率来表示。固态收缩是铸件产生内应力、变形和裂纹的基本原因。

不同合金有不同的收缩率。在常用铸造合金中,铸钢收缩率较大,而灰铸铁收缩率较小。这是由于灰铸铁中的碳在凝固过程中以石墨形态析出,石墨比化合碳的比容大,产生体积膨胀部分抵消了合金的收缩。

2. 影响合金收缩的因素

(1) 化学成分　钢的碳含量增加,其 $\varepsilon_{凝}$ 增大而 $\varepsilon_{固}$ 略有减小。灰铸铁中的碳、硅含量越高,其石墨化能力越强,故灰铸铁的收缩率小;硫可阻碍石墨析出,使灰铸铁收缩率增大。

(2) 浇注温度　浇注温度越高,过热度越大,合金的 $\varepsilon_{液}$ 和总收缩率就越大。

(3) 铸件结构和铸型条件　铸件在铸型中的凝固收缩往往不是自由收缩而是受阻收缩。其原因是:①铸件各部分的冷却速度不同,引起各部分收缩不一致,相互约束而对收缩产生阻力;②铸型和型芯对铸件收缩产生机械阻力。因此,铸件的实际收缩率比自由收缩率要小一些。铸件结构越复杂,铸型强度和硬度越高,型芯的芯骨越粗大,铸件的收缩阻力就越大。

3. 铸件中的缩孔与缩松

1) 缩孔和缩松的形成

金属液在铸型中凝固的过程中,如果由液态收缩和凝固收缩所引起的体积缩减得不到金属液的补充,在铸件最后凝固的部分就会形成孔洞。由此造成的集中孔洞称为缩孔,细小分散的孔洞称为缩松。

(1) 缩孔的形成　缩孔的形成过程如图 1.6 所示。金属液充满铸型后,由于铸型吸热,靠近型壁的一层金属液先凝固而形成铸件外壳;内部剩余金属液的收缩因受外壳阻碍而不能得到补充,故其液面开始下降;铸件继续冷却,凝固层加厚,内部剩余的金属液由于自身的液态收缩和补充已凝固层的收缩,体积缩减,液面继续下降,如此过程一直延续到凝固终了,结果在铸件最后凝固的部位形成了缩孔。缩孔形状呈倒锥形,内表面粗糙。依凝固条件不同,缩孔可能隐藏在铸件表皮下(此时铸件上表皮可能呈凹陷状),亦可能露在铸件表面。纯金属和共晶成分合金易形成集中缩孔。

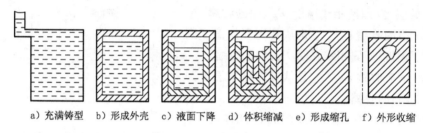

a) 充满铸型　　b) 形成外壳　　c) 液面下降　　d) 体积缩减　　e) 形成缩孔　　f) 外形收缩

图 1.6　缩孔的形成过程

(2) 缩松的形成　缩松的形成过程如图 1.7 所示。铸件首先从外层开始凝固,凝固前沿凹凸不平,当两侧的凝固前沿向中心会聚时,会聚区域形成一个同时凝固区。在此区域内,剩余金属液被凸凹不平的凝固前沿分隔成许多小液体区。最后,这些数量众多的小液体区因得不到补缩而形成了缩松。缩松隐藏于铸件内部,外观上不易发现。凝固温度范围大的合金结晶时为糊状凝固,凝固中树枝晶将金属液分隔成难以得到补缩的小液体区,故其缩松倾向大。

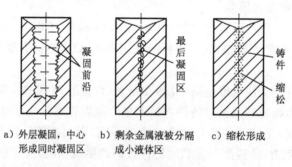

a) 外层凝固,中心　　b) 剩余金属液被分隔　　c) 缩松形成
形成同时凝固区　　　成小液体区

图 1.7　缩松的形成过程

缩松分为宏观缩松和显微缩松两种。宏观缩松是用肉眼或放大镜可以看出的分散细小缩孔。显微缩松是分布在晶粒之间的微小缩孔,要用显微镜才能观察到,这种缩松分布极为广泛,甚至遍布整个铸件。

2) 缩孔和缩松的防止

（1）缩孔的防止　缩孔将削减铸件有效截面积,大大降低铸件的承载能力,必须根据技术要求,采取适当的工艺措施予以防止。

① 冒口。铸件的凝固过程中一定伴有收缩现象,然而,只要采用合理的工艺措施,恰当地控制铸件的凝固方向,仍可以获得无缩孔的致密铸件。其具体措施之一是采用冒口和冷铁,使铸件定向凝固。铸件上热量集聚的部位称为热节,一般用铸件截面上的内切圆(称为热节圆)表示,它的大小用来判断铸件的冷却顺序。显然,热节圆直径最大的部位就是铸件最后可能出现缩孔的部位。所谓定向凝固,就是在热节圆直径最大的部位安放冒口,使铸件远离冒口的部位最先凝固,靠近冒口的部位随后凝固,冒口本身最后凝固。定向凝固使铸件最先凝固部位的收缩由随后凝固部位的金属液来补充,随后凝固部位的收缩由冒口中的金属液补充(如图 1.8 中箭头所示),最后将缩孔转移到冒口之中。冒口是作为"金属液储蓄库",作用是补充凝固过程中金属液产生的收缩。

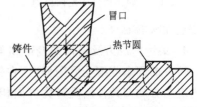

图 1.8　用冒口补缩铸件,实现定向凝固

冒口是铸件上多余的部分,铸件清理时被去除。形状复杂、有多个热节的铸件,实现定向凝固往往需要采用多个冒口并同时配合冷铁使用。

② 冷铁。冷铁分为外冷铁和内冷铁两类。

外冷铁多用铸钢、铸铁或铜、石墨制造,可重复使用。冷铁安放在铸型中时,与金属液接触的表面应涂敷耐火涂料,以防止与铸件熔粘。图 1.9 所示阀体铸件有分布在上部、中部、底部的五个热节,底部凸台处热节不便安放冒口,上部的冒口又难以对该处进行补缩,故在底部设置外冷铁。外冷铁在局部起到金属型的激冷作用,使厚大凸台反而先凝固。上部和中部的热节分别由明冒口及暗冒口对它们进行补缩。冷铁的作用仅仅是加速铸件局部的冷却,控制铸件的凝固方向,本身并不起补缩作用。

内冷铁要熔合在铸件内,其材质应与铸件材质相同,并要求去油、锈且干燥。由于其熔合时易产生气孔、粘不牢等缺陷,故内冷铁一般用在不太重要的铸件中。图 1.10 所示为铸铁砧座应用内冷铁减小冒口的实例。此外,使用高导热性的铸型材料或使铸件承受热等静压(将在 18.2 节详细介绍),是防止缩孔的又一方法。

（2）缩松的防止　缩松是细小分散的缩孔,它对铸件承载能力的影响比集中缩孔要小,但它影响铸件的气密性,容易使铸件渗漏。因此,对于气密性要求高的油缸、阀体等承压铸件,必须采取工艺措施来防止缩松。然而,防止缩松比防止缩孔要困难得多。缩松不仅难以发现,而且常出现在凝固温度范围大的合金所制造的铸件中,由于发达的树枝晶堵塞了补缩通道,即使采用冒口也难以对热节处进行补缩。目前,生产中多采用在热节处安放冷铁或在砂型的局部表面涂敷激冷涂料的办法,加大铸件的冷却速度;也可以加大结晶压力,以破碎枝晶,减小金属液流动的阻力,从而达到部

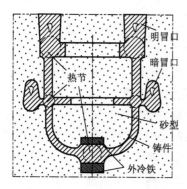

图 1.9　阀体铸件的定向凝固

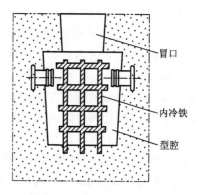

图 1.10　铸铁砧座应用内冷铁

分防止缩松的效果。

4. 铸造内应力及铸件的变形和裂纹

铸件的固态收缩受到阻碍时,在铸件内部产生的内应力称为铸造内应力。当铸造内应力方向与铸件所受外力方向相同时,铸件的实际承载能力会降低。此外,铸造内应力还是引起铸件产生变形和裂纹的基本原因。

1) 内应力的形成

(1) 热应力　热应力是由于铸件各部分冷却速度不同,以致在同一时间内铸件各部分收缩不一致、相互约束而引起的内应力。

为了分析热应力的形成过程,首先应了解固态金属自高温冷却到室温时力学状态的变化。固态金属在再结晶温度 $T_再$(钢和铸铁的 $T_再$ 为 620~650 ℃)以上处于塑性状态,此时,在较小的应力作用下便可发生塑性变形(即永久变形),其内应力在变形后可自行消除;在 $T_再$ 以下呈弹性状态,此时,在应力作用下,仅能产生弹性变形,变形后应力仍然存在。图 1.11 为应力框及其热应力形成过程示意图。应力框(图1.11a)由长为 L_0 的一根粗杆和两根细杆及上、下横梁整铸而成,粗杆和细杆的冷却曲线如图 1.12 所示。由图可见,粗杆与细杆的截面厚度不同,冷却速度不一,两杆的收缩不一致,因而产生了内应力。其具体形成过程是按如下三个阶段进行的。

第一阶段($t_0 \sim t_1$)。粗杆和细杆的温度均高于 $T_再$,处于塑性状态,尽管两杆的

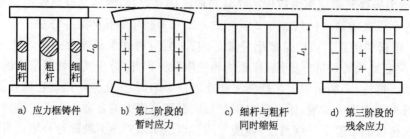

a) 应力框铸件　　b) 第二阶段的　　c) 细杆与粗杆　　d) 第三阶段的
　　　　　　　　　暂时应力　　　　同时缩短　　　　残余应力

图 1.11　应力框及其热应力的形成过程

＋表示拉应力,　－表示压应力

冷速不同,收缩不一致,但瞬时的应力均可通过塑性变形而自行消除。

第二阶段($t_1 \sim t_2$)。细杆已冷却至 $T_{再}$ 以下,进入弹性状态,粗杆的温度仍在 $T_{再}$ 以上,呈塑性状态。此时因细杆的冷速大于粗杆,收缩亦大于粗杆,细杆受拉伸,粗杆受压缩,形成了暂时的内应力(图 1.11b)。但内应力会随粗杆的塑性变形(缩短)而消除,使细杆与粗杆同时缩短至 L_1(图 1.11c)。

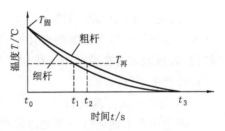

图 1.12　应力框中粗杆和细杆的
冷却曲线

第三阶段($t_2 \sim t_3$)。因塑性变形而缩短的粗杆也冷却至 $T_{再}$ 以下并呈弹性状态。此时,粗杆的温度较高,还会有较大的收缩(长度比细杆短);而细杆的温度较低,收缩已趋停止(其长度比粗杆长)。因此,粗杆的收缩必然受到细杆的强烈阻碍,结果,粗杆受弹性拉伸,细杆受弹性压缩。冷却到室温时,应力框中就产生了残余内应力(图 1.11d)。

由以上分析可以得出以下结论。

① 热应力的特点是,铸件缓冷部位(厚壁部位或心部)收缩后的长度比薄处快冷部位的要短些,受到已固化的薄壁处阻碍而产生拉应力;快冷部位(薄壁部位或表层)则由于受到厚壁处的收缩作用而产生压应力。

② 铸件冷却时各部位的温差愈大,定向凝固顺序愈明显,合金的固态收缩率和弹性模量愈大,则热应力愈大。

防止热应力产生的基本途径是缩小铸件各部位的温差,使其均匀冷却。具体措施有:尽量选用弹性模量小的合金,设计壁厚均匀的铸件,从铸造工艺方面促使铸件各部位同时凝固等。对图 1.13 所示的壁厚不均匀的阶梯形铸件,若将内浇道开在薄壁处,而在远离浇道的厚壁处放置冷铁,那么,薄壁处因被高温金属液加热而凝固减缓,厚壁处则因被冷铁激冷而凝固加快,从而达到同时凝固的效果。在实际生产中,使铸件同时凝固是减小铸造内应力、防止铸件变形和裂纹的有效工艺措施。这一措施尤其适用于形状复杂的薄壁铸件。

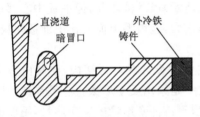

图 1.13　阶梯形铸件同时凝固

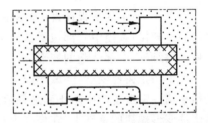

图 1.14　受应力作用的轴套铸件

(2)机械应力　机械应力(又称收缩应力)是铸件的固态收缩受到铸型或型芯的机械阻碍而形成的内应力。轴套铸件在冷却收缩时,其轴向受砂型阻碍,径向受型芯阻碍,由此产生机械应力(图1.14)。显然,机械应力将使铸件产生拉应力或切应力,其大小取决于铸型及型芯的退让性,当铸件落砂后,这种应力可局部甚至全部消失。然而,若机械应力在铸型中与热应力共同起作用,则将增大铸件某部位的拉应力,促使铸件产生裂纹倾向。

2) 铸件的变形及其防止

残余内应力使铸件内部的晶体结构被拉伸或压缩,好像弹簧被拉伸或压缩一样,处于一种不稳定状态,有自发通过变形来缓解应力、回到稳定平衡状态的倾向。显然,只有原来受拉伸部分产生压缩变形、受压缩部分产生拉伸变形,才能使铸件中的残余内应力减小或消除。根据此规律可预计铸件变形的方向。

铸件变形以杆件和板件上的弯曲变形最为明显。所谓杆件是指长度大大超过宽度和高度的件,而板件是指长度、宽度大大超过高度的件。梁形件、床身件可视为杆件,而平板件则可视为板件。图1.15所示的T形梁铸件(如图中的双点画线所示)上部较厚,冷却较慢,受拉应力,将产生压缩变形来缓解应力。因此,最后出现了上边短(内凹)、下边长(外凸)的弯曲变形。

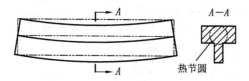

图 1.15　梁形铸件的弯曲变形

同理,图1.16所示的床身铸件导轨较厚,冷却较慢,受拉应力,床壁较薄,受压应力,最后产生导轨内凹的翘曲变形。

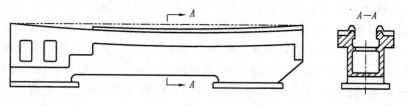

图 1.16　床身铸件的变形

图1.17所示的平板铸件(如图中的双点画线所示)虽厚薄均匀,但平板中心部位比四周冷却慢,致使中心部位受拉应力,周边受压应力,且铸型上面又比下面散热快,于是,平板产生中部凸起的变形。

为了防止铸件变形,除减小应力外,最好是将铸件设计成对称结构,使其内应力互相平衡。铸造生产中防止变形最有效的方法之一是采用反变形法。它是在统计同类铸件变形规律的基础上,在模样上预先做出相当于铸件变形量的反变形量,用以抵消铸件的变形。如长度大于2 m的床身铸件的反变形量一般为每米长放1~3 mm或更大的挠度,某些铸件还可以设置拉肋(又称防变形肋)来防止变形。图1.18所示的半圆形大型齿圈铸件因受砂型阻碍收缩,会产生如图中双点画线所示的变形。为此,可设一根拉肋(有时可用浇道代替)将其拉住,待铸件经热处理消除应力后,再将拉肋去掉。为保证拉肋的作用,使拉肋先于铸件凝固,拉肋的厚度一般为铸件厚度 δ 的 0.8 倍。

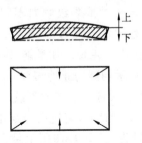

图 1.17　平板铸件的变形

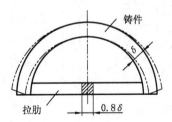

图 1.18　设置拉肋的齿圈铸件

实践证明,尽管变形后铸件的内应力有所缓解,但并未彻底消除。铸件经切削加工后内应力重新分布,还将缓慢地发生微量变形,导致零件尺寸精度显著降低,严重时会使零件报废。为此,对于要求装配精度和稳定性高的重要零件(如机床导轨、箱体、刀架等),必须进行时效处理。时效处理可分为自然时效和人工时效两种。自然时效是将铸件置于露天场地半年以上,使其在自然的气压和温度作用下缓慢地变形,从而消除内应力。人工时效是将铸件加热到 $550 \sim 650\ ℃$(用于钢铁铸件)进行去应力退火,它比自然时效节省时间和场地,应用较普遍。时效处理宜在粗加工之后进行,这样可将原有的内应力和粗加工过程所产生的内应力一并消除。20 世纪 70 年代以来,出现了振动去应力的新技术。在零件上设置合理的振击点,并对振击点施以恰当的频率和振幅进行振动,在室温下就可高效释放内应力。

3) 铸件的裂纹及其防止

当铸件的内应力超过金属的强度极限时,铸件便产生裂纹。裂纹是一种严重的铸造缺陷,常导致铸件报废。根据产生的原因,裂纹可分为热裂纹与冷裂纹两类。

(1) 热裂纹　热裂纹是铸件凝固末期在接近固相线的高温下形成的。此时,结晶出来的固态金属已形成完整的骨架,进入了线收缩阶段,但晶粒间还存有少量液体,故金属的高温强度很低。例如,含碳 0.3%(质量分数)的碳钢在室温的抗拉强度大于 480 MPa,而在 $1\,380 \sim 1\,410\ ℃$ 的抗拉强度仅为 0.75 MPa。若高温下铸件的线收缩受到阻碍,机械应力超过其高温强度,则产生热裂纹。热裂纹的特征是裂纹短,缝隙宽,形状曲折,裂纹内表面呈氧化色。热裂纹在铸钢件和铝合金铸件中较常见。

为了防止产生热裂纹,除应尽量选择凝固温度范围小、热裂倾向小的合金和改善铸件结构外,还应提高型砂的退让性(如在型砂中加木屑,采用有机黏结剂等)。对于铸钢和铸铁,必须严格控制其硫含量,防止热脆性。

(2) 冷裂纹　冷裂纹是较低温度下,由于热应力和收缩应力的综合作用,铸件的内应力超过合金的强度极限而产生的。冷裂纹常出现在铸件受拉应力的地方,尤其是有应力集中的地方(如内尖角处和缩孔、气孔以及非金属夹杂物的附近)。冷裂纹

图 1.19　防裂肋

的特征是裂纹细小,呈连续直线状,裂缝内表面有金属光泽或轻微氧化色。

壁厚差别大、形状复杂的铸件,尤其是大的薄壁铸件易产生冷裂纹。不同铸造合金的冷裂纹倾向不同,灰铸铁、白口铸铁、高锰钢等塑性差的合金较易产生冷裂纹。钢铁中磷含量愈高,铸件愈易冷裂纹。凡是能减少铸件内应力和降低合金脆性的因素均能防止冷裂纹。

此外,设置防裂肋亦可有效地防止铸件裂纹。一般,用造型工具在砂型上切割薄片缝隙,铸造时金属液在该处即形成了防裂肋(也称割肋)。图 1.19 所示是在 T 形铸件接头处设置的防裂肋。防裂肋的厚度一般为铸件壁厚的 1/3～1/5。

1.2.3　铸造合金的吸气性

液态合金中吸入的气体,若在冷凝过程中不能逸出,滞留在金属中,将在铸件内形成气孔。气孔破坏了金属的连续性,减少了其承载的有效截面积,并在气孔附近引起应力集中,从而降低了铸件的力学性能。弥散性气孔还可促使显微缩松的形成,降低铸件的气密性。按照气体的来源分类,气孔可分为侵入性气孔、析出性气孔和反应性气孔三类。

1. 侵入性气孔

侵入性气孔是指砂型和型芯中的气体侵入金属液中而形成的气孔。这种气孔的特征是位于砂型及型芯表面附近,尺寸较大,呈椭球形或梨形。在浇注过程中,砂型及型芯被加热,其中所含的水分蒸发,有机物及附加物挥发,产生大量气体,若砂型及型芯排气不畅,气体则会侵入金属液中而形成气孔。图 1.20 所示铸件中的气孔就是因型芯排气不畅所致的。防止侵入性气孔的主要途径是降低型砂及芯砂的发气量和增强铸型的排气能力。

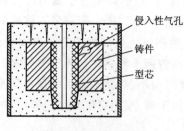

图 1.20　侵入性气孔

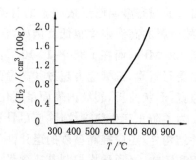

图 1.21　氢气在纯铝中的溶解度

2. 析出性气孔

金属在熔化和浇注过程中很难与气体隔离,一些双原子气体(如 H_2、N_2、O_2 等)

可以从炉料、炉气等进入金属液,其中氢不与金属形成化合物,且原子直径小,较易溶解于金属液中。气体在液态合金中的溶解度较在固态金属中的大得多,且随温度升高而加大。图 1.21 所示为氢气在纯铝中的溶解度 $\gamma(H_2)$ 随温度变化的情况。

合金的过热度愈高,其吸气性愈强。溶解有氢的金属液在冷凝过程中,由于氢的溶解度下降,呈过饱和状态,于是,结合成分子以气泡的形式从金属液中析出。上浮的气泡若遇阻碍或金属液因温度下降而黏度增加等情况,则不能浮出金属液,铸件中就形成了析出性气孔。

析出性气孔的特征是:气孔的尺寸较小,分布面积较广,甚至遍布整个铸件,致使铸件成批报废;而且,用同一种金属液浇注的所有铸件均有气孔。析出性气孔在铝合金中最为多见,其直径多小于 1 mm,故常称之为"针孔"。针孔不仅降低合金的力学性能,还严重影响铸件的气密性,导致铸件承压时渗漏。

防止析出性气孔的基本途径是:保证炉料入炉前干燥而洁净,不含水、油、锈等污物;严格遵守熔炼及浇注操作工艺,减少金属液与空气的接触;控制炉气为中性气氛。

3. 反应性气孔

反应性气孔是指金属液与铸型材料、芯撑、冷铁或熔渣之间发生化学反应产生气体而形成的气孔。例如,冷铁、芯撑若有锈蚀,它与灼热的钢液、铁液接触时,将发生如下化学反应:

$$Fe_3O_4 + 4C = 3Fe + 4CO\uparrow$$

产生的 CO 气体常在冷铁、芯撑附近形成气孔(图 1.22)。因此,冷铁、芯撑表面不得有锈蚀、油污,并应保持干燥。

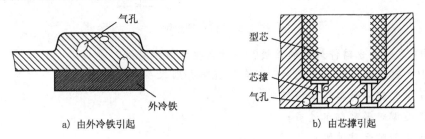

a) 由外冷铁引起   b) 由芯撑引起

图 1.22　反应性气孔

复习思考题

(1) 试述铸造成形的实质及优缺点。

(2) 合金的流动性取决于哪些因素?合金流动性不好对铸件品质有何影响?

(3) 试述提高液态金属充型能力的方法,采用这些方法时应注意什么问题?

(4) 何谓合金的收缩?影响合金收缩的因素有哪些?

(5) 冒口补缩的原理是什么?冷铁是否可以补缩?其作用与冒口有何不同?某厂铸造一批哑铃,常出现如图 1.23 所示的明缩孔,你有什么措施可以防止,并使铸件的清理工作量最小？

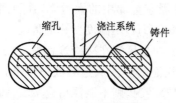

图 1.23　哑铃铸件

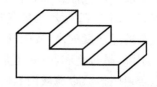

图 1.24　阶梯形试块铸件

(6) 何谓铸件的同时凝固和定向凝固？试对图 1.24 所示阶梯形试块铸件设计浇注系统和冒口及冷铁，使其实现定向凝固。

(7) 何谓铸件的热节？一般用什么方法来确定热节？热节对铸件品质有何影响？

(8) 某厂自行设计了一批如图 1.25 所示的铸铁槽形梁。铸后立即进行了机械加工，使用一段时间后在梁的长度方向发生了弯曲变形，试分析：

① 该件壁厚均匀，为什么还会变形？原因是什么？

② 有何铸造工艺措施能防止变形？

③ 为防止变形，能否对铸件的结构设计进行改进？

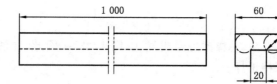

图 1.25　铸铁槽形梁

(9) 怎样区分铸件裂纹的性质？用什么措施防止裂纹？

(10) 铸件的气孔有哪几种？下列情况下分别容易产生哪种气孔？

① 熔化铝料时铝料油污过多；

② 造型起模时刷水过多；

③ 造型时舂砂过紧；

④ 芯撑有锈蚀。

(11) 下面哪种考虑对冒口合理的功能是重要的？为什么？

① 冒口的表面积大于铸件该处的表面积；

② 冒口必须敞开与大气相通；

③ 冒口首先凝固。

常用铸造合金及其熔炼

2.1 钢铁的生产过程

钢铁的生产过程是一个将铁矿石炼成生铁、将生铁炼成钢液并浇注成钢锭的过程,如图 2.1 所示。

2.1.1 炼铁

炼铁多在高炉中进行,其过程如下。

① 将铁矿石(大部分以氧化铁状态存在,其中混有一定量的脉石)、焦炭和石灰石(熔剂)等,按一定比例配成一批批炉料,由加料车送入炉内,形成料柱,加料完毕,将炉顶关闭。

② 被热风炉预热到 $900 \sim 1\,200$ ℃的热风,由炉壁上的风口吹入高炉下部,使焦炭燃烧,产生大量的炉气(如 CO 气体等)。炽热的炉气在炉内上升,加热炉料,并与之发生如下化学反应:

——还原反应,即焦炭中的碳和炉气中的一氧化碳将氧化铁中的氧分离出来,使铁还原;

——造渣反应,即石灰石分解出来的碱性氧化物 CaO 与脉石中的酸性氧化物 SiO_2 结合成低熔点炉渣,将铁与脉石分开;

——渗碳反应,即已还原的铁吸收焦炭中的碳形成了碳含量较高、熔点较低的铁液。

③ 炉渣的密度小,浮在铁液之上,从高炉下部的出渣口排出炉外。

④ 铁液从出铁槽排出,或者直接送入转炉炼钢,或者浇注成铁锭。这样得到的铁锭称为高炉生铁。

在炼铁过程中,同时被还原出来的硅、锰及炉料带入的硫、磷也溶解在铁液中,高炉生铁的化学成分如表 2.1 所示。

高炉生铁主要用来炼钢,这种生铁称为炼钢生铁;也有一部分供铸造车间熔炼铸铁用,这种生铁称为铸造生铁。不论哪种生铁,均以化学成分而不以力学性能为质量标准。

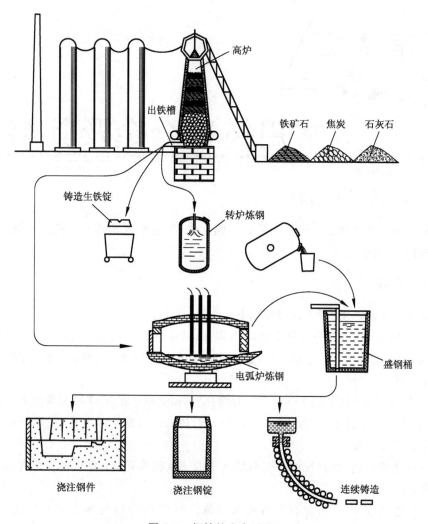

图 2.1　钢铁的生产过程

表 2.1　高炉生铁的化学成分　　　　　　　　　　　　　　%(质量分数)

	C	Si	Mn	P	S
炼钢生铁	≥3.50	≤1.25	≤2.00	≤0.40	≤0.07
铸造生铁	>3.30	1.25~3.60	0.50~1.30	0.060~0.200	0.030~0.050

注:表中数据摘自 GB/T 717—1998《炼钢用生铁》、GB/T 718—2005《铸造用生铁》。

2.1.2　炼钢

炼钢的主要任务是将生铁中多余的碳和其他杂质氧化成氧化物,并使其随炉气或炉渣一起去除。间接氧化是炼钢的主要反应形式,即氧首先与铁液发生氧化反应,生成 FeO,然后再通过 FeO 来氧化其他元素。有时也可采用氧与碳和其他杂质的直接氧化的形式(如转炉炼钢)。

1. 钢的熔炼方法

依炼钢设备不同,钢的熔炼方法可分为转炉、平炉、电炉(电弧炉、感应电炉)炼钢法。由于氧气转炉、炉外精炼、连续铸钢及高功率电炉等高效、优质熔炼技术的发展,平炉炼钢已几乎全部淘汰。炉衬材料多用碱性材料,以利于钢液的脱磷、脱硫。

(1)转炉炼钢　转炉的外形像一个缩口的大盛钢桶,常采用高炉或冲天炉的铁液作为炉料。熔炼时,向炉内吹入压缩空气或纯氧,将铁液中的碳、硅、锰、磷等元素氧化,并放出大量的热,从而在较短的时间内获得品质较高的钢液,其氮、氢、氧的含量均可控制在较低水平,还能脱除硫、磷等杂质。转炉炼钢法生产率高(目前已有几百吨容量的转炉),熔炼周期短,投资少,投产迅速,成本低(不需外加燃料),既可生产板料冲压和焊接性好的低碳钢,又可生产中碳钢和合金钢,而且适合与连续铸造生产线匹配,因此,它成为当今世界上最主要的炼钢方法之一。

(2)电炉炼钢　电炉炼钢常用感应电炉或电弧炉,利用工频、中频或高频感应电流对金属炉料(固态或液态均可)加热或利用电极与炉料引燃的电弧热(类似电弧焊引弧)熔炼钢液,用铁矿石作氧化剂(或辅助吹氧)。电炉炼钢对钢液成分和温度的控制精度均优于转炉,钢液品质更好,一般用来熔炼优质结构钢、工具钢、模具钢、高合金钢及铸钢。但电炉的耗电量大,生产率低于转炉炼钢,炼钢成本高。

炼好的钢液,部分浇入连续铸造机,铸成"钢坯"直接用来轧制钢材;部分浇注到钢锭模中,铸成一定形状和尺寸的钢锭。

2. 镇静钢与沸腾钢

(1)镇静钢　镇静钢是用锰铁、硅铁和纯铝完全脱氧得到的钢。这种钢浇注、凝固过程平稳,成分较均匀,组织较致密,品质好,常用做优质钢和合金钢的钢锭。但镇静钢钢锭上部的缩孔较深,轧钢前须先切除钢锭头部,故钢的成材率较低。

(2)沸腾钢　沸腾钢是仅用锰铁进行了部分脱氧得到的钢。由于钢液中尚存有部分 FeO,因此,浇入钢锭模后,FeO 与钢液中的碳发生如下反应:

$$FeO+C=Fe+CO\uparrow$$

当钢锭表层凝固后,CO 气泡无法逸出,在钢锭内形成许多气孔(这些气孔在轧钢时会自行焊合),增大了钢的体积,弥补了冷凝时的收缩,因此,沸腾钢钢锭的头部没有缩孔,轧钢时无须切除头部或切除甚少,故成材率高,成本低。沸腾钢一般是低碳钢,因不用硅铁脱氧,钢中硅含量比镇静钢低。沸腾钢具有良好的塑性,常轧制成薄板,用于冲压件的制造。

2.2　铸铁及其熔炼

用于生产铸件的金属材料称为铸造合金。工业中最常用的铸造合金是铸铁、铸钢及铸造非铁合金。

常用的铸铁是接近共晶成分（$w(C)=2.5\%\sim4.0\%$、$w(Si)=1.0\%\sim2.5\%$）的铁碳合金。它具有良好的铸造性能，又易于切削加工，适合制造形状复杂的铸件，是工业中应用较广的材料。在普通机器中，铸铁件的质量占机器总质量的 50% 以上。

铸铁的种类较多，按碳存在的形态（以化合态存在的碳记为 $C_{化合}$，以石墨态存在的碳记为 $C_{石墨}$）不同可分为白口铸铁（碳全部为 $C_{化合}$）、灰铸铁（碳主要为 $C_{石墨}$）及麻口铸铁（碳大部分为 $C_{化合}$）；按石墨形状不同可分为灰铸铁（片状石墨）、蠕墨铸铁（蠕虫状石墨）、可锻铸铁（团絮状石墨）及球墨铸铁（球状石墨）；按金属基体不同可分为铁素体铸铁、珠光体铸铁及铁素体与珠光体混合基体铸铁。另外，加入合金元素，使其具有特殊性能的铸铁称为合金铸铁。

2.2.1 灰铸铁

1. 石墨对灰铸铁性能的影响

石墨是决定灰铸铁性能的主导因素。石墨本身的力学性能极差，它好似空洞和缺口存在于金属基体中，特别是片状石墨的尖角，会引起应力集中。因此，石墨数量愈多，形态愈粗大，分布愈不均匀，对金属基体的割裂就愈严重。灰铸铁的抗拉强度低，塑性差，但却有良好的吸震性、减摩性和低的缺口敏感性，且易于铸造和切削加工。它常用做机座、箱体等静载下的承压件及导轨、活塞环、缸套等零件的材料。

铸铁中的碳以石墨析出和聚集的过程称为石墨化。铸铁的性能在很大程度上取决于石墨的数量、大小、形状及分布。石墨化不充分，易产生白口，导致铸铁硬、脆，难以切削加工；石墨化过分，则形成粗大的石墨，导致铸铁的力学性能降低。因此，在生产中应控制石墨化过程。影响石墨化程度的主要因素是化学成分和冷却速度。

1）化学成分

（1）碳和硅　碳是石墨化元素，含碳愈多，可能析出的石墨愈多，但这种可能性还取决于硅的含量。硅是强烈促进石墨化的元素（称为孕育剂）。含硅越多，石墨化的可能性就越大；反之，碳含量高而硅含量少时，容易得到含 $C_{化合}$ 的白口铸铁。因此，铸铁中碳、硅含量愈高，析出的石墨就愈多、愈粗大，而金属基体中的碳含量就愈少（即基体中的铁素体增多，珠光体减少）；反之，则析出的石墨就愈少、愈细小。实验证明，控制铸铁中碳、硅含量的不同比率将得到不同组织的铸铁，如图 2.2 所示。由图可见，碳、硅含量过低，易获得硬而脆的白口或麻口铸铁；而碳、硅含量过高，则易获得石墨粗大、强度和硬度很低的铁素体灰铸铁。

（2）硫和锰　硫是强烈反石墨化元素，硫含量高，易促使铸铁形成白口组织。同时，硫还形成低熔点（985 ℃）的、分布于晶界上的 FeS-Fe 共晶体，造成铸铁的热脆性。硫是

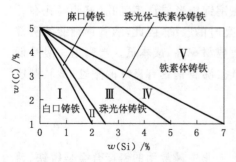

图 2.2　碳、硅含量与铸铁组织的关系

铸铁中的有害元素,一般将硫含量控制在 0.1%～0.15%(质量分数)之间。

锰也阻碍石墨化,具有稳定珠光体(阻碍珠光体中碳的石墨化)的作用,能提高铸铁的强度和硬度。同时,锰与硫的亲和力大,易形成熔点高(1 600 ℃)、密度小的 MnS,MnS 上浮并随熔渣排出炉外。锰是铸铁中的有益元素,一般将锰含量控制在 0.6%～1.2%(质量分数)之间。

(3) 磷　磷对铸铁的石墨化影响不显著,但当磷含量超过 0.3%(质量分数)时,便形成呈网状分布于晶界的低熔点、高硬度(390 HBS～520 HBW)的 Fe_3P 共晶体。这有利于铸铁耐磨性的提高,故耐磨铸铁件的磷含量可高达 0.5%～0.7%(质量分数)。然而,含磷过高将增加铸铁的冷脆性。因此,一般铸铁件的磷含量大多限制在 0.5%(质量分数)以下,高强度铸铁件的磷含量则限制在 0.2%～0.3%(质量分数)之间。

2) 冷却速度

冷却速度很慢时,碳原子析出很充分,并不断聚集,形成粗大的石墨片。随着冷却速度的加快,碳原子析出变得不够充分,聚集较慢,只有部分碳原子以细石墨片析出,而另一部分碳原子以渗碳体析出,使铸铁基体中出现珠光体。冷却速度很大时,石墨化过程不能进行,碳原子全部以渗碳体析出而产生白口组织。

铸铁的冷却速度主要受铸型的冷却条件及铸件壁厚的影响。不同铸型材料的导热能力不同,如金属型导热快,冷却速度大,碳的石墨化受到严重阻碍,铸件易获得白口组织;而砂型导热慢,铸件得到的组织就不同。例如铸造冷硬轧辊、矿车车轮等零件时,就采用局部金属型(主体是砂型)来激冷铸件的表面,使铸件表面产生耐磨的白口组织。

当铸型材料相同时,铸件的壁厚不同,其组织和性能也不同。在厚壁处冷却较慢,铸件易获得铁素体基体和粗大的石墨片,力学性能较差;而在薄壁处,冷却较快,铸件易获得硬而脆的白口组织或麻口组织。在实际生产中,一般是根据铸件的壁厚(重要铸件是指其重要部位的厚度,一般铸件则取其平均壁厚)选择铁液的化学成分(主要指碳、硅),以获得所需的铸铁组织。砂型铸造时,铸件壁厚和碳、硅含量对铸铁组织的影响如图 2.3 所示。

2. 灰铸铁的孕育处理

如前所述,因粗大片状石墨对灰铸铁金属基体的割裂作用,灰铸铁的力学性能偏低(R_m=100～200 MPa)。提高灰铸铁性能的途径是改善其基体组织,减少石墨数量及减小石墨尺寸,并使石墨分布均匀。孕育处理是提高灰铸铁性能的有效方法,其原理是:先熔炼出相当于白口或麻口组织的低碳、硅含量(w(C)=2.7%～3.3%,w(Si)=1.0%～2.0%)的高温(1 400～1 450 ℃)铁液,然后向铁液中冲入少量细粒状或粉末状的孕育剂。孕育剂一般为含硅 75%(质量分数)的硅铁合金(有时也用硅钙合金),加入量为铁液的 0.25%～0.6%(质量分数)。孕育剂在铁液中形成大量弥散的石墨结晶核心,使石墨化作用骤然加强,从而得到细晶粒珠光体和分布均匀的细片状石墨组织。经孕育处理后的铸铁称为孕育铸铁,它的强度、硬度显著提高(R_m=250~350 MPa,硬度=170~270 HBS)。原铁液中碳含量愈少,则石墨愈细小,铸铁强度、硬度愈高。但因石墨仍为片状,故铸铁塑性、韧性仍然很低。

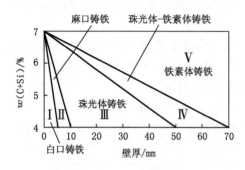 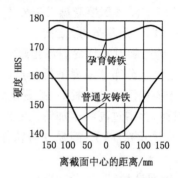

图 2.3　壁厚和碳、硅含量对铸铁组织的影响　　图 2.4　孕育处理对铸件厚大截面硬度的影响

　　孕育铸铁的另一优点是冷却速度对其组织和性能的影响很小,因此铸件上厚大截面的性能较均匀。孕育处理对铸件厚大截面(300 mm×300 mm)硬度的影响如图 2.4 所示。

　　孕育铸铁适用于静载下强度、耐磨性或气密性要求较高的铸件,特别是厚大铸件,如重型机床床身、汽缸体、汽缸套及液压件等。

　　必须指出的是:①孕育处理前铁液的碳、硅含量不能太高,否则孕育后会使石墨数量多而粗大,反而降低铸铁的强度;②铁液出炉温度不应低于 1 400 ℃,以免孕育处理操作后的铁液温度过低,使铸件产生浇不到、冷隔、气孔等缺陷;③经孕育处理后的铁液必须尽快浇注,以防止孕育作用衰退。

3. 灰铸铁件的生产特点、牌号及选用

　　1) 灰铸铁件的生产特点

　　灰铸铁一般在冲天炉中熔炼,成本低廉。因灰铸铁的成分接近共晶成分,凝固中又有石墨化膨胀补偿收缩,故流动性好,收缩小,铸件的缩孔、缩松、浇不到、热裂、气孔倾向均较小。灰铸铁件通常采用同时凝固工艺,一般不需冒口,也较少使用冷铁。

　　灰铸铁件一般不通过热处理来提高其力学性能,这是因为,灰铸铁组织中粗大石墨片对基体的破坏作用不能依靠热处理来消除或改进。对精度要求高的铸件,可进行时效处理,以消除内应力,防止加工后变形;或进行软化退火,以消除白口,降低硬度,改善切削加工性能。

　　2) 灰铸铁的牌号及选用

　　灰铸铁的牌号用"灰""铁"二字汉语拼音的首字母"H""T"和表示其抗拉强度(MPa)的数字表示。灰铸铁共分为六种牌号,各种灰铸铁的抗拉强度、特性及应用举例如表 2.2 所示。

表 2.2　灰铸铁的抗拉强度、特性及应用举例

牌号	铸件壁厚/mm	R_m/MPa,不小于	特性及应用举例
HT100	2.5～10	130	铸造性能好,工艺简便,铸造应力小,不需人工时效处理,减振性优良。适用于负荷小,对摩擦、磨损无特殊要求的,不加工或简单加工的零件,例如盖、外罩、油盘、手轮、支架、底盘、底板、重锤等
	10～20	100	
	20～30	90	
	30～50	80	
HT150	2.5～10	175	性能特点与 HT100 基本相同,但强度稍高。适用于中等负荷下受磨损的零件以及在弱腐蚀介质中工作的零件,例如:普通机床上的支柱、齿轮箱、刀架、轴承座、圆周速度 6～12 m/s 的带轮;工作压力不大的管件和壁厚不大于 30 mm 的耐磨轴套;发动机的进、排气管,液压泵进油管,机油壳;在纯碱或染料介质中工作的化工容器、泵壳、法兰;等等
	10～20	145	
	20～30	130	
	30～50	120	
HT200	2.5～10	220	强度较高,耐磨、耐热性较好,减振性好;铸造性能较好,但需进行人工时效处理。适用于承受较大负荷和要求一定的气密性或耐蚀性的零件,例如:一般机械制造中较为重要的铸件(如衬套、棘轮、链轮、飞轮、齿轮、机座、机床床身及立柱);汽车、拖拉机的汽缸体、汽缸盖、活塞环、刹车轮,联轴器;具有测量平面的检验工件(如划线平板、V 形铁、平尺、水平仪框架等);承受压力小于 $785×10^4$ Pa 的油缸、泵体、阀体;圆周速度为 12～20 m/s 的带轮;要求有一定耐蚀能力和较高强度的化工容器、泵壳、塔器;中压油缸阀体、泵体;等等
	10～20	195	
	20～30	170	
	30～50	160	
HT250	4.0～10	270	
	10～20	240	
	20～30	220	
	30～50	200	
HT300	10～20	290	属于高强度、高耐磨性的灰铸铁,其强度和耐磨性均优于以上牌号的铸铁,但白口倾向大,铸造性能差,需进行人工时效处理。适用于承受高负荷和要求保持高度气密性的零件,例如:机械制造中某些重要的铸件,如剪床、压力机、自动车床和其他重型机床的床身、机座、机架、主轴箱、卡盘,以及受力较大的齿轮、凸轮、衬套、大型发动机的曲轴、汽缸体、汽缸套、汽缸盖等;高压的油缸、水缸、泵体、阀体;圆周速度为 20～25 m/s 的带轮;等等
	20～30	250	
	30～50	230	
HT350	10～20	340	
	20～30	290	
	30～50	260	

注:牌号 HT250 至 HT350 的灰铸铁是经孕育处理的孕育铸铁。

　　HT100、HT150、HT200 属于普通灰铸铁,其中,HT100 为铁素体灰铸铁,因其强度、硬度低而很少应用,仅用于薄壁铸件或不重要的铸件;HT150 为珠光体-铁素体灰铸铁,是铸造生产中最容易获得的铸铁,力学性能可满足一般要求,故应用最广;HT200 为珠光体灰铸铁,一般用于力学性能要求较高的铸件;HT250 至 HT350 是经过孕育处理的孕育铸铁,用于要求更高的重要件。

　　必须指出,因灰铸铁的性能不仅取决于化学成分,还与铸件壁厚有关,故选择铸铁牌号时,必须考虑铸件壁厚。例如壁厚分别为 8 mm、25 mm 的两种铸铁件,均要求 $R_m=150$ MPa,则壁厚为 25 mm 的铸件应选牌号 HT200 的铸铁,而壁厚为 8 mm 的铸件应选牌号 HT150 的铸铁。同理,用试棒性能代替铸件本体取样进行铸铁性

能测试时,也必须选择能反映铸件壁厚的、恰当的试棒直径。

2.2.2　可锻铸铁

可锻铸铁俗称玛钢或玛铁。它是将白口铸铁在退火炉中经长时间高温石墨化退火,使白口组织中的渗碳体分解而获得铁素体或珠光体基体加团絮状石墨的铸铁。

1. 可锻铸铁的生产特点

生产可锻铸铁必须采用碳、硅含量很低的铁液,通常 $w(C)＝2.4\%\sim2.8\%$, $w(Si)＝0.4\%\sim1.4\%$,以获得完全的白口组织。如果铸出的坯件中已出现石墨(即呈麻口或灰口),退火后则不能得到团絮状石墨(仍为片状石墨)。

除了要求碳、硅含量低的铁液以外,可锻铸铁件的壁厚也不得太厚,否则铸件冷却速度缓慢,不能得到完全的白口组织。同时,可锻铸铁件的尺寸也不宜太大,因为进行石墨化退火时,要将白口铸铁坯件置于退火炉中的退火箱内,显然,铸铁坯件的尺寸受退火箱、退火炉尺寸的制约。同时,白口铸铁的流动性差,收缩大,铸造时应适当提高浇注温度,采用冒口、冷铁及防裂肋等铸造工艺措施。

可锻铸铁件的石墨化退火工序是:先清理白口铸铁坯件,将其置于退火箱内,并加盖,用泥密封;然后送入退火炉中,缓慢加热到 920~980 ℃,保温 10~20 h;最后按规范冷到室温(对于黑心可锻铸铁还要在 700 ℃以上进行第二阶段保温)。石墨化退火的周期一般为 40~70 h,因此,可锻铸铁的生产过程复杂,周期长,能耗大,铸件成本高。

2. 可锻铸铁的性能牌号及选用

可锻铸铁的石墨呈团絮状,大大减轻了石墨对基体的割裂作用,抗拉强度明显高于灰铸铁,一般为 300~400 MPa,最高可达 700 MPa。尤为可贵的是这种铸铁具有一定的塑性与韧性($A\leqslant12\%$,$a_K\leqslant30$ J/cm²),例如,材质为可锻铸铁的固定扳手弯曲成 120°也不会断裂。"可锻铸铁"就是因具有一定塑性、韧性而得名的,但它并不能真正用于锻造。

按照退火方法的不同,可锻铸铁可分为黑心可锻铸铁、珠光体可锻铸铁及白心可锻铸铁,其性能及应用和用途举例如表 2.3 所示(白心可锻铸铁已很少使用了,故介绍从略)。其牌号中的"KTH""KTZ"分别表示黑心可锻铸铁、珠光体可锻铸铁,两组数字分别表示铸铁和最低抗拉强度(MPa)和断后伸长率(%)。黑心可锻铸铁的基体为铁素体,故其塑性、韧性好,耐腐蚀,适合制造耐冲击、形状复杂的薄壁小件和各种水管接头、农机件等。珠光体可锻铸铁的强度、硬度及耐磨性优良,并可通过淬火、调质等处理来强化,珠光体可锻铸铁可取代钢来制造小型连杆、曲轴等重要件。

可锻铸铁虽然存在退火周期长、生产过程复杂、能耗大的缺点,但在生产形状复杂、承受冲击载荷的薄壁小件时,仍有不可替代的位置。这些小件若用铸钢制造,困难较大,若用球墨铸铁制造,品质又难以保证。可锻铸铁件不仅受金属原材料的限制小,且品质容易控制。可锻铸铁今后的发展方向主要是探求快速退火新工艺,增加新品种。

表 2.3　不同牌号的可锻铸铁的特性和应用举例

牌　号	特性和应用举例
KTH300—06	有一定的韧性和强度,气密性好,用来制造承受低动载荷及静载荷、要求气密性好的工作零件,如管道配件、中低压阀门等
KTH330—08	有一定的韧性和强度,用来制造承受中等动载荷和静载荷的工作零件,如农机上的犁铧、犁柱、车轮壳,机床用的扳手及钢丝绳轧头等
KTH350—10 KTH370—12	有较高的韧性和强度,用来制造承受较高的冲击、振动及扭转负荷下的工作零件,如汽车和拖拉机上的前后轮壳、差速器壳、转向节壳、制动器,农机上的犁铧、犁柱、冷暖器接头、船用电机壳等
KTZ450—06 KTZ550—04 KTZ650—02 KTZ700—02	韧性低但强度大、硬度高、耐磨性好、切削加工性良好,可用来代替低碳、中碳、低合金钢及非铁金属制作承受较高载荷、耐磨损并要求有一定韧性的重要工作零件,如曲轴、凸轮轴、连杆、齿轮、摇臂、活塞环、轴承、犁铧、耙片、闸、万向接头、棘轮、扳手、传动链条、矿车轮等

2.2.3　球墨铸铁

球墨铸铁(简称球铁)是向铁液中加入一定量的球化剂和孕育剂,直接得到球状石墨的铸铁。

1. 球墨铸铁对铁液的要求及其处理工艺

(1)铁液化学成分　球墨铸铁对铁液化学成分的要求与一般灰铸铁基本相同,但成分控制较严格,其中硫、磷对球墨铸铁危害很大,其含量越低越好,一般应控制 $w(S) \leqslant 0.07\%$、$w(P) \leqslant 0.1\%$,并要求适当提高碳含量($w(C) = 3.6\% \sim 4.0\%$),以保证良好的铸造性能和消除白口倾向。

(2)铁液温度　出炉温度应高于 1 400 ℃,以防止球化及孕育处理操作后铁液温度过低而使铸件产生浇不到等缺陷。

(3)球化和孕育处理　球化和孕育处理是制造球墨铸铁的关键,必须严格控制。

球化剂的作用是使石墨呈球状析出。纯镁是一种主要的球化剂,但其密度小(1.73 g/cm³)、沸点低(1 120 ℃),若直接加入铁液中,将浮于液面并立即沸腾,其利用率很低。如果采用特殊装置加入球化剂,不仅操作麻烦,而且不安全。镧(La)、铈(Ce)、钕(Nd)、镨(Pr)等稀土元素的球化作用虽比镁弱,但它们熔点高、沸点高、密度大,并有强烈的脱硫、去气能力,还能细化晶粒,改善铸造性能。我国有丰富的稀土资源,20 世纪 60 年代初,我国开发了具有特色的稀土镁合金球化剂。这种球化剂综合了二者的优点,它与铁液反应平稳,操作安全,减少了镁的用量。球化剂的加入量为 1.0%~1.6%(质量分数),视铁液化学成分和铸件大小而定。

孕育剂的主要作用是促进石墨化,防止球化元素所造成的白口倾向。同时,通过孕育还可使石墨圆整、细小,改善球铁的力学性能。常用的孕育剂为含硅 75%(质量分数)的硅铁合金,加入量为铁液的 0.4%~1.0%(质量分数)。

目前应用较普遍的球化处理工艺有冲入法和型内球化法。冲入法球化处理(图 2.5)的过程是:首先将球化剂放在浇包底部的"凹坑"内,在上面铺以硅铁粉和草灰,以防止球化剂上浮,并使球化作用缓和;然后冲入占浇包容积 2/3 的铁液,使球化剂与铁液充分反应,并扒去熔渣;最后将孕育剂置于冲天炉出铁槽内,再冲满浇包,进行孕育处理。

处理后的铁液应及时浇注,否则,球化作用衰退会引起球化不良,从而降低了铸件性能。为了避免球化衰退现象,进一步提高球化效果,并减少球化剂用量,近年来采用了型内球化法,如图 2.6 所示。它是将球化剂和孕育剂置于浇注系统内的反应室中,铁液流过时与之作用而产生球化效果。型内球化方法最适合在大量生产的机械化流水线上使用。

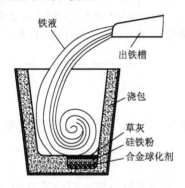

图 2.5 冲入法球化处理

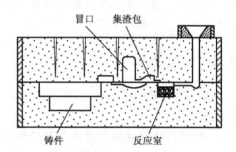

图 2.6 型内球化法

2. 球墨铸铁件的铸造工艺

球墨铸铁较灰铸铁易产生缩孔、缩松、皮下气孔、夹渣等缺陷,因而在铸造工艺上要求较严格。

球墨铸铁碳含量高,接近共晶成分,其凝固特征决定了它析出石墨,凝固收缩率低,缩孔、缩松倾向却很大。球墨铸铁在浇注后的一定时间内,其铸件凝固的外壳强度甚低,而球状石墨析出时的膨胀力却很大,致使初始形成的铸件外壳向外胀大,于是造成铸件内部金属液的不足,因而在铸件最后凝固的部位产生缩孔和缩松。

为了防止球墨铸铁件产生缩孔、缩松缺陷,应采用如下工艺措施。

① 增加铸型刚度,阻止铸件外壳向外膨胀,并可利用石墨化膨胀产生"自补缩"的效果,防止或减少铸件的缩孔或缩松。如生产中常采用增加铸型紧实度,中小型铸件采用黏土干砂型或水玻璃化学硬化砂型,牢固夹紧砂型等措施来防止铸型型壁移动。

② 安放冒口、冷铁,对铸件进行补缩。

球墨铸铁件易出现气孔,其原因是铁液中残留的镁或硫化镁与型砂中的水分发生下列反应所致:

$$Mg+H_2O=MgO+H_2\uparrow$$

$$MgS+H_2O=MgO+H_2S\uparrow$$

生成的 H_2、H_2S 部分进入铁液表层,成为皮下气孔。为防止气孔缺陷,除应降低铁液硫含量和残余镁量外,还应限制型砂水分或采用干砂型。

此外,球墨铸铁件还容易产生夹渣缺陷,故浇注系统应能使铁液平稳地导入型腔,并有良好的挡渣作用。

3. 球墨铸铁的牌号、性能及应用

球墨铸铁的牌号、主要特性及应用举例如表 2.4 所示。

表 2.4　球墨铸铁的牌号、主要特性及应用举例

铸铁牌号	主要特性	应用举例
QT400—18 QT400—15	焊接性及切削加工性能好,韧性好,脆性转变温度低	1. 农机具,如犁铧、犁柱、收割机及割草机上的导架、差速器壳、护刃器等; 2. 汽车、拖拉机的轮毂、驱动桥壳体、离合器壳、差速器壳、拨叉等;
QT450—10	同上,但塑性略低而强度与小能量冲击力较高	3. 通用机械件,如阀体、阀盖、压缩机上高低压气缸等; 4. 其他如铁轨垫板、电机机壳、齿轮箱、飞轮壳等
QT500—7	中等强度与塑性,切削加工性尚好	1. 内燃机的机油泵齿轮; 2. 汽轮机中温汽缸隔板、铁路机车车辆轴瓦; 3. 机器座架、传动轴、飞轮、电动机机架等
QT600—3	中高强度,低塑性,耐磨性较好	1. 大型内燃机的曲轴,部分轻型柴油机和汽油机的凸轮轴、汽缸套、连杆、进排气门座等; 2、农机具,如脚踏脱粒机齿条,轻负荷齿轮、犁铧等; 3. 部分磨床、铣床、车床的主轴;
QT700—2 QT800—2	较高的强度和耐磨性,塑性及韧性较低	4. 空压机、气压机、冷冻机、制氧机、泵的曲轴、缸体、缸套; 5. 球磨机齿轮、矿车轮、桥式起重机大小滚轮、小型水轮机主轴等
QT900—2	高的强度和耐磨性,较高的弯曲疲劳强度,接触疲劳强度和一定的韧性	1. 农机上的犁铧、耙片; 2. 汽车上的螺旋伞齿轮、转向节、传动轴; 3. 拖拉机上的减速齿轮; 4. 内燃机曲轴、凸轮轴

球墨铸铁牌号中的"Q""T",是"球""铁"二字的汉语拼音的首字母,其后两组数字分别表示其最低抗拉强度(MPa)和断后伸长率(%)。QT400—18 至 QT450—10 属于铁素体球墨铸铁,QT500—7 至 QT900—2 属于珠光体球墨铸铁。由于球状石墨对基体的割裂作用和应力集中现象大为减轻,基体对球墨铸铁力学性能的影响又起到了主导作用,基体强度利用率高达 70%～90%,因此,球墨铸铁的力学性能显著提高。尤为突出的是球墨铸铁屈强比($R_{p0.2}/R_m\approx0.7\sim0.8$)高于碳钢($R_{p0.2}/R_m\approx$

0.6),珠光体球墨铸铁的屈服强度超过了 45 钢。因在机械设计中材料的许用应力一般以屈服强度为依据,显然,对于承受冲击载荷不大的零件,用球墨铸铁代替钢是完全可行的。

实验证明,球墨铸铁有良好的抗疲劳性能,如弯曲疲劳强度(带缺口试样)与 45 钢相近,扭转疲劳强度比 45 钢高 20 ％左右,因此,完全可以代替铸钢或锻钢制造承受交变载荷的零件。

球墨铸铁的塑性、韧性虽低于钢,但其他力学性能可与钢媲美,而且还具有灰铸铁的许多优点,如良好的铸造性、耐磨性、吸震性能及低的缺口敏感性等。

此外,球墨铸铁还可用热处理方法进一步提高其性能。多数球墨铸铁的铸态基体为珠光体加铁素体的混合组织,很少是单一的基体组织,有时还存在自由渗碳体,形状复杂件还有残余应力。因此,球墨铸铁的热处理主要是为了改善其金属基体,以获得所需的组织和性能,这点与灰铸铁不同。球墨铸铁热处理后的力学性能如表2.5 所示。

表 2.5　球墨铸铁热处理后的力学性能

球墨铸铁类型	热处理工艺	R_m/MPa	A/%	a_K/(J/cm^2)	硬　　度	备　　注
铁素体球墨铸铁	退火	400～500	12～25	60～120	121～179 HBS	可代替碳素钢,如 35 钢,40 钢
珠光体球墨铸铁	正火 调质	700～950 900～1 200	2～5 1～5	20～30 5～30	229～302 HBS 32～43 HRC	可代替合金结构钢、碳素钢,如 35CrMo 钢、40CrMnMo 钢、45 钢
贝氏体球墨铸铁	等温淬火	1 200～1 500	1～3	20～60	38～50 HRC	可代替合金结构钢,如 20CrMnTi 钢

与铸钢比,球墨铸铁的熔炼及铸造工艺简便,成本低,投产快,在一般铸造车间即可生产。目前球墨铸铁件在机械制造中已得到了广泛的应用,它已成功地取代了不少可锻铸铁、铸钢及某些非铁金属件,甚至取代了部分载荷较大、受力复杂的锻件。例如,汽车、拖拉机、压缩机上的曲轴,现已大多用珠光体球墨铸铁取代传统的锻钢来制造。

球墨铸铁硅含量高,其低温冲击韧度较可锻铸铁差,又因球化处理会降低铁液温度,故在薄壁小件的生产中,其品质不如可锻铸铁稳定。

2.2.4　蠕墨铸铁

蠕墨铸铁是铁液经蠕化处理,使其石墨呈蠕虫状(介乎片状和球状之间)的铸铁。

1. 蠕墨铸铁的牌号和性能

蠕墨铸铁分为五个牌号,即 RuT420、RuT380、RuT340、RuT300 及 RuT260,其中 RuT260 为铁素体基体,其余为铁素体加珠光体混合基体或珠光体基体。牌号中的"RuT"为"蠕铁"的汉语拼音的前三个字母,其后数字为最小抗拉强度(MPa)。

　　蠕墨铸铁的性能介于基体相同的灰铸铁和球墨铸铁之间,有良好的力学性能(抗拉强度优于灰铸铁,低于球墨铸铁,有一定的塑性和韧性,断后伸长率为 1.5%～8%),且其断面敏感性较普通灰铸铁小,故厚大截面上的力学性能较为均匀。

　　蠕墨铸铁还有良好的使用性能,它组织致密,其突出的优点是导热性优于球墨铸铁,而抗生长和抗氧化性比其他铸铁均高,耐磨性优于孕育铸铁及高磷耐磨铸铁。

　　2. 蠕墨铸铁的生产

　　蠕墨铸铁的生产与球墨铸铁相似,铁液成分与温度要求亦相似。在炉前处理时,先向高温、低硫、低磷铁液中加入蠕化剂进行蠕化处理,再加入孕育剂进行孕育处理。蠕化剂一般采用稀土镁钛、稀土镁钙合金或镁钛合金,加入量为铁液的 1%～2%(质量分数)。蠕墨铸铁的铸造性能接近灰铸铁,缩孔、缩松倾向比球墨铸铁小,故铸造工艺简便。

　　3. 蠕墨铸铁的应用

　　蠕墨铸铁的力学性能高,导热性和耐热性优良,因而适合制造工作温度较高或温度梯度较高的零件,如大型柴油机的汽缸盖、制动盘、排气管、钢锭模及金属型等。又因其断面敏感性小,铸造性能好,故可用来制造形状复杂的大型铸件,如重型机床和大型柴油机的机体等。用蠕墨铸铁代替孕育铸铁,既可提高铸件强度,又可节省许多废钢。

2.2.5　合金铸铁

　　当铸铁件要求具有某些特殊性能(如高耐磨、耐蚀性等)时,可在铸铁中加入一定量的合金元素,制成合金铸铁。

　　1. 耐磨铸铁

　　普通高磷($w(P)=0.4\%～0.6\%$)铸铁虽可提高耐磨性,但强度和韧性差,故常在其中加入铬、锰、铜、钒、钛、钨等合金元素构成高磷耐磨铸铁。这不仅强化和细化了基体组织,而且形成了碳化物硬质点,进一步提高了铸铁的耐磨性等。

　　除高磷耐磨铸铁外,还有铬钼铜耐磨铸铁、钒钛耐磨铸铁及中锰耐磨球墨铸铁等。耐磨铸铁常用做机床导轨、汽车发动机的缸套、活塞环、轴套、球磨机的磨球等铸件的材料。

　　2. 耐热铸铁

　　在铸铁中加入一定量的铝、硅、铬等元素,能使铸铁表面形成致密的氧化膜,如 Al_2O_3、SiO_2、Cr_2O_3 膜等,保护铸铁内部不再继续氧化。另外,这些元素的加入提高了铸铁组织的相变温度,阻止了渗碳体的分解,从而使这类铸铁能够耐高温(700～1 200 ℃)。耐热铸铁一般用来制造加热炉底板、炉门、钢锭模及压铸模等铸件。

　　3. 耐蚀铸铁

　　在铸铁中加入硅、铝、钙等合金元素,能使铸铁表面形成耐蚀保护膜,并提高铸铁基体的电极电位。根据铸件所接触的腐蚀介质的不同,可选择不同种类的耐蚀铸铁。它们常用来制造化工设备中的管道、阀门、泵类、反应釜及盛储器等铸件。

合金铸铁流动性差,易产生缩孔、气孔、裂纹的缺陷,化学成分控制要求严格,铸造难度较大,需采用相应的工艺措施,方能获得合格铸件。

2.2.6 铸铁的熔炼

铸铁熔炼的主要目的是高效、低成本地获得化学成分及温度满足要求的铁液。熔炼铸铁的设备有冲天炉、反射炉、电弧炉、中频和工频感应电炉等,以冲天炉应用最广,因为与其他熔炼炉相比,冲天炉可连续熔炼大量的金属。冲天炉的形状与高炉相似,都为圆筒形或圆锥形井式炉,炉的内壁用耐火材料砌成,但冲天炉的炉顶上没有料钟装置密闭,而是与大气相通。

1. 冲天炉的熔炼过程

冲天炉的每一批炉料包括:①燃料,一般为焦炭,冲天炉内最底层的焦炭称为底焦;②金属料,包括铸造生铁、回炉铁(废浇冒系统、废铸件)、废钢、铁合金(硅铁、锰铁)等;③熔剂常用石灰石、氟石等。金属、焦炭、熔剂交替装入炉内。

在熔炼过程中,冲天炉内的高温炉气不断上升与炉料不断下降的逆向运动伴随着如下过程:底焦燃烧,金属炉料被预热、熔化和过热,冶金反应使铁液成分发生变化。故金属在冲天炉内由固态变为液态并非简单的熔化过程,实质上为一熔炼过程。

(1) 炉气、炉料温度的变化(图 2.7) 来自鼓风机的空气经风口进入炉内,与底焦发生完全燃烧,并放出大量的热,使炉温高达 1 600～1 700 ℃。

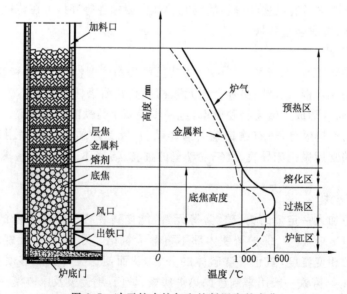

图 2.7 冲天炉内炉气和炉料温度的变化

显然,燃烧反应主要是在风口以上的底焦中进行,层焦在未进入到底焦之前几乎未燃烧。层焦的作用是补充底焦的消耗,以维持底焦高度不变。风口以下的炉缸区内无炉气流动,焦炭几乎不燃烧。

（2）炉料的熔化　从加料口装入的炉料,迎着上升的炉气下降,并被逐渐加热,当温度达 1 100~1 200 ℃时,开始熔化成金属液滴。下落的液滴经过过热区时,被高温的炉气和炽热的焦炭进一步过热,最后降落到炉缸中,再通过过桥(图中未画出)流至浇包中。熔渣从出渣口(出渣口高于出铁口并偏置一角度,图中未画出)排出炉外。

熔化中须控制合适的底焦高度,使金属料在该区中熔化,并使金属液滴充分过热,达到足够高的出炉温度。若底焦高度过低,金属位于高温区,熔化虽快,但金属氧化损耗加剧,因此金属液温度仍然很低;而底焦高度过高,炉料位于低温区,要等待多出的底焦燃烧到正常高度时,金属料才开始熔化,因此熔化率低,焦炭消耗量大。

2. 铁液化学成分的控制

熔炼中金属料与炽热的焦炭和炉气直接接触,铁液的化学成分将发生如下变化。

① 硅和锰减少。具有氧化性的炉气使铁液中的硅、锰烧损,一般烧损量(质量分数)硅为 10%~20%,锰为 15%~25%。

② 碳增加。一方面,金属料中的碳被炉气氧化烧损;另一方面,金属料在与炽热焦炭接触中又吸收碳。因此,铁液碳含量的最终变化是炉内渗碳与脱碳两个过程的综合结果。实践证明,铁液碳含量的变化总是趋于共晶成分的碳含量。在大多数情况下,当铁料 $w(C) < 3.6\%$ 时,铁液将以增碳为主;当铁料 $w(C) > 3.6\%$ 时,铁液则以脱碳为主。鉴于铁料一般 $w(C) < 3.6\%$,故铁液大多是增碳的。

必须指出,共晶碳含量只是铁料碳含量的变化趋向。实际上铁料碳含量愈低,铁液碳含量也愈低,所以在熔炼孕育铸铁、可锻铸铁时,为获得碳含量低的铁液,必须在金属料中配入一定比例的废钢,以降低铁液的初始碳含量。

③ 硫增加。铁液吸收焦炭中的硫,硫含量将增加 50% 左右。

④ 磷基本不变。

进行金属炉料配料时,首先根据铸件所要求的组织、性能,由碳、硅含量与铸铁组织的关系图(图 2.2)确定铁液应达到的碳、硅含量范围,然后根据现有铁料的成分,确定每批炉料中生铁锭、回炉铁及废钢铁的比例,并加入一定量的硅铁、锰铁等铁合金,以弥补铁料中硅、锰的烧损。由于冲天炉内通常难以脱除硫、磷,因此,欲得到低硫、磷铁液,应采用优质焦炭。

熔炼后铁液的成分与铸件壁厚之间的关系是否恰当,可在炉前浇注三角试样,然后用肉眼观察其试样断口组织(图 2.8)进行粗略判断。例如,根据试样的白口宽度,即可确定该铁液所浇注的铸件不产生白口的最小壁厚。若铸件壁厚小于试样白口宽度,在铸件薄壁处就会出现白口组织,此时可在炉前加入硅铁对铁液

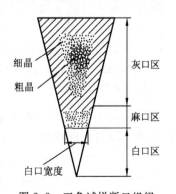

图 2.8　三角试样断口组织

进行孕育处理,以消除白口,降低铸件硬度;如若看到试样断口组织晶粒过粗,可向铁液中加入少量锰铁,使铸件的组织细化,硬度增加。

2.3　铸钢及其熔炼

1. 铸钢的分类、性能及应用

按化学成分分类,铸钢(ZG)可分为铸造碳钢和铸造合金钢两大类。表 2.6 所示为常用铸造碳钢的牌号、成分、力学性能和应用举例。

表 2.6　工程用铸造碳钢的主要化学成分、力学性能及应用举例

牌号	主要化学成分/%(质量分数),不大于					力学性能,不小于					应用举例
	C	Si	Mn	P	S	R_e 或 $R_{p0.2}$ /MPa	R_m /MPa	A /%	Z /%	a_K /(J/cm²)	
ZG200—400	0.20	0.50	0.80	0.04		200	400	25	40	30	有良好的塑性、韧性和焊接性能,用来制造受力不大的机械零件,如机座、变速箱壳等
ZG230—450	0.30	0.50	0.90	0.04		230	450	22	32	25	有一定的强度,用来制造受力不太大的机械零件,如砧座、外壳、轴承盖、阀门等
ZG270—500	0.40	0.50	0.90	0.04		270	500	18	25	22	有较高的强度,用来制造机架、连杆、箱体、缸体、轴承座等
ZG310—570	0.50	0.60	0.90	0.04		310	570	15	21	15	有高的强度、较大的裂纹敏感性,用来制造齿轮、棘轮等
ZG340—640	0.60	0.60	0.90	0.04		340	640	10	18	10	

注:牌号中的两组数字分别表示其 R_e 及 R_m 的最小值,a_K 表示 V 型缺口试样的冲击韧度。

由表 2.6 可见,铸钢的综合力学性能高于各类铸铁,它不仅强度高,而且具有铸铁不可比拟的优良塑性和韧性,适合制造承受大能量冲击负荷下的高强度、高韧性的铸件,如火车轮、锻锤机架、砧座、高压阀门和轧辊等。铸钢较球墨铸铁性能稳定,品质较易控制,在大截面和薄壁铸件生产中,这一优点尤为明显。此外,铸钢的焊接性能好,便于采用铸-焊联合结构制造形状复杂的大型铸件。因此,铸钢对于重型机械

的制造中甚为重要。

　　常用的铸造碳钢主要是 $w(C)=0.25\%\sim0.45\%$ 的中碳钢（ZG25 至 ZG45）。这是由于低碳钢熔点高，流动性差，易氧化和易热裂，通常仅利用其软磁特性制造电磁吸盘和电机零件；高碳钢虽然熔点较低，但塑性差，易冷裂，仅用来制造某些耐磨件。在碳钢中加入少量（质量分数小于 3.5%）合金元素，如锰、硅、铬、钼、钒等，可得到力学性能和淬透性更好的合金结构钢。

　　如欲使铸钢件具有耐磨、耐蚀、耐热等特殊性能，则需以合金元素含量更高（质量分数大于 10%）的高合金钢为材料。例如，ZGMn13 钢为铸造耐磨钢，其碳、锰的质量分数分别为 1.2% 和 13%。这种钢经淬火韧化处理后，在室温下具有单相奥氏体组织，在使用过程中，其表层受撞击而产生加工硬化，硬度和耐磨性大为提高，但中心部位仍有很高的韧性，可承受较大的冲击。因此，这种材料常用来制造坦克、拖拉机、推土机的履带板，铁轨道叉，破碎机颚板，大型球磨机衬板等。又如，ZG1Cr18Ni9 钢为铸造不锈钢，其耐蚀性高，常用来制造耐酸泵、天然气管道阀门等石油、化工机械零件。

2. 铸钢的熔炼

　　生产成形铸钢件所用钢液的熔炼与生产钢锭及钢材所用钢液相似，也可用转炉及电弧炉进行熔炼，其中最常用的是 $1\sim5$ t 的三相电弧炉（图 2.1）。这种炼钢炉开炉和停炉方便，钢液品质高，可炼的钢种多，对加入的金属炉料（如废钢及回炉料）的品质要求不严格。

　　对于高级合金钢及碳含量极低的铸钢，还可采用熔炼速度快、能源消耗少、钢液成分和品质控制更准确的中频或工频感应电炉熔炼。图 2.9 所示为工频感应电炉。

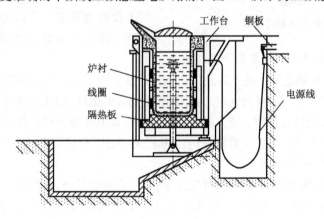

图 2.9　工频感应电炉

3. 铸钢件的铸造工艺特点

　　铸钢的浇注温度高（大于 1 500 ℃），收缩大（比铸铁大 3 倍），流动性差，易氧化，易吸气，因此铸造性能差，易产生浇不到、气孔、缩孔、缩松、热裂、黏砂等缺陷。为了获得合格的铸件，必须针对以下特点采取相应的工艺措施。

　　（1）对型砂性能要求高　铸钢用砂应具有高的耐火度、良好的透气性和退让性、低的发气量等。为此,要采用颗粒大而均匀的原砂,大铸件采用人造硅砂或耐火性更高的镁砂、铬铁矿砂、锆砂。为防止黏砂,可在砂型和型芯与钢液接触的表面上涂敷硅石粉或锆石粉涂料(不能用石墨涂料,以免铸钢件增碳)。为降低型砂的发气量,提高其强度,改善其流动性,厚大铸钢件多采用黏土干砂型或水玻璃砂型。此外,型(芯)砂中还常加入糖浆、糊精或木屑等,以改善型砂退让性和出砂性。

　　(2)安放冒口和冷铁　除薄壁铸件或小件外,几乎绝大多数铸钢件都采用冒口和冷铁,实现铸件的定向凝固,达到补缩效果,防止产生缩孔和缩松缺陷。在图 2.10 所示

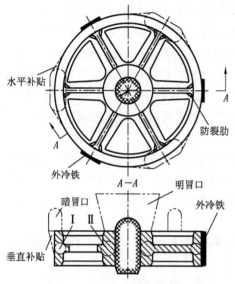

水平补贴
防裂肋
外冷铁
$A-A$
明冒口
暗冒口
Ⅰ Ⅱ
外冷铁
垂直补贴

图 2.10　铸钢齿轮的铸造工艺

齿轮铸钢件的轮缘、轮辐交接处Ⅰ、Ⅱ是容易产生缩孔的热节。为防止该处产生缩孔,现采用三个冒口和三个冷铁来控制铸件定向凝固:轮辐凝固中所需补缩的钢液,从尚未凝固的热节Ⅰ中经轮缘通道补给;继而是轮缘、热节Ⅰ凝固,其补缩所需的钢液,由轮缘暗冒口补给,最后才是暗冒口凝固。考虑到轮缘厚度小于热节圆的直径,为防止轮缘提早凝固而堵塞补缩通道,故在冒口附近设置水平和垂直的"补贴",将轮缘局部加厚,待铸件铸出后再用气割切除。为了向轮毂及其与轮辐交接处的热节Ⅱ进行补缩,又在轮毂中央安放了一个较大的明冒口。

　　(3)设置防裂肋　在两壁交接处(如图 2.10 所示的轮辐与轮缘、轮毂的交接处)设防裂肋,以防止铸钢件在这些部位产生裂纹。

　　(4)铸钢件的热处理　热处理是生产铸钢件的必要工序。因为钢的铸态组织晶粒粗大,组织不均匀,常存在残余内应力,会降低铸钢件的强度、塑性和韧性,因此,必须对铸钢件进行正火或退火处理。正火铸钢件的力学性能高于退火铸钢件,且成本低,故应尽可能采用正火工艺。但正火铸钢件的应力较大,因此,形状复杂、容易产生裂纹或较易硬化的铸钢件,仍以退火为宜。

　　由上可知,与铸铁件相比,铸钢件工艺复杂,品质控制较严,并需要安放冒口。冒口消耗大量的钢液,其质量常占浇注钢液的 $25\%\sim60\%$,有时甚至大于铸钢件本身,这使得铸钢件成本增高。

2.4　铸造非铁合金及其熔炼

　　铸造非铁合金是指除铸钢、铸铁合金以外的铸造合金,其品种较多,工业中常用的是铸造铜合金和铸造铝合金。

2.4.1　铸造铜合金

铸造铜合金虽价格较高,但由于它具有很好的耐蚀性、减摩性及一定的力学性能,因此,它目前仍是工业中不可缺少的合金。铸造铜合金按其成分分为以下两类。

1. 铸造黄铜

普通的黄铜是指以铜和锌为主要成分的合金,有时还常含有硅、锰、铝、铅等合金元素。铸造黄铜因铜含量稍低,故其价格低于铸造青铜。但它有相当高的力学性能,如 $R_m = 250 \sim 450$ MPa,$A = 7\% \sim 30\%$,硬度 $= 60 \sim 120$ HBS。同时,它的凝固温度范围较小,所以,铸造黄铜有优良的铸造性能,常用于重载低速下或一般用途的轴承、衬套、齿轮等耐磨件和形状复杂的阀门件及大型螺旋桨等耐蚀件。

2. 铸造青铜

以铜和锡为主要成分的合金是最普通的青铜,称为锡青铜。虽然铸造锡青铜的力学性能大多低于黄铜,但其耐磨性优于黄铜。锡青铜的凝固温度范围宽,容易产生显微缩松。这些缩松可作为储油槽,使锡青铜特别适合制造高速滑动轴承和衬套。同时,青铜的耐蚀性一般优于黄铜,适合制造在海水中工作的零件。除锡青铜外,还有铝青铜、铅青铜等,其中,铝青铜有优良的耐磨、耐蚀性,但铸造性能较差,仅用来制造有重要用途的耐磨、耐蚀件。表 2.7 所示为常用铸造铜合金的牌号、化学成分、力学性能和应用举例。

表 2.7　常用铸造铜合金的牌号、主要化学成分、力学性能及应用举例

合金名称	合金牌号	主要化学成分/%(质量分数)	铸造方法	力学性能				应用举例
				R_m/MPa	$R_{p0.2}$/MPa	A_5/%	硬度 HBW	
10-1 锡青铜	ZCuSn10P1	Sn9.0~11.5, P0.5~1.0, 其余为 Cu	S	220	130	30	785	可用于高负荷(20 MPa 以下)和高滑动速度(8 m/s)下工作的耐磨零件,如连杆、衬套、轴瓦、齿轮、蜗轮等
			J	310	170	2	885	
			Li	330	170	4	885	
			La	360	170	6	885	
10-0 铅青铜	ZCuPb10Sn10	Pb8.0~11.0, Sn9.0~11.0, 其余为 Cu	S	180	80	7	635	表面压力高,又存在侧压力的滑动轴承,如轧碾、车辆用轴承、负荷峰值 60 MPa 的受冲击的零件、最高峰值达 100 MPa 的内燃机双金属轴瓦,以及活塞销套、摩擦片等
			J	220	140	5	685	
			Li	220	110	6	685	
			La					

合金名称	合金牌号	主要化学成分/%(质量分数)	铸造方法	R_m/MPa	$R_{p0.2}$/MPa	A_5/%	硬度HBW	应用举例
38黄铜	ZCuZn38	Cu60.0～63.0,其余为Zn	S J	295 295	— —	30 30	590 685	一般结构件和耐蚀零件,如法兰、阀座、支架、手柄、螺母等
40-3-1锰黄铜	ZCuZn40Mn3Fel	Fe0.5～1.5,Mn3.0～4.0,Cu53.0～58.0,其余为Zn	S J	440 490	— —	25 18	885 980	耐海水腐蚀的零件、300℃以下工作的管配件、船舶螺旋桨等大型铸件

注:S—砂型铸造,J—金属型铸造,Li—离心铸造,La—连续铸造。

2.4.2 铸造铝合金

铝合金密度小,比强度(强度/质量)高,熔点低,导电、导热和耐蚀性优良,常用来制造质量小且具有一定强度的铸件。

铸造铝合金分为铝硅、铝铜、铝镁及铝锌合金四类。其中,铝硅合金因流动性好、线收缩率低、热裂倾向小、气密性好,又有足够的强度,所以应用最广,常用来制造形状复杂的薄壁件或气密性要求较高的铸件,如内燃机缸体,化油器,仪表外壳等。铝铜合金的铸造性能差,热裂倾向大,气密性和耐蚀性较差,但耐热性较好,主要用来制造活塞、汽缸头等。表2.8所示为几种铸造铝合金的牌号、化学成分、力学性能和应用举例(GB/T 1173—1995)。

表2.8　几种常用铸造铝合金的牌号、主要化学成分、力学性能及应用举例

合金类别	合金牌号	合金代号	Si	Cu	Mg	Ni	Al	铸造方法	热处理状态	R_m/MPa	A_5/%	硬度HBS	应用举例
铝硅合金	ZAlSi7Mg	ZL101	6.5～7.5	—	0.25～0.45	—	余量	JB J、 JB	T4 T5	185 205	4 2	50 60	形状复杂的、中等负荷的零件,如飞机仪表件、抽水机壳体等
	ZAlSi5Cu1Mg	ZL105	4.5～5.5	1.0～1.5	0.4～0.6	—	余量	J	T5	235	0.5	70	汽缸盖、油泵壳体等
	ZAlSi12Cu1Mg1Ni1	ZL109	11.0～13.0	0.5～1.5	0.8～1.3	0.8～1.5	余量	J J	T1 T6	195 245	0.5 —	90 100	高温下工作的零件,如活塞等

续表

合金类别	合金牌号	合金代号	主要化学成分/%（质量分数）					铸造方法	热处理状态	力学性能			应用举例
			Si	Cu	Mg	Ni	Al			R_m/MPa	A_5/%	硬度HBS	
铝铜合金	ZAlCu5Mn	ZL201	—	4.5~5.3	Mn 0.6~1.0	Ti 0.15~0.35	余量	S、J、R、K	T4 T5	295 335	8 4	70 90	汽缸盖、活塞、挂架梁、支臂等
铝镁合金	ZAlMg10	ZL301	—		9.5~11.0	—	余量	S、J、R	T4	280	10	60	在大气或海水中工作、能承受较大振动载荷的零件
铝锌合金	ZAlZn11Si7	ZL401	6.0~8.0	—	0.1~0.3	Zn 9.0~13.0	余量	S、R、K、J	T1 T1	235 215	4 4	70 65	工作温度不超过 200 ℃，结构形状复杂的汽车、飞机零件

注：S—砂型铸造，J—金属型铸造，R—熔模铸造，K—壳型铸造，B—变质处理，T1—人工时效，T4—固溶处理加自然时效，T5—固溶处理加不完全人工时效，T6—固溶处理加完全人工时效。

2.4.3　铸造铜合金、铝合金的熔炼

铸造铜合金、铝合金在液态下均具有易氧化和吸气的特性，铜氧化后生成Cu_2O，溶解在铜液内，最终降低铜合金力学性能。铝易氧化生成 Al_2O_3，熔点高达 2 050 ℃，且密度稍大于铝，易沉淀于铝液中，成为非金属夹渣。同时，铝液还极易吸收氢气，使铸件产生针孔缺陷。另外，非铁合金品种很多，且有时熔点相差很大，不宜按成分直接配料。

为了防止上述缺陷产生，需采取下列措施。

（1）采用坩埚炉（图 2.11）熔炼　将铜合金或铝合金置于坩埚中（铜合金用石墨坩埚，铝合金多用铁坩埚），间接加热，使金属料不与燃料直接接触，以减少金属的烧损，保持金属液纯净。此外，当合金元素的熔点相差太大时，不宜直接加入低熔点金属，而常常是以中间合金（母合金）的形式加入。中间合金是用由一种低熔点合金与一种或两种高浓度的所需成分元素熔炼而成的（有商品供应，亦可自己配制）。坩埚炉可用焦炭、油、电阻丝或感应电流加热，视工厂条件而定。

（2）用熔剂覆盖金属液　用熔剂覆盖金属液，隔绝空气，防止氧化。熔炼青铜时用木炭粉加玻璃、硼砂等作熔剂，而熔炼铝合金时常用 KCl、$NaCl$、CaF_2 等作熔剂。

（3）脱氧、去气精炼　为了将 Cu_2O 脱氧还原，铜液出炉前，应向其中加入占铜液 0.3%~0.6%（质量分数）的磷铜合金（其中磷的质量分数为 10%）进行脱氧，其反

应如下：

$$5Cu_2O+2P=10Cu+P_2O_5\uparrow$$

$$6Cu_2O+2P=10Cu+2CuPO_3（上浮进入渣中）$$

熔炼黄铜时，因锌本身就是良好的脱氧剂，且氧化后可在铜液表面生成比较致密的氧化锌薄膜来保护铜液，所以一般不需另加熔剂和脱氧剂。

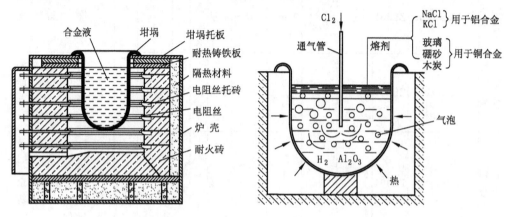

图 2.11　电阻坩埚炉　　　　　　　图 2.12　向坩埚内金属液通入氯气

为了去除铝液中的氢及 Al_2O_3 夹杂，铝液在出炉前要进行精炼。其原理是利用不溶于金属液的外来气泡上浮过程中，将有害气体和夹杂物一并带出液面而去除。具体工艺方法有多种，例如，用管子向铝液内吹氯气（或氮气、氩气）5～10 min（图 2.12）。氯气分别与铝和氢气发生如下反应：

$$3Cl_2+2Al=2AlCl_3\uparrow$$

$$Cl_2+H_2=2HCl\uparrow$$

生成的 $AlCl_3$、HCl 及过剩的氯气泡中的分压为零，使得铝液中的氢向气泡中扩散，$AlCl_3$ 夹杂亦附着到气泡上，在气泡上浮过程中一并带出铝液。生产中还可用向铝液中压入氯化锌（$ZnCl_2$）、六氯乙烷（C_2Cl_6）等氯盐或氯化物来产生同样效果。

（4）采用正确的铸造工艺　为避免非铁合金浇注过程中再度氧化吸气，防止金属液飞溅，应尽量采用平稳快浇、快凝的浇注工艺和底注式或某些特殊的浇注系统，使金属液连续平稳地导入型腔。采用金属型可使金属液快速冷凝，减少吸气，细化晶粒。如果用砂型铸造，则必须严格控制型砂水分，并采用细颗粒原砂，增大砂型的紧实度。铜液的密度大、流动性好，特别容易渗入砂型而产生机械黏砂，使铸件清理工作量加大。

铜合金、铝合金的凝固收缩率比铸铁大，除锡青铜铸件外，一般需采用冒口补缩。

复习思考题

（1）试从石墨存在的状态和影响分析灰铸铁的力学性能和其他性能特征。

（2）影响铸铁中石墨化过程的主要因素是什么？相同化学成分的铸铁件的力学性能是否相同？

(3) 灰铸铁最适合制造什么样的铸件？举出十种你所知道的灰铸铁件名称及它们为什么不采用别的材料的原因。

(4) 某铸件壁厚有 5 mm、20 mm、52 mm 三种，要求铸件各处的抗拉强度都能达到 150 MPa，若选牌号 HT150 的灰铸铁为材料，能否满足性能要求？

(5) 什么是孕育铸铁？它与普通灰铸铁有何区别？如何获得孕育铸铁？

(6) 可锻铸铁是如何获得的？为什么它只宜制作薄壁小铸件？

(7) 球墨铸铁是如何获得的？为什么说球墨铸铁是"以铁代钢"的好材料？球墨铸铁可否全部代替可锻铸铁？

(8) 为什么普通灰铸铁热处理的效果不如球墨铸铁好？普通灰铸铁常用的热处理方法有哪些？其目的是什么？

(9) 识别下列牌号的材料名称，并说出字母和数字所表示的含义：QT600—2，KTH350—10，HT200，RuT260。

(10) 冲天炉熔炼铸铁时，加入废钢、硅铁、锰铁的作用是什么？若采用单一的生铁锭或回炉铁为原料，铸出的产品品质如何？若采用单一的废钢来熔炼，铸出的产品属于什么材质（铸钢、灰铸铁、白口铸铁）？为什么？

(11) 铸钢的熔炼应采用什么设备？

(12) 铸造铜合金和铝合金熔炼常采用什么熔炼炉？其熔炼和铸造工艺有何特点？

(13) 试述铸钢的铸造性能及铸造工艺特点。

(14) 识别下列牌号的材料名称，并说明其各组成部分的含义：ZL107，ZCuSu3Zn11Pb4，ZCuAl9Mn2，ZCuZn38。

第3章

金属的铸造成形技术

3.1　铸造成形技术的类型

铸造成形技术依据造型材料、造型方法及金属浇入铸型方法的不同分类如下。

（1）一次消耗性铸型的铸造成形技术　砂型（黏土砂型、树脂砂型、壳型、石墨型及V法铸造砂型等）、石膏型、熔模精密铸造型壳及陶瓷型等的铸型材料，都是用（或不用）黏结剂与耐火粒料混合而成的。当金属液浇入铸型中并冷凝后，需打破铸型取出铸件，即一个铸型只能浇注一次。

（2）永久性铸型的铸造成形技术　永久性铸型一般用金属材料制造，其成形技术有金属型铸造、低压铸造（也可用一次消耗性铸型）、压力铸造、离心铸造、真空吸铸和挤压铸造等。永久性铸型可重复使用，其使用寿命取决于铸型材料和所浇注的铸件材料，它们在高温下能承受高压力，导热快；铸件冷却迅速，晶粒细，性能好。设计永久性铸型时，应考虑铸件是否易于从永久性铸型中取出，并尽可能不阻碍铸件收缩。

此外，还可由两种以上不同材料和不同成形方法组成的复合铸型的成形技术，如消失模真空密封铸造、低压消失模铸造、真空吸铸消失模铸造、水玻璃砂或金属型内衬陶瓷铸型铸造、铁模覆砂铸型铸造、金属型内衬硅橡胶铸型离心铸造等，它们综合了多种成形技术的优点，改善了铸型的强度，能控制铸件冷却速度，能细化晶粒，改善铸件的微观组织，并节省铸型费用。

在这些成形技术中，砂型铸造适用于大小、形状和批量不同的各种金属铸件，其成本低廉。砂型铸造以外的其他成形技术，在铸件品质、生产率等方面优于砂型铸造，但其使用有局限性，成本也比砂型铸造高。

3.2　一次消耗性铸型的铸造成形技术

3.2.1　砂型铸造

砂型铸造是用模样和型砂制造砂型并用于浇注的一种传统工艺。根据型砂组成及模样的结构不同，它分为多种工艺形式。在未经区分的情况下，所说的砂型也包括砂芯，所说的型砂也包括芯砂。

1. 型砂

1）型砂的组成

制造砂型和砂芯的材料称为型砂和芯砂，它不同于一般建筑和其他用途的砂子，型（芯）砂是由原砂、黏结剂及附加物组成。

（1）原砂　铸造用原砂的化学成分应有足够的耐火度（不容易被高温金属液烧结或熔融），粒形尽可能接近圆形，尺寸粒度根据国际标准筛号供应（表面粗糙度较低的优质铸件所用原砂一般较细，主要为 50/100、70/140 或 100/200 筛号，并且要求粒度不宜过于集中，一般采用三筛砂或四筛砂；厚大铸件所用原砂一般较粗，主要为 40/70 或 50/100 筛号）。铸铁件常用 SiO_2 质量分数大于 90% 的硅砂，非铁合金铸件常用 SiO_2 质量分数大于 75% 的硅砂，铸钢件常用热膨胀小、耐火度高的锆砂、镁橄榄石砂和导热性好的铬铁矿砂。

（2）黏结剂　砂型铸造用黏结剂有黏土、水玻璃和树脂（常用呋喃或酚醛树脂）等。黏土主要分为高岭土（又称白泥）和膨润土（又称陶土）两类，前者用于干砂型，后者用于湿砂型。

（3）附加物　砂型铸造用附加物有煤粉、油类、淀粉类、合成有机聚合物、纤维素类（如木屑）等。

2）型砂的混制

将原砂、黏结剂与附加物根据工艺要求的配方在混砂机中混匀。混制后型砂的砂粒表面均匀地包覆着一层黏结剂膜，使砂粒相互黏结并使型砂具有强度和透气性，以抵抗金属液的冲击，且利于浇注时排气。煤粉、油类等附加物受金属液作用在型腔表面产生还原性气膜，可防止黏砂缺陷，改善铸件表面品质；纤维素类等附加物能使型砂具有良好的退让性，可避免铸件产生热裂纹和冷裂纹。

2. 砂型的种类

按型砂组成及造型方法的不同，砂型可分为以下几种类型。

（1）湿砂型（湿型）　湿砂型是指以黏土（一般是钠基膨润土）为黏结剂，用手工或造型机制造，不经烘干可直接进行浇注的砂型，多用于中小铸件，是铸造中应用最普通、最便宜的砂型。所谓"湿"，是指金属液浇入砂型时，砂型中含有 5%（质量分数）左右的水分，呈潮湿状态。

（2）干砂型（干型）　干砂型是指在浇注前将高岭土砂型置于干燥窑中烘干后的砂型。干砂型与湿砂型相比，具有强度高、铸件尺寸精度高、表面粗糙度低的优点。其缺点是：变形很大；退让性差，易造成铸件热裂；烘烤时间长，生产率低、能耗大。干砂型目前已趋淘汰。

（3）表面烘干砂型（表干型）　表面烘干砂型是指在浇注前将黏土砂型表层的一定厚度用火焰喷烧器烘干，使之具有较高的强度的砂型。表面烘干砂型一般用于厚大铸件。

（4）自硬型　将液态的有机黏结剂如树脂（加入量 1%～1.5%（质量分数）），或无机黏结剂如水玻璃(加入量 6%(质量分数)以下),以及硬化剂加入原砂并混合均匀,在硬化剂(磺酸、磷酸等)或吹入的硬化气体(如三乙胺、SO_2 或 CO_2 等)的化学作用下,砂型能在室温下产生很高的强度,并比湿砂型尺寸精度更高,出砂性能更好,但成本也更高。

(5)石墨型　像钛、锆等活泼金属的铸件,因在高温下与硅砂中的硅发生激烈反应,故不能用普通砂型。石墨型造型工艺与砂型相似,将石墨和黏结剂混合后捣制成铸型,然后在空气中干燥、175 ℃下烘烤,870 ℃下焙烧,在一定湿度和温度下储存,需要时取出用于浇注。它实际上有时也可作为能反复浇注许多次的半永久型。

3. 手工造型

砂型铸造是生产铸件的主要方法。要获得尺寸与形状合格的铸件,其基本条件之一是要有合格的砂型;要获得合格的砂型,首先需制造与铸件形状相同并考虑了铸型工艺参数的模样,而造型主要是围绕模样能顺利从砂型中起出且不破坏型腔而展开的。手工造型是靠人工起模。图 3.1 所示为不同几何体所构成的铸件模样的砂型制造方法。一般应将砂型剖分成两个或多个部分,砂型的剖分面称为分型面。剖分砂型的目的是将模样的最大截面暴露在分型面上,以便于起模。但有些轮廓复杂的模样,即使将砂型分成多块,仍不能将模样取出,例如图 3.1d 所示的几何体,若用整体模样进行三箱造型,模样会将被卡在中间砂箱中不能起模。在这种情况下,必须将整体模样分成两块或多块。显然,用形状各异的模样造型时,所需的砂型分型面与模样分块形式是不同的,因此,就产生了不同的砂型成形工艺(常称为造型方法)。

1)铸件形体组合与造型方法

首先分析由三个不同截面 S_1、S_2、S_3($S_1 > S_2 > S_3$)的圆柱体所构成不同形状铸件的造型方法(图 3.1)。图 3.1a 所示铸件的形状好似宝塔轮,其形状特征是外形轮

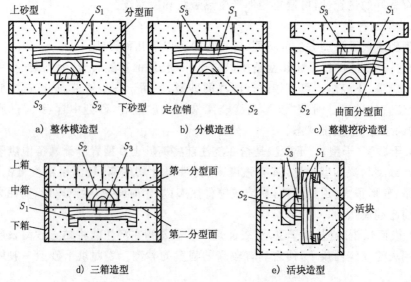

图 3.1　不同几何体所构成铸件的造型方法

廓的最大截面 S_1 位于零件顶端,其他各截面依次向下端递减。造型时,可用一个平面将砂型分成上、下两型,用整体模样造型。这种方法称为整体模造型。

图 3.1b 所示铸件的形状好似联轴器,其形状特征是外形轮廓的最大截面 S_1 居中,两端截面较小。这时可用一个平面将砂型沿 S_1 面分型,并且为了便于起模,还应将模样分为上、下两块。这种方法称为分模造型。

若铸件的最大截面居中,又不允许将模样分开,就只能用整体模样挖砂造型方法挖出最大截面 S_1。如图 3.1c 所示,挖砂后的分型面是一个曲面或阶梯面。这种造型方法显然很费工时,生产率低。当铸件的生产数量较多时,可将模样垫板制成与分型面形状相应的成型垫板;生产数量不太多时,也可将型砂舂紧并修制成成形砂胎(称为假箱)造型。

图 3.1d 所示铸件的形状好似双联齿轮坯,其形状特征是外形轮廓的最小截面居中,两端截面较大,即两个大截面体间夹有一个小截面体。这时需采用两个分型面、三个砂箱造型,并且还需将模样从最小截面处分开。这种方法称为三箱造型。

若将图 3.1d 所示铸件旋转 90°放置来考虑造型方法,则应从铸件中心线所在平面分型及分模,并把模样上妨碍起模的部位做成活块方能起模(图 3.1e)。这种方法称为活块造型。

由上可见,造型方法主要是根据铸件外形轮廓中的最大截面在铸件形体构成中的位置来决定的,一般不涉及铸件的内腔形状。

2) 铸件内腔形状对造型方法的影响

铸件的内腔多是通过在铸型中装配一个或多个型芯来形成的。例如,将图 3.1 所示的各实心铸件改为有空腔的铸件时,其造型方法如图 3.2 所示。由图可见,型腔中除了增加型芯及固定型芯所需的芯头(有垂直和水平两类芯头)外,造型方法基本没有改变。可见,当确定带空腔铸件的造型方法时,仍可将铸件视为实体铸件对待,

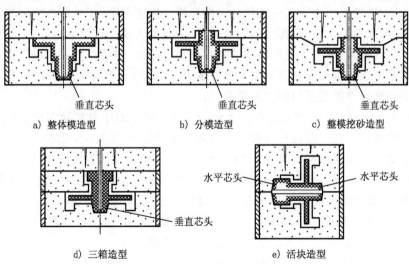

图 3.2　带空腔铸件的造型方法

只是在模样上增加有关芯头的几何体,即将芯头也看成模样的一部分,并考虑它对分型与起模的影响。

3)型芯对分型面及造型方法的影响

型芯不仅可形成铸件内腔轮廓形状,而且可形成铸件外形上有些局部妨碍起模的凹坑、凸台、肋、耳等,从而可简化分型面、模样结构及造型工艺。例如,用图 3.3 所示的环形外型芯可将原需两个分型面、三箱造型的工艺(图 3.1d)改为一个分型面、两箱造型的工艺,且无须分模。又如,用图 3.4 所示的外型芯可形成侧壁上的凹坑,取消图 3.1e 中所示的活块。

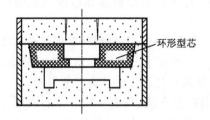
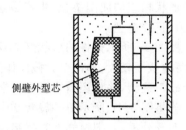

图 3.3　用环形型芯将三箱改为两箱　　　　图 3.4　用侧壁外型芯取消活块

4. 机器造型

手工造型劳动强度大,生产率低,砂型紧实度不均匀,铸件的尺寸精度低、尺寸偏差大。当铸件的生产批量较大时,常采用机器造型。机器造型将繁重的紧砂和细致的起模等主要工序实行机械化操作,大批量生产时还可与浇注、冷却、落砂等工序组成生产流水线。

1)机器造型的紧砂方式

(1)震压造型　震压造型的过程是将砂箱安放在与机器工作台固定的模板上,并填入型砂;然后用压缩空气使工作台与造型机的机座撞击,产生震击力紧实模样周围的型砂,在水平分型面上(即砂箱的底部)产生很强的紧实作用;再用压头对砂箱上部的型砂进行压实,在压头处型砂的紧实度最高。因此,挤压与震击相结合可获得更均匀的紧实效果。其压头设计如图 3.5 所示,显然,图 c、d 所示形式的压头紧实效果更好。中小型铸件以震压造型应用得最广。

(2)气冲造型　用燃气或压缩空气瞬间膨胀所产生的压力波紧实型砂的造型方法称为气冲造型。气冲造型机在结构上与多触头造型机类似,不同之处是用气冲装置取代了多触头压实机构和微振机构。德国 GF 公司的气冲造型机如图 3.6 所示,在充满压缩空气的压力室内有一个快开阀,其阀门为一金属圆盘,外层包覆一层塑料或橡胶膜,它通常处于受压关闭状态,一旦需要排气时,阀门快速打开(开启时间仅0.01 s 左右),室内压缩空气迅速进入工作腔,在 0.01~0.02 s 的时间内达到最高压力 0.45~0.5 MPa,这种强大的气流冲击作用使型砂紧实。

利用气流冲击紧实的过程(图 3.7)是:先将型砂填入砂箱内(图 3.7a);然后压缩空气在很短的时间内(10~20 ms)以很高的升压速度(4.5~22.5 MPa)作用于型砂

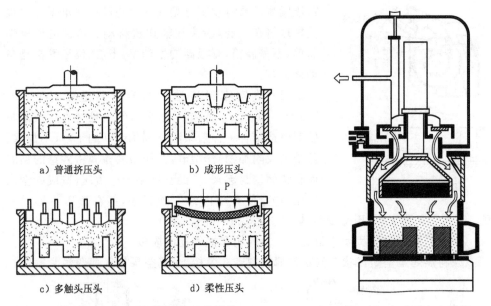

a）普通挤压头　　　　　　b）成形压头

c）多触头压头　　　　　　d）柔性压头

图 3.5　震压造型机压头的几种设计　　　　　图 3.6　气冲压实造型机

顶部,在顶部形成预紧砂层(图 3.7b);高速气流作用于砂箱中的散砂;预紧砂层向下增厚,并冲击模板(图 3.7c);最底部的砂层得到模板的冲击紧实(图 3.7d);随后砂层逐层紧实,一直达到砂层顶部,将型砂紧实(图 3.7e)。

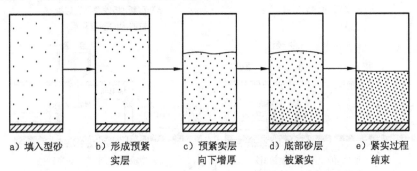

a）填入型砂　　b）形成预紧　　c）预紧实层　　d）底部砂层　　e）紧实过程
　　　　　　　　　实层　　　　　向下增厚　　　被紧实　　　　结束

图 3.7　气流冲击紧实过程

气冲紧实的优点是:靠近型面处的紧实度均匀,符合砂型紧实度要求;生产率高,噪声较低;机器结构简单。其缺点是:冲击力大,模板磨损快;模样在气流作用下变形后反弹,降低铸件尺寸精度;对地基的影响较大;砂箱顶部型砂紧实度较低,存在一层浮砂,需括除或补充压实。

(3) 抛砂造型　利用抛砂机上抛头产生的离心力同时进行填砂和紧实的造型方法称为抛砂造型(图 3.8)。抛砂造型有固定式和移动式两类,多用于大铸件的生产。

(4) 垂直分型无箱射挤压造型　图 3.9 所示为垂直分型无箱射挤压造型过程。垂直放置的两个半边模样形成了型腔,型砂被骤然膨胀的压缩空气射入其中,并进行

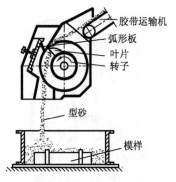

图 3.8　抛砂造型

挤压紧实。具有垂直分型面的半边砂型在水平方向被紧密地挤在一起,沿浇注输送机移动。这种造型操作简单,不需砂箱,有很高的生产率,下芯、浇注等都是自动化进行。

　　(5) 真空密封造型　真空密封造型 (Vacuum Sealed Molding) 简称"V法造型",它是将真空技术与砂型铸造结合一种造型法。利用单一的干砂(不加水、黏结剂及附加物)作型砂,并用塑料薄膜将砂型的型腔面和背面密封起来,借助真空泵产生负压,造成砂型内外压力差,使砂箱内的干砂紧固,并在负压下形成砂型。因此它又称为"负压造型",其工艺过程如下(图 3.10)。

　　① 根据铸件的形状尺寸制造带有抽气箱和抽气孔的模板。

　　② 将烘烤至呈塑性状态的塑料薄膜覆盖在模板上,真空泵抽气使薄膜紧密贴在

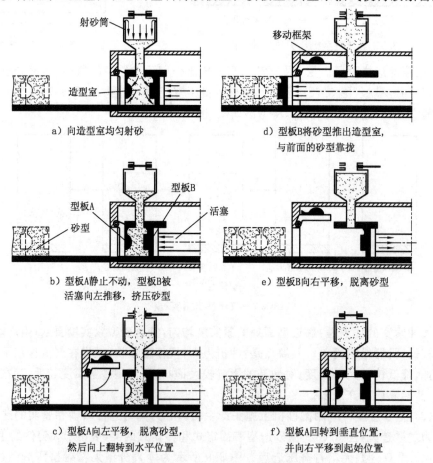

a) 向造型室均匀射砂

d) 型板B将砂型推出造型室,
与前面的砂型靠拢

b) 型板A静止不动,型板B被
活塞向左推移,挤压砂型

e) 型板B向右平移,脱离砂型

c) 型板A向左平移,脱离砂型,
然后向上翻转到水平位置

f) 型板A回转到垂直位置,
并向右平移到起始位置

图 3.9　垂直分型无箱射挤压造型

模板上成形(图 3.10a)。

③ 将带有过滤抽气管的砂箱放在已覆好塑料薄膜的模板上,用抽气箱芯盒代替模板,并在芯盒上覆盖薄膜后(加砂前),通过芯头在芯盒内的适当位置放入过滤抽气管。过滤抽气管可作芯骨使用。

④ 向砂箱内充填干的硅砂,借微振器使硅砂紧实,然后刮去多余的砂;在砂箱上铺一层密封用的塑料薄膜,打开阀门抽去型砂内的空气,使铸型内外压力差达 3～4 kPa;压力差使得干砂紧实而具有强度,形成轮廓清晰的型腔(图 3.10b)。

⑤ 撤除模板内的负压,然后进行起模。此时铸型要继续保持负压。

⑥ 下芯、合箱、等待浇注(图 3.10c)。

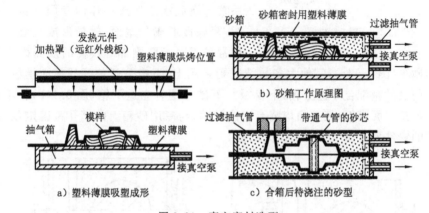

图 3.10　真空密封造型

V 法铸型的型腔光滑,利于金属液充型,生产的铸件尺寸精度高、轮廓清晰、表面光洁,适合于铸造薄壁铸件,如道路盖板、花栏栅、平面浮雕艺术品、钢琴骨架、平衡锤、铁路道岔、船用铁锚、汽车拉深模、压延模等。还可采用铁砂或无定形石墨作造型材料,用这种方法成功地铸造了 $\phi 70\ mm \times 200\ mm$ 的带槽轧辊。

2) 机器造型的起模方式

(1) 顶箱式起模(图 3.11)　顶箱机构驱动四根顶杆顶住砂箱四角徐徐上升,完成起模。这种方法仅适用于形状简单、高度不大的砂型。

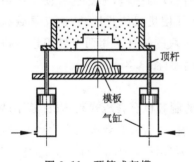

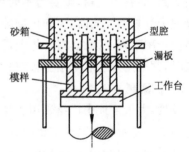

图 3.11　顶箱式起模

图 3.12　漏模式起模

　　(2) 漏模式起模(图 3.12)　将模样上有较深的凹凸部分活装在模板上,紧砂后,先将该凹凸部分从漏板中往下起出,此时砂型被漏板托住,不会垮砂。这种方法适用于有肋或较深的凹凸形状、起模困难的模样。

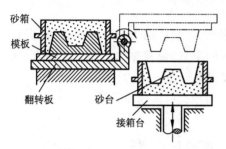

图 3.13　翻转式起模

　　(3) 翻转式起模(图 3.13)　紧砂后,砂箱连同模样一齐翻转 180°后再下落,完成起模。这种方法适用于型腔中有较深吊砂或砂台的砂型。

　　3) 机器造型的特点

　　(1) 采用模板造型　模板是将模样、浇注系统与模底板连接成一体的专用模具。造型时,模底板形成分型面,模样形成型腔。小铸件常采用底板两侧都有模样的双面模板及其配套的砂箱(图 3.14a);其他大多数情况则采用上、下模分开装配的单面模板,上模板与专用上砂箱配合专造上箱,下模板与下砂箱配合专造下箱(图 3.14b)。不论单面模板还是双面模板,其上面均装有定位导销,与专用砂箱上的销孔精确定位,故机器造型的铸件尺寸精度比手工造型的高。

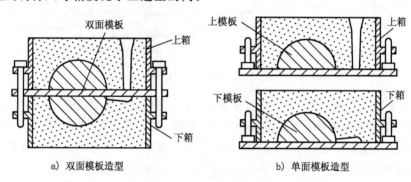

a) 双面模板造型　　　　　　　　b) 单面模板造型

图 3.14　机器造型用模板

　　(2) 不适合于三箱造型及活块造型　机器造型的砂型一般都是由上、下砂箱装配而成的,如若用三箱,则要为不同铸件特制不同高度的中箱,显然这将使生产组织及管理十分复杂。同时,要起出型腔中的活块,必须使机器停止运动,这又导致机器造型生产率下降。因此,对形体上需采用三箱或活块的铸件采用两个砂箱进行机器造型时,常采用外型芯等措施来解决起模方面的问题(图 3.3、图 3.4)。

　　5. 机器制芯

　　成批、大量生产中广泛采用机器制芯。常用的制芯机有震压式制芯机(其紧砂原理与图 3.5 所示相同)、壳芯机(与壳型机相同)和射芯机,后两者多用来生产小型芯。射芯机射砂过程如图 3.15 所示。压实气缸进气,紧实活塞带动工作台及芯盒上升,并与射砂筒压紧。压缩空气由射砂阀进入射腔后,一部分从射砂筒下部较窄的纵向

气缝中进入射砂筒,使芯砂松散;一部分
从射砂筒上部较宽的横向气缝进入射砂
筒,以很大的压力将芯砂射入芯盒,完成
射砂。芯盒中的气体从射砂头上的排气
孔和芯盒上的专用排气道中排出,射腔中
多余的气体由排气阀排出。射砂紧实将
填砂与紧实两道工序一同完成,制芯速度
快,生产率高。

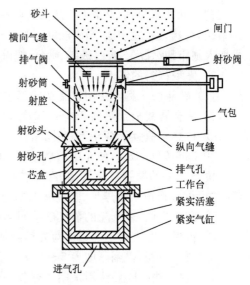

图 3.15　射芯机射砂

砂型铸造是铸造中应用最广泛、最灵
活的方法。它既可用于单件、小批生产的
手工造型,也可用于成批、大量生产的机
器造型和自动生产线造型;既能浇注低熔
点非铁金属及其合金液,又能浇注高熔点
的铁液及钢液;铸件的尺寸可大可小,形
状可简单亦可复杂;等等。但砂型铸造一

型只能浇注一次,生产的工序较多,影响铸件品质的因素亦较多。例如,砂型冷却速
度慢而导致铸件晶粒不够细密,其力学性能受到一定的影响。

3.2.2　壳型铸造

从砂型铸造中已知,砂型直接承受液态金属作用的只是表面一层较薄的砂壳,其
余的砂层只起支撑这一层砂壳的作用,由此就导致了壳型铸造成形技术的出现。壳
型铸造是用酚醛树脂砂制造薄壳砂型或型芯的方法,其工艺过程如下。

1. 制备覆膜砂

1) 覆膜砂的组成

(1) 原砂　一般采用硅砂,重要件和厚实的铸钢件则采用锆砂。

(2) 黏结剂　一般用热塑性酚醛树脂,加入量为原砂的 1.5%～3.5%(质量分
数)。用于铝合金的覆膜砂,其树脂加入量取下限。

(3) 固化剂　固化剂的作用是促进热塑性树脂硬化,形成不溶、不熔的体型结
构。常用的固化剂为六次甲基四胺$[(CH_2)_6N_4]$,商品名为乌洛托品,加入量为树脂
的 10%～15%(质量分数),并按 m(六次甲基四胺)：m(水)＝1：1 配成水溶液。

(4) 附加物　常用的附加物有硬脂酸钙,加入量为树脂的 5.0%～7.0%(质量分
数)。其作用是防止覆膜砂在存放期间结块,增加覆膜砂的流动性,使型、芯表面致
密,制壳时易于顶出。另外,加入硅石粉(加入量为原砂的 2%(质量分数)左右)可提
高覆膜砂的高温强度,加入氧化铁粉(加入量为原砂的 1%～3%(质量分数))可提高
型芯的热塑性,防止铸件产生毛刺和皮下气孔。

2) 覆膜砂的混制工艺

覆膜砂混制工艺有冷法、温法及热法三种,其中热法是一种适合大量制备覆膜砂

图中标注:
砂斗　闸门　横向气缝　射砂阀　排气阀　射砂筒　射腔　气包　射砂头　纵向气缝　射砂孔　排气孔　芯盒　工作台　紧实活塞　紧实气缸　进气孔

的工艺。热法混制时,先将砂加热到 140~160 ℃,再加入树脂与热砂混匀,树脂被加热熔化,包覆在砂粒表面,当砂温降到 105~110 ℃时,加入乌洛托品水溶液,吹风冷却再加入硬脂酸钙混匀,经过破碎、筛分,即得到被树脂膜均匀包覆的、松散的覆膜砂。

2. 壳型(芯)的制造

(1) 翻斗法　翻斗法制造壳型的工艺过程(图 3.16)如下:

① 将金属模板预热到 250~300 ℃,并在表面喷涂乳化甲基硅油分型剂;

② 将热模板置于翻斗上,并固紧;

③ 翻斗翻转 180°,使斗中覆膜砂落到热模板上,保持 15~50 s(常称为结壳时间),覆膜砂中的树脂软化重熔,在砂粒间接触部位形成连接"桥",将砂粒黏结在一起,并沿模板形成一定厚度、塑性状态的型壳;

④ 翻斗复位,未反应的覆膜砂落回斗中;

⑤ 将附着在模板上的塑性薄壳继续加热 30~50 s(常称为烘烤时间);

⑥ 顶出型壳,得到厚度为 5~15 mm 的壳型。

(2) 吹砂法　吹砂法用来制造壳芯,分顶吹法(图 3.17a)和底吹法(图 3.17b)两种。一般,顶吹法吹砂压力为 0.1~0.35 MPa,吹砂时间为 2~6 s;底吹法吹砂压力

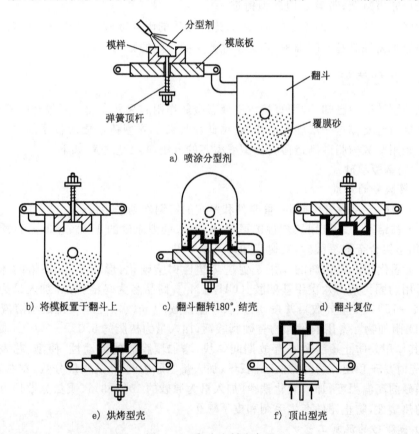

a) 喷涂分型剂

b) 将模板置于翻斗上　　c) 翻斗翻转180°,结壳　　d) 翻斗复位

e) 烘烤型壳　　f) 顶出型壳

图 3.16　翻斗法制造壳型

为 0.4～0.5 MPa,吹砂时间为 15～35 s。顶吹法设备较复杂,适合制造复杂的壳芯;底吹法设备较简单,常用于小壳芯的制造。

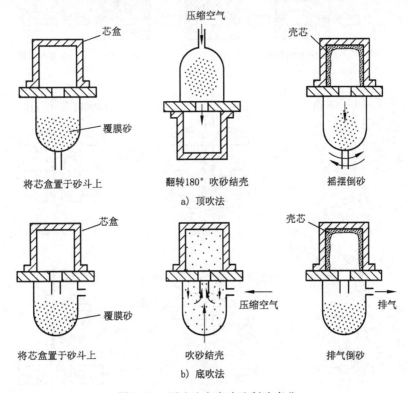

图 3.17　顶吹法和底吹法制造壳芯

3. 壳型铸造成形的优点

① 覆膜砂可以较长时间(三个月以上)储存,且砂的消耗量少;

② 无须捣砂,能获得尺寸精确的壳型及壳芯;

③ 壳型(芯)强度高,质量小,易搬运;

④ 壳型(芯)透气性好,可用细原砂得到表面光洁的铸件;

⑤ 不需砂箱,壳型及壳芯可长期存放。

鉴于上述优点,尽管酚醛树脂覆膜砂价格较高,制壳的能耗较高,但在对铸件表面粗糙度和尺寸精度要求高的工厂仍得到应用。通常,壳型多用来生产液压件、凸轮轴、曲轴、耐蚀泵体、履带板及集装箱角件等铸件,壳芯多用来生产汽车、拖拉机、液压阀体等铸件。但壳型砂的粒度细、发气量大,浇注铁合金时应注意加强铸型的排气,防止铸件产生气孔。

3.2.3　熔模铸造

熔模铸造是液态金属在重力作用下浇入由蜡模熔失后形成的中空型壳并在其中成形,从而获得精密铸件的方法,又称为失蜡铸造。其工艺过程如图 3.18 所示。

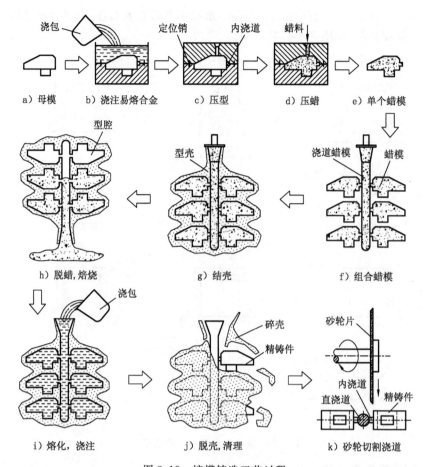

a) 母模　　b) 浇注易熔合金　　c) 压型　　d) 压蜡　　e) 单个蜡模

h) 脱蜡,焙烧　　g) 结壳　　f) 组合蜡模

i) 熔化,浇注　　j) 脱壳,清理　　k) 砂轮切割浇道

图 3.18　熔模铸造工艺过程

1. 熔模铸造的基本工艺过程

1) 蜡模制造

制造蜡模是熔模铸造的重要步骤,每生产一个铸件就要使用一个蜡模。它不仅直接影响铸件的精度,对铸件成本也有相当大的影响。蜡模制造过程如下。

（1）制造压型　压型是用来压制蜡模的专用模具。压型应尺寸精确、表面光洁,其型腔尺寸必须考虑蜡料和铸造合金的双重收缩量。

压型的制造方法随铸件的生产批量不同而不同,常用的有如下两种。

① 机械加工。机械加工压型是以钢或铝为材料,经机械加工后组装而成的。这种压型使用寿命长,成本高,仅用于大量生产。

② 用易熔合金铸造。易熔合金压型是用易熔合金（如锡铋合金）液直接浇注到考虑了双重收缩率（有时还考虑了双重加工余量）的母模上,取出母模后而获得的压型。这种压型使用寿命可达数千次,制造周期短,成本低,适用于中小批量生产。

此外,在单件、小批生产中,还可采用石膏、塑料（环氧树脂）或硅橡胶压型等。

（2）制造陶瓷型芯　铸件上细小、深而窄的内腔,很难以进行精铸操作的涂料、撒砂及硬化,这些部位只有采用陶瓷型芯。它一般是由耐火粉料(硅石粉和刚玉粉)和增塑剂(石蜡、蜂蜡等)及其他附加物混制成浆料,并压入金属芯盒中成形,取出压制的陶瓷型芯生坯,然后在炉中经高温烧结而得到陶瓷型芯。压蜡时将陶瓷型芯置于压蜡型的相应位置上,蜡料将其包住,但应露出芯头。制壳时陶瓷型芯便依靠芯头与型壳组成一体,形成型壳的一部分,用它形成铸件上细小深凹内腔。

（3）压制蜡模　蜡模材料可用石蜡、硬脂酸等配制而成,在常用的蜡料中,石蜡和硬脂酸各占 50%(质量分数),其熔点为 50～60 ℃。高熔点蜡料中也可加入可熔性塑料。制模时,先将蜡料熔为糊状,然后以 0.2～0.4 MPa 的压力将蜡料压入型内,待凝固成形后取出,修去毛刺,即可获得附有内浇道的单个蜡模。

（4）装配蜡模组　熔模铸件一般较小,为提高生产率,降低成本,通常将多个蜡模粘在一个涂有蜡料的浇道棒上,构成蜡模组,以便一次浇注出多个铸件,减少直浇道的金属消耗。

2）结壳

在蜡模组上涂挂耐火材料经几次反复浸挂涂料、撒砂、硬化、干燥等过程,最后制成较坚固的耐火型壳。

（1）浸挂涂料　将蜡模组浸入由耐火粉料(一般为硅石粉,重要件用刚玉粉或锆石粉)和黏结剂(水玻璃或硅溶胶等)配成的涂料中(粉与液的质量比约为 1∶1),使蜡模表面均匀覆盖涂料层。

（2）撒砂　向浸挂涂料后的蜡模组撒干砂,并使其均匀地黏附在表面。

（3）固化、风干　将黏有干砂的蜡模组浸入固化剂(氯化铵质量分数为 20%～25% 的水溶液)中浸泡数分钟,固化剂与黏结剂发生化学作用,分解出的硅酸溶胶将砂粒牢固黏结并迅速固化,蜡模组表面便形成 1～2 mm 厚的薄壳。固化后的型壳应在空气中放置到不湿也不过分干燥状态,然后再进行第二轮结壳过程。这种过程一般需要重复 4～6 次或更多,直至制成 5～10 mm 厚的耐火型壳为止。

3）脱蜡

将黏有型壳的蜡模组浸入 85～90 ℃ 的热水中,使蜡料熔化、上浮而脱除(也可用蒸汽或微波加热脱蜡,或在焙烧炉中脱蜡),便得到中空型壳。蜡料可经回收、处理后重复使用。

4）熔化和浇注

将型壳送入 950～1 050 ℃(硅溶胶型壳取上限)的加热炉中进行焙烧,以彻底去除型壳中的水分、残余蜡料和固化剂等。型壳从加热炉中拿出后宜趁热浇注,这对获得壁薄、形状复杂、轮廓清晰的精密铸件是十分有利的。

5）熔模铸件清理、修补与精整

（1）熔模铸件清理　清理主要包括清除铸件组上的型壳,切除浇冒口和工艺肋,磨削浇冒口的余根,清除铸件内外表面的黏砂和氧化皮及毛刺等,以获得表面光洁、形状完整的铸件。其清理方法如表 3.1 所示。

表 3.1 熔模铸件常用的清理工艺方法

目 的	工艺方法	目 的	工 艺 方 法
脱 除 型壳	振动脱壳，电液压清砂，高压水力清砂	磨除铸件上的浇冒口的余根	1. 砂轮机磨削； 2. 砂带磨床磨削
切 除 浇冒口 和工艺 肋	砂轮切割，压力切割或手工敲击，气割，锯床气割，碳弧气刨切割，阳极切割，等离子切割	清除铸件表面和内腔的黏砂和氧化皮	1. 抛丸清理； 2. 喷砂清理； 3. 化学清砂（铸件放入氢氧化钠或氢氧化钾溶液中加热沸腾，进行碱煮，或 500～520 ℃、氢氧化钠质量分数为 90%～95% 的碱溶液中进行碱爆；或在氢氟酸中浸泡）； 4. 电化学清砂（在熔融状态的氢氧化钠中通低压直流，铸件接阴极，坩埚壁接阳极）
		清除铸件表面毛刺、铸瘤	1. 风动磨头抛光； 2. 风动异形旋转锉切削

（2）熔模铸件的修补

① 焊补。铸件不符合验收技术要求的缺陷（如穿透性孔洞、裂纹等），可通过焊补修复（焊后需进行清理和热处理）。

② 浸渗处理。对于有气密性要求的铸件，需在真空或压力下将浸渗剂渗透到其内部有缩松、针孔等细小的孔隙中（图 3.19、图 3.20），经过加温使浸渗剂固化，从而填充、堵塞空洞，使铸件达到防渗、防漏、耐压等技术要求。同时也提高了铸件耐腐蚀的能力，并为铸件电镀、油漆等表面处理工序做准备。

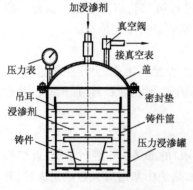

图 3.19 真空压力浸渗法

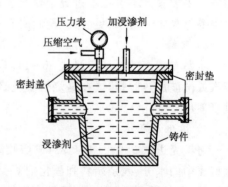

图 3.20 内压浸渗法

（3）熔模铸件的精整 精整是指将清砂干净、初检合格和经过修补的铸件，进行精细修整、矫正、光饰和表面处理以达到技术要求的工序。

　　① 铸件的精细修整。一般用砂轮、砂带磨光机或风动砂轮磨头、风动异形旋转锉及各种规格的锉刀进行手工或专用机床磨削。

　　② 铸件的矫正。矫正一般在铸件热处理后用手工或机械进行,矫正后的铸件还需回火处理。

　　③ 铸件的光饰。当铸件表面不能满足技术要求时,可进行光饰加工,加工方法如表 3.2 所示。

表 3.2　铸件的光饰加工方法

加工方法	设　　备	光　饰　效　果
液体喷砂	液体喷砂机	可明显降低铸件原有表面粗糙度,劳动条件好
机械抛光	砂带磨光机、抛光机	铸件表面可达到需要的最佳光亮镜面,但劳动强度大,效率低
普通滚光	滚筒滚光机	能降低表面粗糙度,成本低,但易损伤棱角,不宜加工精密的、易变形和脆性大的铸件
振动光饰	振动光整机	光饰效果较好,适用于小零件光整加工
离心光饰	离心光整机	光饰效果好,铸件之间碰撞力小
磨粒流光饰	磨粒流研磨机	结构复杂、有内通道的铸件光饰效果好
电解抛光	直流电源及电解槽	能降低表面粗糙度,并使铸件表面形成稳定的氧化膜,具有金属光泽

　　④ 铸件的钝化处理与防锈。钝化处理是指铸件在钝化液中成膜、沉淀或局部吸附,使铸件表面的局部活性点失去化学活性而成钝态的过程。经钝化处理的铸件能保持金属光泽,但不一定生成完整的膜,仅在于降低表面活性点的数量。这是钝化处理与氧化处理和磷化处理的主要区别,它可看做表面处理的特殊形式。对于美国牌号 304、316 等的不锈钢精铸件,常需要进行钝化处理,提高耐腐蚀性,并使铸件表面呈均匀的光亮银白色,具有美观的外表面。此外,在加工过程中为防止零件锈蚀,还必须用防锈水进行防锈处理。

2. 熔模铸造的特点和适用范围

1) 熔模铸造的优点

　　① 铸件的精度高(IT11～IT14),表面粗糙度低($Ra=12.5～1.6\ \mu m$);

　　② 可铸出形状复杂的薄壁铸件,如铸件上宽度大于 3 mm 的凹槽、直径大于 2.5 mm 的小孔均可直接铸出;

　　③ 铸造合金种类不受限制,钢铁及非铁合金均可适用;

　　④ 生产批量不受限制。

2) 熔模铸造的缺点

　　① 工序复杂,生产周期长;

　　② 原材料价格高,铸件成本高;

③ 铸件尺寸不能太大,否则蜡模易变形,丧失原有精度。

综上所述,熔模铸造是一种实现少无切削加工的先进精密成形技术,一般适用于 25 kg 以下的高熔点、难以切削加工的合金钢铸件的成批、大量生产,目前主要用于航天飞行器、飞机、汽轮机、泵、汽车、拖拉机和机床上的小型精密铸件和复杂刀具的生产。

3.2.4　石膏型铸造

1. 石膏型混合料

石膏型由生石膏或硫酸钙制造。纯石膏加热时体积收缩大(收缩率为 1.5%～2.5%),热导率低,烧结时极易产生裂纹,不宜直接用来制造浇制石膏铸型,在石膏中必须加入耐火材料和硅石粉,以改善其强度和控制凝固时间。石膏混合料的基本组成如表 3.3 所示。这些组分用水混合成浆料,浇到模样上,石膏通常 15 min 凝固,然后起模,在 120～260 ℃干燥,去除水分。石膏型的模样一般用铝合金、黄铜、锌合金、热硬性塑料、硅橡胶及木材(木模不适用于大量生产石膏型,因反复与石膏浆接触易吸水变形);另一类石膏型的模样是蜡模(普通蜡模或快速成形制造的高分子蜡模),制造石膏型时不需取模,这种工艺称为熔模石膏型,该法在珠宝首饰制造业、汽车及航空航天国防工业的精密铸件上的应用很广泛。

表 3.3　石膏混合料的基本组成及应用范围

基 本 组 成/%(质量分数)					应用范围
石膏	硅酸铝质耐火材料	硅石粉	方石英粉	硅藻土	
33～37	粉:31～33 砂:32～34	—	—	—	大中件
25～40	30～40	30～40	—	—	一般用途
33.5	—	29.0	35.5	2	精细饰品

2. 石膏型的焙烧及浇注

根据石膏型的类型,可以采用不同的温度烘干。从型腔中取出模样并干燥好的石膏型,只需再经 120 ℃预热就可进行浇注。熔模石膏型则要先经 90～96 ℃热水、水蒸气或 150～250 ℃热空气加热脱蜡,或在焙烧炉内脱蜡;然后缓慢升温(一般 50～100 ℃/h)焙烧到 250～300 ℃,除去石膏中的自由水及结晶水;最后焙烧到 700～750 ℃,除去型腔中的残蜡。

石膏型透气性低,不易排出金属液中的气体,故一般用真空、低压或离心浇注(图 3.21)。还可将石膏型置于高压锅(密封加压的烤炉)中浸水 6～12 h,然后在空气中脱水 14 h,以提高其透气性。提高透气性的另一方法是使用含有捕捉气泡的发泡石膏。

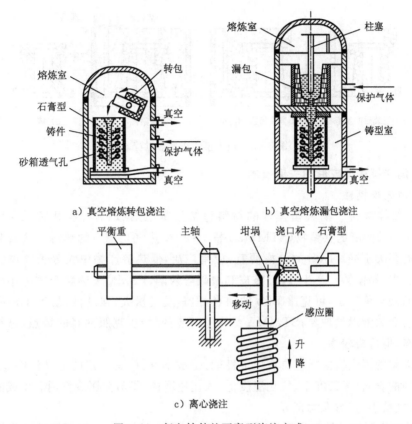

a) 真空熔炼转包浇注　　　　　　　　　b) 真空熔炼漏包浇注

c) 离心浇注

图 3.21　复杂铸件的石膏型浇注方式

3. 石膏型的特点

① 最高承受温度约 1 200 ℃，只适合制造铝、镁、锌及某些铜基合金铸件；

② 铸件的表面纹理细腻，粗糙度低（锌、铝合金 $Ra = 0.8 \sim 3.2 \ \mu m$，铜合金 $Ra = 1.6 \sim 6.3 \ \mu m$）；

③ 导热性低，冷却时间比砂型长 $3 \sim 6$ 倍，组织均匀不产生翘曲变形，铸件最薄壁厚可达 0.6 mm；

④ 溃散性极好，特别适合制造有复杂深凹内腔的铸件。

3.2.5　消失模铸造

消失模铸造（EPC，Expendable Pattern Casting 或 LFC，Lost Foam Casting）又称气化模铸造或实型铸造（FMC，Full Mold Casting）。其成形过程是：用发泡的塑料模样（聚苯乙烯）代替木模或金属模，用干砂或树脂砂、水玻璃砂等进行造型，无须起模，直接将高温液态金属浇注到铸型中可气化的模样上，使模样实现"变形收缩—软化—熔化—气化—燃烧—消失"全过程，金属液取代泡沫塑料模样占据的位置（在金属液与泡沫模样之间存在气相和液相），最后冷却凝固而形成铸件（图 3.22）。

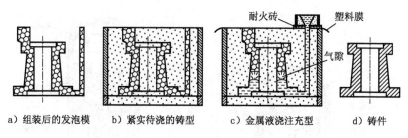

　　a) 组装后的发泡模　　b) 紧实待浇的铸型　　c) 金属液浇注充型　　d) 铸件

图 3.22　消失模铸造成形过程

1. 消失模铸造成形的关键技术

1) 消失模模样

（1）模样材料　消失模模样的材料包括聚苯乙烯（EPS）、聚甲基丙烯酸甲酯（EPMMA）及两者的共聚物（STMMA）等，它们受热气化产生的热解产物及其热解的速度有很大不同。EPS 的价格便宜，应用广泛，但热解产物中大分子气体和单质碳含量较多，易使铸件产生冷隔、皱皮和增碳等缺陷；EPMMA 热解产物中小分子气体和单质碳含量较少，可克服 EPS 的缺点，但其发气量大，强度低，易产生模样变形和浇注时金属液返喷现象；STMMA 综合了两者的优点，克服两者的缺点，是较好的模样材料，但价格较高。

　　较理想的消失模模样应具有以下性能：①成形性好，有一定的力学性能；②易加工出光洁的表面；③密度小、气化温度低，气化速度快；④与金属液作用后生成的残留物少，发气量小，且对人无害等。

　　（2）模样制造　消失模模样制造有两种方法：①胶接成形，即用聚苯乙烯发泡板材分块制作，然后胶接成模样；②发泡成形，即将聚苯乙烯颗粒在金属模具内加热膨胀发泡，形成模样。

2) 消失模涂料

消失模涂料应具有以下性能：

①有足够的强度，能将金属液与干砂隔离，防止模样在紧实过程中变形；

②涂料发气量小并有良好的透气性，能将模样热解产物气体快速通过涂层排出，防止浇不到、气孔、夹渣、增碳等缺陷；

③在泡沫模样上的涂挂性好，易于获得表面光洁的铸件。

3) 消失模砂型制造

①采用水玻璃砂或树脂砂造型。这类方法主要适用于单件、小批生产中大型铸件，如汽车覆盖件模具、机床床身等，还成功地浇注了质量为 50 t 的铸钢件和 32.5 t 的铸铁件。

②采用干砂真空密封造型。这类方法称为真空实型铸造（V-EPC, Vacuum Evaporative Pattern Casting），主要适用于大批生产中小型铸件，如汽车、拖拉机零件，铸铁管接头，耐磨件等。

在采用 V-EPC 法时会用到消失模振动紧实台。振动紧实台可以进行一维、二维及三维振动。显然,维数越多振实效果越好,但设备投资越大。砂型紧实不足会导致浇注时产生铸型壁塌陷、胀大、渗透黏砂等缺陷,过度紧实振动又会使泡沫模样变形。目前以一维振动居多,其竖直方向振动效果比水平方向好。影响振动效果的主要工艺参数是:①加速度(一般在 $1g\sim2g$);②频率(实践表明,频率 50 Hz、振动电机转速为 2 800~3 000 r/min 时,振幅控制在 0.5~1 mm 较合适);③振动时间(30~60 s)。

4)浇注

消失模气化时要消耗热量,且金属液与气化模样之间存在气隙,为了防止冷隔和塌箱缺陷,消失模铸造宜采用真空下高温(比普通砂型铸造浇注温度高 20~50 ℃)快速浇注。消失模的浇注系统比砂型铸造约大 1 倍。

2. 消失模铸造的特点

① 消失模铸造是一种少无余量、精密成形的新技术。由于无须起模,无分型面,无型芯,因而无飞边、毛刺,减少了由型芯组合而引起的铸件尺寸误差。铸件的尺寸精度和表面粗糙度接近熔模铸造件,但铸件尺寸可大于熔模铸造件。

② 为铸件结构设计提供了充分的自由度。各种形状复杂的铸件模样均可采用将消失模胶接成为整体,减少了加工装配时间,铸件成本可下降 10%~30%。

③ 消失模铸造的工序比砂型铸造和熔模铸造大大简化,对操作工人的技术要求不高。

3. 消失模铸造的适用范围

① 除低碳钢以外的各类合金(因消失模模样在浇注过程中会因气化而对低碳钢产生增碳作用,使低碳钢的碳含量增加)。该法典型的应用是各种汽车的汽缸盖、铝合金发动机缸体(图 3.23)及其他铸件。

② 壁厚 4 mm 以上的铸件。

③ 质量几千克至几十吨的铸件。

④ 生产批量不受限制,其中 V-EPC 法要求年产量为数千件或更多。

图 3.23　六缸发动机缸体消失模
　　　　　铸件及泡沫模样

⑤ 只要利于消失模砂型的紧实,对铸件的结构形状几乎无任何特殊限制。对局部不易紧实的地方,如细小、复杂的空腔,可以采用在发泡塑料模上镶嵌树脂砂芯等联合铸造方法。

3.2.6　陶瓷型铸造

液态金属在重力作用下注入陶瓷型中形成铸件的方法称为陶瓷型铸造,它是在砂型铸造和熔模铸造的基础上发展起来的一种精密铸造方法。

1. 陶瓷型铸造的基本工艺过程

陶瓷型铸造有不同的工艺方法，应用较为普遍的一种如图 3.24 所示。

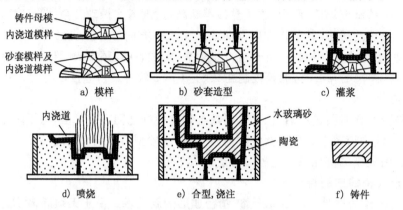

图 3.24　陶瓷型铸造工艺过程

（1）砂套造型　为节省陶瓷材料和提高铸型的透气性，通常先用水玻璃砂制出砂套（相当砂型铸造的背砂）。制造砂套的模样比铸件母模应增大一个陶瓷料的厚度（图 3.24a）。砂套的制造方法与砂型相同（图 3.24b）。批量较大时，可用金属型内衬陶瓷代替砂套。

（2）灌浆与结胶　灌浆与结胶即制造陶瓷面层，其过程是将铸件母模固定于平板上，刷上分型剂，扣上砂套，将配制好的陶瓷浆由浇口注满（图 3.24c），几分钟后，陶瓷浆便开始结胶。陶瓷浆由耐火材料（如刚玉粉、铝矾土等）、黏结剂（如硅酸乙酯水解液）、催化剂（如 $Ca(OH)_2$、MgO）、透气剂（双氧水）等组成。

（3）起模与喷烧　灌浆 5～15 min 后，在浆料尚有一定弹性时便可起出模样。为加速固化过程，必须用明火均匀地喷烧整个型腔（图 3.24d）。

（4）焙烧与合箱　浇注前，陶瓷型要在 350～550 ℃焙烧 2～5 h，以去除残存的乙醇、水分等，并使铸型的强度进一步提高。

（5）浇注　浇注温度可略高，以便获得轮廓清晰的铸件。用金属型套时可通水冷却，加快铸件冷却速度。

2. 陶瓷型铸造的特点及适用范围

陶瓷型铸造具有熔模铸造的许多优点。①因为陶瓷面层在弹性状态下起模，同时，陶瓷型高温变形小，故铸件的尺寸精度和表面粗糙度与熔模铸造铸件相近。此外，陶瓷材料耐高温，可浇注高熔点合金。②陶瓷型铸件的大小几乎不受限制，质量从几千克到几吨均可。③在单件、小批生产条件下，需要的投资少，生产周期短，在一般铸造车间较易实现。

陶瓷型铸造的不足是：不适于批量大、质量小或形状复杂的铸件，生产过程难以实现机械化和自动化。

陶瓷型铸造主要用来生产厚大的精密铸件，如冲模、锻模、玻璃器皿模、压铸模、模板等铸件，也可用来生产中型铸钢件。

3.3　永久性铸型的铸造成形技术

3.3.1　金属型铸造

液态金属在重力作用下注入金属型中成形的方法称为金属型铸造。金属型可重复使用,故它又有永久型之称。

1. 金属型的材料及结构

金属型的材料应根据浇注的金属选用,一般金属型材料的熔点应高于液态金属的温度。浇注锡、锌、镁等低熔点合金,可用灰铸铁制造金属型;浇注铝、铜等合金,要用合金铸铁或钢制造金属型。

金属型的结构首先必须保证铸件(连同浇注系统和冒口)能从金属型中顺利取出。为适应各种形状铸件的需要,金属型按分型面的不同分为整体式、水平分型式、垂直分型式和复合分型式等,其结构如图 3.25 所示。其中,整体式及水平分型式的金属型(图 3.25a、b)多用于外形较简单的铸件;垂直分型式的金属型(图 3.25c)开、合型方便,浇注系统、冒口的开设和铸件的取出均较便利,易于实现机械化,应用较多;复合分型式金属型(图 3.25d)用于形状复杂的铸件。

金属型多采用底注式或侧注式浇注系统,以防止浇注时金属液飞溅,因为飞溅的金属液滴遇到金属型壁后,受激冷凝固成"冷豆"并存在于铸件中,会影响铸件品质。

图 3.26 所示为铝活塞的金属型,它由左、右两个半型和底型组成,左半型固定,与右半型用铰链连接,因此也称为铰链开合式金属型(图 3.26a)。它采用鹅颈式浇注系统,金属液能平稳注入型腔。为防止型温过高,可将金属型设计成夹层空腔形式,并采用循环水冷却。

金属型用的型芯有金属芯和砂芯两种。金属芯一般适用于非铁金属铸件,使用时需考虑金属芯能否顺利起出。较复杂的金属芯常采用组合式,如图 3.26b 所示。当铸件凝固后,立即抽出左右销孔型芯及中间型芯,再抽出左右侧型芯。对浇注高熔点合金(如铸铁等),宜采用砂芯,每个砂芯只能使用一次。

2. 金属型铸造工艺

金属型克服了砂型的许多缺点,但也带来了一些新问题,如金属型无透气性,易使铸件产生气孔;金属型导热快,又无退让性,铸件易产生浇不到、冷隔、裂纹等缺陷;金属型的耐热性不如砂型好,在金属液的高温作用下,型腔易损坏;等等。为了保证铸件品质和延长金属型的使用寿命,必须采取下列措施。

(1) 加强金属型的排气　除在金属型的型腔上部设排气孔外,还常在金属型的分型面上开通气槽(图 3.27a)或在型壁上设置通气塞(图 3.27b),气体能通过通气塞,金属液则因表面张力的作用而不能通过。

(2) 在金属型的工作表面上喷刷涂料　在金属型与金属液接触的工作表面上喷刷涂料,可避免高温金属液与金属型内表面直接接触,延长金属型的使用寿命。涂料

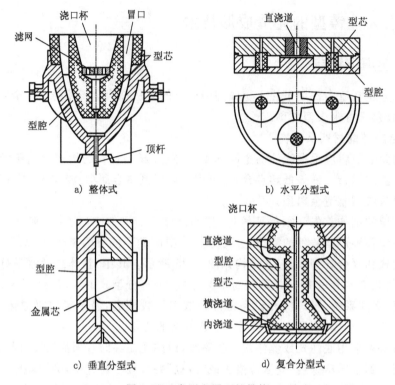

图 3.25　常用金属型的结构

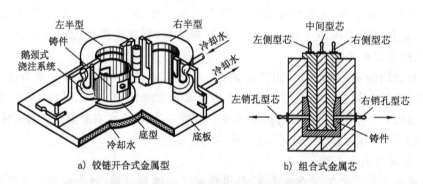

图 3.26　铸造铝活塞的金属型及金属芯

一般由硅石粉、石墨粉、炭黑等耐火材料和黏结剂调制而成,涂层厚度为 0.1～0.5 mm。

（3）预热金属型并控制其温度　浇注前预热金属型可避免它突然受热膨胀,利于其使用寿命的延长,还可改善金属液的充型能力,防止铸件产生浇不到、冷隔缺陷及应力、白口倾向等。在连续工作中,为防止金属型温度过高,还要对其进行冷却,通常,控制金属型的工作温度在 120～350 ℃范围内。

（4）及时开型　由于金属型无退让性,铸件在型内冷却时,容易引起较大的内应

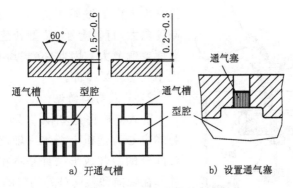

图 3.27　金属型的排气方式

力而导致开裂,甚至被卡在铸型中。因此在铸件凝固后,在保证铸件强度的前提下,应尽早开型,取出铸件。合适的开型时间通过试验确定,对于一般中小铸件,开型时间在浇注后 $10\sim60$ s 比较合适。

3. 金属型铸造的特点及适用范围

1) 金属型铸造的优点

① 可"一型多铸",省去了砂型铸造中的配砂、造型、落砂等许多工序,节省了大量的造型材料和生产场地,提高了生产率,易于实现机械化和自动化生产。

② 铸件的尺寸精度(IT12～IT14)和表面粗糙度($Ra=6.3\sim12.5$ μm)指标均优于砂型铸件,铸件的加工余量小。因金属型冷却快而使铸件的晶粒细密,力学性能得到提高,如铜合金、铝合金铸件的抗拉强度可提高 $10\%\sim20\%$。

③ 劳动条件好。由于不用砂或少用砂,大大减少了硅尘对人体的危害。

2) 金属型铸造的缺点

① 金属型的制造成本高,周期长,不适合单件、小批生产。

② 不适合制造形状复杂(尤其是内腔形状复杂)、薄壁和大型的铸件。

③ 用来制造铸钢等高熔点合金铸件时,金属型寿命较短,同时,还易使铸铁件产生硬、脆的白口组织。

目前,金属型铸造主要用来大批量生产铜、铝、镁等非铁合金铸件,如内燃机活塞、缸盖、油泵壳体、轴瓦、衬套、盘盖等中小型铸件。

3.3.2　离心铸造

将金属液浇入高速(通常为 $250\sim1\,500$ r/min)旋转的铸型中,使其在离心力作用下充填铸型和凝固而形成铸件的成形技术称为离心铸造。

1. 离心铸造的基本类型

1) 立式离心铸造

立式离心铸造如图 3.28 所示。金属液浇入铸型后,铸型在立式离心铸造机上绕竖轴旋转,在离心力作用下,金属液自由表面(内表面)呈抛物面,凝固后形成的铸件

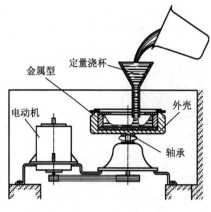

图 3.28　立式离心铸造

沿高度方向的壁厚不均匀(上薄、下厚)。铸件高度愈大、直径愈小,铸型转速愈低,铸件上下壁厚差就愈大。因此,立式离心铸造适用于高度不大的环类铸件。

2) 卧式离心铸造

卧式离心铸造如图 3.29 所示。当铸型在卧式离心铸造机上绕水平轴旋转时,由于铸件各部分的冷却成形条件基本相同,所得铸件的壁厚在轴向和径向都是均匀的,因此,卧式离心铸造适用于铸造长度较大的套筒及管类铸件,如衬套、缸套、水管等。

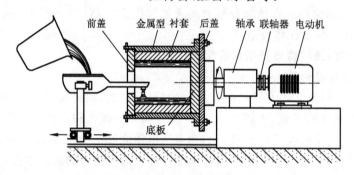

图 3.29　卧式离心铸造

3) 成形件的离心铸造

成形件的离心铸造如图 3.30 所示。将铸型安装在立式离心铸造机上,金属液在离心力作用下充满型腔,提高了金属液的充型能力,有利于薄壁铸件的成形。同时,由于金属是在离心力作用下逐层凝固的,所以,浇道可取代冒口对铸件进行补缩。

离心铸造可用普通金属型,也可用内衬砂型、壳型、熔模型壳甚至耐温橡胶的金属型(低熔点合金铸件的离心铸造时使用)。

2. 离心铸造的特点及适用范围

1) 离心铸造的优点

① 生产空心旋转体铸件时可省去型芯、浇注系统和冒口。

② 在离心力作用下,密度大的金属被推往外壁,而密度小的气体、熔渣向内自由表面移动,形成自外向内的定向凝固,因此补缩条件好,铸件组织致密,力

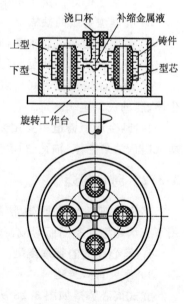

图 3.30　成形铸件的离心铸造

学性能好。

③ 便于浇注"双金属"轴套和轴瓦,如在钢套内镶铸一薄层铜衬套,可节省价格较高的铜料。

2) 离心铸造的缺点

① 铸件自由内表面粗糙,尺寸误差大,品质差。

② 不适用于密度偏析大的合金(如铅青铜)及铝、镁等轻合金。

离心铸造主要用来大量生产管筒类铸件,如铁管、铜套、缸套、双金属钢背铜套、耐热钢辊道、无缝钢管毛坯、造纸机干燥滚筒等,还可用来生产轮盘类铸件,如泵轮、电动机转子等。

3.3.3　压力铸造

压力铸造(简称压铸)是在高压作用下将液态或半固态金属(称为半固态金属压铸)快速压入金属压铸型中,并在压力下凝固而获得铸件的成形技术。常用来大批量生产非铁铸造合金压铸件。

压铸所用的压力一般为 30～70 MPa,充填速度为 5～100 m/s,充型时间为0.05～0.2 s。金属液在高压下以高速充填压铸型,这是压铸区别于其他铸造工艺的重要特征。

1. 压铸机工作原理及应用

压铸机是完成压铸过程的主要设备,根据压室的工作条件不同,可分为热压室压铸机和冷压室压铸机两类。

1) 热压室压铸机

热压室压铸机如图 3.31 所示。当压射活塞上升时,金属液通过进口进入压室内;压铸型合型后,在压射活塞下压时,金属液沿通道经喷嘴充填压铸型;冷却凝固成形后,开型取出铸件。

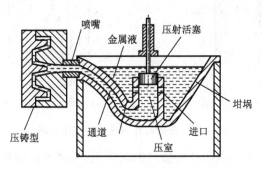

图 3.31　热压室压铸机

热压室压铸机的优点是:生产过程简单,效率高;金属消耗少,工艺稳定;压入型腔的金属液较纯净,铸件品质好;易于实现自动化。但是,压室、压射活塞长期浸在金属液中,使用寿命会受到影响,并会增加金属液的铁含量。热压室压铸机目前多用来压铸低熔点金属,如锌、铅、锡等。

2)冷压室压铸机

冷压室压铸机的压室不浸在金属液中,用高压油驱动,其合型力比热压室压铸机的大。图 3.32 所示为目前应用较普遍的卧式冷压室压铸机的工作原理。压铸所用的压铸型由定型和动型两部分组成,定型固定在压铸机的定模板上,动型固定在压铸机的动模板上,并可作水平移动。顶杆和芯棒由压铸机上的相应机构控制,可自动抽出芯棒和顶出铸件。

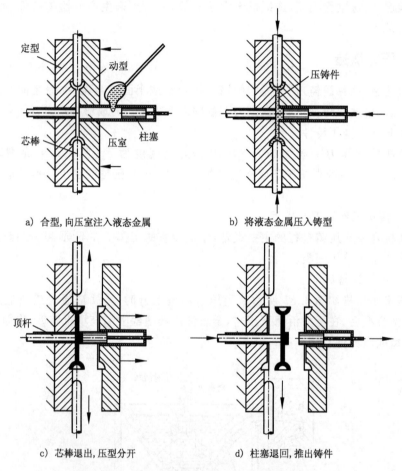

a) 合型,向压室注入液态金属　　　　b) 将液态金属压入铸型

c) 芯棒退出,压型分开　　　　d) 柱塞退回,推出铸件

图 3.32　卧式冷压室压铸机工作原理

这种压铸机的压室与金属液的接触时间很短,可用来压铸熔点较高的非铁金属(如铜合金等)和钢铁金属。

2. 压力铸造的特点及应用

1)压力铸造的优点

① 生产率高,每小时可压铸 50～150 次,最高可达 500 次,便于实现自动化、半

自动化。

② 铸件的尺寸精度高(IT11~IT13),表面粗糙度低($Ra= 3.2~0.8~\mu m$),并可直接铸出极薄件或带有小孔、螺纹的铸件。

③ 铸件冷却快,又是在压力下结晶,故晶粒细小,表层紧实,铸件的强度、硬度高。

④ 便于采用嵌铸法(又称镶铸法)。嵌铸法是将金属或非金属的零件嵌放在压铸型中,在压铸时与压铸件铸合成一体的成形技术,图 3.33 所示。

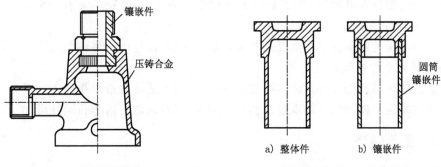

图 3.33 镶嵌铸件　　　　　　　图 3.34 深腔件的改进

嵌铸法可以制出一般压铸法难以制出的复杂件。图 3.34a 所示的难以抽芯的深腔件,若按图 3.34b 改进便可铸出。此时,先用相同合金铸出或加工成圆筒作为第二次压铸的镶嵌件,最后压铸成整体。此外,嵌铸法还可消除铸件局部热节,减小铸件壁厚,防止缩孔;可改善和提高局部性能,如耐磨性、导热性、导磁性和绝缘性等;还可将许多小铸件合铸在一起,省去装配工序。

由上可知,压铸是实现少无切削加工的一种重要成形技术,在汽车、拖拉机、航空、仪表、纺织机械、国防等工业部门中已广泛应用于低熔点非铁金属(如锌、铝、镁等合金)的小型、薄壁、形状复杂件的大批量生产。表 3.4 所示为压铸件的力学性能、极限尺寸及应用举例。

表 3.4 压铸件的力学性能、极限尺寸及应用举例

合金种类	力 学 性 能			适宜壁厚/mm	最小孔径/mm	螺纹最小尺寸		齿轮最小模数	应 用 举 例
	R_m/MPa	A/%	硬度 HBS			直径/mm	螺距/mm		
锌合金	250~380	2~5	65~120	1~4	1	10	0.75	0.3	电表骨架,汽车化油器,照相机零件
铝合金	160~220	0.5~2	50~100	1.5~5	2.5	20	1.0	0.5	汽车缸体、车门、喇叭,减压阀,电动机转子,纺织机配件
镁合金	150	1~2	—	1.5~5	2.0	15	1.0	0.5	飞机零件

2）压力铸造的缺点

① 压铸机费用高，压铸型制造成本极高，工艺准备时间长，不适合单件、小批生产。

② 由于压铸型寿命原因，目前压铸尚不适合制造铸钢、铸铁等高熔点合金铸件。

③ 由于金属液注入和冷凝速度过快，型腔气体难以完全排出，厚壁处难以进行补缩，故压铸件内部常存在气孔、缩孔和缩松等缺陷。

3）压力铸造应注意的方面

① 应使铸件壁厚均匀，并以 3～4 mm 的壁厚为宜，最大壁厚应小于 8 mm，以防止缩孔、缩松等缺陷。

② 一般压铸件不宜进行热处理或在高温下工作，以免压铸件内气孔中的气体膨胀，导致铸件变形或破裂。

③ 由于内部疏松，压铸件塑性、韧性差，所以它不适合制造承受冲击的零件。

④ 加工压铸件时应尽量取较小的机械加工余量，以防止内部孔洞外露。

3.3.4　低压铸造

低压铸造是介于金属型铸造和压力铸造之间的一种成形技术，它是在 20～70 kPa 的低压下将金属液自下而上地注入型腔，并在压力下凝固成形而获得铸件的方法。

1. 低压铸造的工作原理

低压铸造装置如图 3.35 所示。将干燥的压缩空气或惰性气体通入盛有金属液的密封坩埚中，使金属液在低压气体作用下沿升液管上升，经浇道进入铸型型腔；当金属液充满型腔后，保持（或增大）压力直至铸件完全凝固；然后使坩埚与大气相通，撤除压力，使升液管和浇道中尚未凝固的金属液在重力作用下流回坩埚；最后开启上型，由顶杆顶出铸件。

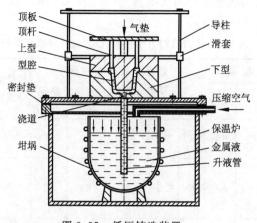

图 3.35　低压铸造装置

2. 低压铸造技术的主要工艺

1）创造自下而上定向凝固的条件

低压铸造一般无须另设冒口，由浇道兼起补缩作用，因此其关键是创造金属液在压力下自下而上补缩铸件的定向凝固条件（图 3.36），其工艺措施如下。

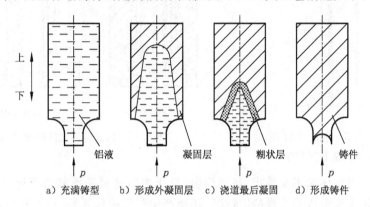

图 3.36　低压铸造时铸件的定向凝固过程

① 浇道的截面尺寸必须足够大，且应开在铸件的厚壁处，使薄壁处远离浇道（图 3.37），也可在浇道铸型壁部位填以保温材料。

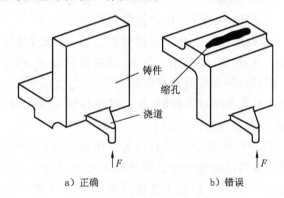

图 3.37　低压铸造浇道开设位置示例

② 用上下不相等的加工余量调整铸件壁厚和凝固方向（图 3.38）。

③ 改变铸件冷却条件。在砂型铸造时，对壁厚均匀的铸件，或难以补缩的较厚部位，可用不同厚度的外冷铁来改变铸件的冷却速度（图 3.39a），创造自上而下的凝固方向；而金属型铸造时，可用改变金属型壁厚来调整，达到相同的效果（图 3.39b）。

2）合理地控制铸件成形过程各阶段

（1）升液阶段　升液阶段是指自加压开始至金属液到浇口处为止的一段时间。升液压力反映金属液在升液管内上升的速度，应尽可能缓慢，这有利于型内气体的排出，防止金属液进入浇口时产生喷溅。一般上升速度约小于 0.15 m/s。

（2）充型阶段　充型阶段是指金属液充型上升到铸型充满为止的一段时间。若

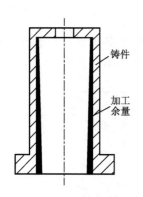

图 3.38　用上下不相等的加工
余量调整凝固顺序

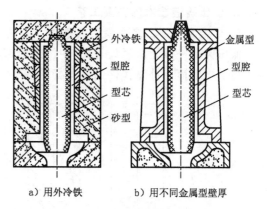

a) 用外冷铁　　　　b) 用不同金属型壁厚

图 3.39　创造铸件定向凝固的措施

充型过快,型内气体来不及排出,甚至产生"反压力",金属液面就会不连续地脉动上升,造成铸件表面形成不美观的"水纹",还会产生包气或气孔缺陷;若充型太慢,对薄壁件(尤其是采用金属铸型时)会引起浇不到及冷隔缺陷。充型速度一般根据铸件壁厚、复杂程度及导热条件确定,通常为 0.16~0.17 m/s。如浇注复杂铝合金铸件,在不出现气孔和表面"水纹"前提下,可采用较大的充型速度;而对于砂型铸造的厚大件,为了保证型内气体顺利排出,可采用较低的充型速度。

(3) 凝固阶段　凝固阶段是指金属液充满型腔后,再继续增压使铸件在此结晶压力下凝固的一段时间。显然,结晶压力越大,补缩效果越好,铸件组织越致密。但应根据铸型材质具体对待,例如用湿砂型低压铸造时,过大的增压会使铸件产生黏砂或胀砂缺陷;又如浇注金属型薄壁铸件时,其铸型导热快,金属凝固快,增大结晶压力已无意义。一般结晶压力为充型压力的 1.2~1.3 倍。

(4) 保压时间　保压时间是指在结晶压力下保持到铸件完全凝固的一段时间。保压时间不够,会造成金属液未完全凝固而回流到坩埚,使铸件"放空"而报废;保压时间过长,则会引起浇口"冻结",降低工艺收得率,并增加清理工作量,使铸件出型困难。一般控制铸件凝固后,至残留浇口长度约 40 mm,或铸件内浇口处无缩孔时,即为最佳保压时间。

3) 铸型温度及浇注温度

(1) 铸型温度　非金属铸型的工作温度一般为室温,而金属型的工作温度一般为 200~250 ℃,浇注薄壁复杂件取 300~350 ℃。

(2) 浇注温度　在保证铸件成形的前提下,浇注温度越低越好,以减少合金产生缩孔和缩松的倾向。一般低压铸造是在密封状态下进行,散热较少,因此其浇注温度可比重力浇注时低 10~30 ℃。

4) 涂料

低压铸型涂料与其他铸型相同,低压铸造升液管涂料的成分非常重要,因为它长期浸泡在金属液中,受腐蚀和高温,容易损坏,并污染金属液,降低铸件的力学性能。浇注铝合金的升液管可用质量分数 45% 的硼酸与 55% 的菱苦土($MgCO_3$)加水调制成糊状,在 $200\sim250$ ℃时涂刷 $2\sim3$ mm 厚的涂层。

3. 低压铸造的特点及应用范围

低压铸造可弥补压力铸造某些不足,利于获得优质铸件。其主要优点如下。

① 浇注压力和速度便于调节,可适应不同材料的铸型(如金属型、砂型、石墨型、陶瓷型及熔模型壳等)。充型平稳,对铸型的冲击力小,气体较易排除,能有效地克服铝合金的针孔缺陷。

② 便于实现定向凝固,以防止缩孔和缩松,使铸件组织致密,力学性能好。

③ 一般不用冒口,金属的利用率可高达 90%~98%。

④ 铸件的尺寸精度(IT12~IT14)和表面粗糙度($Ra=12.5\sim3.2$ μm)高于金属型铸件的,但比压铸件的低;它可生产出壁厚为 $1.5\sim2$ mm 的薄壁铸件。此外,低压铸造设备费用较压铸设备低。

低压铸造存在的主要问题是:①设备的密封系统易泄漏,②升液管寿命短,金属液在保温过程中易产生氧化和夹渣,且生产率低于压力铸造。低压铸造目前主要用于铝合金铸件(如汽缸体、汽缸盖、活塞、曲轴箱、壳体等)的大量生产,也可用于球墨铸铁、铜合金等的较大铸件,如球铁曲轴、铜合金螺旋桨等的生产。

3.3.5　挤压铸造

挤压铸造(简称挤铸)是介于压铸和低压铸造间之间的一种成形技术,它用来铸造大型薄壁件,如汽车门、机罩及航空与建筑工业中所用的薄板等,多用于铝合金,钢铁金属也可进行挤压铸造。

1. 挤压铸造的工艺过程

挤压铸造所采用的铸型大多为金属型,也可以是半永久型(如挤压铸造铁锅时可用泥型)。图 3.40 所示为大型薄壁铝铸件的挤压铸造工艺过程。

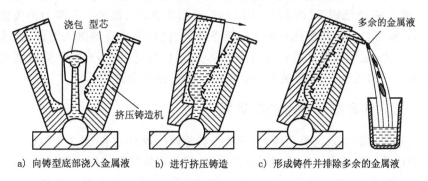

a) 向铸型底部浇入金属液　　b) 进行挤压铸造　　c) 形成铸件并排除多余的金属液

图 3.40　大型薄壁铝铸件的挤压铸造

在图 3.40 中,铸型由两扇半型组成,一扇是固定的,另一扇是活动的。首先,向敞开的铸型底部浇入定量的金属液,然后逐渐合拢铸型,金属液被挤向上,充满铸型,多余的金属液从铸型顶部挤出。与此同时,金属液中所含的气体和杂质也一起排出。

2. 挤压铸造的特点

① 压力(2~10 MPa)和速度(0.1~0.4 m/s)较低,无涡流、无飞溅现象。同时还因为挤压时金属液的静压力逐渐增加,较好地补缩了枝晶间的微缩孔。不仅如此,金属液在结晶层旁流过,不断冲刷树枝晶,抑制其自由长大,使铸件结晶组织细化。因此挤压铸造可以制造高品质的大平面薄壁铝铸件及复杂的空心薄壁件。

② 挤压铸造与压力铸造及低压铸造的共同点是,其增压的作用使铸件成形、"压实"并得到致密的组织。其不同点是,挤压铸造的压力和速度大大低于压力铸造,但稍高于低压铸造;挤压铸造没有浇注系统,且铸件的尺寸较大、较厚一些,金属液流所受阻力较小,故铸件成形所需的压力远比压力铸造小。

挤压铸造时金属液与铸型接触较紧密,且在铸型中停留的时间较长,故应采用水冷铸型,并在型腔内壁上涂敷涂料,以延长铸型寿命;宜采用垂直分型,以利开型取出铸件和涂敷涂料。

3.4　复合铸造成形技术及其新进展

3.4.1　消失模复合铸造成形技术的新进展

1. 消失模-熔模精密复合铸造

消失模-熔模精密复合铸造(Repli-Cast Ceramic Shell)简称 CS 法。CS 法对消失模工艺进行了改进,在泡沫模样周围充填陶瓷形成陶瓷壳,在浇注之前将泡沫模样烧掉,金属液浇入中空的陶瓷壳中,完全避免碳进入铸件。这是它优于普通消失模铸造的主要方面。

2. 消失模-真空吸铸,消失模-低压铸造

为了适应铝、镁合金消失模铸造的需要,一些消失模复合成形技术,如消失模-真空吸铸、消失模-低压铸造(图 3.41、图 3.42)等相继被开发出来。与重力消失模铸造相比,消失模复合成形技术能在可控气压下使铝、镁合金平稳地进入型腔,提高金属液的充型能力,还可降低这些合金的浇注温度,消除气孔、浇不到等缺陷及镁合金浇注时氧化燃烧的现象,可制造光洁、复杂的优质铝、镁合金铸件。

3.4.2　压力铸造成形技术的新进展

近年来出现的吸入式真空压铸、充氧压铸等新的成形技术(图 3.43、图 3.44),或是将型腔内的空气抽走以形成相对真空状态,或是用氧气充填压室和型腔,取代其中的空气和其他气体,然后再压入金属液。其优点是:①可减少铸件中的气孔、缩孔、缩松等缺陷,可提高压铸件的力学性能。如抗拉强度提高 10%,伸长率提高 1~2 倍;②压铸件可进行热处理,热处理后抗拉强度可提高 30%,屈服强度可提高 100%,抗

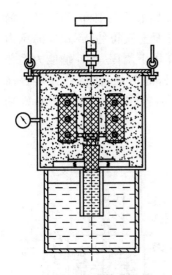

图 3.41　消失模真空吸铸

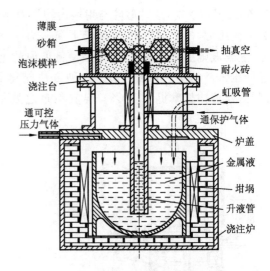

图 3.42　消失模低压铸造

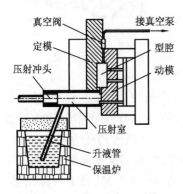

图 3.43　吸入式真空压铸

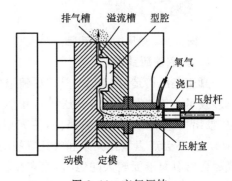

图 3.44　充氧压铸

冲击性能也有显著提高。加氧压铸与真空压铸相比,其结构更简单,操作更方便,投资更少。

同时,新型压铸型材料的研制成功及半固态压铸新技术(图 19.18)的出现,使钢铁金属的压铸也取得了一定程度的进展,压力铸造成形技术的应用范围将日益扩大。

3.4.3　低压铸造成形技术的新进展

1. 差压法低压铸造

因普通低压铸造结晶压力不能太大,对于那些内部组织要求高,希望在压力下结晶的铸件,宜采用差压法低压铸造(又称反压铸造、压差铸造或差压铸造)如图3.45所示。差压法低压铸造的实质是低压铸造与压力下结晶两种技术的结合,其关键环节是,将铸型、保温炉分别装入上、下压力筒内,上、下两筒同时通入压力为 0.5~0.6

MPa 的压缩空气,这时型腔与坩埚内的压力相等,所以金属液不会上升;当改变上筒或下筒压力,使上筒压力 p_1 小于下筒压力 p_2 时,金属液面上获得约 50 kPa 的压力差,金属液则上升充填型腔,然后使铸型内的金属液在高压下凝固,其补缩能力是普通低压铸造的 4～5 倍。采用这种方法能得到组织致密的铸件,使铸件强度提高 25%,断后伸长率提高 50%。但其不足之处是设备较大,操作麻烦,只用于特殊场合。

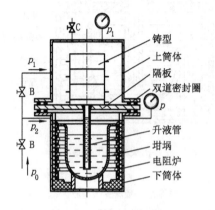

图 3.45　差压法低压铸造

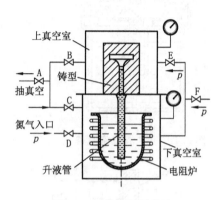

图 3.46　真空差压铸造

2. 真空差压铸造

真空差压铸造(图 3.46)是差压铸造(图 3.45)与真空吸铸(见图 3.41)相结合的成形技术。该法与差压法低压铸造相似,不同之处是,真空差压法在密封罩内抽真空,抽出型腔中的气体后再浇注,使充型速度提高到 3 m/s(差压铸造为 0.05～0.8 m/s),且不会产生氧化夹杂和气孔等缺陷,适合浇注复杂的大型薄壁铸件;在充型完成后再给金属液面较大的压力,使它在较大的压力差(0.4～0.5 MPa)下补缩结晶,所以铸件致密性好;不需要高压容器罐,结构简单,成本低,操作、控制方便。

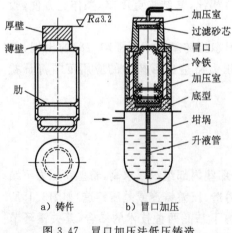

a) 铸件　　　b) 冒口加压

图 3.47　冒口加压法低压铸造

3. 冒口加压法低压铸造

图 3.47a 所示的铸件上部壁厚大,中部四根立柱较细,品质要求很高,仅用一般低压铸造工艺不能使上部厚壁得到补缩。采用冒口加压法(图 3.47b),即在铸件上端设补缩冒口,在冒口上方放一个过滤砂芯(过滤砂芯只能通气而不能通过金属液),用低压铸造使金属液充满型腔,待四根立柱部分凝固后,在砂芯上面通入与坩埚内液面压力相等的压缩空气,补缩上端厚大部位,下部壁厚仍由浇口补缩,结果获得品质满意的铸件。

3.4.4　熔模铸造新技术

　　熔模铸造可与真空吸铸、调压铸造、低压铸造、过滤净化、悬浮熔炼、定向凝固和单晶铸造等许多种铸造成形新技术相结合,生产高精密的铸件,特别是航空航天领域使用的高温合金精密铸件。

　　1. 真空吸铸

　　真空吸铸(图 3.48)是将精铸型壳预置于真空室内,然后抽真空使型壳内产生负压,再将型壳浸入熔池中,金属液被吸入型腔中。当铸件内浇道凝固后,解除负压,让直浇道中未凝固的金属流回熔池。该法的优点是:充型能力强,可浇注铸件最小壁厚达 0.2 mm 的铸件;减少气孔、夹渣等缺陷,特别适合制造品质要求高的小型精密薄壁铸件。但该法也存在特殊的技术问题,如型壳必须有足够的强度和透气性,必须合理地控制凝固时间,型壳与真空室之间必须密封等。

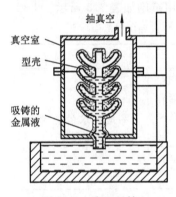

图 3.48　真空吸铸

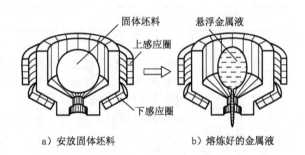

a) 安放固体坯料　　　　b) 熔炼好的金属液

图 3.49　悬浮熔炼

　　2. 电磁悬浮铸造

　　在电磁悬浮铸造(EMC,Electro Magnetic Suspension Casting)中,用感应线圈代替坩埚,将一小段固体金属短坯料置于水冷铜感应圈中的型壳中,其外面有上、下两组感应线圈,接通中频电流后,金属由于感应电流而产生感应磁场,上一组感应线圈的作用是熔化金属,下一组线圈主要是产生电磁力使金属液磁悬浮,如图 3.49 所示。感应线圈中的金属料受到感应电流作用而被加热熔化,金属液侧表面产生感应电流和感应磁场,感应磁场与交变磁场相互作用,产生向内(中心)的电磁力,使金属液脱离型壳壁,不流散,形成液柱,进行封闭式熔炼和搅拌并悬浮起来。当金属液达到预定温度后,降低下一组感应线圈的功率,使其产生的磁悬浮力无法承受金属液的重量,这时金属液向下经底注口流到置于感应圈下部的精密铸造型壳中。由于不需要使用坩埚,因此产生氧化夹杂的污染源被消除了。实践表明,该法制造的精密铸件没有耐火材料夹杂及气孔,晶粒组织细腻均匀。

　　3. 过滤净化铸造

　　近年来,过滤技术为获得高纯净度的铸件和铸锭提供了有效的方法,目前这种技术已逐步推广应用到熔模铸造中。过滤网（器）多安装在精密铸造型壳的浇口杯（图 3.50）或横浇道、内浇道中。

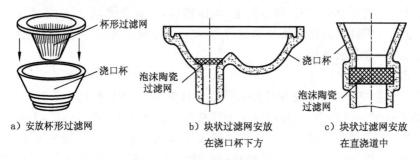

a) 安放杯形过滤网　　　　　b) 块状过滤网安放　　　　　c) 块状过滤网安放
　　　　　　　　　　　　　　 在浇口杯下方　　　　　　　　在直浇道中

图 3.50　陶瓷过滤网的安放

1）过滤网的种类、制作、特点和应用

熔模铸造中常用过滤网的种类、操作要点、特点和应用范围如表 3.5 所示。

表 3.5　熔模铸造中常用过滤网的种类、操作要点、特点和应用范围

过滤网种类		操作要点	特　点	应用范围
陶瓷纤维编织过滤网	片状	将陶瓷纤维（如玻璃纤维等）编织成的过滤网渗入热固性树脂，再经加热固化而成	制作方法简便，但由于对夹杂物的吸附作用不明显，故过滤效果略差	一般要求的各种合金的熔模铸件
	帽式		直接放在型壳浇口杯上，使用很方便	
陶瓷过滤网	块状	由可塑的陶瓷坯料挤压成形再经高温烧结而成	制作方法较简便，过滤效果介于其他两种之间	熔点较高的一般铸件
	杯形		直接放在型壳浇口杯上，使用很方便	品质要求高的熔模铸件
泡沫陶瓷过滤网		用海绵或有机泡沫材料（如聚氨酯泡沫塑料），在陶瓷浆料中浸泡、挤压，吸入陶瓷浆料后经烘干、烧结制成	制作技术要求较高，价格较高，但由于滤孔通道迂回曲折且过滤器内表面积大，对夹杂物有很强的吸附作用，故过滤效果最好	各类合金铸件，尤其适用于品质要求高的高温合金和其他合金铸件

2）过滤网的性能和技术要求

（1）滤孔尺寸　滤孔尺寸（孔眼尺寸）是最基本的要求，一般熔模铸造中的过滤网的滤孔尺寸多为 2～18 孔/cm。实验表明：在用泡沫陶瓷过滤网过滤高温合金时，若滤孔尺寸为 8 孔/cm，过滤率可达 75% 以上；若滤孔尺寸为 12 孔/cm，过滤率高达

90%以上。

(2) 孔隙率 孔隙率(又称显气孔率或开口气孔率)f＝(陶瓷体实际密度－过滤器容积密度)/陶瓷体实际密度。一般,泡沫陶瓷过滤网的孔隙率为 80%～90%;纤维过滤网的孔隙率为 50%～55%。

(3) 过滤网厚度 推荐过滤网厚度为 20～40 mm,过滤网过薄则强度差,过厚则过滤速度低。

(4) 透气率 透气率是最能反映过滤效果的指标,它可用空气通过过滤网来测定。比较精细的过滤网的透气率在(400～2 500)×10^{-7} cm² 范围内,用于要求高纯净度金属液的过滤。

此外,还要求过滤网有较高的耐火度、抗热冲击性,良好的化学稳定性及低的发气量。

4. 定向凝固和单晶铸造技术

1) 定向凝固叶片

20 世纪 70 年代,定向凝固技术开始用于铸造高温合金涡轮叶片,给燃气轮机的性能改进带来了新的飞跃。在合金成分相同条件下,采用定向凝固后得到的叶片性能,特别是高温抗蠕变和抗热疲劳性能更好。同时,定向凝固可提高叶片工作温度,并增加其使用寿命。定向凝固又称定向结晶,通过严格地控制铸件的凝固过程,使液态合金定向生长,以获得平行于叶片主应力方向(叶片的轴向)的、具有成束柱状晶体组织的叶片,即定向凝固叶片。其制造过程是:熔模型壳被加热器的辐射预热,型壳底部被水冷激冷板(单方向散热的冷源)支撑,金属液浇入型壳后,升降机构缓慢下降,晶体开始在水冷激冷板上向上生长出柱状晶粒(图 3.51a),因此叶片沿纵向定向凝固且没有横向晶界,它在燃气轮机中沿离心力方向的强度很高。

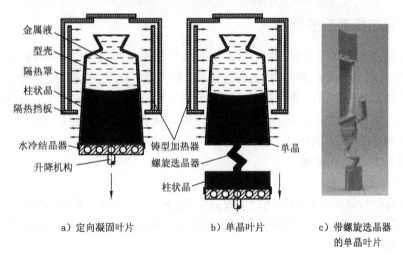

金属液
型壳
隔热罩
柱状晶
隔热挡板
水冷结晶器
升降机构
铸型加热器
螺旋选晶器
柱状晶
单晶

a) 定向凝固叶片　　b) 单晶叶片　　c) 带螺旋选晶器的单晶叶片

图 3.51 叶片的定向凝固及单晶制造

2）单晶铸造叶片

制取单晶的方法通常有以下两种。

（1）选晶法　叶片的定向凝固及单晶制造如图 3.51 所示。在型壳底部位设置一个螺旋形的选晶器（图 3.51b、c），当开始生长的柱状晶达到螺旋形选晶器时，其狭小的截面仅仅只允许最具适用性的晶体通过螺旋约束而向上生长，而其他晶体都被螺旋通道壁中途阻隔，前者随着激冷板缓慢下降长大，直至充满整个型腔，获得单晶叶片。与其他方法相比，虽然此法制造的叶片成本较高，但它没有晶界，抗热疲劳和抗热冲击的性能好，使用寿命长、性能可靠。

（2）籽晶法　籽晶制取单晶叶片如图 3.52 所示。在型壳底部的籽晶套内位安放一个特制的籽晶块（图 3.52），当浇入型壳中的金属液与籽晶接触后，便开始形核并以籽晶固有的晶体取向为结晶方向外延生长，直到充满整个型腔，获得单晶叶片。此外，籽晶法可以制取任意所需结晶取向的单晶铸件。

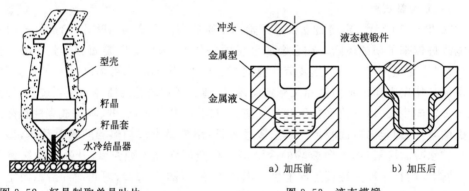

图 3.52　籽晶制取单晶叶片　　　　　　　图 3.53　液态模锻

3.4.5　液态模锻成形新技术

液态模锻又称液态冲压（图 3.53），是一项以挤压铸造技术为基础，综合了压力铸造、低压铸造和半固态成形的"连铸连锻"技术，它以"锻"为终极工艺特性指标，一般要求达到固态的变形或塑性变形。液态模锻一般在油压机上进行，用液态模锻技术生产的毛坯，其终极本质是一个锻件，它的内部全为破碎晶粒与锻态组织，一般没有铸件中常见的缩孔、缩松缺陷。

1. 液态模锻工艺参数

1）比压

液态模锻与挤压铸造的不同之处是，前者没有浇口。一般，液态模锻制件比较厚大，液流所受阻力较小，故成形所需的压力远比挤压铸件小。比压越大，制件越致密，表面越光滑。

2）金属型的预热及水冷

金属型预热是获得表面光洁、无内部缺陷制件的关键，并影响金属型的寿命。厚壁件预热温度取下限,以防止黏附型壁。浇注锰黄铜的型温为 $100\sim350$ ℃,浇注铝合金的型温为 $100\sim270$ ℃。液态模锻金属型水冷的主要目的不是加速制件凝固,而仅仅是冷却铸型,因此常在制件凝固之后通水。

3) 金属的浇注与定量

采用液态模锻,薄壁件的浇注温度可适当高些,防止在施压前制件形成硬壳,使压力不能对需补缩之处起作用。而厚壁件的浇注温度应低些,因为浇注温度高会使得制件内部缩孔大,也不易补缩,表面常产生凹陷;而且,浇注温度高对金属型寿命也不利。一般,锰黄铜薄壁件的浇注温度为 $850\sim1\,000$ ℃,厚壁件的为 $850\sim920$ ℃,铝合金件的为 $660\sim700$ ℃。

采用液态模锻,金属液的定量很重要。若浇入的金属液不足,则制件表面似乎完好,但内部却有空洞或缩松。故一般浇注的金属液应稍有富余。制造中空件的金属液富余方式有多种,如图 3.54 所示,以图 c 所示的方式最好。

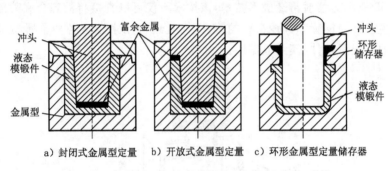

a) 封闭式金属型定量　　b) 开放式金属型定量　　c) 环形金属型定量储存器

图 3.54　液态模锻金属液定量形式

4) 保压时间与冲压速度

金属液浇入金属型后加压时间越短越好,保压时间亦不宜过长,以防止冲头被制件收缩"抱紧"。一般,10 mm 厚的铜件,保压 $3\sim6$ s 即可获得致密的制件。冲头下压速度太快,制件易出现气孔和裂纹。冲头的下压速度,小件一般取 $0.2\sim0.4$ m/s,大件一般取 0.1 m/s。

5) 冲头与金属型的配合间隙

冲头与金属型之间必须有合适的间隙,保证冲头能自由运动,且受热膨胀时不致被金属型"抱紧"卡住(液态模锻件比挤压铸件的收缩抱紧力高 $30\%\sim35\%$)。浇注铜、铝实心件(锭)时,间隙为 $0.15\sim0.3$ mm;浇注异形件时,间隙为 $0.08\sim0.1$ mm。为防止过热膨胀,冲头和金属型均应水冷。

2. 液态模锻的特点及应用

与普通锻造相比,液态模锻具有以下特点:①制件精度高,加工余量小;②冷却速度快,制件晶粒细,组织致密;③能量消耗比锻造少;④可制造形状复杂的零件;⑤金属型磨损小,使用寿命比锻造模具长。液态模锻常用来制造铝、铜合金及钢铁件,也可用来制造某些流动性差的金属件,如纯铜、纯铝及某些易偏析的合金如铅青铜(可消除偏析)件等。

3.4.6　喷射铸造成形新技术

喷射成形(Spray Forming)技术也称为喷射沉积(Spray Deposition)或喷射铸造(Spray Casting)技术,是 20 世纪 80 年代以来工业发达国家在传统快速凝固/粉末冶金(RS/PM)工艺基础上发展起来的一种全新的先进材料制备与成形技术。喷射成形技术的基本原理是,用高压惰性气体将金属液流雾化成细小液滴,并使其沿喷嘴的轴线方向高速飞行,在这些液滴尚未完全凝固之前,将其沉积到一定形状的接收体上成形。这样,通过合理地设计接收体的形状和控制其运动方式,便可以从液态金属直接制备出具有快速凝固组织特征,整体致密的圆棒、管坯、板坯、圆盘等不同形状的沉积坯。

图 3.55 所示为喷射铸造成形技术,该技术不仅可以直接将液态金属喷射到回转的芯轴上生产无缝钢管和其他材料的管件,而且还可用来制造各种金属粉末及喷射成形锻件的预成形坯件、模具或零件。

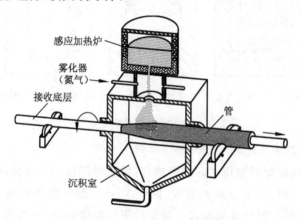

图 3.55　喷射铸造生产无缝管

图 3.56 所示为模具的精密喷射成形技术。其工艺流程是,用木模、塑料模或金属模做母模,浇灌陶瓷型,将陶瓷型烘干、焙烧到所要求的强度,然后将按材质要求选择的工具钢置入压力坩埚中熔炼,打开柱塞杆,使钢液漏到喷嘴口部,用氩气将钢液对准陶瓷模进行喷射、雾化,雾化的钢液迅速凝固并沉积到陶瓷模上,成形为显微组织无偏析、明显细化且均匀分布的模具,材料组织均匀,几乎没有各向异性,整体性能有明显的提高。

目前,用于喷射成形的合金材料主要有铝硅合金、铝锂合金、铜合金、不锈钢特种合金和高温合金等,产品有火箭壳体、尾翼,涡轮发动机涡轮盘,海洋中耐腐蚀管道,轧辊,导电材料,汽车连杆、活塞,汽车发动机汽缸内衬及体育器材等。

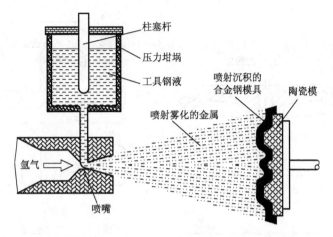

图 3.56　模具的精密喷射成形

复习思考题

（1）为什么制造蜡模多采用糊状蜡料加压成形,而较少采用蜡液浇注成形? 为什么脱蜡时水温不应达到沸点?

（2）壳型铸造与普通砂型铸造有何区别? 它适合于什么零件的生产?

（3）金属型铸造有何优越性和局限性?

（4）试比较熔模铸造与陶瓷型铸造的异同点,为何在模具制造中陶瓷型铸造更为重要?

（5）试述熔模铸造的主要工序,在不同批量下,其压型的制造方法有何不同?

（6）试确定图 3.57 所示零件在单件、小批生产条件下的造型方法。

（7）图 3.58 所示的铸件拟采用金属型铸造,试在原图上绘出分型面的位置及金属型芯的形状与安放部位。

（8）试比较气化模铸造与熔模铸造的异同点及应用范围。

（9）压力铸造工艺有何优缺点? 它与熔模铸造工艺的适用范围有何显著不同?

（10）低压铸造的工作原理与压力铸造有何不同? 为何铝合金常采用低压铸造?

（11）什么是离心铸造? 它在圆筒形铸件的铸造中有哪些优越性? 圆盘状铸件及成形铸件应采用什么形式的离心铸造?

（12）试确定下列零件在大量生产条件下最宜采用的工艺:①缝纫机头,②汽轮机叶片,③铝活塞,④大口径铸铁污水管,⑤柴油机缸套,⑥摩托车汽缸体,⑦车床床身,⑧大模数齿轮滚刀,⑨汽车喇叭主体,⑩家用煤气炉减压阀阀体。

（13）给人镶金牙可以选用哪些铸造成形技术? 最好的是哪种技术?

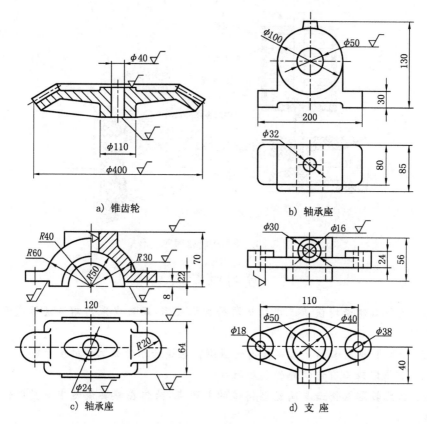

a) 锥齿轮　　　　　　　　　b) 轴承座

c) 轴承座　　　　　　　　　d) 支座

图 3.57　几种典型铸件

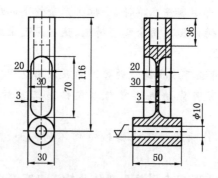

图 3.58　金属型铸件

第4章

铸造工艺设计

在生产铸件之前要编制出控制铸件生产工艺过程的技术文件,这项工作就是铸造工艺设计。本章主要介绍应用最广的砂型铸造工艺设计。

4.1 铸造工艺方案的确定

铸件生产的首要步骤就是根据零件的结构特征、材质、技术要求、生产批量和生产条件等因素确定铸造工艺方案。其具体内容包括:选择铸件的浇注位置及分型面,确定型芯的数量、定位方式、下芯顺序、芯头形状及尺寸,确定工艺参数(如机械加工余量、起模斜度、铸造圆角及收缩率等)以及浇注系统、冒口、冷铁的形状和尺寸及在砂型中的布置等,然后将所确定的工艺方案用文字和铸造工艺符号在零件图上表示出来,绘制铸造工艺图。

铸造工艺图是制造模样和铸型、进行生产准备和铸件检验的依据,是铸造生产的基本工艺文件。图4.1所示的为圆锥齿轮的零件图、铸造工艺图及模样图。

铸造工艺图上的工艺符号如插页中的表4.1所示。

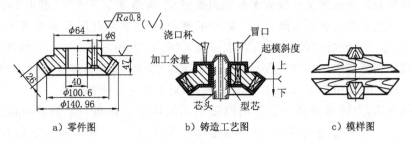

a) 零件图   b) 铸造工艺图   c) 模样图

图 4.1　圆锥齿轮的零件图、铸造工艺图及模样图

4.1.1　浇注位置及分型面的选择

浇注时铸件在砂型中所处的空间位置称为铸件的浇注位置,它反映浇注时铸件的哪个表面朝上,哪个表面朝下,哪个面侧立,哪个面倾斜。而铸件的分型面是指制造同一铸件的两个铸型(一般为上、下型)或多个铸型(多箱造型)相互接触、配合的表面,而铸件的造型位置(造型时模样在砂型中所处的空间位置)是由分型面来决定的。铸件的浇注位置与造型位置通常是一致的,少数情况下也可能不同。

浇注位置与分型面的选择是否合理,对铸件品质和铸造工艺的难易程度有较大的影响,一般可根据下列原则考虑。

1. 确定浇注位置的基本原则

确定浇注位置时,应使铸件的重要面、大平面及薄壁部位朝下或侧立;厚壁部位朝上(图 4.2)。这是由于浇注中一旦有熔渣、气体卷入型腔时,因其密度小于金属液而上浮至顶面,铸件朝上的面易产生夹渣、气孔等缺陷。大平面朝上时(图 4.2a 中方案(2)),金属液对砂型型腔顶面的长时间烘烤,容易产生夹砂缺陷。

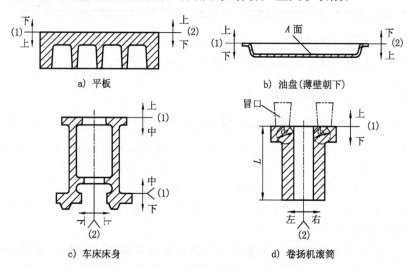

a) 平板　　　　　b) 油盘(薄壁朝下)

c) 车床床身　　　　　d) 卷扬机滚筒

图 4.2　铸件浇注位置和分型方案的选择示例

车床床身的导轨面及平板的大平面属重要面,应将其朝下放置(图 4.2a、c 中方案(1))。油盘铸件的底部为面积大而薄壁的平面,为了使浇注时金属液易于充满型腔,防止产生浇不到或冷隔缺陷,应将盘底朝下(图 4.2b 中方案(1))。卷扬筒铸件的法兰大端与筒体交界处的热节圆直径 d_y 比下部壁厚大,确定浇注位置时,应将该处朝上放置(图 4.2d 中方案(1)),以利设置冒口,对该处进行补缩。

必须指出,上述确定浇注位置的原则在不同情况下存在一定的灵活性。例如图 4.2c 所示的车床床身铸件,在中小批量生产条件下,采用导轨面朝下的方案(1)(立浇)是较理想的。但在成批、大量生产、机器造型时不允许用三箱造型,所以宜采用两箱造型的方案(2)(卧浇)。这时导轨面处于侧立浇注位置,上箱顶面附近的部分导轨的品质,必须通过改进浇注系统、冒口,加强撇渣、排气等措施来保证。又如图 4.2b 所示的油盘铸件,其重要面应为盘底的上表面 A,因 A 面用途是承接切削时落下的切屑及切削液。显然,为了遵循重要面朝下的原则,应采用方案(2)(A 面朝下),但此时却满足不了薄壁朝下的原则。当两原则发生矛盾时,应以解决主要矛盾为主。显然,在此情况下,油盘铸件的主要矛盾是铸件能否浇满成形,故应优先采用方案(1)(A 面朝上)。再如,某些轴向尺寸较大的轴或套类铸件,当其外圆或内孔为必须保证品质的重要面时,若采用竖直造型,如图 4.2d 中方案(1),则因砂型太高而难以操作;若采用水平造型,则铸件圆筒外壁总有一部分处于型腔顶面,铸件品质难以保证。这时,可采用"平做立浇"的方案,如图 4.2d 中方案(2)所示,即采用分开模、水平造型,下芯、合箱后,夹紧上、下砂箱并旋转 90°浇注。若 L 过大,砂箱难以完全竖立,也可采用"平做斜浇"的方案。

2. 确定分型面

确定分型面的基本原则是便于起模,此外还应保证零件的位置精度,简化造型工艺,如尽量将铸件置于一个砂箱之中,以减少错箱;尽可能使分型面数量少,且为平面。例如图 4.3a 所示的三通铸件,该件的三个法兰端面为装配面(重要面),其内腔用一个 T 形型芯来成形。

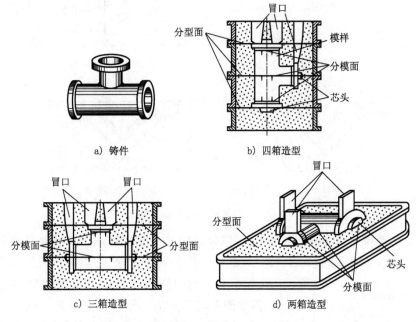

图 4.3　三通铸件的浇注位置和分型面选择

为了使型芯在型腔中定位,制造模样时,在与铸件三个法兰端面孔的对应部位,应做三个芯头。选择分型面时,同时亦必须考虑模样上的芯头形状能否方便起模。就三通铸件而言,能满足起模原则的分型方案有多个(图 4.3 b、c、d)。显然,采用三箱及四箱造型时,因分型面太多,易产生错箱而影响铸件的位置精度,且造型工艺麻烦;而如图 4.3 b、c 所示的浇注位置方案中,总有一个法兰端面位于型腔顶面,铸件易产生夹渣、气孔等缺陷。因此,经分析比较后,只有如图 4.3 d 所示的一个分型面、两箱造型的工艺方案是最佳方案。因为就浇注位置而言,三个法兰端面处于侧立位置,利于保证其品质;就分型面而言,分型面少(仅一个)且为平面,可减少因错箱对铸件位置精度的影响;型芯及冒口安放也很方便。

上例说明,铸件分型面的选择与浇注位置有密切的关系。从工艺设计步骤来看,一般是先确定浇注位置再选择分型面,但最好是二者同时考虑,而且铸件的分型面尽可能与浇注位置一致,这样才能使铸造工艺简便,又易于保证铸件品质。分型面一般是根据零件的形体结构特征、技术要求、生产批量,并结合浇注位置来选择的。例如图 4.4 所示的角架铸件,根据浇注位置及技术要求的不同,可允许有多种不同铸造工艺方案,它们分别是活块造型(图 a)、机器造型(用砂芯形成凸台的形状)(图 b)、挖砂造型(图 c)和盖板型芯造型(图 d)。

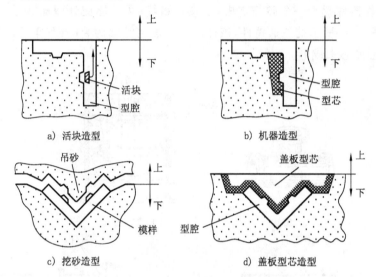

图 4.4　角架铸件的分型方案

浇注位置和分型面的选择原则是,以保证铸件品质(内在品质、表面品质及尺寸精度等)为主,兼顾造型、下芯、合箱及清理操作便利等方面,切忌牺牲铸件品质来满足操作便利。例如图 4.5 所示的摇臂铸件的分型方

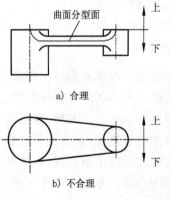

图 4.5　摇臂铸件的工艺方案

案,其中图 b 所示方案的分型面是平面,虽便于造型,但引起铸件在分型面处产生披缝,铸件清理时,难以对两圆柱与平板相交处的披缝进行打磨,影响铸件后续机械加工时夹具定位的准确性。而图 a 所示方案的分型面虽为曲面,要用挖砂造型(单件生产)或成形底板(成批、大量生产)造型,虽会引起造型操作或模板制造方面的麻烦,但该方案使铸件的大部分位于一箱之中,尺寸精度较好,即使铸件上有披缝,但披缝是凸出的,很易打磨平整,利于保证铸件品质,故宜选择图 a 所示方案。

4.1.2 型芯形状、数量及分块

型芯用来形成铸件内腔或外形妨碍起模的部位。图 4.6 所示车轮铸件的独立内腔有七个，即截面为圆形的中心空腔及六个截面为三角形的空腔，需由七个型芯来形成。

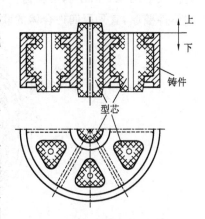

图 4.6 车轮铸件的型芯分块

对于内腔形状复杂的大铸件，常常将形成内腔的型芯分割成数块，使每块型芯的形状简单，尺寸较小，便于操作、搬运、烘干，而且简化了芯盒的结构。当多块型芯拼装时，必须考虑每块型芯的下芯顺序，用数字加符号 ♯ 表示（如最先下入型腔的型芯在铸造工艺图上标为 1♯），并且用不同的工艺剖面符号进行区分，相互间应能准确连接与定位并使各型芯的通气道相互连通，如图 4.7 所示。

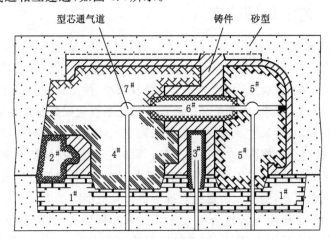

图 4.7 复杂内腔的型芯分块

对于某些铸件，为了增加型芯稳定性，常采用两个或多个铸件共一个整体型芯的方法。图 4.8a 所示铸件上的盲孔需采用芯头较长的悬臂式型芯。若采用图 4.8b 所

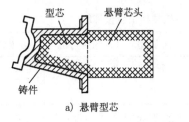

a) 悬臂型芯

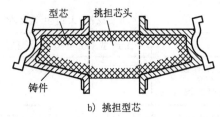

b) 挑担型芯

图 4.8 悬臂型芯及挑担型芯

示的挑担型芯(两件共用),即可减少芯头的长度及模板与砂箱尺寸,且型芯安放更稳定。又如图4.9所示的弯头铸件,其单个的型芯为弯月形,在型腔中易产生偏转,影响铸件壁厚,宜采用四件合铸的联合型芯。

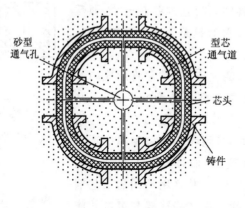

图4.9　联合型芯

4.2　铸造工艺参数的确定

1. 机械加工余量

在铸件需要进行切削加工的表面上增加的一层金属层厚度,称为机械加工余量。加工余量过大,不仅浪费金属,而且切去了晶粒较细小、性能较好的铸件表层;加工余量过小,则达不到加工要求,影响产品的品质。加工余量应根据材料性质、造型方法、加工要求、铸件的形状和尺寸及浇注位置等来确定。铸钢件表面粗糙,其加工余量应比铸铁大些;非铁合金价格高,铸件表面光洁,其加工余量应比铸铁小些;机器造型的铸件精度比手工造型的高,加工余量可小些;铸件尺寸愈大,加工余量也应愈大;若加工表面浇注时处于顶面,则加工余量比它处于侧面和底面时的大。

铸件机械加工余量应与铸件公差(CT,Casting Tolerance)配套使用,规定机械加工余量的代号用字母 MA 表示,加工精度由精到粗分为 A、B、C、D、E、F、G、H、J 共九个等级。表4.2所示的为用于成批、大量生产时与灰铸铁件尺寸公差配套使用的铸件机械加工余量等级(详见国家标准《铸件公差与机械加工余量》(GB/T 6414—1999))。

表4.2　成批、大量生产灰铸铁件机械加工余量等级

	手工造型	机器造型及壳型	金属型	低压铸造	熔模铸造
尺寸公差等级 CT	11～13	8～10	7～9	7～9	5～7
加工余量等级 MA	H	G	F	F	D

铸件尺寸公差等级和加工余量等级确定后,加工余量的数值应按零件有加工要求的表面上最大基本尺寸和该表面距它的加工基准间尺寸两者中较大的尺寸来确

定。例如灰铸铁件机械加工余量可从表 4.3 中选取。

表 4.3　与尺寸公差配套使用的灰铸铁件机械加工余量

尺寸公差等级 CT		8	9	10	11	12	13
加工余量等级 MA		G	G	G	H	H	H
基本尺寸 /mm	浇注时的位置	加工余量数值/mm					
~100	顶面	2.5	3.0	3.5	4.5	5.0	6.5
	底、侧面	2.0	2.5	2.5	3.5	3.5	4.5
100~160	顶面	3.0	3.5	4.0	5.5	6.5	8.0
	底、侧面	2.5	3.0	3.0	4.5	5.0	5.5
160~250	顶面	4.0	4.5	5.0	7.0	8.0	9.5
	底、侧面	3.5	4.0	4.0	5.5	6.0	7.0
250~400	顶面	5.0	5.5	6.0	8.5	9.5	11
	底、侧面	4.5	4.5	5.0	7.0	7.5	8.0
400~630	顶面	5.5	6.0	6.5	9.5	11	13
	底、侧面	5.0	5.0	5.5	8.0	8.5	9.5
630~1 000	顶面	6.5	7.0	8.0	11	13	15
	底、侧面	6.0	6.0	6.5	9.0	10	11

使用表 4.3 确定加工余量,应遵守以下几条规定。

① 表中每栏有两个加工余量数值,上面的是单侧加工时的加工余量,下面的是双侧加工时每侧的加工余量。

② 在小批和单件生产中,铸件的不同加工表面允许采用相同的加工余量数值。

③ 用砂型铸造的铸件,其顶面(相对于浇注位置)的加工余量等级应比底、侧面加工余量等级降一级选用。例如,某铸件的底、侧面的加工余量为 CT10 级、MA-G 级,其顶面加工余量则应为 CT11 级、MA-H 级。

④ 砂型铸造中孔的加工余量等级,可采用与顶面相同的等级。

2. 铸孔

铸件上的加工孔是否铸出,要从可能性、必要性及经济性的角度考虑。若孔很深、孔径很小而不便铸出或铸出并不经济,一般就不铸出。铸件上的最小铸出孔直径如表 4.4 所示。

不加工的特形孔,如液压阀流道、弯曲小孔等,原则上应铸出。非铁金属铸件上的孔,也应尽量铸出。

表 4.4　铸件的最小铸出孔直径　　　　　　　　　　　　　mm

	灰 铸 铁 件	铸 钢 件
大量生产	12～15	—
成批生产	15～30	30～50
单件、小批生产	30～50	50

注:①若是加工孔,则孔的直径应为加上加工余量后的数值;②有特殊要求的铸件例外。

3. 起模斜度

在造型和制芯时,为了顺利起模而不致损坏砂型和砂芯,应该在模样或芯盒的起模方向上做出一定的斜度,这个斜度称为起模斜度。若铸件本身没有设计足够的结构斜度(不要与起模斜度混淆),在铸造工艺设计时就要给出铸件的起模斜度。

《铸件模样起模斜度》(JB/T5105—1991)中规定了砂型铸造所用的起模斜度。起模斜度可采取增加铸件壁厚、加减铸件壁厚或减少铸件壁厚三种方式形成,如图 4.10所示。

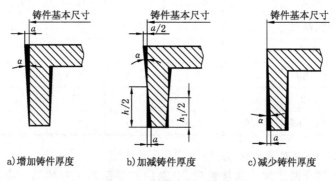

　a)增加铸件厚度　　　　　b)加减铸件厚度　　　　c)减少铸件厚度

图 4.10　起模斜度的形式

起模斜度在工艺图上用角度 α 或宽度 a(mm)表示。用机械加工方法加工模具时,用角度标注;用手工加工模具时,用宽度标注。

对于垂直于分型面的孔,当其孔径大于其高度时(图 4.11),可在模样上挖孔,造

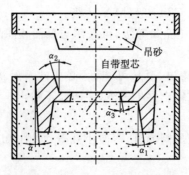

图 4.11　自带型芯的起模斜度

型起模后,在砂型上形成吊砂或自带型芯,并由此形成铸件孔。考虑到起模时模样上的孔内壁与型砂的摩擦力较其外壁大些,故内壁的起模斜度 α_1、α_2 及 α_3 应大于外壁的起模斜度 α。

起模斜度的大小应根据模样的高度、表面粗糙度以及造型方法来确定,如表 4.5 所示。

表 4.5　砂型铸造时模样外表面及内表面的起模斜度

| 测量面高度/mm | 外表面起模斜度≤ | | | | 测量面高度/mm | 内表面起模斜度≤ | | | |
| | 金属模样、塑料模样 | | 木模样 | | | 金属模样、塑料模样 | | 木模样 | |
	α	a/mm	α	a/mm		α	a/mm	α	a/mm
≤10	2°20′	0.4	2°55′	0.6	≤10	4°35′	0.8	5°45′	1.0
>10~40	1°30′	0.8	1°25′	1.0	>10~40	2°20′	1.6	2°50′	2.0
>40~100	1°10′	1.0	40′	1.2	>40~100	1°05′	2.0	1°45′	2.2
>100~160	25′	1.2	30′	1.4	>100~160	45′	2.2	55′	2.6
>160~250	20′	1.6	25′	1.8	>160~250	40′	3.0	45′	3.4
>250~400	20′	2.4	25′	3.0	>250~400	40′	4.6	45′	5.2
>400~630	20′	3.8	20′	3.8	>400~630	35′	6.4	40′	7.4
>630~1 000	15′	4.4	20′	5.8	>630~1 000	30′	8.8	35′	10.2
>1 000~1 600	—	—	20′	8.0	>1 000			35′	

4. 铸造圆角

铸件上相邻两壁之间的交角,应做出铸造圆角,防止在尖角处产生冲砂及裂纹等缺陷。圆角半径一般为相交两壁平均厚度的 1/3~1/2。

5. 铸造收缩率

由于金属的收缩,铸件冷却后的尺寸将比型腔的尺寸小。收缩率的大小取决于铸造金属的种类及铸件的结构、尺寸等因素。为了保证铸件的应有尺寸,模样和芯盒的制造尺寸应比铸件放大一个线收缩率,通常,灰铸铁为 0.7%~1.0%,铸造碳钢为 1.3%~2.0%,铝硅合金为 0.8%~1.2%,锡青铜为 1.2%~1.4%。

4.3　芯头及芯座

当铸件上的空腔需用型芯来铸出时,为了保证型芯在砂型中定位准确、安放稳固及排气通畅,在型芯及模样上均需做出芯头。造型时它在砂型中形成凹坑"座位",使型芯坐落其上而定位。根据型芯在砂型中安放的位置不同,常分为垂直型芯和水平型芯两类。垂直安放的型芯,一般有上、下芯头(图4.12),对于矮而粗的型芯,也可不用上芯头。垂直芯头的高度 h 一般取 15~150 mm,型

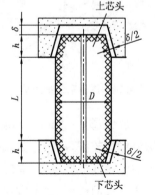

图 4.12　垂直型芯及芯头

芯的横截面积越大,型芯高度 H 越高,h 也越高。下芯头的斜度较小些,一般为 5° 左右,以增加型芯安放的稳定性;上芯头的斜度较大些,一般为 10° 左右,以利砂型合箱。水平安放的型芯如图 4.13 所示。中小型芯的芯头长度 l 一般为 20~80 mm,型芯的长度 L 愈长,横截面愈大,l 也愈长。

为了便于下芯装配,芯头与芯座之间应留有间隙 δ。机器造型、制芯时,δ 较小;手工造型、制芯时,δ 一般为 0.4~0.5 mm。型芯尺寸较大,间隙也较大。水平芯头间隙 δ_1 与 δ 相当,而 δ_2 及 δ_3 分别增加 0.5 mm 和 1 mm。

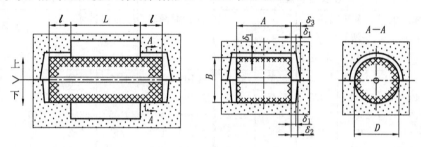

图 4.13　水平型芯及芯头

4.4　浇注系统

浇注系统是引导金属液流入型腔的一系列通道的总称。它一般由浇口杯(盆)、直浇道、横浇道和内浇道等基本组元所组成,如图 4.14 所示。

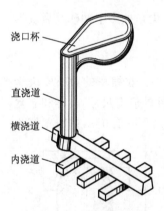

浇口杯
直浇道
横浇道
内浇道

图 4.14　浇注系统的组成

1. 浇注系统尺寸的确定

1) 内浇道总横截面 $\Sigma S_{内}$ 的确定

$\Sigma S_{内}$ 可以根据铸件的合金种类、质量、尺寸、壁厚、所需浇注的压头高度及浇注时间,并考虑金属液在浇注系统内的沿程摩擦损耗和涡流损失,用水力学公式进行计算;而生产中多根据有关经验图表直接查出。

如果铸件上有 n 个内浇道,则每个内浇道的截面积为 $\Sigma S_{内}/n$。

2) 浇注系统其他组元横截面的确定

(1) 封闭式浇注系统　这种浇注系统各组元中总截面积最小的是内浇道,且 $S_{直} > \Sigma S_{横} > \Sigma S_{内}$,其组元截面比一般为:$S_{直} : \Sigma S_{横} : \Sigma S_{内} = 1.15 : 1.1 : 1$。这种浇注系统容易为金属液所充满,撇渣能力较好,可防止金属液中卷入气体,通常用于中小型铸铁件。但封闭式浇注系统中金属液流速较大,有时甚至发生喷射现象,故它不适用于易氧化的非铁金属铸件或压头大的铸件,也不宜用于用柱塞包浇注的铸钢件。

(2) 开放式浇注系统　这种浇注系统的最小截面(阻流截面)是直浇道的横截

面,且 $S_直 < \Sigma S_横 < \Sigma S_内$。显然,金属液难以充满这种浇注系统中的所有组元,故其撇渣能力较差,渣及气体容易随液流进入型腔,造成废品。但内浇道处金属液流速度不高,流动平稳,冲刷力小,金属液氧化的程度轻。它主要适用于易氧化的非铁金属铸件、球铁铸件和用柱塞包浇注的中大型铸钢件。在铝合金、镁合金铸件上常用的组元截面比是 $S_直 : \Sigma S_横 : \Sigma S_内 = 1 : 2 : 4$。

2. 常见浇注系统的类型

1）顶注式浇注系统

顶注式浇注系统(图 4.15a)的内浇道开设在铸件的顶部,其优点是金属液自由下落,自下而上地逐渐充满型腔,利于定向凝固和补缩;其缺点是冲击力大(与铸件高度有关),充型不平稳,易发生飞溅、氧化和卷入气体的现象,使铸件产生砂眼、冷豆、气孔和夹渣等缺陷。这种浇注系统多用于质量高度、中等和形状简单的薄壁或中等壁厚的铸件,易氧化金属铸件则不宜采用。

2）分型面(中间)注入式浇注系统

分型面(中间)注入式浇注系统如图 4.15b 所示。由于内浇道开设在分型面上,能方便地按需要进行布置,有利于控制金属液流量的分布和铸型热量的分布。这种浇注系统应用普遍,适用于质量、高度和壁厚中等的铸件。

3）底注式浇注系统

底注式浇注系统(图 4.15c)是内浇道开设在型腔底部的浇注系统。其优点是金属液充型平稳,避免了金属液冲击型芯、飞溅和氧化及由此引起的铸件缺陷;型内气体易于逐渐排出,整个浇注系统充满较快,利于横浇道撇渣。其缺点是型腔底部金属液温度较高,而上部液面温度较低,不利于冒口的补缩。故采用底注式浇注系统时,应尽快浇注。这种浇注系统多用于易氧化的合金铸件。

4）阶梯式浇注系统

阶梯式浇注系统(图 4.15d)是具有多层内浇道的浇注系统。阶梯式浇注系统兼有底注式和顶注式的优点,又克服了两者的缺点,既注入平稳,减少了飞溅,又利于补缩。其缺点是浇注系统结构复杂,增大了造型及铸件清理工作量。这种浇注系统多用于高度较高、型腔较复杂、收缩率较大或品质要求较高的铸件。

3. 内浇道与铸件型腔连接位置的选择原则

① 应使内浇道中的金属液畅通无阻地进入型腔,不正面冲击铸型壁、砂芯或型腔中薄弱的突出部分。

② 内浇道不应妨碍铸件收缩。图 4.16 所示圆环铸件的四个内浇道做成弯曲状,不会阻碍铸件向中心的收缩,避免了铸件的变形和裂纹。

③ 内浇道尽量不开设在铸件的重要部位。因内浇道附近易局部过热而造成铸件晶粒粗大,并可能出现疏松,进而影响铸件品质。

④ 内浇道应开在容易清理和打磨的地方。图 4.17 所示开在铸件砂芯内的内浇

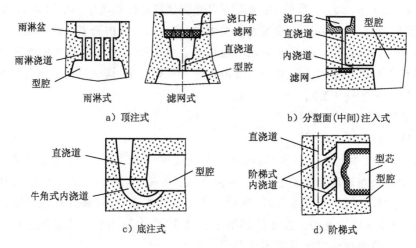

图 4.15　几种常见的浇注系统形式

图 4.16　不阻碍铸件收缩的内浇道

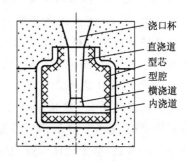

图 4.17　不易清理的内浇道

道就难以清除。

⑤ 当合金收缩较大且壁厚有一定差别时,宜将内浇道从铸件厚壁处引入,以利铸件定向凝固;而对壁薄而轮廓尺寸又较大的铸件,宜从铸件薄壁处引入,以利铸件同时凝固,减小铸件的内应力、变形量,防止裂纹产生。

4.5　冒口

冒口是铸型中设置的一个储存金属液的空腔,其主要作用是在铸件凝固收缩过程中,提供由于铸件收缩所需要补给的金属液,对铸件进行补缩,防止产生缩孔、缩松等缺陷。铸件清理时,再将冒口切除,从而得到合格的铸件。

冒口应设置在铸件热节圆直径 d_y 较大的部位。冒口尺寸计算的方法有多种,生产中目前应用最多、最简便的为比例法,它是一种经验方法。其基本原理是使冒口根部的直径 d 大于铸件被补缩处的热节圆直径 d_y,冒口高度 H 由所选定的系数乘以 d 得出。图 4.18 和表 4.6 所示为铸钢件冒口比例分类图及冒口比例尺寸。

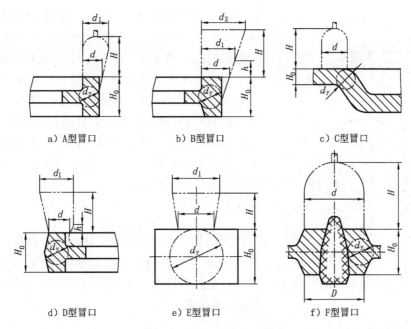

a) A型冒口　　　　　　b) B型冒口　　　　　　c) C型冒口

d) D型冒口　　　　　　e) E型冒口　　　　　　f) F型冒口

图 4.18　铸钢冒口比例分类图

表 4.6　铸钢件冒口比例尺寸

冒口 类型	H_0/d_y	D	d_1	d_2	h	H	$L/\%$	应用实例
A	<5 >5	$(1.4\sim1.6)d_y$ $(1.6\sim2.0)d_y$	$(1.3\sim1.5)d$	—	—	$(1.8\sim2.5)d$ $(2.5\sim3)d$	35~40 30~35	车轮齿轮， 联轴器
B	<5 >5	$(1.5\sim1.8)d_y$ $(2\sim2.0)d_y$	$(1.3\sim1.5)d$	$1.1d$	$0.3H$ $0.3H$	$(2.5\sim3)d$ $(3\sim4)d$	20	车轮
C	≤1 <50	$(2\sim2.5)d_y$				$(2\sim2.5)d$	30~35	瓦盖
D	<5 >5	$(1.3\sim1.5)d_y$ $(1.6\sim1.8)d_y$	$(1.1\sim1.3)d$ $(1.3\sim1.5)d$	—	$0.15\sim0.2H$	$(2\sim2.5)d$ $(2\sim2.5)d$	100	制动臂
E	<5 >5	$(1.4\sim1.7)d_y$ $(1.5\sim1.8)d_y$	$(1.3\sim1.5)d$	—	—	$(1.5\sim2.2)d$ $(2\sim2.5)d$	50~100	锤座立柱
F	<5 >5	$d=\phi$ $d=\phi$	—	—	—	$(1.3\sim1.5)d$ $(1.4\sim1.8)d$	100 100	—

　　在表 4.6 中,冒口的相对长度(相对延续度)L 是沿铸件长度方向各个冒口根部长度的总和与铸件被补缩部分长度之比的百分数。例如图 4.19 所示齿轮铸钢件的直径为 D(D 可以从零件图上得知),则被补缩的长度为其周长 s($s=\pi D$)。设在轮缘上均匀安放的冒口数目为 n,而每个冒口的根部长度为 l,则冒口的相对长度 $L=(nl/s)\times100\%$。该齿轮铸钢件适合安放 A 型冒口,查表 4.6,有 $L=30\%\sim35\%$。也

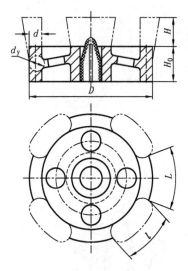

图 4.19　齿轮铸钢件的冒口设置

就是说,冒口根部的总长度 nl 要占铸件补缩长度 s 的 1/3 左右,才能保证铸件品质。代入 L 值,则当 n 值确定时,就可求出 l;l 为已知时,就可求出 n。

相对长度 L 考虑了冒口有效补缩距离的因素。当 n 及 l 为已知时,若 nl/铸件长度的值小于表 4.6 中查得的 L 值,就说明每个冒口的有效补缩距离不够,必须增加冒口,或者在两个冒口之间设置冷铁,或者增加水平补贴。冒口尺寸是否合适,可用铸件的工艺出品率进行校核。

铸件工艺出品率

$$= \frac{铸件质量}{铸件质量 + 冒口总质量 + 浇注系统质量} \times 100\%$$

一般,明冒口的工艺出品率为 $58\% \sim 67\%$,暗冒口的工艺出品率为 $63\% \sim 70\%$(铸件壁厚 > 50 mm 时取下限)。

4.6　铸件的凝固模拟

4.6.1　铸件的凝固模拟原理

铸件是通过高温金属液的冷却凝固最终成形的。实际铸件的形状千差万别,金属液凝固过程中存在不均匀性、不同时性、凝固顺序的不合理性,因此铸件中会留下不同的收缩缺陷,如缩孔、缩松、裂纹、变形等等。

为得到理想中的完好铸件,在实际充型过程中要合理地安排金属液流道,引导金属液流向,适当地配置铸件温度场内的各冷热元素,以造成合理的流动、合理的凝固顺序,将可能发生的缺陷或伤害,合理地引导迁移到型腔内的非铸件部分。凝固冷却后,切除这些多余部分,就得到完好的铸件。而预先为此设计的这些配置和引导,就是铸造工艺。

1. 模型的建立

传统的工艺设计凭经验来规划这些配置和引导,其依据只是一些简单、定性的原则和规范。对形状复杂的铸件而言,这常常是很不可靠的。成熟的经验需要大量成品、废品的历练,即使是熟练的工艺设计师,其经验也无法保证准确的定量效果。也就是说,单凭经验设计的配置和引导,不一定能保证准确地实现复杂铸件的充型和凝固顺序的定量要求,因而无法确保铸件内不留下缺陷,无法确保铸件完好。

为此,必须在工艺设计和决策环节引入定量分析的机制。一种比较科学的决策方法是,先按已有知识为铸件草拟一个初步工艺方案,根据铸件的材质、形状和该方案的工艺配置,从浇注开始时的初始状态出发,模拟过程的发生,追寻过程的轨迹,亦步亦趋、逐时逐点地定量计算,推算铸件浇注、凝固过程中每一个时刻的下一步,型腔内每一处将要发生的物理变化,并记录每一步变化的结果,包括温度、压力、填充状态、致密程度、夹杂情况、收缩结果、孔洞分布等等。将这些逐步逐次的计算和记录整个地累积下来,就形成这个铸件充型、凝固过程完整轨迹的模拟记录。当然,其中也包含最后凝固结果状态的记录。

只要事先正确地构建好相关的数学、物理模型,准确地使用金属液的物性参数,诸如黏度、密度、比热容、热导率、收缩率等等,这种计算就能准确地以虚拟的方式模拟出铸件的浇注、凝固过程的每个细节。由此,可以预见铸件的最终结果,预见铸件是否会在何时何处留下夹杂或孔洞之类的缺陷,预见这些缺陷的形状、大小,非常准确地记录下这些预见的定量结果;可以判断所草拟初步方案的工艺可行性,帮助工艺人员找到相应的解决问题的方法。

对于需要改进的初步方案,可以在修改后再次模拟、预测和修改。经过多次这种模拟—预测—修改的循环,就可以逐渐逼近一个比较理想的工艺方案,实现工艺方案的优化。

这种定量模拟及优化决策的机制称为"凝固模拟"。在计算机应用技术大类中,它归属于"计算机辅助工程"(CAE,Computer Aided Engineering)技术范畴,因此称为"铸造 CAE"技术。按照模拟推演这一属性来划分,它也可归属于"虚拟现实"技术。现代计算机技术中,"虚拟现实"是一种新兴的高科技。它将现实过程的演变规律规范化为一定的数学模型和物理模型,并按照这些模型的规范,借助计算机的计算,推演事件演化的未来,达到预测的目的和效果。显然,铸造凝固模拟典型地属于这种技术范畴。

通俗地讲,凝固模拟就是这么一种逻辑推演。按照类似数学归纳法的逻辑,只要初始出发条件和指向准确无误,只要推演中的每一步、每一个环节的逻辑正确,方向无误,一环扣一环地逐步推演下去,就必然可以在推演的最终得到正确的逻辑结果。借助这样一种推演,可以从一个起点出发,去预见事物的一个较远端的未来。从而可以在事件开始时采取措施,规避未来可能出现的失误或非期望的结果。

对凝固模拟而言,这个推理逻辑就是流动场和温度场量变、质变的物理定律,反映量变的定律表现为数理方程。每个推演环节所使用的推算公式就是从这些方程演化而来的。反映质变的规律表现为一定量的旧质转化为一定量的新质。比如,当金属液冷却越过凝固点时,相应的液相就转变为固相加上一个相应的收缩量,在无法转移的情况下,收缩就被留下而成为孔洞。此时的逻辑结果就是:液相=固相+孔洞。

在数值模拟技术中,用于推演的量变逻辑称为数学模型,用于推演的质变逻辑称为物理模型。

关于凝固模拟技术中数学模型、物理模型和推演计算公式的具体细节,超出本书要求的范围,此处不展开陈述,感兴趣的读者可参考有关文献。这里只简要介绍流动计算、温度计算所依据的原始方程及其来源,并说明质变处理的有关问题。

2. 计算过程

首先,浇注过程是一个典型的变流动域流体的力学过程。按照 SOLA-VOF (Solution Algorithm-Volume of Fluid)方法,描述和约束该过程定量关系的有流体动力学方程 Navier-Stoks 方程(x、y、z 三个方向对应三个分量方程)、流体连续性方程、流域标志方程、流场能量方程等六个方程。Navier-Stoks 方程归结起来,其实就是牛顿力学第二定律 $F=ma$ 在流体力学中的解析表达,反映的是牛顿力学的普遍规律。连续性方程约束流场中质量守恒的关系,流动域标志方程计算每个单元的净填入流量,以标示流域前沿的推进变化、能量方程计算流体与铸型的热交换及由此引起的温度变化。流动过程中的任何时刻、任何点,流场中的流体必须同时满足所有这六个方程,在数学上,它们应被视为一个相互关联的方程组。充型流动的数值计算就是联解这个方程组里的六个方程。显然,由于复杂的多重牵扯和约束,计算的难度、计算量、计算的耗时都是不可想象的。

其次,凝固过程是一个在冷却驱动下进行相变的物理过程,冷却是其量变的主线。模拟该过程,其计算依据是规范温度场的热物理方程——Fourier 方程,该方程描述了温变与热迁移之间的定量关系。铸件凝固过程是一个无热源纯冷却的温度过程,因此,相应的 Fourier 方程不含热源项,温度场的模拟比较单纯,除了 Fourier 方程外,没有其他约束条件。

最后,数值计算结果所记录的物理量的量变,在一定的阈值关节处会引起某种物理物质的质变,比如,当温度、压力条件越过一定的临界点时,液相内可能析出(或溶解掉)游离的气相,形成(或湮灭)气泡;当冷却到达一定的临界温度时,液相会凝结成固相;当液相被孤立并进一步冷却凝结时,在液相与固相之间会留下收缩孔洞;等等。这些因量变引发的质变,不在数学模型、数学方程描述的关系中,不在数学方程数值求解的范围内。描述和规范这些质变关系的是相应的物理模型,这个物理模型要准确地反映量变、质变的具体关系,即什么样的量变产生什么样的质变结果,包括其位置、形状、大小等等。这些质变对应的物理结果往往都直接反映铸件缺陷的性质(如夹杂、孔洞之类)、缺陷的存在与否,以及缺陷的位置、形状、大小等等,这些都直接决定铸件的成败优劣,因而,对这些质变的模拟处理在整个凝固模拟和工艺优化中显得尤其重要。当然,相应的物理模型也就占有了同样重要的地位。

从数学角度看,流动场也好,温度场也好,模拟计算所依据的方程都是构建在时空四维空间上的偏微分方程,也称之为数学物理方程。在金属液态成形问题中,由于数学意义上的初始条件、边界条件非常复杂,远超出微分方程经典理论中分析解所能求解的范围,因此,寻求经典的分析解是绝对行不通的,唯一行之有效的求解方法是有限化的数值计算。在铸造领域中,常见的这类方法有有限差分方法(FDM,Finited Differential Method)和有限单元方法(FEM,Finite Elements Method)。目前,国内外所见到的铸造 CAE 软件中,采用有限差分方法的较多,如德国的"MAGMA"、中国的"华铸 CAE""铸造之星"等;采用有限单元方法的相对少一些,典型的如美国的

"PRO-CAST"。

3. 凝固模拟技术的前、后处理

凝固模拟或者说铸造 CAE 技术的核心当然是模拟计算的求解算法,但作为一种完整的实用技术,与求解算法配套的前处理、后处理技术也是举足轻重的。

为构造一个有限数值计算的迭代环境和平台,必须将与金属液态成形相关的时空四维空间划分成有限个足够小的空间单元和时间间隔。一方面,这些小单元、小间隔在分析计算中作为被计算的对象和单位,使数值迭代计算能够一步一步具体地进行下去并逐步完成;另一方面,这些小单元、小间隔在其外延方向连接起来就构成整个铸件和整个的成形过程;所有这些逐步逐点计算的步骤,其计算记录的总体就构成整个成形过程的数值求解结果。为构建迭代环境和计算平台,预先进行的这种单元和间隔的划分及相应的操作过程称为前处理。

经过数值求解后,得到的是大量的数值数据,这些数值数据按照一定的约定描述了铸件的成形过程。一般来说,这种数据的量非常大,大致都在千兆以上,这么多的数据靠人工根据约定去解读,去理解,然后据此进行铸造工艺可行性的判断与决策,实际上是非常困难甚至是不可能的。必须借助计算机强大的功能,将这些数据可视化,变成图形、曲线、动画等能产生视觉效果的载体,才能让工艺人员直观地解读并获得工程结论。这种可视化的过程称为后处理。从一定意义上讲,可视化实际上就是继数值模拟计算之后进行的视觉效果的模拟(即视觉模拟),是对预测结果和过程现象的一种虚拟的三维演示。

一个完整的 CAE 软件一般都包含前处理、计算求解、后处理三大模块。一个优秀的 CAE 软件,不仅要在三大模块的内部连接和耦合运行中能够准确、快速地提供模拟的计算结果,还要在各模块与操作人员的互动中提供优质的服务和简洁、舒适的操作,等等。随着市场竞争的日渐激烈和功能需求的日渐高要求化,CAE 软件交互功能方面的优劣水平,特别是后处理模块细节化、细致化、细腻化地向用户提供各种表达方案的能力,成为软件争取用户越来越重要的指标。

4.6.2　铸件凝固模拟的应用

在传统的铸造技术中,开发新产品的铸造工艺,或初次为一个铸件摸索一个成功的工艺方案,都要通过实际的生产过程进行试验,往往要付出产生一系列废品、走一段弯路,以及材料、能源、生产时间等的巨大消耗的沉重代价。经过若干废品的修正和摸索后,逐渐接近和形成一个比较可行的工艺方案,最后生产出合格的铸件,这是铸造行业千古以来的逻辑定式。

然而,引进 CAE 技术后,情况出现了根本的改观。计算机上的数值模拟优化取代了需付出巨大消耗的实际生产试制,不仅避免了废品的产生,节省了诸多消耗,而且大大缩短了试制时间。形象地说,铸件的试制、试生产过程从生产车间搬到了计算机屏幕上,工艺的摸索和决策定案在软件分析的指导下在办公桌上完成。工艺方案摸索中可能对多种方案进行的试验验证、对比、择优等一系列过程,由于只需在计算机上进行,不必顾忌传统试制中的那些巨大消耗。因此,整个工艺优化的过程可以做得更从容,更充分,更完美。例如通过汽车轮毂零件(图 4.20)的铸件凝固模拟,可清晰地看出其浇注中铸件的温度分布(插页中的图 4.21)、液相及缺陷分布(插页中的图 4.22、图 4.23),以及凝固完毕后铸件缩孔和缩松的最终位置。在此基础上,可以改进浇注系统和冒口等工艺设计后,经过再模拟,最终获得无孔洞缺陷的铸件。

在这里,软件成为优化铸造工艺的重要工具;成功地使用这一软件,成为工艺设计过程的重要环节。一方面,铸造生产的技术过程、决策过程更为科学化、程序化,另一方面,所形成的工艺方案更合理、更可靠,生产的效率显著提高,得到的铸件品质更好。

可以毫不夸张地说,CAE 技术在古老的铸造行业已经引起了深刻的、革命性的巨大变化。

图 4.20　汽车轮毂零件的三维图

4.7　铸造工艺方案及工艺图示例

4.7.1　铸造工艺方案示例

【例1】　轴座

材料:HT200。生产批量:单件、小批或成批生产。

工艺分析:轴座零件(图 4.24)的主要作用是支承轴件,故其上 $\phi 40$ mm 的内孔表面是该件在确定浇注位置时应特别保证的重要部位。此外,轴座底平面也有一定的加工及装配要求,其底板上有四个 $\phi 8$ mm 的圆孔(螺栓孔)。该孔直径小,可不铸出,留待机械加工时钻削而成。

1) 单件、小批生产工艺方案

图 4.24b 中方案(1)采用两个分模面、三箱造型,并选择底板在下、轴孔在上的浇注位置。这种浇注位置似乎不符合重要部位朝下的原则,但仔细分析后不难看出,因轴孔上方还有一层 10 mm 厚的金属,故轴孔内表面并不处在最顶面。这种浇注位置不仅可以保证轴孔的品质,而且,轴座底部的长方形凹坑可以由下型中的自带型芯成形。如将轴孔朝下而凹坑向上,则该凹坑就得在上型中用吊砂成形,这将使造型操作麻烦。该方案只需制造一个圆柱形内孔型芯,减少了制模费用。

2) 成批生产工艺方案

图 4.24b 中方案(2)采用分模两箱造型选择轴孔处于中间的浇注位置,造型操作简便,生产效率高,但除了形成轴孔的 $2^{\#}$ 型芯外,还增加了四个形成 $\phi 16$ mm 圆形凸

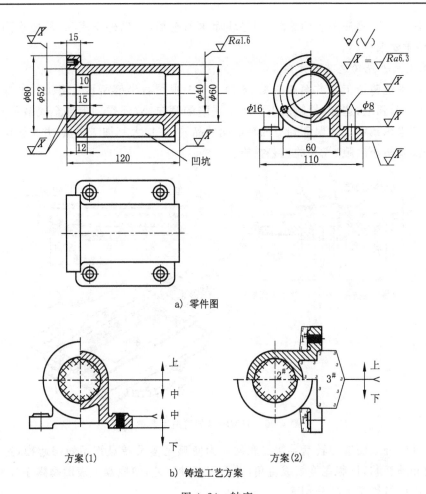

a) 零件图

b) 铸造工艺方案

图 4.24 轴座

台的 1# 外型芯及一个形成长方形凹坑的 3# 外型芯,因而增加制造芯盒的费用。不过,由于批量大,单个铸件的成本并不高,因而是合算的。

另外,3# 型芯为悬臂型芯,其芯头较长。成批生产时,还可考虑一箱铸造两件的方案(图 4.25),使 3# 悬臂型芯成为挑担型芯,芯头长度缩短,下芯定位简便,成本更低。

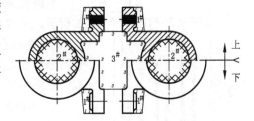

图 4.25 轴座铸件的一型两件方案

【例 2】 车床刀架转盘

材料:HT200。生产批量:小批生产。

工艺分析:刀架转盘为车床刀架上的重要件,其下部为转盘,可使小刀架回转成不同角度,以车削加工锥体。其上部为燕尾槽,是供小刀架移动的导轨面。转盘面和导轨面虽然都是需要刮研的重要面,不容

许有砂眼、气孔、夹渣等表面缺陷,但导轨面更易磨损,又属外露表面,故要求耐磨性
更好,品质要求更高。

1) 平做平浇铸造工艺方案

平做平浇铸造工艺方案如图 4.26 的 A—A 视图右半部所示。将铸件的导轨面
朝下,转盘面朝上,这样,导轨面不仅产生缺陷的倾向小,还受到上部金属液的补缩,
因而内部组织致密。为保证朝上的转盘面的品质,应加大其加工余量,并加强浇注系
统的挡渣及防止砂眼、气孔的工艺措施。

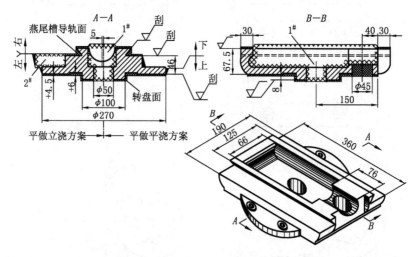

图 4.26　刀架转盘的铸造工艺图

铸件的分型面选在转盘导轨的底面。为使燕尾槽及转盘均不妨碍起模,避免出
现活块和外型芯,将燕尾槽填成直角,并采用挖砂工艺,使底盘上表面暴露于分型面,
形成如图中折线所示的分型面。

本方案的工装简单,成本低,但转盘处的品质难以控制。

2) 平做立浇铸造工艺方案

平做立浇铸造工艺方案如图 4.26 的 A—A 视图左半
部所示。该方案与平做平浇方案相比有以下特点。

① 增加了两个 2# 型芯,省去了挖砂步骤,形成了平
直的分型面,造型方便,并减小了由曲面分型飞边清理困
难所带来的工作量。

② 采用配对的专用砂箱,经造型、下芯、合箱并锁紧
后,将铸型竖立(图 4.27)起来进行浇注。燕尾槽导轨和
转盘需刮研的上、下两面均处于侧立位置,较方案(1)来
说,易于保证转盘铸件重要面的品质。

③ 便于采用底注式浇注系统,使铁液平稳地导入型
腔。

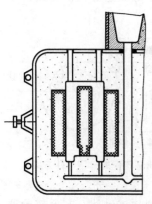

图 4.27　刀架转盘铸件的
平做立浇方案

4.7.2　铸造工艺图示例

【例】　机床底架

材料：HT200。生产批量：单件、小批或成批生产。

1）绘制铸造工艺图

铸造工艺图如书末插页图 4.28 所示（为使工艺图清晰，对原零件图进行了简化），其绘制步骤如下。

（1）确定浇注位置及分型面　经分析后，确定插页中的图 4.28 所示的工艺方案，即将表面品质要求较高的小端面朝下，品质要求较低的大端面朝上，并将大端面（该件的最大截面）选定为分型面。因该件自身有上大下小的结构斜度，故只需一个分型面即能起出主体模样，而四周壁上少部分妨碍起模的凸台，单件、小批生产时可用活块 1 及活块 2 来成形；成批生产时亦可用 3# 及 4# 外型芯来成形。

（2）确定加工余量　根据铸件最大尺寸及材质，查《铸造工艺设计手册》确定加工余量，下面、侧面和顶面的加工余量分别为 +8 mm、+5 mm 和 +10 mm。

（3）确定起模斜度　该件自身有结构斜度，故不必再考虑起模斜度。

（4）确定铸造圆角　按相交两壁平均壁厚的 1/3～1/2 选取铸造圆角，并标注在图样中。

（5）确定收缩率　因机床底架为中空箱形结构，收缩时受型芯阻碍较大，依阻碍程度不同，该件线收缩率取 0.8%～1.0%，并标注在图样中。

（6）确定型芯、芯头及间隙尺寸。

2）型芯分块及下芯工艺过程

机床底架的内腔形状复杂，其型芯分块数量较多，共分为八个型芯，其芯头及间隙的尺寸如图 4.28 所示，各型芯的序号表示下芯顺序。

① 1# 型芯的芯头具有倒锥度，型芯在造型时预先置于模样上对应位置的孔中，靠型砂的紧实力夹紧，其芯头预埋在砂型中，以防止它在浇注时受铁液浮力作用而上浮。

② 形成侧直壁凸台圆孔的两个 2# 型芯是在 6# 及 7# 型芯未下入型腔之前预先分别装入 6# 及 7# 型芯上的加长芯座中的，当下 6# 及 7# 型芯时，不应使之碰到型壁。

③ 3# 及 4# 型芯是形成两端斜侧壁上凸台及圆孔的燕尾型芯。

④ 5# 型芯是形成长斜壁上的圆孔型芯。它是在 6# 及 7# 大型芯未下入型腔之前而先下入砂型的芯座之中的，并控制它与 6# 及 7# 型芯之间的间隙为 0.5 mm，以防止 6# 及 7# 型芯下入时压坏 5# 型芯。

⑤ 6# 及 7# 型芯下入型腔前应校准芯撑的高度，使之等于铸件壁厚，再先后下入 6# 及 7# 型芯，并使之定位于芯撑上。

⑥ 8# 型芯形成内腔中间隔板上的圆孔型芯，它坐落在 6# 及 7# 型芯的芯座上。

　⑦ 该件高度较高、尺寸较大,为使浇注平稳且时间不致太长,并利于补缩,采用了两个直浇道及阶梯式浇注系统。

　⑧ 在内浇道的对面设置两个排气冒口,以利型腔内气体的排除,适当对铸件进行补缩。

　⑨ 该件底部壁厚较厚,故此处应采用外冷铁激冷,以控制其凝固方向,防止产生缩孔缺陷。

复习思考题

(1) 试确定图 4.29 所示铸件的浇注位置及分型面。

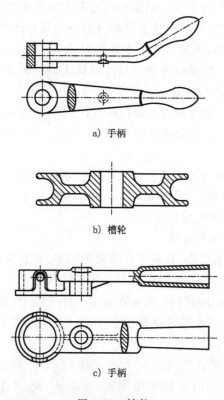

a) 手柄

b) 槽轮

c) 手柄

图 4.29　铸件

(2) 何谓铸件的浇注位置? 它是否就是指铸件上的内浇道位置?

(3) 试述分型面与分模面的概念。分模两箱造型时,分型面是否就是分模面?

(4) 浇注位置对铸件的品质有什么影响? 应按什么原则来选择?

(5) 浇注系统一般由哪几个基本组元组成? 各组元的作用是什么?

(6) 什么叫芯头和芯座? 它们起什么作用? 其尺寸大小是否相同?

(7) 冒口的作用是什么? 冒口尺寸是怎样确定的?

(8) 何谓封闭式、开放式、底注式及阶梯式浇注系统? 它们各有什么优点?

（9）确定图 4.30、图 4.31、图 4.32 及图 4.33 所示铸件的铸造工艺方案，要求如下：

① 按单件、小批生产和大量生产两种条件分析最佳方案；

② 按所选方案绘制铸造工艺图（包括浇注位置、分型面、分模面、型芯、芯头及浇注系统等）。

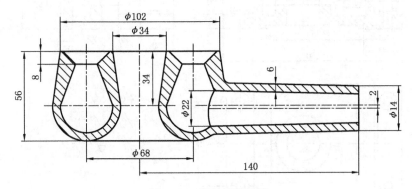

图 4.30 煤气炉燃烧器

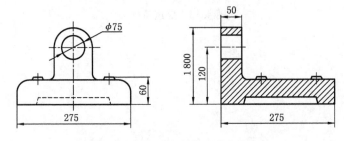

图 4.31 底座（图中次要尺寸从略）

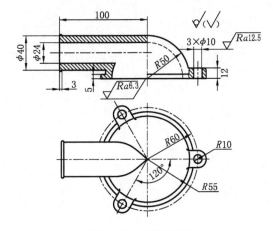

图 4.32 节温器盖

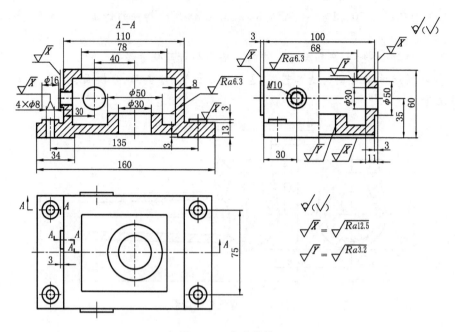

图 4.33　变速箱体

第 5 章

铸件的结构设计

铸件结构主要包括铸件的外形、内腔、壁(肋)厚及壁(肋)间的连接形式等,铸件设计的过程就是确定铸件结构的过程。

铸件设计不仅要符合机械设备对铸件使用性能和力学性能的要求,而且还应符合铸造工艺和合金铸造性能的要求,即所谓铸件结构工艺的要求。一种铸件若结构工艺性好,则易于铸造,成本低,生产率高,铸件品质好;若结构工艺性差,则会造成人力、物力的浪费。因此,铸件结构工艺性是进行铸件结构设计中不可忽视的问题。

5.1 铸件设计的内容

5.1.1 铸件外形的设计

1. 铸件的形状应尽可能由规则的几何体组成

如果采用一些非标准的曲线或曲面形体组成铸件形体,则会使模样制造困难,费工时,也使造型操作麻烦。因此,在满足使用要求的前提下,宜尽可能用方形、圆形、圆锥形等规则几何形体组成铸件形体。

2. 铸件的外形应方便起模

不仅砂型铸造铸件的外形应方便起模,熔模铸造和消失模铸造铸件的外形也应方便起模,因为在蜡模压制和在泡沫模样发泡时,同样存在熔模要从压型中起出及泡沫模样从发泡模具中起出的问题。铸件上的凸台、肋、耳、凹槽、外圆角等结构,常常直接影响起模的难易程度。图 5.1 所示的变速箱体铸件为单件、小批生产,其外形结构工艺性极差。

1) 妨碍起模的形体结构

(1) 凸台 铸件两侧壁分别有三个凸台,其位置低于分型面,需采用活块 1 才能起模。又由于凸台的间距非常小,最小处仅 3 mm,故在起出活块时,此薄砂层易被破坏。

(2) 肋 在两侧壁的每个凸台下设有支撑加强肋,均低于分型面,其中有两条肋与分型面不垂直。因两条肋均妨碍起模,故只有采用活块 2 才能起模。

(3) 吊耳 在左右侧壁上共有三个悬挂吊耳,也妨碍起模,必须将耳尖部分做成

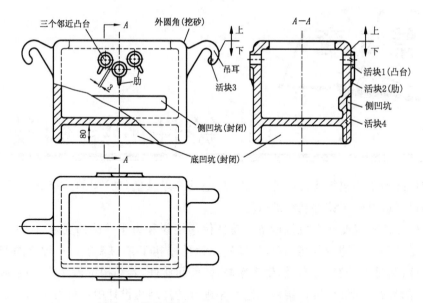

图 5.1　铸件结构工艺性极差的变速箱体设计

活块(活块 3)并采用挖砂造型工艺。

（4）凹坑　该件底部和侧壁分别有凹坑,其中侧壁凹坑对图示的分型面而言,属妨碍起模的结构,必须将侧凹坑下部做成如图 5.1 所示活块 4 的结构。此外,用于减少箱体接触面的底部凹坑深达 80 mm,若用自带型芯,则型芯太高,不仅起模困难,而且容易被金属液冲垮。

（5）外圆角　该件分型面处外圆角低于分型面,需用挖砂工艺方能起模。

2）改进措施

① 将十分接近的三个凸台连成一片,并延伸至分型面,取消活块 1。

② 使肋与分型面垂直,取消活块 2。

③ 将吊耳的外圆曲面改成平面和斜面,取消活块 3 且无须挖砂。

④ 将侧壁凹坑由四周封闭的形状改成下沿敞开的形状,取消活块 4。

⑤ 将底部凹坑深度减至 10 mm,并将框形改为条形,同样可保证箱体的支承平稳。

⑥ 去除铸件外形上不必要的外圆角,尤其是处在分型面上的外圆角,去除挖砂,变曲折分型面为平直分型面。

⑦ 在垂直于分型面的非加工面上设计结构斜度。与起模斜度不同的是,结构斜度是进行铸件结构设计时由设计者自行确定的,其斜度大小一般无限制,由设计者自己控制。

铸件结构斜度的大小随垂直壁的高度而异,高度愈小,角度就愈大,具体数值可查阅表 5.1。由表可见,铸件上凸台或壁厚过薄处的斜度可大到 30°～45°。

表 5.1　铸件的结构斜度

	斜度($a:h$)	角度(β)	使 用 范 围
	1:5	11°30′	$h<25$ mm,铸钢件和铸铁件
	1:10	5°30′	$h=25\sim500$ mm,铸钢件和铸铁件
	1:20	3°	
	1:50	1°	$h>500$ mm,铸钢件和铸铁件
	1:100	30′	非铁合金铸件

上述对箱体铸件结构的改进(图 5.2),大大简化了造型操作,使起模容易,并能保证铸件品质和使用要求。广义地讲,它实际上代表了一般铸件外形结构设计应遵守的规范。

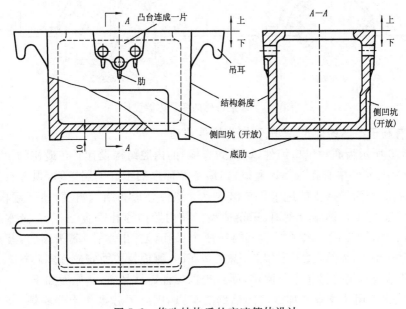

图 5.2　修改结构后的变速箱体设计

5.1.2　铸件内腔的设计

1. 尽量减少型芯数量,去掉不必要的型芯

不用或少用型芯,可使生产工艺过程简化,节省制造芯盒、造芯及下芯装配的时间和材料,降低成本,还可减少因型芯组装间隙对铸件尺寸精度的影响,避免因型芯安放不稳定、排气不畅等因素所导致的铸件缺陷。

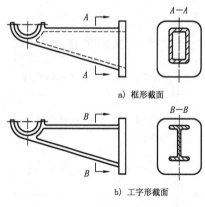

a) 框形截面

b) 工字形截面

图 5.3　悬臂托架的两种结构

图 5.3 所示为悬臂支架铸件的两种结构设计。图 a 所示为框形截面结构,必须采用悬臂型芯及芯撑才能使型芯定位和紧固,下芯操作耗费工时;而图 b 所示为工字形截面结构,可省去型芯。显然,当托架铸件的支承力能满足要求的前提下,采用工字形截面的结构比框形结构要好。

对一般盖类或罩类铸件而言,其内腔设计的目的是为了减小铸件质量或使铸件壁厚均匀。图 5.4 所示为圆盖铸件的两种内腔设计。图 a 所示的内腔设计出口处直径缩小,需采用型芯;而图 b 所示的结构,因内腔直径 D 大于其高度 H,故可直接形成自带型芯。显然,该结构设计的内腔型芯是不必要的。

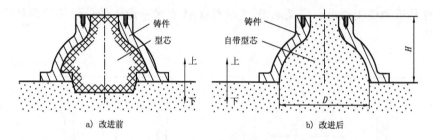

a) 改进前

b) 改进后

图 5.4　圆盖铸件的两种内腔设计

2. 有利于型芯的固定、排气和简化铸件清理

图 5.5 所示为高炉风口铸件(材质为青铜)的内腔结构设计。在最初的设计方案(图 5.5a)中,铸件中心孔为热风通道,四周是循环水的水套夹层空间,顶部有两个直径较小的孔,作为循环水的进水孔与出水孔。该件外形有结构斜度,便于起模,但为了方便下芯,需采用两个分型面、三箱造型。其内腔由通孔垂直型芯 $1^{\#}$ 及水套型芯 $2^{\#}$(环形套筒状)形成。水套型芯只能靠两个小孔(进、出水孔)芯头固定,并用铁丝捆绑在上砂型上,显然,要固定型芯,需在其底面、侧面及顶面安放许多芯撑。

这种结构不仅使操作十分困难,而且难以保证铸件品质,其原因如下。

① 大量采用芯撑来增加型芯的辅助支撑点,因此下芯操作十分麻烦,而且还会带来因芯撑引起的一系列的铸件品质问题。例如:若芯撑表面不洁净(有油、锈等),有水分,则在芯撑附近易产生气孔;若芯撑厚度过小,浇注时芯撑过早地被金属液熔化,失去支撑作用,结果型芯上浮,铸件壁刺穿,铸件报废;若芯撑厚度过大,芯撑在铸件本体凝固时不能完全与铸件熔合,结果铸件渗漏。

② 水套型芯的气体只能从进、出水孔芯头排出,因此排气不畅,易造成铸件的气孔缺陷。

③ 铸件清理时,水套型芯的芯砂、芯骨只能从进、出水孔掏出,工作难度很大。

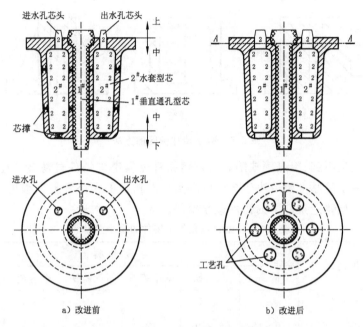

图 5.5 高炉风口铸件的内腔结构设计

为此,对水套结构作一定改进,如图 5.5b 所示。该方案是在该铸件上、下增开适当大小和数量的工艺孔,使下芯方便,也利于型芯的排气和清理。但因该铸件上不允许存在工艺孔,故当铸件清理后,须用螺钉或柱塞、堵头等将工艺孔封闭,保证铸件不渗漏。

其实,该件的最佳结构设计应为,将铸件沿图 5.5b 的 A—A 面剖分成两部分分别铸造,然后用螺钉将两部分连接成整体。这时,铸件的两部分均可用金属型和强度高、溃散性好的树脂砂芯成形。这种分开式结构的高炉风口铸件容易制造,生产率高,品质易保证,适合成批、大量生产。

5.1.3 铸件壁厚的设计

铸件壁厚设计首先应根据铸件使用要求进行,同时必须从合金的铸造性能来考虑其可行性,以免铸件产生缺陷而达不到使用要求。

1. 铸件的壁厚应均匀,不应过厚或过薄

1) 采用挖空、设肋等方法减薄铸件壁厚

铸件壁过厚容易使铸件内部晶粒粗大,甚至产生缩孔、缩松等缺陷。图 5.6a 所示圆柱座铸件的中心为一轴孔。现因壁厚过大而出现缩孔。采用图 5.6b 所示的挖空方法或图 5.6c 所示的设加强肋的方法,可以使壁厚减小并使其均匀,消除缩孔,并能满足使用要求。

2) 合理设计铸件壁厚

(1) 确定铸件的最小允许壁厚 如果所设计的铸件壁厚小于允许的"最小壁

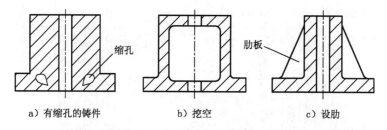

a) 有缩孔的铸件   b) 挖空   c) 设肋

图 5.6 减小铸件壁厚的方法

厚",则易产生浇不到、冷隔等缺陷。对灰铸铁件还需考虑铸件过薄会产生白口等问题。铸件的最小壁厚主要取决于合金的种类以及铸件的大小和复杂程度等。表 5.2所示为一般砂型铸造条件下的铸件最小壁厚。

表 5.2 砂型铸造条件下铸件的最小壁厚   mm

铸件尺寸	合金种类					
	铸钢	灰铸铁	球墨铸铁	可锻铸铁	铜合金	铝合金
＜200×200	8	5～6	6	5	3～5	3
200×200～500×500	10～12	6～10	12	8	6～8	4
＞500×500	15～20	15～20	15～20	10～12	10～12	6

注:对于结构复杂、高牌号铸铁的大件宜取上限。

表 5.3 灰铸件壁厚与其
相对强度的关系

壁厚/mm	相对强度
15～20	1.0
20～30	0.9
30～50	0.8
50～70	0.7

(2)确定铸件最大壁厚与最小壁厚的比例 铸件最大壁厚约等于最小壁厚的三倍。铸件的实际承载能力并不随其壁厚的增加而成比例地提高,灰铸铁件尤其明显。由表 5.3可知,灰铸铁件的壁厚增加,其相对强度反而下降。

(3)确定铸件外壁、内壁和肋厚度的关系 铸件的外壁、内壁和肋厚度之比约为1:0.8:0.6。

铸件的内壁一般由型芯形成,其散热条件比由砂型形成的外壁要差,冷却要慢一些。必须指出,所谓铸件壁厚均匀,是指铸件各处的冷却速度应相近,并非要求所有的壁厚完全相同。图5.7所示为铸钢阀体,最初设计方案(图5.7a)为内壁与外壁的厚度

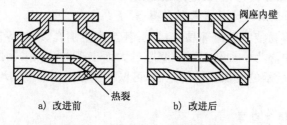

a) 改进前   b) 改进后

图 5.7 减薄铸件内壁消除热裂

相同,因内壁散热较慢,故形成了热节,该处常产生热裂纹。实践证明,将内壁的厚度减小 1/5～1/3,并改变壁间连接(图 5.7b),消除了热节,内壁的冷却速度与外壁相近,减少了应力集中,从而可防止该处热裂纹的产生。铸件的加强肋应更薄些,这是为了使肋在内、外壁尚未凝固前就凝固,真正起到加强作用,防止铸件产生变形和裂纹缺陷。此外,在检查铸件壁厚均匀性时,必须同时将铸件的加工余量考虑在内。例如有加工孔的铸件,若不包括加工余量,铸件壁厚似乎较均匀,但包括加工余量之后,出现的热节却很大。

2. 壁厚不均匀的铸件的设计应有利于定向凝固

有的铸件因工作需要,其壁厚不均匀或厚度较大,合金的收缩倾向也较大。在这种情况下,铸件壁厚设计应有利于定向凝固,铸件结构应便于安放冒口进行补缩,以防止缩孔和缩松产生。图 5.8a 所示铝活塞件的原设计中活塞销凸台处难以补缩,作图 5.8b 所示的改进后,在活塞销凸台顶部增加两道肋,形成了补缩通道,同时使活塞筒壁下薄上厚,从而实现自下而上的定向凝固。

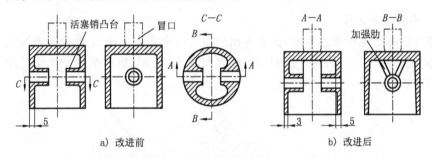

a) 改进前　　　　　　　　　　　　　　b) 改进后

图 5.8　铝活塞结构的改进

5.1.4　铸件壁(肋)间的连接设计

1. 采用圆弧连接、圆滑过渡

铸件壁(肋)间转角应以圆角为宜,避免直角连接,因为直角连接的转角处将形成应力集中和热节,使冷却较慢的内侧易产生缩孔或缩松(图 5.9)。同时,由于晶体结晶的方向性,直角处晶体间的结合比较脆弱,在该处容易产生热裂。而采用圆角连接则可避免产生热节,缓和应力集中。例如机车下部的风缸铸钢件,它最初的结构设计如图 5.10a 所示,因铸钢收缩大,在直角转角处常产生裂纹,导致铸件报废;改为图 5.10b 所示大圆弧圆滑过渡后则避免了裂纹。

铸件结构圆角的大小,应视铸件壁厚及合金品种而定,如表 5.4 所示。

表 5.4　铸件的内圆角半径 R 值　　　　　　　　　　　　　　　mm

	$\dfrac{a+b}{2}$	≤8	8～12	12～16	16～20	20～27	27～35	35～45	45～60
铸铁	4	6		6	8	10	12	16	20
铸钢	6	6		8	10	12	16	20	25

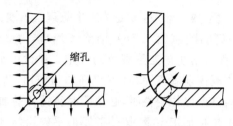

图 5.9　不同转角处的热节

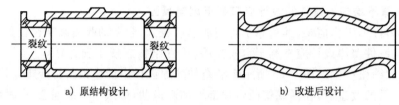

a) 原结构设计　　　　　　　　　　b) 改进后设计

图 5.10　风缸铸钢件壁间的连接

2. 避免锐角连接

铸件壁间出现锐角连接时，该处将出现明显的应力集中现象，导致出现裂纹。为减少热节和缓解应力，当铸件壁间连接处夹角小于 90°时，建议采用图 5.11b 所示的过渡形式进行连接。

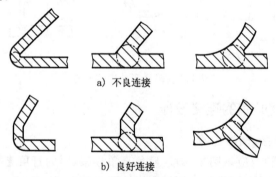

a) 不良连接

b) 良好连接

图 5.11　避免锐角连接

3. 厚壁与薄壁间的连接要逐步过渡

当铸件各部分的壁厚难以做到均匀一致，甚至存有很大差别时，为减少应力集中现象，应采用逐步过渡的方法，防止壁厚的突变。表 5.5 所示为壁厚过渡的几种形式及尺寸。

表 5.5　壁厚过渡的几种形式及尺寸

图　　例	尺寸 /mm		
	$b>2a$	铸铁	$R \geqslant \left(\dfrac{1}{6} \sim \dfrac{1}{3}\right)\left(\dfrac{a+b}{2}\right)$
		铸钢	$R \approx \dfrac{a+b}{4}$

续表

图 例	尺寸 /mm		
(图示 L, b, a)	$b>2a$	铸铁	$L>4(b-a)$
		铸钢	$L\geqslant5(b-a)$
(图示 a, c, R, R_1, h, b)	$b>2a$	$R\geqslant\left(\dfrac{1}{6}\sim\dfrac{1}{3}\right)\left(\dfrac{a+b}{2}\right),\quad R_1\geqslant R+\left(\dfrac{a+b}{2}\right),$ $c\approx3\sqrt{b-a},\quad h\geqslant(4\sim5)c$	

4. 避免采用十字形交叉连接

图 5.12 所示为几种壁或肋间的连接形式。其中图 5.12a 所示为十字形交叉连接形式,在壁或肋厚度相同的情况下,这种连接处的热节圆直径较大,内部易产生缩孔、缩松缺陷,内应力也难以松弛,故较易产生裂纹。图 5.12b 所示为 T 形交错连接或环状连接,它们的热节均较前者小,且可通过微量变形来缓解内应力,因此,抗裂性能均较好。

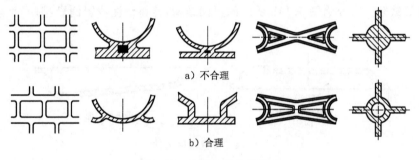

a) 不合理

b) 合理

图 5.12 壁或肋的连接形式

5. 轮形铸件的轮辐连接

对于轮形铸件(如带轮、齿轮、飞轮等),轮辐和辐板的形式不同,其抗裂效果也不同,应尽量避免偶数对称排列的轮辐和水平式辐板。图 5.13 所示为轮辐及辐板的多种连接形式。若采用图 5.13a 所示的偶数(6 根)轮辐连接,当合金的收缩较大且轮毂、轮缘与轮辐(或辐板)的厚度差较大时,其冷却速度不同,收缩时间不一致,因而形成较大的内应力。偶数轮辐难以使铸件的应力通过变形而自行松弛,故轮辐与轮缘(或轮毂)连接处常产生裂纹。若采用图 5.13b 所示的奇数轮辐连接,则因每根轮辐位置相对的部位为轮缘,其应力可通过轮缘的微量变形来松弛。此外,还可采用图 5.13c 所示的 S 形曲线轮辐连接,此时,铸件的应力可通过轮辐自身的微量弹性变形来松弛,从而避免裂纹的产生。同理,采用图 5.13d 所示的水平式辐板连接将会形成较大的内应力;采用图 5.13e 所示的在辐板上面开孔(圆形孔或扇形孔,最好是奇数孔)的办法也可松弛一些应力;采用如图 5.13f 所示的 S 形曲面辐板连接,则能通过辐板自身的变形大量减小其应力。对于合金收缩大而承载能力要求高的轮形铸件（如火车车轮等），常采用S形曲面辐板结构。

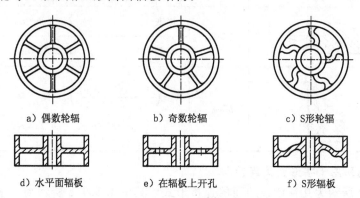

图 5.13　轮辐及辐板的连接形式

6. 避免尺寸较大的水平面

图 5.14 所示的薄壁罩壳铸件，当以壳顶呈水平状态确定浇注位置（图 5.14a）时，因薄壁件金属液散热冷却快，加上渣、气易滞留在顶面，易使该件产生冷隔、气孔和夹渣等缺陷。若改为图 5.14b 所示的斜面结构，并将浇注位置倒置，则可消除上述缺陷。

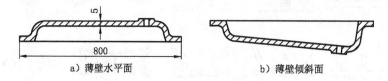

图 5.14　薄壁罩壳铸件

5.2　铸件结构设计应考虑的其他方面

5.2.1　铸造合金的某些使用性能

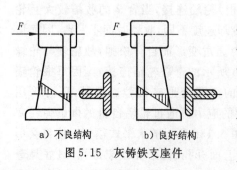

图 5.15　灰铸铁支座件

灰铸铁的特性是抗压强度较高（接近于钢的抗压强度）而抗拉强度较低，因此，在设计灰铸铁件的结构时，就应该扬长避短，尽可能让其承受压力而避免让其承受拉力。例如图 5.15 所示的灰铸铁支座件，当其上部受到水平方向的力 F 作用时，图 a 所示为设计不良的结构（因为肋处于受拉状态），而图 b 所示为设计良好的结构（因为肋处于受压状态）。

5.2.2　不同铸造工艺的特殊性

铸件结构设计主要是以砂型铸造工艺为基础进行考虑的,不同的铸造工艺方法对铸件结构的要求也不相同。

1. 熔模铸件的设计

① 为了便于浸挂涂料和撒砂,熔模铸件的孔、槽不宜过小或过深。通常,孔径应大于 2 mm,对于薄壁件则应大于 0.5 mm;若是通孔,孔深与孔径的比值应为 4~6;若是盲孔,孔深与孔径之比应不大于 2;槽宽应大于 2 mm,槽宽应为槽深的 2~6 倍。

② 因熔模型壳的高温强度低,易变形,平板型壳的变形尤甚,故熔模铸件应尽量避免有大平面。为防止变形,可在铸件大平面上设工艺孔或工艺肋,增加型壳的刚度(图 5.16)。

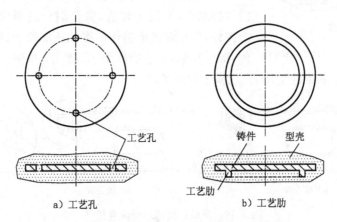

图 5.16　熔模铸件平面上的工艺孔和工艺肋

2. 压铸件的设计

压铸件的设计应尽量避免侧凹坑和深腔,在无法避免时,至少应便于抽芯,以便压铸件能从压铸型中顺利地取出。

图 5.17 所示为压铸件的两种设计方案。图 a 所示的结构因侧凹坑朝内,无法抽芯。改为图 b 所示的结构后,侧凹坑朝外,可按箭头方向抽出外型芯,使压铸件能从压铸型的分型面取出。

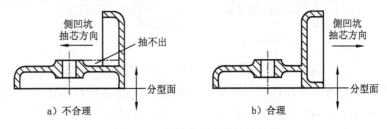

图 5.17　压铸件的两种设计方案

5.2.3　铸件的剖分与组合

1. 铸件的剖分设计

将一个铸件设计成几个较小的铸件，经机械加工后，再用焊接或螺栓连接等方法将其组合成整体。其优点是：①能有效解决铸造熔炉、起重运输设备能力不足的困难，以小设备能力制造大型铸件；②可根据使用要求用不同材料制造一个铸件的不同部分，铸造工艺简单，铸件品质优良，结构合理；③易于解决整铸时切削加工工艺或设备上的某些困难。

图 5.18　底座的铸焊结构

铸件需要剖分的情况有以下几种。

（1）铸件太大或太复杂　图 5.18 所示为铸钢底座的铸焊结构，为便于铸造，将它剖分成形状较简单的两个铸件，然后焊接成整体。图 5.19a 所示的整铸床身铸件，形状复杂，工艺难度大，若剖分成如图 5.19b 所示的两件，并用螺钉装配的结构后，就易于制造了。

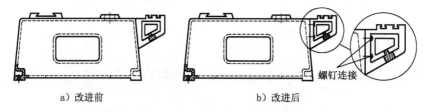

a）改进前　　　　　　　　　　b）改进后

图 5.19　机械连接的组合床身铸件

（2）成形工艺的局限性　如图 5.20a 所示的铸件，若采用压力铸造成形，既难抽芯，也无法出型，因而无法整铸。若改成图 5.20b 所示的两件组合，则抽芯和出型均可顺利进行。

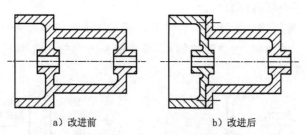

a）改进前　　　　　　　　　　b）改进后

图 5.20　砂型铸件改为压铸件

（3）零件不同的部分性能要求不同　当零件不同的部分对耐磨、导电或绝缘等性能的要求不同时，常采用剖分结构，分开制造后，再镶铸成一体。图 3.33 所示的铸件就是一个镶铸的例子。

2. 铸件的组合设计

熔模铸造及气化模铸造具有无须起模、能制造复杂铸件的特点,因此可将原需加工装配的组合件改为整铸件,以简化制造过程,提高生产效率,方便使用。例如图 5.21 所示为车床上使用的摇手柄,可由加工装配结构(图 a)改为熔模铸造的整铸结构(图 b)。

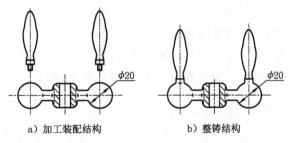

a) 加工装配结构　　　　　　b) 整铸结构

图 5.21　车床摇手柄的设计

复习思考题

(1) 试述结构斜度与起模斜度的异同点。

(2) 在方便铸造和易于获得合格铸件的条件下,图 5.22 所示铸件结构有何值得改进之处? 怎样改进?

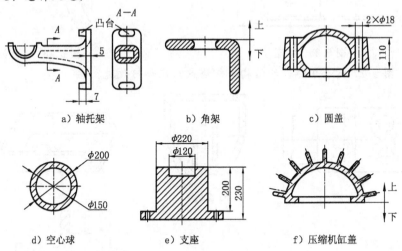

a) 轴托架　　　　　b) 角架　　　　　c) 圆盖

d) 空心球　　　　　e) 支座　　　　　f) 压缩机缸盖

图 5.22　设计不良的铸件结构

(3) 铸造一个 $\phi1\ 500$ mm 的铸铁顶盖,有图 5.23 所示的两个设计方案,试问哪个方案易于铸造,并简述理由。

(4) 为防止图 5.24 所示铸件产生角变形,可以采取哪几种措施保证角 α 的准确性?

(5) 图 5.25 所示为铸铁底座件,试用内接圆法确定铸件的热节部位。在保证外

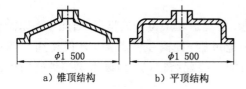

a) 锥顶结构　　　b) 平顶结构

图 5.23　顶盖

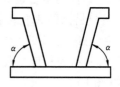

图 5.24　角架

形轮廓尺寸不变的前提下,应如何使铸件壁厚尽量均匀?

（6）某厂生产图 5.26 所示的支腿铸铁件,其受力方向如图中箭头所示。该件在使用中多次发生断腿事故,试分析原因,并重新设计腿部结构。

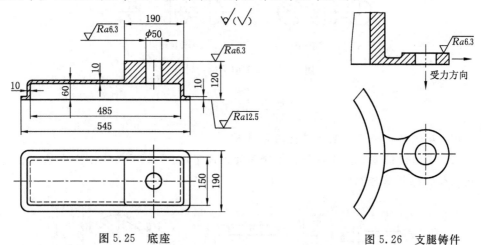

图 5.25　底座

图 5.26　支腿铸件

（7）图 5.27 所示压铸件的结构有何缺点?应如何改进?

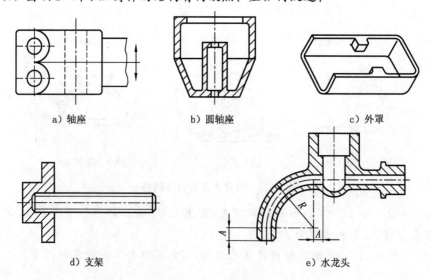

a) 轴座　　　　　　b) 圆轴座　　　　　　c) 外罩

d) 支架　　　　　　　　e) 水龙头

图 5.27　几种压铸件

第 2 篇
塑性成形技术

第6章

金属塑性成形技术的理论基础

6.1 金属塑性成形的基本工艺

利用金属所具有的塑性,在外力作用下,金属产生塑性变形,改变其形状与性能,获得具有一定形状、尺寸和力学性能的原材料、毛坯或零件的成形技术,称为金属塑性成形(也称为压力加工)技术。其基本工艺有如下几种。

1. 轧制

金属坯料在两个回转轧辊之间受压变形(图 6.1)而形成各种产品的成形技术称为轧制。轧制所用的坯料主要是金属锭。在轧制过程中,坯料借助它与轧辊之间的摩擦力得以连续从两轧辊之间通过,同时受压而变形,坯料截面减小,长度增加。合理设计不同形状的轧辊(其组成的间隙形状与产品截面轮廓相似),可以轧制出不同截面形状(图 6.2)的产品,如钢板、型材、无缝管材等,也可以直接轧制出毛坯或零件。

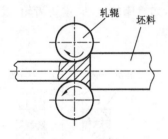

图 6.1 轧制

图 6.2 轧制产品的截面形状

2. 挤压

金属坯料在挤压模内受压被挤出模孔而变形的成形技术称为挤压(图 6.3)。挤压可以获得各种复杂截面的型材、管材或零件(图 6.4)。由于挤压要求原材料塑性好,变形抗力小,故适用于低碳钢、非铁合金的加工,如采取适当的工艺措施,也可对合金钢和难熔合金进行加工。

3. 拉拔

将金属坯料拉过拉拔模的模孔而变形的成形技术称为拉拔(图 6.5)。拉拔主要用来制造各种细线材(如电缆等)、薄壁管(如医疗用针头的细针管等)和特殊几何形状的型材(图 6.6)。

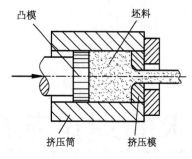

图 6.3　挤压

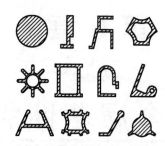

图 6.4　挤压产品的截面形状

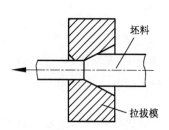

图 6.5　拉拔

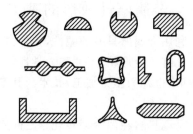

图 6.6　拉拔产品的截面形状

4. 锻造

金属坯料在上下砧铁间或锻模模腔内受冲击力或压力而变形的成形技术称为锻造（图 6.7），可分为自由锻（图 a）与模锻（图 b）两种形式。汽车、机械、兵器制造业中的许多毛坯或零件，特别是承受重载荷的机械零件，如机床的主轴、重要齿轮、发动机的连杆、曲轴、枪管及炮管等，都是采用锻件做毛坯。

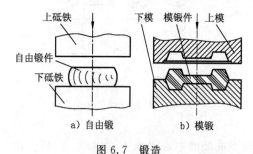

a）自由锻　　　b）模锻

图 6.7　锻造

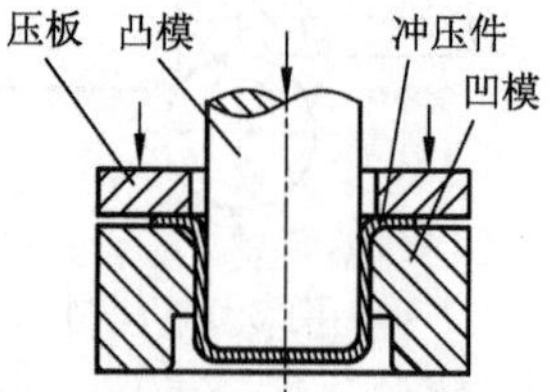

图 6.8　冲压

5. 板料冲压

金属板料在冲模之间受压产生分离或变形的成形技术称为冲压（图 6.8）。平板零件、立体的弯曲件、拉深件等钣金零件都可通过板料冲压得到。板料冲压广泛用于汽车、电器、仪表及日用品制造工业等方面。

与金属的其他成形技术相比，塑性成形技术具有如下特点。

（1）塑性成形件综合性能好　金属材料在压力作用下，其内部的气孔、微裂纹、树枝状晶等缺陷得到弥合和细化，组织变得致密，金属的力学性能得到提高。例如，锻件不仅具有良好的力学性能(抗拉、抗压、抗冲击),而且还具有良好的切削性能及热处理性能。

(2)较高的生产率　借助压力机与模具,塑性成形件具有较高的生产率,可以满足大批量生产。例如,利用冷镦工艺加工内六角螺钉比用棒料切削加工工效提高400倍以上。

(3)需要较大的投资　产品的形状与尺寸精度是通过模具保证的,需要价格昂贵的模具与压力机,呈现大生产的特点。例如,万吨水压机自由锻生产线、汽车覆盖件冲压生产线,均需要较大的投资,具有较高的技术门槛。

(4)金属材料应具有良好的塑性　塑性成形是金属在固体状态下的成形,是利用金属的塑性实现加工的,金属塑性越好,在外力作用下越不容易破裂,金属的变形抗力越小,所需设备的吨位越小。

6.2　金属的塑性变形

6.2.1　金属塑性变形的本质

1. 单晶体的塑性变形

单晶体金属塑性变形的基本方式是滑移和孪生,其中滑移是最主要的变形方式。所谓滑移,是指晶体的一部分沿着一定的晶面(滑移面)和晶向(滑移方向)相对于另一部分产生相对滑动的过程,如图6.9所示。在切应力作用下,晶体的一部分与另一部分产生相对滑移,当此力增大到金属的屈服点时,晶体便产生塑性变形。这时即使外力去除,晶体也不能恢复原状;当外力继续作用或增大时,晶体还将在另外的滑移面上发生滑移,使变形继续进行,因而得到一定的变形量。需要指出的是,滑移后,滑移面两侧晶体的位向关系并没有发生改变。

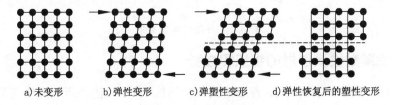

a)未变形　　　　b)弹性变形　　　　c)弹塑性变形　　d)弹性恢复后的塑性变形

图6.9　单晶体滑移变形

孪生是单晶体塑性变形的另一种形式。所谓孪生,是指在切应力作用下,晶体的一部分沿着一定的晶面(孪生面)和晶向(孪生晶向)相对于另一部分发生均匀的切变(图6.10)。发生孪生变形的部分称为孪生带或孪晶。孪生的结果是,一部分晶体与另一部分晶体发生相对转动,孪生面两侧的晶体成镜面对称。由于孪生变形较滑移变形一次移动的原子多,故所需的切应力较大,因此,只有在不易产生滑移的金属中才发生孪生变形。

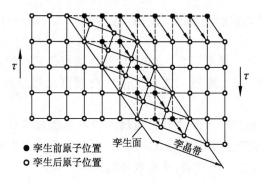

● 孪生前原子位置
○ 孪生后原子位置

图 6.10　孪生变形过程

2. 多晶体的塑性变形

大多数金属材料是多晶体,多晶体中每个晶粒的塑性变形与单晶体相同,因此,多晶体的塑性变形可以看成是由组成多晶体的许多单个晶粒产生变形(称为晶内变形)的综合效果。由于组成多晶体的每个晶粒之间存在晶界,它们在外力作用下可以发生滑动与转动,单个晶粒内部也可产生塑性变形,存在许多滑移面,如图 6.11 所示。因此,整块金属的变形量可以比较大。由于各晶粒的位向又不同,单个晶粒滑移变形移动到晶界附近时便会受到阻碍,增大滑移阻力,因此需要更大的变形力。总之,多晶体比单晶体的塑性变形更加困难和复杂。

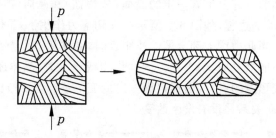

图 6.11　多晶体塑性变形

6.2.2　金属塑性变形后的组织和性能

金属压力加工的各种方法,都是通过对金属施加外力,使之产生塑性变形来实现的。在常温下经塑性变形后,金属内部组织将发生如下变化(图 6.12):①晶粒沿变形最大的方向伸长;②晶格与晶粒均发生扭曲,产生内应力;③晶粒间产生碎晶。这些组织的改变使金属的力学性能发生明显的变化。滑移面上的碎晶块和晶格的扭曲增大了滑移阻力,使继续滑移难以进行。因此,随变形程度的增加,金属的强度及硬度提高,而塑性和韧性降低。这种现象称为加工硬化。利用金属的加工硬化提高金属的强度,是工业生产中强化金属材料的一种手段,尤其适用于用热处理工艺不能强化的金属材料。

加工硬化是一种不稳定的现象,具有自发回复到稳定状态的倾向,在室温下不易

温度升高

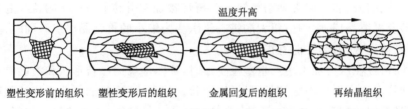

塑性变形前的组织　　塑性变形后的组织　　金属回复后的组织　　　再结晶组织

图 6.12　金属的回复和再结晶

实现。温度升高,原子获得了热能,热运动就会加剧,这使原子排列回复到正常状态,从而消除晶格扭曲,并部分消除加工硬化。这个过程称为"回复"。这时的温度称为回复温度 $T_回$,$T_回=(0.25\sim0.3)T_熔$($T_熔$ 为金属熔化温度)。

当温度继续升高到 $T_熔$ 的 0.4 倍时,金属原子获得更多的热能,开始以碎晶或杂质为核心结晶成细小而均匀的再结晶新晶粒,原来的晶界消失,从而消除全部加工硬化。这个过程称为再结晶,这时的温度称为再结晶温度 $T_再$,$T_再=0.4T_熔$。在压力加工生产中,加工硬化给金属继续进行塑性变形带来了困难,应加以消除。故生产中常在再结晶温度以上加热已加工硬化的金属,使其发生再结晶而再次获得良好的塑性。这种工艺称为再结晶退火。

6.2.3　金属塑性变形的类型

金属在不同温度下变形后的组织和性能不同,通常以再结晶温度为界,将金属的塑性变形分为冷变形和热变形两种。

1. 冷变形

变形温度低于再结晶温度时,金属在变形过程中只有加工硬化而无再结晶现象,变形后的金属只具有加工硬化组织,这种变形称为冷变形。由于产生加工硬化,冷变形需要很大的变形力,而且变形程度也不宜过大,以免缩短模具寿命或使工件破裂。但冷变形加工的产品表面品质好、尺寸精度高、力学性能好,一般不需再切削加工。金属在冷镦、冷挤、冷轧以及冷冲压中的变形都属于冷变形。

2. 热变形

变形温度在再结晶温度以上时,金属变形产生的加工硬化组织会随金属的再结晶而消失,变形后的金属具有细而均匀的再结晶等轴晶粒组织而无任何加工硬化痕迹,这种变形称为热变形。金属只有在热变形的情况下,才能在较小的变形功的作用下产生较大的变形,加工出尺寸较大和形状较复杂的塑件,同时获得具有较高综合性能的再结晶组织。但是,由于热变形是在高温下进行的,因而金属在加热过程中,表面容易形成氧化皮,影响产品尺寸精度和表面品质,而且工作条件较差,生产率也较低。金属在自由锻、热模锻、热轧、热挤压中的变形都属于热变形。

6.2.4　纤维组织的利用原则

金属压力加工生产采用的最初坯料是铸锭,其内部组织很不均匀,晶粒较粗大,并存在气孔、缩松、非金属夹杂物等缺陷。铸锭被加热并进行压力加工后,由于经过塑性变形及再结晶,其组织由粗大的铸态组织变为细小的再结晶组织。同时,其中的气孔、缩松被弥合,力学性能有很大提高。

此外,铸锭在压力加工中产生塑性变形时,基体金属的晶粒形状和沿晶界分布的杂质形状将沿着变形方向被拉长,呈纤维形状。其中,纤维状的杂质不能经再结晶而消失,而是在塑性变形后被保留下来,这种结构叫纤维组织(或称流线),如图 6.13 所示。存在纤维组织的金属具有各向异性的性质,平行于纤维方向与垂直于纤维方向的力学性能不同。金属的变形程度越大,纤维组织就越明显,各向异性也就越明显。

纤维组织的化学稳定性强,其分布状况一般不能通过热处理消除,只能通过不同方向上的锻造成形才能改变。因此,为了获得具有最佳力学性能的零件,应充分利用纤维组织的方向性。一般应遵循两项原则:①使纤维分布与零件的轮廓相符合而不被切断;②使零件所受的最大拉应力与纤维方向一致,最大切应力与纤维方向垂直。

图 6.14 所示为不同成形技术所得到的纤维组织。当采用圆钢直接经切削加工制造螺栓时,螺栓头部与杆部的纤维被切断(图 6.14a),不能连贯起来,受力时产生的切应力方向与纤维方向平行,故螺栓的承载能力较弱。当采用同样圆钢经局部镦粗方法制造螺栓时(图 6.14b),纤维不被切断,且连贯性好,纤维方向也较为合理,故锻造成形的螺栓品质较好。

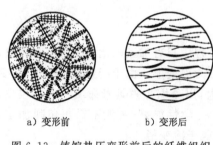

　　a) 变形前　　　　　b) 变形后

图 6.13　铸锭热压变形前后的纤维组织

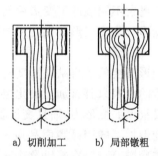

　　a) 切削加工　　b) 局部镦粗

图 6.14　不同成形技术所得的纤维组织

6.3　塑性变形理论及假设

1. 最小阻力定律

金属塑性成形的实质是金属的塑性流动。影响金属塑性成形时流动的因素十分复杂,要定量描述金属流动规律非常困难,但可以应用最小阻力定律定性地描述金属质点的流动方向。金属受外力作用发生塑性变形时,如果金属质点在几个方向上都可流动,那么,金属质点就优先沿着阻力最小的方向流动,这和流体向阻力最小的方向流动一样,因此称为最小阻力定律。根据这一原理,可以通过调整某个方向的流动阻力来改变金属在某些方向的流动量,使得成形更为合理。

运用最小阻力定律可以解释为什么用平头锤镦粗时金属坯料的截面形状随着坯

料的变形都逐渐接近于圆形。图 6.15a、b、c 分别表示镦粗时截面为圆形、正方形、矩形的坯料截面上各质点的流动方向。由于工具和金属的接触面上存在着摩擦阻力，并且在矩形毛坯角的平分线上距离最长，摩擦阻力最大，所以金属质点就沿着路程最短的法线方向流动。图 6.16 所示为正方形截面坯料镦粗后的截面形状。镦粗时，金属流动的距离越短，摩擦阻力越小。端面上任何一点到边缘的距离最近处是垂直距离，这个金属质点必然沿着与边缘垂直的方向流动，因此，正方形截面中心部分金属大多流向垂直于正方形的四边，而对角线方向很少有金属流动。随着变形程度的增加，截面的周边将趋近于椭圆，而椭圆将进一步变为圆。此后，各质点将沿着半径方向流动，因为相同面积的任何形状，圆形的周长最短。最小阻力定律在镦粗中也称为最小周边法则。

   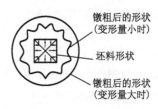

a）圆形　　b）正方形　　c）矩形

图 6.15　坯料镦粗时不同截面上　　　　　　图 6.16　正方形截面坯料镦
　　　　　质点的流动方向　　　　　　　　　　　　　粗后的截面形状

2. 塑性变形前后体积不变的假设

金属在塑性变形时，由于金属材料连续而致密，其体积变化很小，与形状变化相比可以忽略不计。这就是体积不变的假设。也就是说，在塑性变形时，可以假设物体变形前的体积等于变形后的体积。在金属塑性成形过程中，体积不变的假设是相当重要的，据此可确定毛坯尺寸。有些问题可根据几何关系直接利用体积不变假设来求解，再结合最小阻力定律，便可大体确定塑性成形时的金属流动模型。

3. 金属塑性变形程度的计算

金属塑性变形中，变形程度的分配与计算十分重要。变形程度大，可提高变形工效，减少设备及模具的套数，但容易产生破裂、折叠（失稳起皱）等成形质量问题。因此合理分配变形程度始终是制订金属塑性成形工艺的一个关键问题。

在锻造加工过程中，常用锻造比（$Y_锻$）来表示金属坯料的变形程度。锻造比的计算公式与变形方式有关，拔长时的锻造比为

$$Y_拔 = S_0 / S$$

式中，S_0、S 为坯料变形前、后的截面积（mm^2）。

镦粗时的锻造比为

$$Y_镦 = H_0 / H$$

式中，H_0、H 为坯料变形前、后的高度（mm）。

锻造比对锻件的锻透程度与力学性能有直接影响。对于以钢锭为坯料的锻造，当锻造比达到 2 时，随着金属内部组织的致密化，锻件纵向和横向的力学性能均有显

著提高;当锻造比为 2~5 时,由于流线化的加强,力学性能出现各向异性,纵向性能虽略有提高,但横向性能开始下降,锻造比超过 5 后,纵向性能不再提高,而横向性能却急剧下降。因此,选择适当的锻造比相当重要。对于要求横向力学性能的零件,锻造比应为 2.0~2.5,对于主要要求纵向力学性能的零件,锻造比应适当加大。

根据锻造比即可得出坯料的尺寸。例如采用拔长锻造时,坯料所用的截面 $S_{坯料}$ 的大小应满足技术要求规定的锻造比 $Y_{拔}$,即坯料截面积应为

$$S_{坯料} = Y_{拔} S_{锻件}$$

式中,$S_{锻件}$ 为锻件的最大截面积(mm^2)。

如果坯料是钢坯,则可求出其直径 D(圆钢)或边长 A(方钢),然后按照钢坯的标准选取钢坯的直径或边长。最后根据体积不变原则,并按照选用钢坯的标准直径或边长,计算出钢坯的长度,即

$$L_{钢坯} = \frac{V_{坯料}}{S_{钢坯}}$$

式中,$L_{钢坯}$ 为钢坯的长度(mm);$V_{坯料}$ 为坯料的体积(mm^3);$S_{钢坯}$ 为按标准直径或边长所得的钢坯的截面积(mm^2)。

其他变形工艺如拉深成形、变薄拉深与变薄旋压中的变形程度分别用拉深系数及变薄率来表示(详见第 8 章)。

总之,塑性成形工艺中,金属变形不是一次性的,变形程度是有限制的,需要合理分配。变形程度过大或过小均不可取,因此,体现这一工艺特点的连续拔长、渐进镦粗、多次拉深、多道旋压等,在塑性成形中广为使用。这也是塑性中工艺的一个规律。

6.4　影响塑性变形的因素

金属材料经受压力加工而产生塑性变形的工艺性能,常用金属的可锻性来衡量。金属的可锻性好,说明该金属宜用压力加工方法成形;金属的可锻性差,说明该金属不宜用压力加工方法成形。可锻性的优劣以金属的塑性和变形抗力来综合评定。塑性是指金属材料在外力作用下产生永久变形而不破坏其完整性的能力。金属对变形的抵抗力,称为变形抗力。塑性反映了金属塑性变形的能力,而变形抗力反映了金属塑性变形的难易程度。塑性好,则金属在变形中不易开裂;变形抗力小,则金属变形的能耗小。一种金属材料若既有较好的塑性,又有较小的变形抗力,那它就具有良好的可锻性。金属的可锻性取决于材料的性质(内因)和加工条件(外因)。

6.4.1　材料性质的影响

1. 化学成分的影响

金属的化学成分不同,其可锻性也不同。一般来说,纯金属的可锻性比合金的可锻性好。钢中合金元素含量越多,合金成分越复杂,其塑性越差,变形抗力越大,可锻性就越差。例如,纯铁、低碳钢和高合金钢的可锻性是依次下降的。

2. 金属组织的影响

金属内部的组织结构不同,其可锻性有很大差别。纯金属及固溶体(如奥氏体)的可锻性好,而碳化物(如渗碳体)的可锻性差。具有铸态柱状组织和粗晶粒组织金属的可锻性不如具有晶粒细小而又均匀的组织金属的好。

6.4.2　加工条件的影响

1. 变形温度的影响

在一定的变形温度范围内,随着温度升高,原子动能增加,金属的塑性提高,变形抗力减小,可锻性得到明显改善。但是,加热温度要控制在一定范围内。若加热温度过高,晶粒会急剧长大,金属力学性能会降低,这种现象称为"过热"。若加热温度接近熔点,晶界氧化会破坏晶粒间的结合,金属将失去塑性而报废,这种现象称为"过烧"。金属锻造加热时允许的最高温度称为始锻温度。在锻造过程中,金属坯料温度不断降低,降低到一定程度时塑性变差,变形抗力增大,此时应停止锻造,否则引起加工硬化甚至开裂。停止锻造时的温度称终锻温度。锻造温度是指始锻温度与终锻温度之间的温度。

2. 变形速度的影响

变形速度即单位时间内的变形程度。它对金属塑性及变形抗力的影响可分为两个阶段(图 6.17):在变形速度小于 a 的阶段,随着变形速度的增大,回复和再结晶不能及时克服加工硬化现象,金属塑性下降,变形抗力增大,可锻性变差;在变形速度大于 a 的阶段,金属在变形过程中,消耗于塑性变形的能量有一部分转化为热能,金属温度升高(称为热效应现象),金属的塑性提高,变形抗力下降,可锻性变好。变形速度越大,热效应现象越明显。但热效应现象只有在高速锤上锻造时才能实现,一般设备上的变形速度都不可能超过 a,故塑性较差的材料(如高速钢等)或大型锻件,还是以采用较小的变形速度为宜。

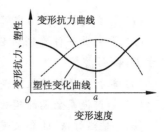

图 6.17　变形速度对塑性及变形抗力的影响

6.4.3　应力状态的影响

金属在进行不同方式的变形,使用不同的模具约束变形时,所产生应力的大小和性质(压应力或拉应力)是不同的。例如,挤压时坯料为三向受压状态(图 6.18),而拉拔时坯料则为两向受压、一向受拉的状态(图 6.19)。

实践证明,在三向应力状态图中,来自不同方向压应力的数量愈多,则金属的塑性愈好,拉应力的数量愈多,则金属的塑性愈差。其理由是,在金属材料的内部或多或少总是存在着微小的气孔或裂纹等缺陷,在拉应力作用下,缺陷处产生的应力集中会使缺陷扩展,甚至破坏基体,从而使金属失去塑性。而压应力使金属内部原子间距

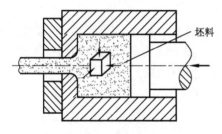
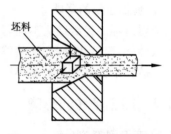

图 6.18　挤压时金属应力状态　　　　图 6.19　拉拔时金属应力状态

减小,又不易使缺陷扩展,故金属的塑性会增高。但压应力同时又使金属内部摩擦增大,变形抗力也随之增大,为实现变形加工,就要相应增加设备吨位来增加变形力。

在选择具体加工方法时,应考虑应力状态对金属可锻性的影响。对于塑性较低的金属,应尽量在三向压应力下变形,以免产生裂纹。对于本身塑性较好的金属,变形时出现拉应力是有利的,可以减少变形能量的消耗。

综上所述,影响金属塑性变形的因素是很复杂的。在压力加工中,要综合考虑所有的因素,根据具体情况采取相应的有效措施,合理设计成形工艺与模具结构,力求创造最有利的变形条件,充分发挥金属的塑性,降低金属的变形抗力,降低设备吨位,减少能耗,使变形进行得充分,达到优质、低耗的目的。

复习思考题

(1) 什么是最小阻力定律?

(2) 要制造一件直径为 90 mm、高为 40 mm 的碳钢齿轮锻件,试确定其坯料的尺寸 D_0 和 H_0。

(3) 轧材中的纤维组织是怎样形成的? 它的存在对制作零件有何利弊?

(4) 如何提高金属的塑性? 最常用的措施是什么?

(5) "趁热打铁"的含义何在?

(6) 原始坯料长 150 mm,若拔长到 450 mm,锻造比是多少?

(7) 两个内径分别为 ϕ60 mm 和 ϕ120 mm、高均为 30 mm 的带孔坯料,分别套在直径为 ϕ60 mm 的芯轴上扩孔,试用最小阻力定律分析会产生什么不同的扩孔效果。

(8) 在如图 6.20 所示的两种砧铁上拔长时,效果有何不同?

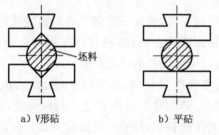

a) V形砧　　　　　　　　　b) 平砧

图 6.20　两种砧铁

第 7 章

锻造成形技术

7.1　自由锻

　　自由锻是用冲击力或液压力使金属在锻造设备的上下砧块(或砧铁)间产生塑性变形,从而获得所需几何形状及内部品质的锻件的成形技术。由于不需要模具,金属在两砧块间的变形是自由流动的,其形状和尺寸主要由操作者来控制,故称之为自由锻。

　　自由锻分为手工自由锻和机器自由锻两种。手工自由锻只适合小型锻件的单件生产,如农机具上的锻件。随着锻造成形技术的发展,手工自由锻由于劳动强度大、锻件精度差,已逐渐被淘汰;而机器自由锻是自由锻的主要形式,并得到较大的发展。机器自由锻因其使用设备的不同,又分为锤上自由锻和液压机上自由锻。锤上自由锻是依靠锻锤产生的冲击力使金属坯料变形,但由于能力有限,故只用来生产中小型锻件。液压机上自由锻是依靠液压机产生的压力使金属坯料变形。其中,水压机可产生很大的作用力,能锻造质量达 300 t 的锻件,是重型机械厂生产大型锻件的主要设备。自由锻是生产大型和特大型锻件的唯一成形方法,近年来出现的快速锻造液压机与操作机配合使用,用于大型发电设备的转子轴锻造、高合金钢锻件开坯自由锻等,取得了良好的经济效益。

　　对于碳钢和低合金钢的中小型自由锻件,主要的问题是成形,因此要灵活运动各种工序,如镦粗、拔长、冲孔、弯曲、错移、压肩、切断等,提高锻件精度和生产率。对于以钢锭为原料的大中型锻件和高合金钢锻件,主要的问题是改善锻件的性能,因此为了保证锻件品质,除了提高原材料的冶炼品质以外,还应从锻造工艺、设备方面采取措施。

7.2　模锻

　　模锻是成批、大批和大量生产锻件的主要成形技术,是使加热到锻造温度的金属坯料在锻模模膛内一次或多次承受冲击力或压力的作用,而被迫流动成形以获得锻件的压力加工方法。在变形过程中,由于模膛对金属坯料流动的限制,因而锻造终了时能得到和模膛形状相符的锻件。

与自由锻相比,模锻有如下优点:生产率较高;锻件尺寸精确,加工余量小;可以锻造出形状比较复杂的锻件;节省金属材料,减少切削加工工作量,在批量足够大的条件下能降低零件成本;操作简单,易于实现机械化、自动化。其缺点是:锻模制造周期长,成本高;受模锻设备吨位的限制,模锻件不能太大,质量一般在 150 kg 以下。因此,模锻适用于中小型锻件的成批和大量生产。

模锻按使用的设备不同分为胎模锻、锤上模锻、压力机上模锻,其中压力机上模锻由于锻件精度好,应用较广。

7.2.1　胎模锻和锤上模锻

1. 胎模锻

在自由锻设备上使用可移动的胎模生产锻件的锻造方法,称为胎模锻造(也称胎模锻)。胎模是不固定在自由锻锤上的,使用时放上去,不用时取下来。锻造时,胎模放在砧座上,将加热后的坯料放入胎模,也可先将坯料经过自由锻预锻成近似锻件的形状,然后用胎模终锻成形。

胎模结构较简单,可提高锻件的精度,不需要昂贵的模锻设备,扩大了自由锻生产的范围,但胎模易损坏,寿命短,锻件的品质较其他模锻方法生产的低,劳动强度大,故胎模锻只适合在没有模锻设备的中小型工厂生产中小批量的锻件。

2. 锤上模锻

锤上模锻是在自由锻、胎模锻基础上发展起来的一种效率更高的锻造成形技术,用于大批量锻件的生产。锤上模锻所用设备为模锻锤,它有蒸汽-空气锤、夹板锤、无砧座锤、高速锤等几种,由它产生的冲击力使金属变形。由于模锻锤打击速度较高,在模锻工步中金属充满型槽的能力较强,而且在模锻锤上可以进行多种制坯工步。图7.1所示为一般工厂中常用的蒸汽-空气锤,其工作原理与自由锻用的蒸汽-空气锤基本相同,但锤头与导轨间隙较小,且机架与砧座相连,以保证上下模准确合拢。模锻锤的吨位(落下部分的重量)一般为 10~160 kN,可锻制 150 kg 以下的锻件。

锤上模锻用的锻模如图 7.2 所示。它是由带有燕尾槽的上模和下模两部分组成的。下模用紧固楔铁固定在模垫上,上模靠楔铁紧固在锤头上,随锤头一起作上下往复运动。

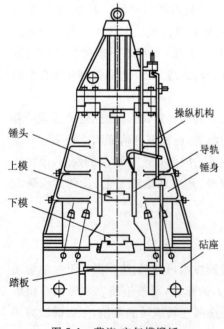

操纵机构
锤头
导轨
锤身
上模
下模
砧座
踏板

图 7.1　蒸汽-空气模锻锤

上、下模合在一起就形成完整的中空模膛,锻件在其中成形。锻模上还设有分模面和飞边槽。

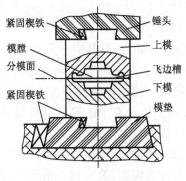

图 7.2　锤上模锻的锻模

7.2.2　压力机上模锻

锤上模锻具有工艺适应面广的特点,目前仍在锻压生产中得到广泛的应用。但是,模锻锤存在震动和噪声大、蒸汽效率低、能源消耗多、工人劳动条件差等难以克服的缺点,因此,大吨位模锻锤近年来有逐步被压力机所取代的趋势。

按所使用的模锻设备,压力机上模锻主要可分为摩擦压力机上模锻、热模锻压力机上模锻和平锻机上模锻。

1. 摩擦压力机上模锻

摩擦压力机的传动系统如图 7.3 所示。锻模分别安装在滑块和机座上。滑块与螺杆的下端相连,沿导轨上下滑动。螺杆穿过固定在机架上的螺母,上端与飞轮相连。两个摩擦盘装在同一根轴上,由电动机经过传动带使摩擦盘在机架上的轴承中旋转。改变操纵杆的位置可使摩擦盘沿轴向串动,这样就会使某一个摩擦盘靠紧飞轮边缘,借助摩擦力带动飞轮转动。飞轮分别与两个摩擦盘接触,可获得不同方向的旋转,螺杆也随飞轮作不同方向的转动。在螺母的约束下,螺杆的转动变为滑块的上下滑动,靠飞轮惯性的能量加压,实现模锻加工。常用摩擦压力机的吨位大多为 3 500 kN,最大吨位可达 10 000 kN。

在摩擦压力机工作过程中,滑块的速度为 0.5~1.0 m/s,滑块具有一定的冲击作用,使坯料变形,且行程可控制,这与锻锤相似。坯料变形中的抗力由机架承受,形成封闭力系,这又与压力机相同。所以,摩擦压力机兼有锻锤和压

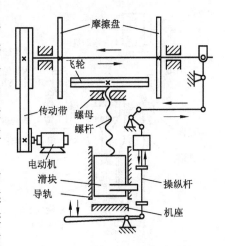

图 7.3　摩擦压力机的传动系统

力机的工作特性。另外,摩擦压力机带有顶件装置,取件容易,但滑块的打击速度不高,每分钟行程次数少,传动效率仅为 10%~15%,功能有限,故摩擦压力机多用于中小型锻件的生产。

摩擦压力机上模锻有如下特点。

① 摩擦压力机的滑块行程不固定,并具有一定的冲击作用,因而可实现轻打、重打,可在一个模膛内进行多次锻打,不仅能满足模锻各种主要成形工序的要求,还可以进行弯曲、压印、热压、精压、切飞边、冲连皮及校正等工序。

② 滑块运动速度低,金属变形过程中的再结晶可以充分进行,因而特别适合锻造低塑性合金钢和非铁合金(如铜合金)等。

③ 滑块打击速度不高,设备本身具有顶料装置,生产中不仅可以使用整体式锻模,还可以采用特殊结构的组合式模具,简化模具的设计和制造,节约材料和降低生产成本,同时还可以锻制出形状更为复杂、敷料消耗更少和模锻斜度更小的锻件,并可将轴类锻件直立起来进行局部镦锻。

④ 摩擦压力机承受偏心载荷能力差,通常只使用单膛锻模。对于形状复杂的锻件,需要在自由锻设备或其他设备上制坯。

摩擦压力机上模锻适合于小批和成批生产的中小型锻件,如铆钉、螺栓、螺母、配气阀、齿轮、三通阀体等。

综上所述,摩擦压力机具有结构简单、造价低、投资少、使用维修方便、基建要求不高、工艺用途广泛等优点,所以我国中小型工厂都用它来取代模锻锤、平锻机、曲柄压力机。但摩擦压力机由于摩擦盘磨损较大,需经常更换,近年来已被用电动机直接驱动的电动螺旋压力机逐渐取代。

2. 热模锻压力机上模锻

热模锻曲柄压力机广泛用于锻件的大量生产,汽车上的连杆、曲轴、齿轮、传动轴、转向节锻件均是在热模锻压力机上生产的。图 7.4 所示为热模锻压力机的传动系统。曲柄连杆机构的运动由离合器控制,离合器使曲柄旋转,再通过连杆将曲柄的旋转运动转换成滑块的上下往复运动,从而实现对毛坯的锻造加工。热模锻压力机的吨位一般是 2 000~120 000 kN。

热模锻压力机上模锻有如下特点。

① 滑块行程固定,并具有良好的导向装置和顶件机构,因此,锻件的尺寸公差、机械加工余量和模锻斜度都比锤上模锻的小。

② 热模锻压力机的作用力是静压力,因此锻模的主要模膛都设计成镶块式的。

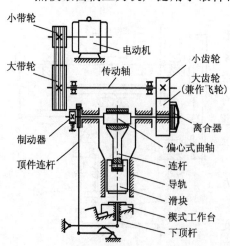

图 7.4　热模锻压力机的传动系统

这种组合模制造简单,更换容易,节省模具材料。

③ 热模锻曲柄压力机有顶件装置,能够对杆件的头部进行局部镦粗。

④ 滑块行程固定,不论在什么模膛中都是一次成形,所以坯料表面上的氧化皮不易被清除,影响锻件品质。氧化问题应在加热时解决。同时,热模锻压力机上也不宜进行拔长和滚压工步。如果是横截面变化较大的长轴类锻件,可以采用周期轧制坯料或用辊锻机制坯来代替这两个工步。

⑤ 热模锻压力机上模锻是一次成形,金属变形量不宜过大,否则不易使金属填满终锻模膛,因此,变形应该逐渐进行。终锻前常采用预成形及预锻工艺。

综上所述,与锤上模锻比较,热模锻压力机上模锻具有锻件精度高、生产率高、劳动条件好和节省金属等优点,适合于成批、大量生产,但设备复杂、投资大。

3. 平锻机上模锻

平锻机的主要结构与曲柄压力机相同,只因滑块是作水平运动,故称平锻机,其传动系统如图 7.5 所示。电动机通过传动带将运动传给带轮,带轮与制动器一同装在传动轴上,传动轴的另一端装有齿轮组,可将运动传至曲轴上,曲轴通过连杆与主滑块相连,凸轮装在曲轴上,与导轮接触,副滑块固定着导轮,并通过连杆系统与活动模相连。

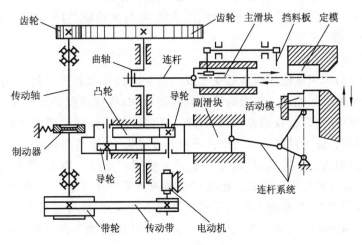

图 7.5　平锻机传动系统

运动传至曲轴后,随着曲轴的转动,一方面推动主滑块带着凸模作前后往复运动,同时曲轴又驱使凸轮旋转。凸轮的旋转通过导轮使副滑块移动,并驱使活动模运动,实现活动模与固定模的闭合或开启。挡料板通过辊子与主滑块的轨道接触。当主滑块向前运动(工作行程)时,轨道斜面迫使辊子上升。带动挡料板绕其轴线转动,挡料板末端便移至一边,给凸模让出空间。

平锻机的吨位一般为 500～31 500 kN,可加工直径为 25～230 mm 的棒料。最适合在平锻机上模锻的锻件是带头部的长杆类和有孔(通孔或不通孔)的锻件以及在曲柄压力机上不能模锻的锻件（如汽车半轴、倒车齿轮等）。

平锻机上模锻有如下特点。

① 平锻模有相互垂直的两个分模面，最适合锻造在相互垂直方向上有凹挡、凹孔的锻件，可以锻出锤上和曲柄压力机上无法锻出的锻件。

② 坯料水平放置，其长度几乎不受限制，故适合锻造带头部的长杆类锻件，也便于用长棒料逐个连续锻造。

③ 平锻件的斜度小，余量、余块少，冲孔不留连皮，是锻造通孔锻件的唯一方法。锻件几乎没有飞边，材料利用率可达 85%～95%。

④ 易于实现操作机械化，生产率高，每小时可生产 400～900 件。

⑤ 对非回转体及中心不对称的锻件用平锻机较难锻造。

⑥ 设备昂贵，投资大。

因此，平锻机主要用于带凹挡、凹孔、通孔、凸缘类回转体锻件的大量生产，如气门杆、汽车后桥半轴、抽油杆等。

7.2.3　模膛及其功用

模膛根据其功用的不同，分为模锻模膛和制坯模膛两种。模锻模膛分为终锻模膛与预锻模膛，制坯模膛分为拔长模膛、滚压模膛、弯曲模膛、切断模膛等。

1. 模锻模膛

1）终锻模膛

终锻模膛的作用是使坯料最后变形成为所要求的形状和尺寸的锻件，因此它的形状应和锻件的形状相同。但因锻件冷却时要收缩，终锻模膛的尺寸应比锻件尺寸放大一个收缩率（钢的线收缩率取 1.5%）。任何锻件的模锻均需要终锻模膛，按照模膛（型槽）特点，终锻模膛可分为闭式模膛与开式模膛，如图 7.6 所示。

开式模膛四周有飞边槽，用以增加金属从模膛中流出的阻力，促使金属充满模膛，同时容纳多余的金属。闭式模膛在正常情况下不产生飞边。对于具有通孔的锻件，由于不可能靠上、下模的凸起部分把金属完全挤压掉，故终锻后在孔内留下一薄层金属，这层薄金属称为冲孔连皮（图7.6）。把冲孔连皮和飞边冲掉后，得到有通孔的模锻件。

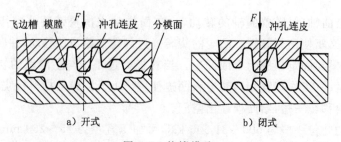

图 7.6　终锻模膛

2）预锻模膛

预锻模膛的作用是使坯料变形到接近于所要求的形状和尺寸的锻件,经预锻后再进行终锻时,金属容易充满终锻模膛,同时减少了终锻模膛的磨损,延长了锻模的使用寿命。预锻模膛和终锻模膛的区别是,前者的模锻圆角和斜度较大,没有飞边槽。形状简单或批量不大的模锻件不设置预锻模膛。

2. 制坯模膛

对于形状复杂的模锻件,为了使坯料形状基本接近模锻件形状,金属能合理分布并很好地充满模膛,必须预先在制坯模膛内制坯。制坯模膛有以下几种。

1）拔长模膛

拔长模膛用来减小坯料某部分的横截面积,增加该部分的长度(图 7.7)。坯料被送进模膛后还需在模膛中翻转。当模锻件沿轴向不同部位的横截面积相差较大时,采用这种模膛进行拔长。拔长模膛(图 7.7)分为开式模膛(图 a)和闭式模膛(图 b)两种,一般设在锻模的边缘。闭式模膛的拔长效率高,但加工制造比开式模膛麻烦。

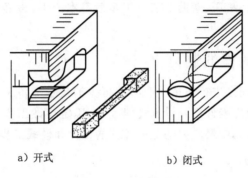

a）开式　　　　　b）闭式

图 7.7　拔长模膛

2）滚压模膛

滚压模膛用来减小坯料某部分的横截面积,增大另一部分的横截面积,使金属按模锻件形状来分布(图 7.8)。滚压模膛分为开式模膛(图 7.8a)和闭式模膛(图 7.8b)两种。当模锻件沿轴向不同部位的横截面积相差不很大,或对拔长后的坯料作修整时,采用开式滚压模膛;当模锻件的最大和最小横截面积相差较大时,采用闭式滚压模膛。

3）弯曲模膛

对于弯曲的杆类模锻件,需用弯曲模膛(图 7.9a)来制坯。坯料可直接或先经其他工序制坯后再放入弯曲模膛进行弯曲变形。弯曲后的坯料须翻转 90°再放入模锻模膛内成形。

4）切断模膛

切断模膛(图 7.9b)是在上模与下模的角部组成的一对刀口来切断金属。单件锻造时,用它从坯料上切下锻件或从锻件上切下钳口;多件锻造时,用它来分离锻件。

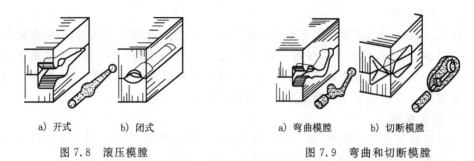

<table>
<tr><td>a) 开式</td><td>b) 闭式</td><td>a) 弯曲模膛</td><td>b) 切断模膛</td></tr>
</table>

图7.8　滚压模膛　　　　　　　　图7.9　弯曲和切断模膛

此外,还有成形模膛、镦粗台及击扁面等制坯模膛。

　　模锻件的复杂程度不同,所需变形的模膛数量也不等。根据具体情况,锻模可以设计成单膛锻模或多膛锻模。单膛锻模是在一副锻模上只具有一个终锻模膛的锻模,如简单形状的齿轮坯模锻件就可将截下的圆柱形坯料直接放入单膛锻模中成形。多膛锻模是在一副锻模上具有两个以上模膛的锻模,如弯曲连杆模锻件的锻模(图7.10)。坯料经过拔长、滚压、弯曲等三个工步后基本成形,再经过预锻和终锻,成为带有切边的锻件。

7.3　锻造工艺规程的制订

　　制订锻造工艺规程是进行锻造生产必不可少的技术准备工作,其主要内容包括设计锻件图(一般是指冷锻件图)、计算坯料尺寸、确定模锻工步(选择模膛)、选择设备及安排修整工序等,其中最主要的是锻件图的设计和模锻工步的确定。

7.3.1　锻件图的设计

　　根据产品零件图(机加工图)绘制的锻件图,是设计和制造锻模、计算坯料以及检查模锻件的依据,对模锻件的品质有很大关系。设计锻件图时应考虑如下几个问题。

1. 选择分模面

　　分模面即是上、下锻模在模锻件上的分界面。分模面位置的选择关系到锻件成形、锻件出模、材料利用率等一系列问题。设计锻件图时,必须按以下原则确定分模面位置。

　　① 要保证模锻件能从模膛中取出。如图7.11所示的零件,若选 $a—a$ 面为分模面,则无法从模膛中取出锻件。在一般情况下,分模面应选在模锻件的最大截面上。

　　② 按选定的分模面制成锻模后,应使上、下两模沿分模面的模膛轮廓一致,这样,在安装锻模和生产中若出现错模现象,便可及时发现并加以调整。如选 $c—c$ 面为分模面,就不符合此原则。

　　③ 最好把分模面选在模膛深度最浅的位置处。这样可使金属很容易地充满模膛,便于取出锻件,并有利于锻模的制造,如 $b—b$ 面就不宜做分模面。

　　④ 选定的分模面应使零件上所加的敷料最少。为了简化零件的形状和结构,便

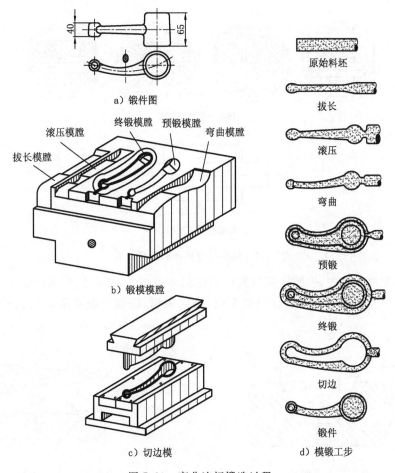

a) 锻件图

拔长模膛 滚压模膛 终锻模膛 预锻模膛 弯曲模膛

b) 锻模模膛

c) 切边模

原始料坯
拔长
滚压
弯曲
预锻
终锻
切边
锻件

d) 模锻工步

图 7.10 弯曲连杆锻造过程

于锻造而增加的一部分金属,称为敷料,如消除零件上的凹槽、孔、相差不大的台阶等。如选 *b—b* 面为分模面,零件中间的孔就锻造不出来,其敷料最多,既浪费金属,降低材料的利用率,又增加了切削加工的工作量。所以,该面不宜做分模面。

⑤ 分模面最好为一个平面,上、下锻模的模膛深度基本一致,以便于锻模制造。

按上述原则综合分析,图 7.11 中的 *d—d* 面是最合理的分模面。

2. 确定模锻件的机械加工余量及尺寸公差

模锻时,金属坯料是在锻模中成形的,因此模锻件的尺寸较精确,其尺寸公差和机械加工余量比自由锻件小得多。机械加工余量一般为 1~4 mm,尺寸公差一般为 ±(0.3~3) mm。

3. 标注模锻斜度

为使模锻件便于从模膛中取出,模锻件沿锤击方向的表面应有一定的斜度,称之为模锻斜度(图 7.12)。对于锤上模锻,模锻斜度一般为 5°~15°。模锻斜度与模膛

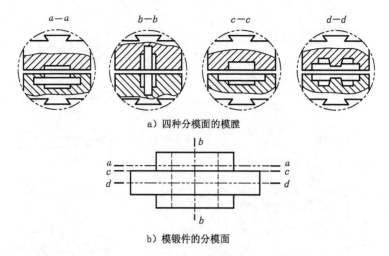

a) 四种分模面的模膛

b) 模锻件的分模面

图 7.11   模锻件分模面的选择比较

深度 h 和宽度 b 有关,模膛深度与宽度的比值 h/b 越大,模锻斜度就应越大。另外,考虑到锻件在锻模中冷却后容易被卡住,难以脱模,锻模内壁斜度 α_2 要比外壁斜度 α_1 大 $2°\sim5°$。

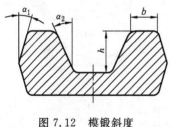

图 7.12   模锻斜度

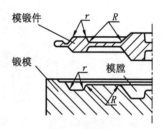

图 7.13   模锻圆角

4. 标注模锻圆角半径

模锻件上所有转角处都应做成模锻圆角(图 7.13)。这样,除了可提高锻件强度、避免应力集中之外,最主要的是方便金属在模膛中流动,保持金属纤维的连续性,使金属易于充满模膛,避免锻模开裂,延长锻模的寿命。基于与确定模锻斜度相同的理由,一般内圆角半径 R 应大于其外圆角半径 r。对于钢模锻件,取 $r=1.5\sim12\ mm$,$R=(2\sim3)\,r$。模膛越深,圆角半径取值越大。

5. 留出冲孔连皮

模锻件上直径小于 25 mm 的孔一般不锻出或只压出球形凹穴,大于 25 mm 的通孔也不能直接模锻,而必须在孔内保留一层连皮,称为冲孔连皮。这层连皮以后需冲除,它的厚度 δ 与孔径 d 有关,当 $d=30\sim80\ mm$ 时,$\delta=4\sim8\ mm$。

考虑以上五个问题后,便可绘出锻件图。绘制锻件图时,用粗实线表示锻件的形状,以双点画线表示零件的轮廓形状。图 7.14 为齿轮坯的锻件图。

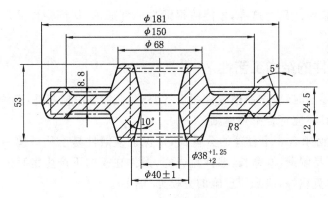

图 7.14　齿轮坯模锻件图

7.3.2　模锻工步的确定及模膛种类的选择

同一个锻模上的模锻工序称为模锻工步。模锻工步主要是根据模锻件的形状和尺寸来确定的。模锻件按形状可分为两大类:一类是长轴类模锻件(图 7.15),如阶梯轴、曲轴、连杆、弯曲摇臂等;另一类为盘类模锻件(图 7.16),如齿轮、法兰盘等。

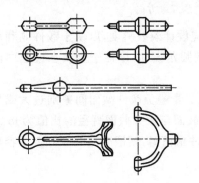

图 7.15　长轴类模锻件

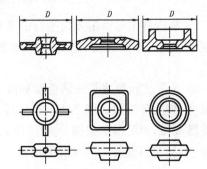

图 7.16　盘类模锻件

长轴类模锻件有直长轴锻件、弯曲轴锻件和叉形件等。根据形状需要,直长轴模锻件的模锻工步一般为拔长、滚压、预锻、终锻成形。弯曲轴锻件和叉形件还需采用弯曲工步。对于形状复杂的模锻件,还需先经过预锻,最后终锻成形。

盘类模锻件多采用镦粗、终锻工步。对于形状简单的盘类模锻件,可直接终锻成形。对于形状复杂、有深孔或有高肋的盘类模锻件可先镦粗,然后经预锻、终锻成形。图 7.14 所示齿轮坯的模锻工步为镦粗→预锻→终锻。

模锻工步确定以后,再根据已确定的工步选择相应的制坯模膛、模锻模膛及其他的辅助工序。

7.4　锻件的结构工艺性

设计锻件时,既要考虑满足其使用性能,又要考虑锻造工艺的特点,使锻件具有良好的结构工艺性。只有这样,才能使得锻件能够成形,保证锻件品质,降低工艺成本和提高生产率。

7.4.1　模锻件的结构工艺性

设计模锻零件时,应按照模锻件图设计要求,使锻件脱模容易,流线好,锻模制造容易、寿命长,具体应符合下列原则。

① 模锻件必须有一个合理的分模面,以保证模锻件易于从锻模中取出,敷料消耗最少,锻模容易制造,寿命长,锻件流线好,锻件在模内不产生滑移。如图 7.17 所示,为了使锻件流线好,应采用正确的分模面(图 b)。

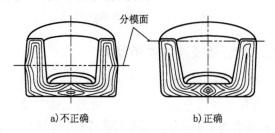

图 7.17　锻件的分模面与它的纤维方向

② 模锻件上与锤击方向平行的非加工表面应设计模锻斜度,以便于锻件顺利从锻模中顶出。非加工表面所形成的角都应按模锻圆角设计,以便于金属在模腔中流动。

③ 为了使金属容易充满模腔和减少工序,应尽量避免锻件截面间差别过大或具有薄壁、高肋等结构。图 7.18a 所示零件的最小截面与最大截面直径的比值为 0.5,凸缘薄而高,中间凹下很深。图 7.18b 所示的零件扁而薄,模锻时薄的部分金属容易冷却,不易充满模腔。均不宜采用模锻方法制造。

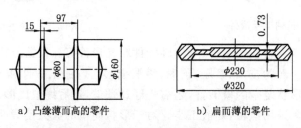

图 7.18　模锻件形状

④ 在零件结构允许的条件下,设计时应尽量避免深孔或多孔结构。图 7.19 所示零件上的 4 个 $\phi20$ mm 的孔就不能锻出,只能用机械加工成形。

⑤ 形状复杂、不便模锻的锻件应采用锻-焊组合工艺(图 7.20),以减少敷料,简化模锻工艺。

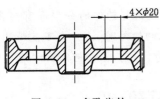

图 7.19　多孔齿轮

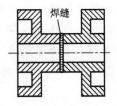

图 7.20　锻-焊联合结构

7.4.2　自由锻件的结构工艺性

设计自由锻件时,除了按锻件图要求设计外,还需考虑自由锻的工艺特点,使锻件结构尽可能简单,成形容易。具体地说,应符合以下原则。

① 避免自由锻件上有锥体或斜面结构,如图 7.21 所示轴类自由锻件;图 a 所示锻件结构工艺性差,图 b 所示锻件结构是较好的设计。

a) 工艺性差　　　　　　　　　　　　　b) 工艺性好

图 7.21　轴类锻件结构

② 锻件若由数个简单几何体构成时,几何体间的交接处不应形成空间曲线。图 7.22a 所示结构,采用自由锻方法极难成形;应改为平面与圆柱、平面与平面相接的结构(图 7.22b)。

③ 图 7.23a 所示自由锻件上不应设计出加强肋、凸台、工字形截面或空间曲线形表面,应改成图 7.23b 所示的结构。

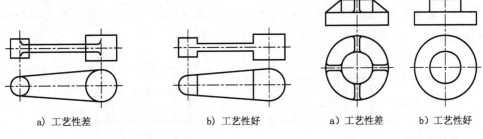

a) 工艺性差　　　　　b) 工艺性好　　　　　a) 工艺性差　　b) 工艺性好

图 7.22　杆类锻件结构　　　　　　图 7.23　盘类锻件结构

复习思考题

(1) 为什么在模锻所用的金属比充满模膛所要求的要多一些?

(2) 锤上模锻时,多模膛锻模的模膛可分为几种? 它们的作用是什么? 为什么在终锻模膛周围要开设飞边槽?

（3）如何确定模锻件分模面的位置？

（4）绘制模锻件图应考虑哪些问题？选择分模面与铸件的分型面有何异同？为什么要考虑模锻斜度和圆角半径？锤上模锻带孔的锻件时，为什么不能锻出通孔？

（5）图 7.24 所示零件的模锻工艺性如何？为什么？应如何修改才能便于模锻？

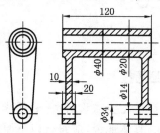

图 7.24　拨叉

（6）对图 7.25 所示的两零件采用锤上模锻工艺，试选择合适的分模面。

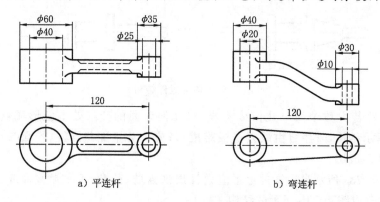

a）平连杆　　　　　　　　b）弯连杆

图 7.25　连杆

（7）若成批生产图 7.26 所示的零件，选择哪种锻造技术较为合理？并定性绘出锻件图。

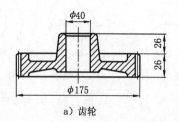

a）齿轮

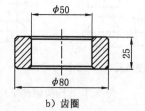

b）齿圈

图 7.26　齿轮及齿圈

（8）摩擦压力机上模锻有何特点？

（9）试制订齿轮锻件的锻造工艺流程。

（10）开式模锻与闭式模锻各有什么特点？

第8章

板料的冲压成形技术

板料的冲压成形是利用冲模使板料产生分离或变形的成形技术。这种成形技术通常是在常温下进行的,所以又叫冷冲压。生产中采用的冲压工艺有多种,概括起来可分为两大类:分离工序和成形工序。板料冲压有如下特点。

① 板料冲压生产过程依靠冲模和冲压设备完成,便于实现自动化,生产率很高,操作简便。

② 冲压一般不需要加热和切削加工,因而节省原材料,节省能源消耗。

③ 板料冲压常用的原材料为钢厂轧制的板料或带料,而且冲压不损坏材料外观,所以冲压件表面品质好。

④ 因冲压件的尺寸公差由冲模来保证,所以产品尺寸稳定,互换性好,可以成形形状较复杂、强度高、刚性好的零件。

由于板料冲压具有上述特点,所以在汽车、拖拉机、航空、电器、仪表、国防以及日用品等的批量生产中得到了广泛的应用。

8.1 分离工序

分离工序是使坯料的一部分相对于另一部分相互分离的工序,如落料、冲孔、切断等。

8.1.1 冲裁

冲裁包括落料和冲孔,是使坯料按封闭轮廓分离的工序。落料和冲孔只是表现形式不同,其成形机理完全一样。若被冲落的部分为成品而留下的部分为废料,称为落料;若被冲下的部分为废料而留下的部分是成品,称为冲孔。

1. 冲裁变形过程

1) 冲裁变形过程的三个阶段

冲裁变形过程(图 8.1)可分为三个阶段。

(1) 弹性变形 在凸模压力下,板料产生弹性压缩、拉伸和弯曲变形并向上翘曲,凸、凹模的间隙越大,板料拉伸效应和弯曲效应越严重。同时,凸模挤入板料上部,板料的下部则略挤入凹模孔口,但板料的内应力未超过材料的弹性极限。

(2) 塑性变形 凸模继续压入,板料内的应力达到屈服点时,便开始产生塑性变

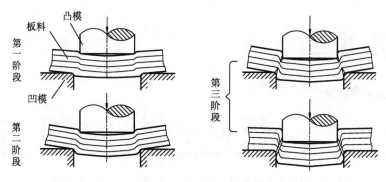

图 8.1　冲裁变形过程

形。随凸模挤入板料深度的增大,塑性变形程度增大,变形区板料硬化加剧,冲裁变形力不断增大,直到模具刃口附近侧面的板料由于拉应力的作用而出现微裂纹时,塑性变形阶段结束。

(3)断裂分离　随凸模继续压入,已形成的上下微裂纹沿最大剪切应力方向不断向板料内部扩展,当上下裂纹重合时,板料便被剪断分离。

2)冲裁件切断面

冲裁件的切断面(图 8.2)不很光滑,并有一定锥度。它可分成三个较明显的区域:圆角带、光亮带、撕裂带。

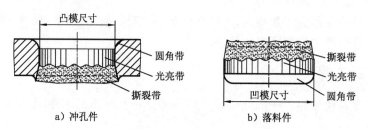

a)冲孔件　　　　　　　　　b)落料件

图 8.2　冲裁件切断面

① 圆角带是在冲裁过程中刃口附近的材料被弯曲和拉伸变形的结果。材料塑性越好,模具间隙越大,圆角带就越大。圆角带也叫塌角,是一种冲裁缺陷。

② 光亮带是在塑性变形过程中凸模(或凹模)挤压切入材料,使其受到剪切和挤压应力的作用而形成的。光亮带所占切断面比例越大,冲裁件的品质越好。

③ 撕裂带是由于刃口处的微裂纹在拉应力作用下不断扩展断裂而形成的。

要提高冲裁件品质,就要增大光亮带,缩小撕裂带及圆角带,并减小冲裁件翘曲。冲裁件切断面品质主要与凸、凹模间隙、模具刃口锋利程度有关,同时也受模具结构、材料性能及板厚等因素的影响。

2. 凸、凹模间隙

凸、凹模的间隙不仅严重影响冲裁件切断面的品质,而且影响模具寿命和冲裁件的尺寸精度。

1) 间隙过小

当间隙过小时,如图 8.3a 所示,凸模刃口处裂纹相对于凹模刃口裂纹向外错开。两裂纹之间的材料随着冲裁的进行将被第二次剪切,在切断面中间形成撕裂带。因间隙太小,凸、凹模受到金属的挤压作用增大,从而增加了材料与凸、凹模之间的摩擦力。这不仅增大了冲裁力、卸料力和推件力,还加剧了凸、凹模的磨损,缩短了模具寿命。但是间隙小,光亮带增加,圆角带、撕裂带和斜度都有所减小。只要中间撕裂不是很严重,冲裁件仍然可以使用。

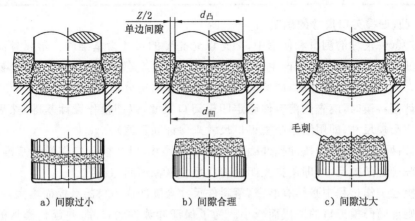

图 8.3 间隙对冲裁断面的影响

2) 间隙过大

当间隙过大时,如图 8.3c 所示,凸模刃口裂纹相对于凹模刃口裂纹向内错开。板料的弯曲与拉伸变形增大,拉应力增大,易产生剪裂纹,塑性变形阶段较早结束,致使切断面光亮带减小,圆角带、撕裂带与锥度增大,并形成厚而大的拉长毛刺,且难以去除,同时冲裁件的翘曲现象严重。

由于板料在冲裁时的拉伸变形较大,所以,零件从材料中分离出来后,因弹性回复而使落料件的外形尺寸缩小,冲孔件的冲孔尺寸增大,品质较差。同时,推件力与卸料力却大为减小,甚至为零,材料对凸、凹模的摩擦作用大大减弱,所以模具寿命较长。因此,对于批量较大而公差又无特殊要求的冲裁件,可适当采用"大间隙"冲裁,以保证冲模寿命。

3) 间隙合理

当间隙合理时,如图 8.3b 所示,上、下裂纹重合成一条线,冲裁力小,模具寿命长,切断面品质好,毛刺小。这时光亮带占板厚的 $1/3 \sim 1/2$,圆角带、撕裂带和锥度均很小。零件的尺寸几乎与模具一致,完全可以满足使用要求。

因此,正确选择合理的间隙值对冲压生产是至关重要的。实际生产中,合理的间隙值可按表 8.1 选取。对冲裁件品质要求较高时,可将表中数据减小 1/3。

表 8.1　合理的冲裁间隙值(双边)

板 料 种 类	板料厚度 δ/mm			
	0.4~1.2	1.2~2.5	2.5~4	4~6
软钢黄铜	$(0.07\sim0.10)\delta$	$(0.09\sim0.12)\delta$	$(0.12\sim0.14)\delta$	$(0.15\sim0.18)\delta$
硬钢	$(0.10\sim0.17)\delta$	$(0.18\sim0.25)\delta$	$(0.25\sim0.27)\delta$	$(0.27\sim0.29)\delta$
磷青铜	$(0.08\sim0.12)\delta$	$(0.11\sim0.14)\delta$	$(0.14\sim0.17)\delta$	$(0.18\sim0.20)\delta$
铝及铝合金(软)	$(0.08\sim0.12)\delta$	$(0.11\sim0.12)\delta$	$(0.11\sim0.12)\delta$	$(0.11\sim0.12)\delta$
铝及铝合金(硬)	$(0.10\sim0.14)\delta$	$(0.13\sim0.14)\delta$	$(0.13\sim0.14)\delta$	$(0.13\sim0.14)\delta$

3. 凸、凹模刃口尺寸的确定

在冲裁件尺寸的测量和使用中,都是以光亮带的尺寸为基准的。落料件的光亮带是因凹模刃口挤切板料而产生的,而冲孔件孔的光亮带是因凸模刃口挤切板料而产生的。故计算刃口尺寸时,应按落料和冲孔两种情况分别进行。

设计落料模时,应先按落料件确定凹模刃口尺寸,以凹模作设计基准,然后根据间隙确定凸模尺寸(即用缩小凸模刃口尺寸来保证间隙值)。

设计冲孔模时,应先按冲孔件确定凸模刃口尺寸,以凸模刃口作设计基准,然后根据间隙确定凹模尺寸(即用扩大凹模刃口尺寸来保证间隙值)。

冲模在工作过程中必然有磨损,落料件尺寸会随凹模刃口的磨损而增大,而冲孔件尺寸则会随凸模刃口的磨损而减小。为了保证冲裁件的尺寸,并延长模具的使用寿命,落料凹模基本尺寸应取工件尺寸公差范围内的最小尺寸,而冲孔凸模基本尺寸应取工件尺寸公差范围内的最大尺寸。

4. 冲裁力的计算

冲裁力是选用冲床吨位和检验模具强度的一个重要依据。冲裁力计算准确,有利于设备潜力的发挥;冲裁力计算不准确,有可能使设备超载而损坏,造成严重事故。

平刃冲模的冲裁力按下式计算:

$$F = KL\delta\tau$$

式中,F 为冲裁力(N);L 为冲裁周边长度(mm);δ 为板料厚度(mm);K 为系数,常取 $K=1.3$;τ 为材料抗剪强度(MPa),可查有关手册确定或取 $\tau=0.8\sigma_b$。

5. 冲裁件的排样

排样是指冲裁件在条料或带料上布置的方法。排样合理可使废料最少,材料利用率最高。例如一个 L 形的冲裁件可有四种排样方式,如图 8.4 所示,不同的排样方式所需的板料也是不同的。①直排(图 a),所需板料 182.75 mm²;②斜排(图 b),所需板料 117 mm²;③交错对排(图 c),所需板料 225.25 mm²;④无搭边斜排(图 d),所需板料 97.5 mm²。从材料利用率来看,图 d 所示的排样方式较为合理。

排样按是否有废料可分为以下两种类型。

(1) 无搭边排样　无搭边排样是用冲裁件的一个边作为另一个冲裁件的边(图 8.4d)。这种排样材料利用率很高;但冲裁件的品质不好,冲裁过程不稳定,只有

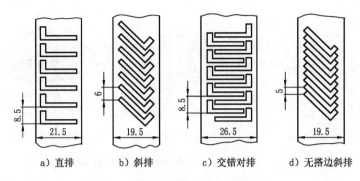

a) 直排　　b) 斜排　　c) 交错对排　　d) 无搭边斜排

图 8.4　同一冲裁件的四种排样方式

在对冲裁件品质要求不高时才采用。

（2）有搭边排样　有搭边排样即是在各个冲裁件之间均留有一定尺寸的搭边。其优点是冲裁件毛刺小,尺寸准确,冲压过程稳定;其缺点是材料消耗较多。

6. 冲裁件的修整

修整是利用修整模沿冲裁件外缘或内孔刮削一薄层金属,以切掉冲裁件切断面上存留的剪裂带和毛刺,从而提高冲裁件的尺寸精度和降低表面粗糙度的一种工艺方法,如图 8.5 所示。

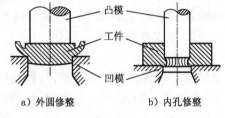

a) 外圆修整　　b) 内孔修整

图 8.5　修整

8.1.2　精密冲裁

普通冲裁件的尺寸精度一般在 IT11 以下,表面粗糙度 $Ra=25\sim12.5\ \mu m$,只能满足一般产品的使用要求。利用精密冲裁工艺可以提高冲裁件的品质,可以直接获得公差等级低（IT6~IT8 级）、表面粗糙度低（$Ra=0.8\sim0.4\ \mu m$）的精密冲裁件。精密冲裁方法有修整、光洁冲裁、负间隙冲裁及齿圈压板冲裁（俗称精冲）等多种。由于冲裁件的品质好,生产率高,能满足精密零件批量生产的要求,因此,精密冲裁得到广泛应用。

图 8.6a 所示为带齿圈压板精冲模的工作结构,它由凸模、凹模、带齿压料板和顶杆组成。它与普通冲裁落料模（图 8.6b、c）之间的差别在于精冲模压料板上有与模具刃口轮廓近似的齿形凸梗（称齿圈）,将材料变形局限在齿圈以内,又由于凹模刃口带极小的圆角,凸、凹模之间的间隙极小,带齿压料板的压力和顶杆的反压力较大。所以,它能使板料的冲裁区处于三向压应力状态,抑制材料的撕裂,使塑性剪切变形延续到剪切的全过程,于是板料不出现剪切裂纹的条件下实现分离,从而得到断面光滑而与板料平面垂直的精密零件。但是,精密冲裁需要专用的精冲压力机,对模具的加工要求高,同时对精冲件板料和精冲件的结构工艺性有一定要求,因此,实现精密

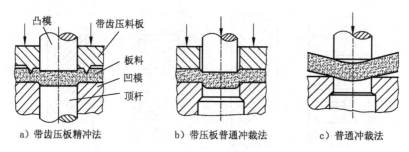

a) 带齿压板精冲法　　　　b) 带压板普通冲裁法　　　　c) 普通冲裁法

图 8.6　精密冲裁与普通冲裁所用模具的比较

冲裁生产具有较高的技术门槛。

8.1.3　冲裁模

冲裁模是冲压生产中必不可少的工艺装备。按照冲压工序组合形式,冲裁模可分为单工序模(也称简单模)、复合模和连续模(也称级进模或跳步模)。

1. 单工序冲裁模

在冲床滑块的一次行程中只完成一个冲裁工序的冲模称单工序模。单工序冲裁模只有一个凸模和一个凹模,凸模与凹模要求同轴,刃口锋利并保持合理间隙。图8.7所示为一副冲孔模,该模具由工作零件(冲孔凸模、凹模)、卸料零件(卸料板、卸料螺钉、弹簧)、定位零件(定位板)、导向零件(导柱、导套)以及紧固零件(上、下模板,固定板,销钉,螺钉等)组成。上模部分通过模柄固定在压力机的滑块上,下模部分用

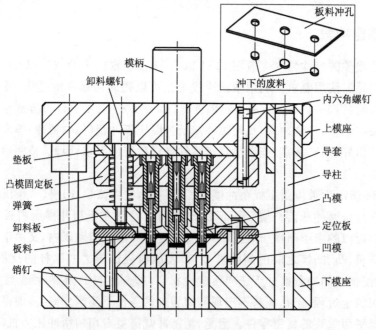

图 8.7　单工序冲裁模

压板固定在压力机的工作台上,上、下模部分通过导柱导套导向,保证凸模与凹模同心和合理的间隙。工作时,工件在模具内通过定位板定位好,上模部分下行,凸模冲破材料进入凹模,形成的冲孔废料通过凹模漏料孔落下,当凸模回程时,工件在弹性卸料板的作用下从凸模上卸落,即完成工件上的冲孔。这类模具的特点是结构简单,模具成本低,适合于批量生产形状不太复杂的中小零件。

2. 冲裁复合模

在冲床滑块的一次行程中,在模具的同一位置完成两个或多个冲裁工序的冲模称为复合模,图 8.8 所示为冲制平面垫圈的冲裁复合模。垫圈零件的冲孔与落料两道工序在模具的同一位置一次即可完成。该模具除了有一个冲孔凸模和一个落料凹模以外,还有一个凸凹模,它既是冲孔的凹模又是落料的凸模。冲压时,在凸模、凹模及凸凹模共同作用下,完成垫圈与条料的分离,冲孔废料从凸凹模内漏出,垫圈零件借助脱件块从凹模内推出,而条料则通过弹性卸料装置从凸凹模上卸除,随后,条料在导料及挡料销导向下定位,进行下一个垫圈的冲裁。这类模具的特点是冲裁件的精度较高,生产率高,但比单工序冲裁模的结构要复杂,模具成本较高,模具寿命受到凸凹模强度(壁厚)的限制,所以适合于同心度要求较高的大批量冲裁件的生产。

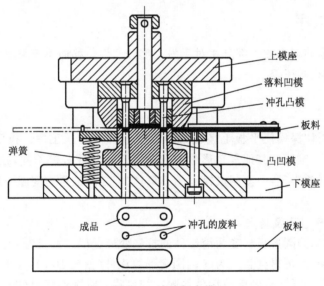

图 8.8　冲裁复合模

3. 冲裁连续模

在冲床滑块的一次行程中,在模具的不同部位同时完成两个或多个冲裁工序的冲模称为连续模或级进模。图 8.9 所示的冲裁连续模有两个工步,第一个工步为冲孔,第二个工步为落料。条料由右向左送进,在冲孔凸模和凹模共同作用下先完成冲孔,然后,条料向左送进一个步距,在落料凸模和凹模作用下完成落料,实现工件与条料的分离。在级进模中,确保步距一致是实现级进冲压,得到较好工件品质的前提条件。

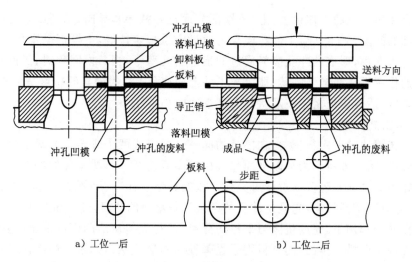

a) 工位一后   b) 工位二后

图 8.9 冲裁连续模

使用冲裁连续模生产效率高,易于实现自动化,但定位精度要求高,模具制造成本较高,因此,它主要用于生产批量大、冲压精度不太高的冲裁件的生产。

8.2 成形工序

成形工序是使坯料的一部分相对于另一部分产生位移而不破裂的工序,如拉深、弯曲、翻边、胀形、旋压等。

8.2.1 拉深

拉深是利用拉深模使平板毛坯变成开口空心件的冲压工序。拉深可以制成筒形、阶梯形、盒形、锥形及其他复杂形状的薄壁零件。与冲裁模不同,拉深凸模、凹模都具有一定的圆角半径,而不制成锋利的刃口,它们之间的单边间隙一般稍大于板料的厚度。

1. 拉深变形过程及特点

图 8.10 所示为圆形板料变为筒形件的拉深变形过程。直径为 D、厚度为 δ 的圆形板料经过拉深后,可得到直径为 d 的圆筒形拉深件(图 8.10 a)。

圆形板料是怎样变成圆筒拉深件的呢?如果我们将圆形板料(图 8.10b)的扇形阴影部分切去,将留下的许多狭条沿直径为 d 的圆周弯折成直角状,再加以焊接,即可成为一个圆筒件。然而,在拉深过程中板料的多余金属(扇形阴影部分)并没有被切掉,而是通过塑性流动向邻近转移,即当凸模逐渐将板料压入凹模洞口时,板料法兰部分的直径不断缩小,而筒壁高度不断增大。

为了说明圆筒件拉深金属的流动过程,在圆形板料上画许多间隔相等的同心圆和分度相等的辐射线,这些同心圆和辐射线组成网格,如图 8.10c 所示。拉深后,在圆筒形件底部的网格基本保持原来的形状,而在筒壁部分的网格则发生了很大的变

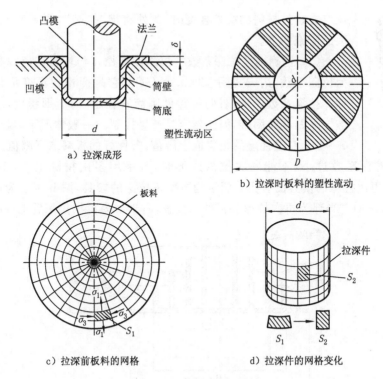

图 8.10　拉深变形过程

化:原来的同心圆变为筒壁上的水平圆筒线,而且其间距从底部向上逐渐增大,愈靠上部增大愈多。另外,原来的辐射线变成了筒壁上的平行线,其间距完全相等,如图8.10d 所示。

如果在板料中取一个小单元体进行分析,即可发现它在拉深前是扇形 S_1,而拉深后则变成了矩形 S_2。其原因是,在拉深过程中金属内部的相互作用,使各个金属小单元体之间产生了内应力,沿径向受拉应力 σ_1(使板料沿径向伸长),沿切向受压应力 σ_3(使板料沿圆周切向压缩)。在这两种应力共同作用下,法兰的材料发生塑性变形和转移,不断被拉入凹模内,成为圆筒形零件。

由此可见,板料在拉深过程中,变形主要集中在法兰部分。可以说,拉深过程就是法兰部分逐步转变为筒壁的过程。

从拉深变形过程分析中可看出,其变形有以下特点:①变形区是板料的法兰部分,其他部分是传力区;②板料变形在切向压应力和径向拉应力的作用下,产生切向压缩和径向伸长的变形;③拉深时,金属材料产生很大的塑性流动,板料直径越大,拉深后筒形直径越小,其变形程度就越大。

2. 拉深中常见的废品及其防止措施

为了使拉深工序顺利完成,必须防止拉深中常见的两种缺陷,即拉裂和起皱。

1) 拉裂

从拉深过程中可以看到,拉深件中最危险的部位是直壁与底部的过渡圆角处,当

图 8.11　拉裂

拉应力超过材料的抗拉强度时,此处将被"拉裂"(图 8.11)。防止拉裂的措施如下。

(1) 正确选择拉深系数　拉深件直径 d 与坯料直径 D 的比值称为拉深系数,用 m 表示,即 $m=d/D$。它是衡量拉深变形程度的指标。拉深系数越小,表明拉深件圆筒直径越小,变形程度越大,板料被拉入凹模越困难,因此越容易产生拉裂。一般情况下,拉深系数为 $0.5\sim0.8$,塑性差的板料取上限值,塑性好的板料取下限值。

如果拉深系数过小,不能一次拉深成形时,可采用多次拉深工艺(图 8.12)。图 8.13 是再次拉深的模具图。图 a 所示为再次正拉深的模具,图 b 所示为反拉深工艺的模具,图的左半部为再次拉深前工件的位置,右半部为再次拉深后工件的位置。

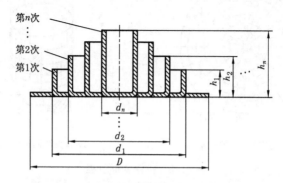

图 8.12　多次拉深时圆筒直径和高度的变化

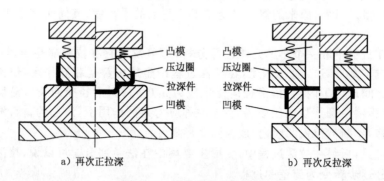

a) 再次正拉深　　　　　　　　b) 再次反拉深

图 8.13　圆筒件的再次拉深

第 1 次拉深系数　　　　　　　　$m_1=d_1/D$

第 2 次拉深系数　　　　　　　　$m_2=d_2/d_1$

$\vdots$　　　　　　　　　　　　　$\vdots$

第 n 次拉深系数　　　　　　　　$m_n=d_n/d_{n-1}$

总的拉深系数　　　　　　$m_{总}=m_1m_2\cdots m_n=d_n/D$

式中,D 为毛坯直径(mm);$d_1,d_2,\cdots,d_{n-1},d_n$ 为第 $1,2,\cdots,n-1,n$ 次拉深后圆筒的平均直径(mm)。

　　在多次拉深过程中必然产生加工硬化现象。为了保证坯料具有足够的塑性,坯料经过一两次拉深后,应安排工序间的退火处理。其次,在多次拉深中,拉深系数应一次比一次略大,确保拉深件品质和生产顺利进行。

　　(2) 合理设计拉深模的圆角半径　　凹模圆角半径对拉深工序有较大的影响,一般来说,凹模圆角半径越大,拉深力越小,越不容易拉破,因此,凹模的圆角半径 $r_凹$ 设计为 $r_凹 = (5\sim 10)\delta$,而凸模圆角半径 $r_凸$ 可取为工件的内圆角半径,或取为 $r_凸 = (0.6\sim 1)r_凹$。

　　(3) 合理设计凸、凹模的间隙　　一般取凸、凹模间隙 $z = (1.1\sim 1.2)\delta$,比板料厚度稍大。间隙过小,模具与拉深件之间的摩擦力增大,擦伤工作表面,缩短模具寿命;间隙过大,又容易使拉深件壁部出现波浪形皱纹,影响拉深件的外观及精度。

　　(4) 注意润滑　　拉深时通常要在凹模与板料的接触面上涂敷润滑剂,以利坯料向内滑动,减小摩擦,降低拉深件壁部的拉应力,以防止拉裂,同时减少模具的磨损。

　　2) 起皱

　　另一种常见的拉深件缺陷是起皱(图 8.14)。拉深时,法兰处受压应力作用而增厚,当拉深变形程度较大、压应力较大、板料又比较薄时,法兰部分板料会因失稳而拱起,产生起皱现象,严重时会使板料被拉断而成废品。若轻微起皱,法兰部分可勉强通过间隙,但会在产品侧壁留下起皱痕迹,影响产品外观。因此,拉深过程中不允许出现起皱现象。起皱缺陷可采用设置压边圈的方法来防止(图 8.15),也可通过增加毛坯的相对厚度或拉深系数的途径来防止。

图 8.14　起皱的拉深件

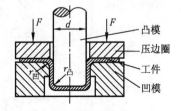
图 8.15　有压边圈的拉深

3. 毛坯尺寸及拉深力的确定

　　由于拉深时板厚变化不大,因此,拉深毛坯尺寸可按拉深前后表面积不变的原则进行计算。先把拉深件划分成若干个容易计算的部分,分别求出各部分的表面积,然后求出各部分表面积之和,即得所需板料的总表面积,再求出板料直径。应结合拉深件的所需的拉深力来选择设备,设备吨位应比所需的拉深力大。对于圆筒件,最大拉深力可按下式计算:

$$F_{\max} = 3(R_m + R_e)(D - d - r_凹)\delta$$

式中,$F_{\max}$ 为最大拉深力(N);R_m 为材料的抗拉强度(MPa);R_e 为材料的屈服强度(MPa);D 为板料直径(mm);d 为拉深凹模直径(mm);$r_凹$ 为拉深凹模圆角半径(mm);δ 为板料厚度(mm)。

4. 拉深模具

1）双动压力机拉深模

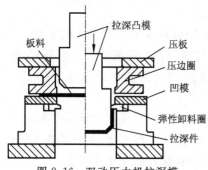

图 8.16　双动压力机拉深模

许多薄板成形零件,如圆筒形或盒(箱)形件,如罐(壶)、平底锅(盘)、用于食品及饮料的容器、厨用水槽及汽车油箱及汽车覆盖件等,均可用凸模使平板坯料拉入凹模的这种拉深模具制造。图 8.16 所示为双动压力机拉深模,它适用于大型拉深件的制造。压边圈固定在双动压力机的外滑块上,首先下行,将板料压紧,随后,固定在内滑块上的拉深凸模下行,进行拉深,得到拉深件。

2）复合拉深模

图 8.17 所示为一副球形零件的落料、拉深复合模,它的最大特点是模具中有一个凸凹模。凸凹模的外圆是落料凸模刃口,内孔则成为拉深凹模。当滑块带着凸凹模向下运动时,板料首先在凸凹模和落料凹模中落料。落料件被下模当中的拉深凸模顶住,滑块继续向下运动时,凸凹模随之向下运动进行拉深。推件板和顶板在滑块的回程中将拉深件推出模具。复合冲模适用于产量大、精度高的冲压件。

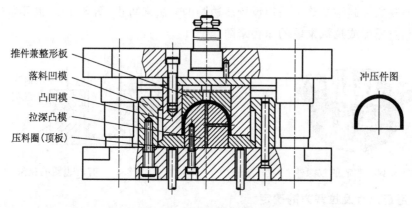

图 8.17　落料、拉深复合模

3）有特殊工艺装置的拉深模

对于形状复杂的曲面零件,为了便于成形,合理控制板料进入凹模的流动阻力是必要的,在凹模或压边圈工作面上设置有拉深肋(拉深槛),如图 8.18 所示。通过在不同部位的拉深肋,限制了金属板料的流动,增加了拖曳板料进入凹模模腔所要求的力。经过弯曲的板料有较高的刚性,起皱倾向较低,因此,拉深肋也有助于减小压边力。大型冲压件,如汽车面板的拉深,一般要设置拉深肋,拉深肋的直径在 13～20 mm 之间。

实际上,箱形或不对称零件的拉深存在着很大的困难,例如在拉深时零件的不同

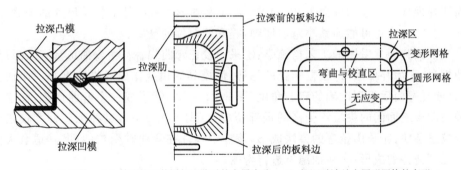

a）拉深肋　b）箱形拉深件用拉深肋时的金属流动　c）拉深时法兰上圆形网格的变形

图 8.18　凹模上设置拉深肋（拉深槛）

区域承受不同的变形，为避免金属板料成形过程中被撕裂，以下几个方面是很重要的：①较大的凹模圆角；②有效的润滑；③拉深肋的设计及位置合理；④板料尺寸与形状合理；⑤正方形或矩形毛坯的 45°倒角，以降低拉深时的拉应力；⑥使用没有内部与外部缺陷的板料。

8.2.2　弯曲

1. 板料的弯曲

1）板料弯曲特点

弯曲是将板料弯成一定角度、一定曲率而形成一定形状零件的工序（图 8.19）。弯曲时，板料内侧受压缩，外侧受拉伸，当外侧拉应力超过板料的抗拉强度时，即会造成金属破裂。板料厚度 δ 越大，内弯曲半径 r 越小，压应力及拉应力就越大，就越容易产生破裂现象。为防止破裂，弯曲的最小半径 r_{min} 应为（0.25～1）δ。若材料塑性好，则弯曲半径可小些。

弯曲时还应尽可能使弯曲线与板料纤维方向垂直（图 8.20a）。若弯曲线与纤维方向一致，则容易产生破裂（图 8.20b），可用增大最小弯曲半径来避免破裂。

2）弯曲件的回弹

在弯曲结束后，由于弹性变形的回复，板料略有回弹，被弯曲的角度增大，此现象

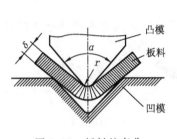

图 8.19　板料的弯曲

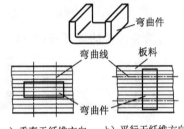

a）垂直于纤维方向　　b）平行于纤维方向

图 8.20　弯曲时的纤维方向

称为回弹现象。一般回弹角为 $0° \sim 10°$。由于回弹影响弯曲件形状及尺寸的准确性，因此，生产中，应尽可能地减小弯曲回弹，提高弯曲件的精度。

减少回弹通常采用的工艺措施是：①采用校正弯曲代替自由弯曲成形；②在设计弯曲模时，采用补偿法，即根据回弹的趋势，使模具的角度比成品件角度小一个回弹角，以便在弯曲后得到准确的弯曲角度(图 8.21 a、b)；③形成一个弯曲面积，使它在凸模与凹模表面间的尖端承受高的局部压应力(图 8.21c、d)，这种工艺称为校正凸模或校正顶块；④采用拉弯的方法成形，该法中零件在弯曲时受拉伸，尤其适合大曲率半径弯曲件的成形；⑤在加温下进行弯曲。

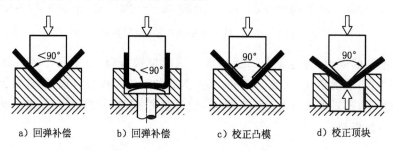

a) 回弹补偿　　　b) 回弹补偿　　　c) 校正凸模　　　d) 校正顶块

图 8.21　减少回弹的工艺措施

3) 弯曲件坯料计算

在实际生产中，弯曲件需要计算它弯前的尺寸，即展开长度。由于弯曲时在板的外区纤维受切向拉伸而伸长，在板的内区纤维受压缩而缩短，因此，在板的中央必然存在一个纤维既不伸长又不缩短的区域，即它的长度在弯前和弯后并不改变，这一层纤维称为应变中性层。因此，可以根据弯曲前、后中性层长度不变的原则来确定弯曲件的毛坯展开长度和尺寸。具体的计算方法是先把零件分成直线和圆弧部分，如图 8.22所示，零件可分为 1、2、3、4、5 五段，直线部分 1、3、5 的长度从零件所注尺寸经过换算即可得到，圆弧部分 2、4 的尺寸根据中性层位置计算即可得到，即弯曲件的展开长度应为

$$L_总 = \sum L_{直边} + \sum L_{弯曲}$$

各个弯曲部分中性层长度 $L_{弯曲}$ 计算如下：

$$L_{弯曲} = \frac{\pi \alpha}{180}(r + x) \approx 0.17\alpha(r + k\delta)$$

式中，$L_{弯曲}$ 为弯曲件的展开长度(mm)；α 为弯曲中心角(°)；r 为弯曲件内表面的圆角

a) 弯曲零件　　　b) 将弯曲零件分段　　　c) 中性层位置

图 8.22　求弯曲件展开长度的方法

半径(mm);δ 为弯曲件原始厚度(mm);x 为内弧到中性层的距离(mm),x=kδ;k 为中性层系数,k 值随 r/δ 增大而增大,一般取值范围为 0.2~0.5。

对于 r/δ 值较小的弯曲件,在计算弯曲件的展开长度时,可以先用上述公式进行初步计算,经过试压后才能最后确定合适的毛坯形状和尺寸。

4) 弯曲操作方法实例

弯曲件可用多种工艺进行弯曲,如图 8.23 所示。

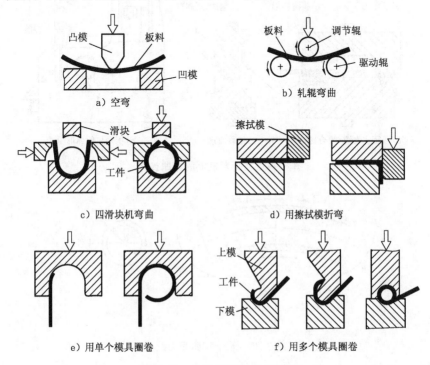

图 8.23　几种弯曲操作的实例

5) 折弯机成形

金属薄片和板料用带有简单夹具的折(压)弯机很容易弯曲。7 m 或更长的板及其他相对窄的料常常用折弯机进行弯曲,这种机器使用机械的长度尺寸较大的模具,适合小批生产,工具简单,可成形的各种形状的零件(图 8.24),过程易自动化。

2. 管材的弯曲

在汽车、金属结构、动力机械、石油化工、管道工程、航空航天等工业部门,管材的弯曲加工占有十分重要的地位。与板材弯曲加工相比,虽然从变形性质等方面看非常相似,但由于管材空心横截面的形状特点,在加工方法、需要解决的工艺难点等方面,管材弯曲与板料弯曲是不同的。

管材弯曲时,在弯矩 M 的作用下(图 8.25),弯管段的外侧因受拉而伸长,管壁减薄,内侧受压缩而使其增厚或失稳产生褶皱,管子截面变为椭圆,甚至产生裂纹。

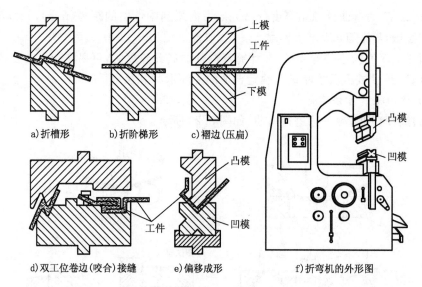

a)折槽形　　b)折阶梯形　　c)褶边(压扁)　　上模　工件　下模

d)双工位卷边(咬合)接缝　　e)偏移成形　　f)折弯机的外形图　　凸模　凹模　工件

图 8.24　在折弯机上的弯曲操作

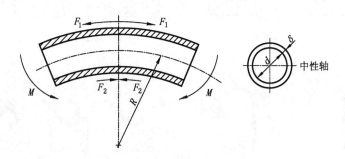

图 8.25　管子弯曲受力图

中性轴则不受拉压。这些缺陷的产生与相对弯曲半径(R/d)有很大关系。相对弯曲半径愈小,愈容易产生缺陷。

尽可能地减少弯曲加工中产生的管子横截面畸变,对于管子弯曲非常重要。管子或中空截面件的弯曲和成形需要使用特殊工具,以避免扭曲和折叠。最古老和最普通的弯管方法是,首先在管子内填充颗粒状的材料(如砂、盐)、流体介质(如水、油)、弹性介质(如橡胶)或低熔点合金等,然后在一个合适的工作夹具中进行弯曲,成形后再倒出填充物。管子也可以用柔韧的芯棒填塞进行弯曲。

弯管按加热与否可分为冷弯管和热弯管,按有无填充物可分为有芯(填料)弯管和无芯(填料)弯管。弯曲半径较大和管壁较厚的管子也可不用填充物或芯棒堵塞进行弯曲。实心的棒和形状类似的结构也可用这些工艺。

弯管还可分为手工弯管和弯管机弯管两类。利用简单的装置对管坯进行弯曲加工称为手工弯管,其劳动强度大,生产率低,仅适用于单件或小批生产;在立式或卧式弯管机上进行弯曲加工称为弯管机弯管,可以采用芯棒对管坯进行弯曲,其生产效率高,弯管品质较好,广泛用于大批量生产的场合。

　　用芯棒弯管的原理如图 8.26 所示,弯曲模胎固定在机床主轴上并随主轴一起旋转,管坯的一端有夹持块压紧在弯曲模胎上。在管坯与弯曲模胎的切点附近,其弯曲外侧装有压块,弯曲内侧装有防皱块,而管坯内部塞有芯棒。当弯曲模胎转动时,管坯即绕弯曲模胎逐渐弯曲成形。管件的弯曲角度由挡块(图中未示出)控制,当弯曲模胎转到管件要求的弯曲角度时,则撞击挡块,使弯曲模胎停止转动。

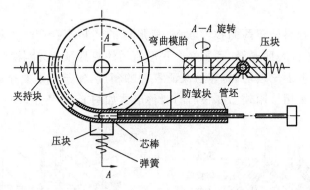

图 8.26　用芯棒弯管的原理

　　为了防止截面畸变,应在弯曲变形区采用适当形状的芯棒支撑截面。管材弯曲时,芯棒处于弯曲变形区(直线段与弯曲段相交接的位置),始终从管坯内部支撑截面。也可以用链接式和软轴式柔性弯曲芯棒(图 8.27)来防止截面畸变,这两种芯棒是由多节段芯棒组装而成,各段之间用类似于万向联轴器结构,在一定范围内可任意地相对转动。弯曲过程中,这种柔性芯棒可随管坯的变形而自由弯曲,故防止截面畸变的效果较好,且弯曲后从管内取出也很方便,但缺点是制造麻烦。

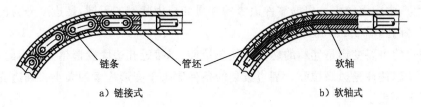

a)链接式　　　　　　　　　　　　b)软轴式

图 8.27　柔性弯曲芯棒的结构

8.2.3　其他冲压成形

　　除弯曲和拉深以外,冲压成形还包括胀形、翻边、缩口和旋压等。这些成形工序的共同特点是板料只有局部变形。其不同点是胀形和圆内孔翻边属于伸长类成形,常因拉应变过大而产生拉裂破坏;缩口和外缘翻凸边属于压缩类成形,常因坯料失稳起皱而失败;旋压的变形特点又与上述各种有所不同。因此,在制订工艺和设计模具时,一定要根据不同的成形特点,确定合理的工艺参数。

1. 胀形

胀形(或叫起伏成形)技术,如压制凹坑、加强肋、起伏形的花纹及标记等,主要用于板料的局部。另外,管形料也可以通过橡胶、液压油等软介质实现其胀形。

胀形时,板料的塑性变形局限于一定的变形区之内,通常没有外来材料进入变形区。变形区内板料的变形主要是通过减薄壁厚、增大局部表面积来实现的。胀形的极限变形程度主要取决于板料的塑性。板料的塑性越好,可能达到的极限变形程度就越大。

由于胀形时板料处于两向拉伸状态,变形区的坯料不会产生失稳起皱现象,因此,冲压成形的零件表面光滑、品质好。胀形所用的模具可分为刚模和软模两类。软模胀形时板料的变形比较均匀,容易保证零件的精度,便于成形复杂的空心零件,所以在生产中广泛采用。用软凸模胀形的两种形式如图 8.28 所示。

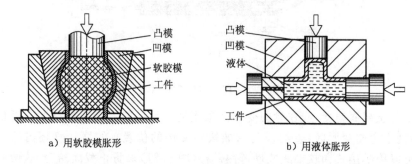

a) 用软胶模胀形　　　　　　　　b) 用液体胀形

图 8.28　用软凸模的胀形

2. 翻边

翻边是使材料的平面部分或曲面部分沿一定的曲率翻成竖立边缘的冲压成形技术,在生产中应用较广。根据零件边缘的性质和应力状态的不同,翻边可分为内孔翻边(也称翻孔,图 8.29)和外缘翻边。

翻边的主要变形是坯料的切向和径向拉伸,越接近孔边缘变形越大。因此,圆孔翻边的缺陷往往是边缘拉裂。翻边破裂的条件取决于变形程度的大小。翻边变形程度可用下式表示:

$$K_0 = d_0/d$$

式中,K_0 为翻边系数;d_0 为翻边前的孔径(mm);d 为翻边后的孔径(mm)。

显然,K_0 值越小,变形程度越大。翻边时孔边不破裂所能达到的最小 K_0 值称为极限翻边系数。镀锡铁皮的 K_0 为 0.65~0.7,酸洗钢板的 K_0 为 0.68~0.72。

当零件所需的凸缘较高、一次翻边成形有困难时,可采用先拉深、后冲孔(按 K_0 计算得到的容许孔径)、再翻边的工艺来实现。

3. 旋压

旋压是一种用于各类金属空心回转体,如灯罩、压力锅体、气瓶、导弹壳体及封头

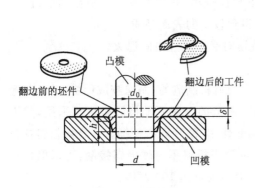

图 8.29　翻边

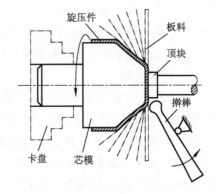

图 8.30　用圆头擀棒进行旋压成形

等的成形技术,包括普通旋压和变薄旋压,图 8.30 所示为用圆头擀棒进行旋压的过程。旋压成形所使用的设备和模具都很简单,普通车床上就可进行。旋压的特点是机动性大,加工材料范围广,但与冲压及拉深成形相比,其生产率低,劳动强度大,对操作者的技术水平要求较高,产品品质不稳定,仅适于中小批量生产。

旋压成形中的变薄旋压又称强力旋压,是在普通旋压基础上发展起来的。变薄旋压需要专门的旋压机,要求机床的功率大、刚性好,经变薄旋压后,材料晶粒细化,强度、硬度和疲劳强度均有所提高,零件表面品质好。因此,变薄旋压在导弹及喷气发动机的生产中应用广泛。

旋压成形的基本要点如下。

(1) 合理的主轴转速　主轴如果转速太低,板料将不稳定;如果转速太高,板料将容易过度辗薄而被拉断。低碳钢的合理主轴转速一般为 400~600 r/min,铝的为800~1 200 r/min。当毛坯直径较大及厚度较薄时取下限,反之则取上限。

(2) 合理地分配旋压变形　旋压成形虽然是局部成形,但是,如果毛坯的变形量过大,也易产生起皱甚至破裂缺陷,所以,变形量大的旋压件需要多次旋压。

旋压锥形件可能成形的极限比值为

$$d_{min}/D = 0.2 \sim 0.3$$

式中,d_{min} 为圆锥体的最小直径(mm);D 为板料直径(mm)。

根据毛坯的相对厚度,旋压筒形件的极限比值一般为

$$d/D = 0.6 \sim 0.8$$

式中,d 为圆筒直径(mm)。

相对厚度较小时 d/D 取上限,反之取下限。毛坯直径可按等面积法求出,因旋压材料变薄,所以应将计算值减小 5%~7%。

(3) 合理选用旋压工具　旋压工具的形状对旋压制品的品质和旋压力有很大的影响。普通旋压时通常选择球形擀棒和圆弧旋轮。毛坯直径较大时,旋轮直径也可

取大些。对于强力旋压，可以选用顶端圆角半径较小，并带有前角和退出角的旋轮，这样可以施加很大的旋压力，并减少发热，得到较高的表面品质。

（4）由于旋压件加工硬化严重，多次旋压时必须经过中间退火。

4. 橡胶成形

前节所述成形技术中的模具均是用结实的材料制造的，而橡胶成形中，整套装置的部分模具是用柔性材料（例如聚氨酯橡胶）制造的。聚氨酯橡胶被广泛采用，是因为其耐磨，能抵抗金属板料毛口与锐边的切断作用，疲劳寿命长等。在金属板料弯曲与压纹时，凹模中放置有橡胶垫（图 8.31），成形中板料不与硬金属接触，可以保护它的外表面，防止损坏和擦伤。橡胶成形的压力最高可达 100 MPa。

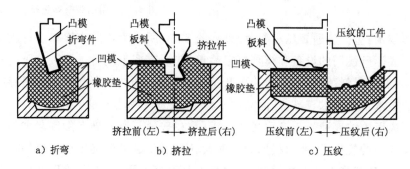

图 8.31　用金属凸模与橡胶凹模的金属板料的弯曲成形

8.3　冲压件的设计

对于冲压件的设计，应保证冲压件不仅有良好的使用性能，而且有良好的工艺性能，以减少材料的消耗、延长模具寿命、提高生产率、降低成本及保证冲压件品质等。影响冲压件工艺性的因素除冲压件的精度及材料之外，主要还有冲压件的结构工艺性，其形状、尺寸等结构要素要满足冲压工艺的要求。冲压件的结构工艺性越好，冲压件的加工成本就越低，品质越容易得到保证。

8.3.1　冲压件的工艺性

1. 冲压件的结构工艺性

1）对冲裁件的形状及尺寸要求

① 冲裁件的形状应力求简单、对称，有利于材料的合理利用（图 8.32），同时应避

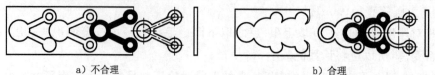

图 8.32　零件形状与节约材料的关系

免长槽与细长悬臂结构（图 8.33），否则模具制造就
比较困难。

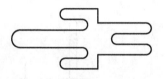

②冲裁件的内、外转角处应以圆弧连接，尽量避
免尖角，尖角处应力集中易被冲模冲裂。落料件、冲
孔件的最小圆角半径的选取如表 8.2 所示。

图 8.33　不合理的落料件外形

表 8.2　落料件、冲孔件的最小圆角半径

工序	圆弧角	最小圆角半径 R		
		黄铜、紫铜、铝	低碳钢	合金钢
落料	$\alpha \geqslant 90°$	0.18δ	0.25δ	0.35δ
	$\alpha < 90°$	0.35δ	0.50δ	0.70δ
冲孔	$\alpha \geqslant 90°$	0.20δ	0.30δ	0.45δ
	$\alpha < 90°$	0.40δ	0.60δ	0.90δ

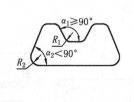

注：δ 为板料厚度（mm）。

③为避免冲裁件变形，孔间距和孔边距以及外缘凸出或凹进的尺寸都不能过
小，孔及其有关尺寸如图 8.34 所示。冲孔时，因受凸模强度的限制，孔的尺寸也不应
太小。在弯曲件或拉深件上冲孔时，孔边与直壁之间应保持一定距离。

2）对弯曲件的形状及尺寸要求

①弯曲件形状应尽量对称，弯曲半径不能小于材料允许的最小弯曲半径，弯曲
方向应垂直于板料纤维方向，以免成形过程中弯裂。

②弯曲边过短不易成形，故应使弯曲边高度大于板厚的 2 倍，否则必须压槽，或
增加弯曲边高度（图 8.35），然后加工去掉增加的部分。

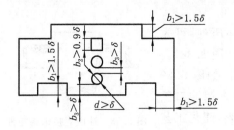

图 8.34　冲孔件尺寸与厚度的关系

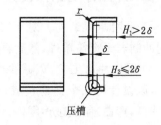

图 8.35　弯曲件直边高度

③弯曲带孔件时，为避免孔的变形，孔的边距弯曲中心应有一定的距离 L
（图 8.36a），$L > (1.5 \sim 2)\delta$。当 L 过小时，可在弯曲线上冲工艺孔（图 8.36b），或开
工艺槽（图 8.36c）。如对零件孔的精度要求较高，则应弯曲后再冲孔。

3）对拉深件的形状及尺寸要求

①外形应简单、对称，且不宜太高，以使拉深次数尽量少，并容易成形。

②圆角半径（图 8.37）应满足：$r_d \geqslant \delta, R \geqslant 2\delta, r \geqslant 35$ mm，否则应增加整形工序。

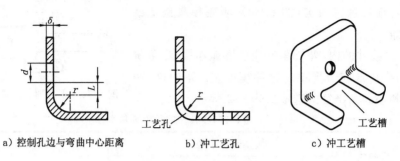

a) 控制孔边与弯曲中心距离　　b) 冲工艺孔　　c) 冲工艺槽

图 8.36　避免弯曲件孔变形的方法

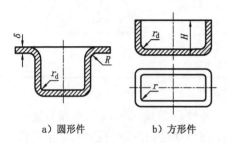

a) 圆形件　　b) 方形件

图 8.37　拉深件的圆角半径

③ 壁厚变薄率一般不应超出拉深工艺壁厚变化规律的允许值(最大变薄率为18%)。

2. 冲压件的精度和表面品质

冲压件的经济精度是指采用正常的工艺条件下所能达到的精度。对于普通冲裁,落料件尺寸经济精度不超过 IT10,冲孔尺寸经济精度不超过 IT9,弯曲尺寸经济精度为 IT9~IT10。拉深件高度尺寸经济精度为 IT8~IT9;拉深件直径尺寸经济精度为 IT9~IT10,经整形工序后直径尺寸经济精度达 IT6~IT7。

一般要求冲压件表面品质不高于原材料所具有的表面品质,对冲压件的精度要求应恰当,不应超过冲压工艺所能达到的一般经济精度,并应在满足需要的情况下尽量降低要求,以免增加工序,降低生产率,提高成本。

8.3.2　冲压件的结构设计

① 采用冲焊结构。对于形状复杂的冲压件,可先分别冲制若干个简单件,然后再焊成整体件(图 8.38)。

② 采用冲口工艺,以减少组合件数量。如图 8.39所示,原设计用三个件铆接或焊接组合,现采用冲口工艺(冲口、弯曲)制成整体零件,可以节省材料,简化工艺

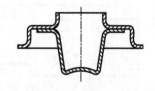

图 8.38　冲压焊接结构零件

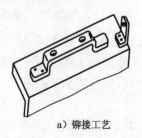

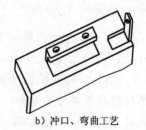

a) 铆接工艺　　b) 冲口、弯曲工艺

图 8.39　冲口工艺的应用

过程。

③ 在使用性能不变的情况下,应尽量简化拉深件结构,以减少工序,节省材料,降低成本。图 8.40a 所示为消声器后盖零件结构,经过改进后冲压加工工序由八道减为两道,材料消耗减少 50%。

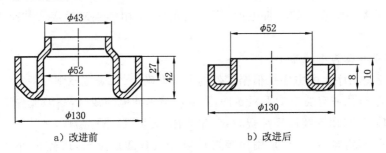

　　　　a) 改进前　　　　　　　　　　　　b) 改进后

图 8.40　消声器后盖零件结构

8.4　冲压工艺规程的制订

冲压件的生产工艺过程,就是根据冲压件的特点、生产批量、现有设备和生产能力等制订一种技术上可行、经济上合理的工艺方案,其主要内容如下。

1. 分析冲压件的工艺性

冲压件的工艺性是指冲压件对冲压加工工艺的适应性。冲压工艺性良好,则零件在满足使用要求的前提下,能以最简单、最经济的冲压方式加工出来。冲压工艺性的分析即是从技术和经济两个方面,依据前述的冲压件结构工艺性的要求,对冲压件的形状、尺寸、精度及材料等进行分析,判断其冲压加工的难易程度及可能出现的缺陷,对不合理的结构,要求产品设计部门进行修改优化,以避免在产品设计阶段不必要的经济损失。

2. 拟订冲压工艺方案

对冲压件可能采用的不同冲压工艺方案,从产品品质及批量、生产效率、设备条件、模具制造水平、冲压操作安全等方面进行综合分析、比较,制订适合于具体生产条件的最佳方案。在制订冲压工艺方案时,要具体考虑以下几个方面。

1) 选择冲压基本工序

冲压基本工序的选择主要是根据冲压件的形状、大小、尺寸公差及生产批量确定的。

(1) 剪裁和冲裁　剪裁和冲裁都能实现板料的分离。在小批生产中,对于尺寸和尺寸公差大而形状规则的外形板料,可采用剪床剪裁。在大量生产中,对于各种形状的板料和零件通常采用冲裁模冲裁。对于平面度要求较高的零件,应增加校平工序。

(2) 弯曲　对于小批生产的各种弯曲件,通常采用手工工具打弯,若是窄长的大型件,则可用折弯机压弯。对于批量较大的各种弯曲件,通常采用弯曲模压弯,当弯曲半径太小时,应增加整形工序使之达到要求。

(3)拉深 对于各类空心件,多采用拉深模进行一次或多次拉深成形,最后用修边工序达到高度要求。对于批量不大的旋转体空心件,用旋压加工代替拉深更为经济。对于大型空心件的小批生产,当工艺允许时,用铆接或焊接代替拉深更为经济。

2)确定冲压工序顺序

冷冲压的工序顺序主要是根据零件的形状而确定的,确定原则一般如下。

① 对于有孔或有切口的平板零件,当采用简单冲模冲裁时,一般应先落料,后冲孔(或切口);当采用连续冲模冲裁时,应先冲孔(或切口),后落料。

② 对于多角弯曲件,当采用简单弯曲模分次弯曲成形时,应先弯外角,后弯内角。当孔位于变形区(或靠近变形区)或孔与基准面有较高的要求时,必须先弯曲,后冲孔;否则,均应先冲孔,后弯曲。这样安排工序可使模具结构简化。

③ 对于旋转体复杂拉深件,一般按由大到小的顺序进行拉深,即先拉深尺寸较大的外形,后拉深尺寸较小的内形;对于非旋转体复杂拉深件,则应先拉深尺寸较小的内形,后拉深尺寸较大的外形。

④ 对于有孔或缺口的拉深件,一般应先拉深,后冲孔(或缺口)。对于带底孔的拉深件,有时为了减少拉深次数,当孔径要求不高时,可先冲孔,后拉深。当底孔要求较高时,一般应先拉深,后冲孔,也可先冲孔,后拉深,再冲切底孔边缘。

⑤ 校平、整形、切边工序,应分别安排在冲裁、弯曲、拉深之后进行。

3)确定工序数目及工序组合

工序数目主要是根据零件的形状与公差要求、工序合并情况、材料极限变形参数(如拉深系数、翻边系数、断后伸长率、断面收缩率等)来确定的,其中工序合并的必要性主要取决于生产批量。一般在大量生产中,应尽可能把冲压基本工序组合起来,采用复合模或连续模冲压,以提高生产率,减少劳动量,降低成本;而批量不大时,以采用简单冲模分散冲压为宜。但是,为了满足零件公差的较高要求,保证安全生产,有时批量虽小,也需要把工序适当集中,用复合冲模或连续冲模冲压。工序合并的可能性主要取决于零件尺寸的大小、冲压设备的能力和模具制造的可能性及其使用的可靠性。

在确定冲压工序的同时,还要确定各中间产品的形状和尺寸。

3. 确定模具类型与结构形式

根据确定的冲压工艺方案选用冲模类型,并进一步确定各零件、部件的具体结构形式。同一种模具其具体结构形式是多种多样的,设计时应根据各类冲模、各种结构形式特点及应用场合,结合冲压件的具体要求和生产实际条件,确定最佳的冲模结构。

4. 选择冲压设备

根据冲压工序的性质选定设备类型,根据冲压工序所需冲压力和模具尺寸的大小来选定冲压设备的技术规格。

5. 编写冲压工艺文件

冲压工艺规程是冲压生产的重要工艺文件,一般以工艺过程卡的形式表示,其内容、格式及填写规则,可参照以下冲压件工艺规程编制的实例。

图 8.41 所示的冲压件为托架,材料为 08 钢板,年产量两万件。

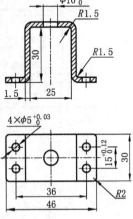

图 8.41　托架

1) 工艺分析

托架 $\phi 10$ mm 孔内装有芯轴,并通过 4 个 $\phi 5$ mm 孔与机身连接。5 个孔的尺寸精度均为 IT9,孔不允许变形。表面不允许有严重划伤。

该冲压件弯曲半径大于最小弯曲半径,各孔也可冲出。因此,可以用冷冲压加工成形。

2) 确定工艺方案及模具结构形式

从冲压件结构形状可知,所需基本工序为冲孔、落料及弯曲,其中弯曲成形工艺有图 8.42 所示的三种方案。

方案一(图 8.42a):先在一副模具上弯外角和 45°顶角,再在另一副模具上将中间顶角弯成 90°。

方案二(图 8.42b):先用一副模具弯外角,再用另一副模具弯中间内角。

方案三(图 8.42c):用一副模具同时弯内、外角。

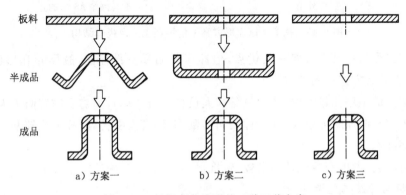

图 8.42　托架弯曲成形的三种工艺方案

方案一的优点是:模具结构简单,寿命长,制造周期短,投产快;能实现过弯曲和校正弯曲,因而冲压件的回弹容易控制,尺寸和形状准确,弯曲过程中材料受凸、凹模的阻力小,故冲压件表面品质高,模具寿命也可延长;各工序定位基准一致且与设计基准重合;操作方便。

其缺点是工序分散,需用模具、压力机及操作人员较多,劳动量较大。冲压工序及模具结构如图 8.43 所示。

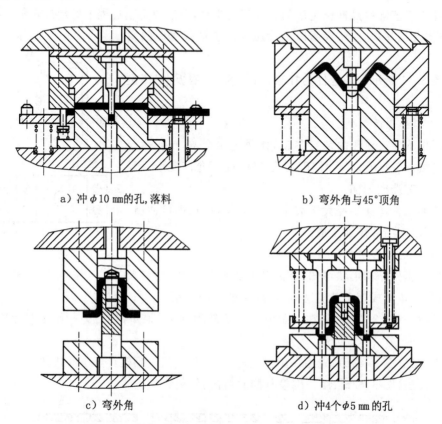

a) 冲 ϕ10 mm的孔,落料　　　　　　b) 弯外角与45°顶角

c) 弯外角　　　　　　　　　d) 冲4个 ϕ5 mm 的孔

图 8.43　托架冲压成形方案一的冲压工序及模具结构

方案二虽然也具有方案一的优点,但冲压件回弹不易控制,故尺寸和形状不准确,同时也具有方案一的缺点。

方案三的工序比较集中,占用设备和人员少,生产率高;但需要的弯曲力大,模具寿命较短,凸、凹模阻力较大,冲压件表面易刮伤;厚度有变薄,回弹不能控制,尺寸和形状不够准确。

综上所述,考虑到冲压件要求较高,批量不大,故生产中选择了方案一。

3) 填写冲压工艺卡片

将冲压件的产品名称、图号、零件号、材料、工序草图、工装名称、设备及检验要求等技术资料填写到冲压工艺卡片(表 8.3)中作为生产该冲压件的指导性工艺文件。

表 8.3　冲压工艺卡片

标　　记		产品名称		冷冲压工艺规程卡	零件名称	托架	年产量	第　页
		产品图号			零件图号		2 万件	共　页
材料牌号及技术条件		08 钢	毛坯形状及尺寸					
工序号	工序名称	工序草图		工装名称及图号	设备吨位/kN	检验要求	备　　注	
1	冲孔落料	产品零件图		冲孔落料连续模	250	按草图检验		
2	首次弯曲			弯曲模	160	按草图检验		
3	二次弯曲			弯曲模	160	按草图检验		
4	冲孔 $4 \times \phi 5$			冲孔模	160	按草图检验		
原底图总　号		日期	更改标记			编制	校对	核对
			文件号			姓名		
底　图总　号		签字	签字			签字		
			日期			日期		

复习思考题

(1) 凸、凹模间隙对冲裁件断面品质和尺寸精度有何影响？

(2) 用 $\phi 50$ mm 冲孔模具来生产 $\phi 50$ mm 落料件能否保证冲压件的尺寸精度？为什么？

(3) 精密冲裁对成形工艺及设备提出了哪些主要的要求？发展精密冲裁有何意义？

(4) 拉深圆筒件时易出现什么缺陷？试从板料受力的角度分析缺陷产生的原因，并提出解决问题的措施。

(5) 比较落料和拉深工序的凸、凹模的结构及间隙有什么不同，为什么会有这些不同？

(6) 试计算拉深系数，确定用 $\phi 250$ mm×1.5 mm 板料能否一次拉深成 $\phi 50$ mm 的拉深件。应采取哪些措施？

(7) 什么是弯曲回弹？减少弯曲回弹的工艺措施有哪些？

(8) 管材的弯曲成形与板的弯曲成形有何区别？为了减少管材截面畸变，怎样进行管子的弯曲成形？

(9) 旋压成形工艺的特点及要点是什么？

(10) 当翻边件的凸缘高度尺寸较大，而一次翻边实现不了时，应采取什么措施才能保证正常生产？

(11) 试述冲裁模的结构类型及应用特点。

(12) 油封内夹圈（图 8.44a）和油封外夹圈（图 8.44b）的形状相同而尺寸不同，材料均为 08 钢。试通过计算分别制订两个冲压件的冲压工艺方案，并绘出相应的工序简图。

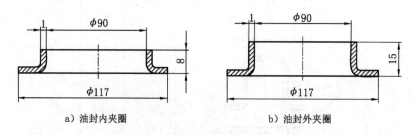

a) 油封内夹圈　　　　　　　　　　b) 油封外夹圈

图 8.44　油封内、外夹圈

(13) 如图 8.45 所示两个形状相似的冲压件，材料为 08 钢，板厚为 0.8 mm。试分别制订其冲压工艺方案，并绘制工艺简图。

(14) 试制订图 8.46 所示座架的冲压生产过程。

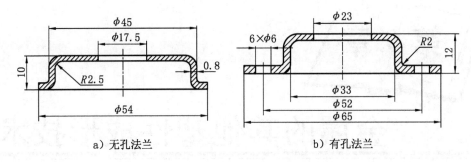

a) 无孔法兰　　　　　　　　　　　　b) 有孔法兰

图 8.45　罩壳

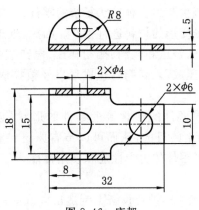

图 8.46　座架

第 9 章

金属的其他塑性成形技术

科学技术的不断发展,对金属塑性成形提出了越来越高的要求:不仅要求生产出各种毛坯,而且还要求直接生产出各种形状复杂的零件;不仅要求能用易变形的材料进行生产,而且还要求用难变形的材料进行生产。因此,近年来出现了许多塑性成形的新工艺、新技术,如零件的挤压和轧制、摆动辗压、电镦成形、精密模锻、多向模锻、径向锻造、超塑性成形、液压成形、高能高速成形以及数控成形等。这些金属塑性成形新技术的共同特点是:

① 尽量使金属塑性成形件的形状接近零件的形状(近净成形 near net shape process),达到少无切屑加工的目的,从而可以节省原材料和切削加工工作量,同时得到合理的纤维组织,提高零件的力学性能和使用性能;

② 具有高的生产率;

③ 变形率小,可以在较小的锻压设备上制造出大锻件;

④ 广泛采用电加热和少无氧化加热,提高锻压件表面品质,改善劳动条件。

9.1 挤压

挤压是施加强大压力作用于模具、迫使放在模具内的金属坯料产生定向塑性变形并从模孔中挤出、从而获得所需零件或半成品的成形技术。

1. 挤压的特点

① 挤压时金属坯料在三向受压状态下变形,因此金属坯料的塑性可得到提高。铝、铜等塑性好的非铁金属可用做挤压件材料,碳钢、合金结构钢、不锈钢及工业纯铁也可以用挤压技术成形。在一定的变形条件下,某些轴承钢甚至高速钢也可进行挤压。

② 可以挤压出各种形状复杂、深孔、薄壁、异形截面的零件。

③ 零件的一般尺寸精度可达 IT6～IT7,表面粗糙度 Ra 可达 3.2～0.4 μm。

④ 挤压变形后零件内部的纤维组织是连续的,基本沿零件外形分布而不被切断,从而提高了零件的力学性能。

⑤ 材料利用率可达 70%,生产率比其他锻造方法提高几倍。

2. 挤压的类型

1) 按金属流动方向和凸模运动方向分类

(1) 正挤压 正挤压是指金属流动方向与凸模运动方向相同的挤压成形技术

（图 9.1）。

　　（2）反挤压　反挤压是指金属流动方向与凸模运动方向相反的挤压成形技术（图 9.2）。

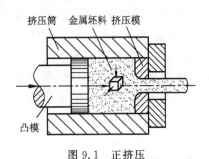

图 9.1　正挤压　　　　　　　　　　　　　图 9.2　反挤压

　　（3）复合挤压　复合挤压是指一部分金属的流动方向与凸模运动方向相同,而另一部分流动方向与凸模运动方向相反的挤压成形技术（图 9.3）。

　　（4）径向挤压　径向挤压是指金属流动方向与凸模运动方向成 90°角的挤压成形技术（图 9.4）。

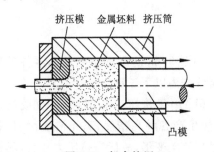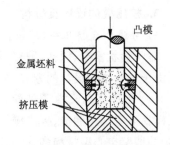

图 9.3　复合挤压　　　　　　　　　　　图 9.4　径向挤压

　　2）按金属坯料所具有的温度分类

　　（1）热挤压　热挤压是指坯料变形温度高于材料的再结晶温度（与锻造温度相同）的挤压成形技术。热挤压的变形抗力小,允许每次变形程度较大,但产品的表面粗糙。热挤压广泛应用于冶金部门中生产铝、铜、镁及其合金的各种型材,也越来越多地用于机器零件和毛坯的生产。

　　（2）冷挤压　冷挤压是指坯料在室温下变形的挤压成形技术。冷挤压的变形抗力比热挤压高得多,但产品的表面光洁,而且产品内部组织为加工硬化组织,从而提高了产品的强度。目前,冷挤压工艺已广泛用于机器零件和毛坯的制造。

　　（3）温挤压　温挤压是指坯料变形温度介于热挤压和冷挤压之间（再结晶温度以下的某个合适温度）的挤压成形技术。与热挤压相比,冷挤压坯料氧化脱碳少,表面粗糙度低,产品尺寸精度高。与冷挤压相比,降低了变形抗力,增加了每个工序的变形程度,延长了模具寿命,扩大了挤压材料品种。温挤压材料一般无须进行预先软化退火、表面处理和工序间退火。温挤压零件精度和力学性能略低于冷挤压件,表面

粗糙度 $Ra=6.3\sim3.2\ \mu m$。温挤压不仅适合中碳钢零件,而且也适合合金钢零件的挤压成形。

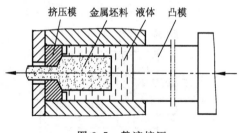

图 9.5　静液挤压

（4）静液挤压　静液挤压（图 9.5）时凸模与坯料不直接接触,而是给液体施加压力（压力可达 300 MPa）,再经液体传给坯料,使金属通过凹模而成形。由于在坯料侧面无通常挤压时存在摩擦,所以静液挤压变形较均匀,可提高一次挤压的变形量,挤压力也较其他挤压工艺小 10%～50%。

静液挤压可用于低塑性材料,如铍、钽、铬、钼、钨等金属及其合金的成形,对常用材料可采用大变形量（不经中间退火）一次挤成线材和型材。静液挤压已用来挤制螺旋齿轮（圆柱斜齿轮）及麻花钻等形状复杂的零件。

挤压是在专用挤压机（有液压式、曲轴式、肘杆式）上进行的,也可在经适当改进后的通用曲柄压力机或摩擦压力机上进行。

3. 挤压模的设计及材料

1）分流组合挤压模（焊合挤压模）

对于形状复杂、深孔、薄壁、异形截面零件,如图 9.6a 所示的中空截面零件的模具,由于模具结构设计的差异,分流组合挤压模可分为以下三种。

（1）平面式分流模　平面式分流模（图 9.6b）用于挤压空心型材,具有成品率高、模具易于加工制造、生产操作简便等特点,能生产各种高精度、高光洁表面、形状复杂的薄壁空心型材和多孔空心型材。但因存在二次变形,故所需挤压力较大,易造成"闷车",在挤压中或挤压结束时修模和清理残料较困难。

（2）星形（叉架式）模　星形模（图 9.6c）适用于外形尺寸较大的空心型材,挤压力较平面式分流模小,型材成品率较高,残料清理也较容易,但模具加工较困难。

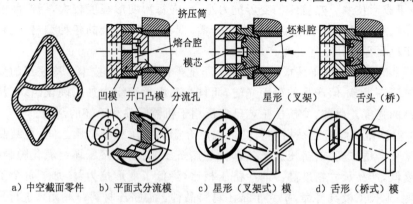

a) 中空截面零件　　b) 平面式分流模　　c) 星形（叉架式）模　　d) 舌形（桥式）模

图 9.6　中空截面零件的复杂挤出模结构

　　(3) 舌形(桥式)模　舌形模(图 9.6d)残料较长,型材成品率较低,模具加工难度介于前述两者之间,但挤压阻力较小,且在挤压中或在挤压结束时残料容易清理干净,修理方便,故多用于挤压需要较大挤压力和品质要求较高的薄壁空心型材或硬质合金空心型材。

　　当采用组合模挤压空心型材时,它与上述用空心坯料挤压空心型材方法的不同之点在于挤压时采用实心坯料。组合模的挤压过程如下:将坯料放入挤压筒中(图 9.7a),在填充挤压筒和以后的挤压过程中,在挤压轴和通过挤压垫片所传递的压力作用下。坯料被模具的横梁分隔成两股或两股以上的金属流(根据模具的结构而定),这些金属流在高压作用下,围绕着与模桥组成一个整体的组合针(舌头)流动,然后在熔(焊)合腔的高压作用下这些分离的各股金属流在离开模具之前又重新汇集熔(焊)合在一起(图 9.7b),最终在模孔和组合针的缝隙之间挤压成空心型材。用此种模具的挤压工艺也称为焊合挤压或组合模挤压。

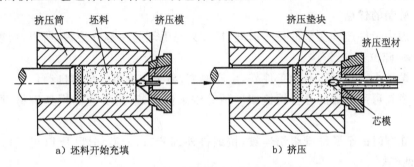

　　a) 坯料开始充填　　　　　　　　　　　　　b) 挤压

图 9.7　用组合模挤压空心型材的过程

　　2) 模具材料和润滑油

　　热挤压模的模具材料常用热作模具钢制造,涂覆金属锆可提高模具寿命,并用熔融玻璃作润滑剂。

　　3) 挤压件的结构工艺性

　　不合理的挤压件设计如图 9.8a 所示,具体表现为:①顶端开口偏于一边,造成舌形模工作时受力不平衡;②顶部有尖锐刀口,易使模具损坏,缩短模具寿命;③零件所有内外角全部为尖角,加大挤压摩擦力,也会缩短模具寿命;④零件壁厚不均匀,冷却收缩不一致,应力与变形增大;⑤零件截面壁厚不均匀、尺寸过分的变化并且开孔不对称等,显然对挤压件的品质和模具寿命都是不利的。改为图 9.8b 所示的合理结构后,可克服上述问题。

　　4. 零件挤压的封(包)套或罐装

　　因金属有黏附容器及模腔的倾向,故应将坯料封闭在用软而强度较低的金属(如铜或中碳钢)制造的薄壁容器中,这种工艺称为封(包)套或罐装。封套还起减轻截面摩擦的作用,并防止环境玷污坯料(如果坯料材质有毒或放射性,封套可防止它玷污容器)。这种工艺也用来制造易起反应的活泼金属粉末材料的零件。

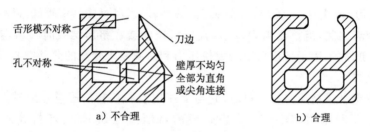

图 9.8　挤压件的结构设计

9.2　轧制

用轧制方法除了可生产型材、板材和管材外,还可生产各种零件,它在机械制造中得到了越来越广泛的应用。零件的轧制有一个连续静压过程,没有冲击和振动,它与一般锻造和模锻相比,具有突出的优点。

1. 轧制的优点

① 因为工件连续变形的每一瞬间,模具只与毛坯的一部分接触,所以,所需设备结构简单,吨位小,投资少。

② 振动小,噪声低,劳动条件好,生产率高,易于实现机械化和自动化。

③ 模具可用价廉的球墨铸铁或冷硬铸铁来制造,节约贵重的模具钢材,加工也较容易。

④ 轧制时的金属纤维组织连续,按锻件外廓分布,未被切断,所以组织均匀,锻件力学性能好。

⑤ 材料利用率高,可达到 90% 以上。

2. 轧制的类型

1) 纵轧

纵轧是轧辊轴线与坯料轴线互相垂直的轧制方法,如型材轧制、辊锻轧制、辗环轧制等。

(1) 辊锻轧制　辊锻轧制是把轧制应用到锻造成形中的一种新技术,它使坯料通过装有扇形模块的一对相对旋转的轧辊时受压而成形(图 9.9),既可作为模锻前的制坯工序,也可直接辊锻锻件。目前,辊锻轧制适用于生产以下三种类型的锻件。

① 扁截面的长杆件,如扳手、链环等。

② 带有不变形头部而沿长度方向横截面积递减的锻件,如汽轮机叶片等。叶片辊锻工艺和普通锻造后再进行铣削的工艺相比,材料利用率可提高 4 倍,生产率可提高 2.5 倍,而且叶片品质大大提高。

③ 连杆成形辊锻件。采用辊锻工艺方法成形连杆,生产率高,简化了工艺过程,但锻件还需用其他锻压设备进行精整。

(2) 辗环轧制　辗环轧制是用来扩大环形坯料的外径和内径,从而获得无接缝环状零件的轧制成形技术(图 9.10a)。图中辗压轮由电动机带动旋转,利用摩擦力

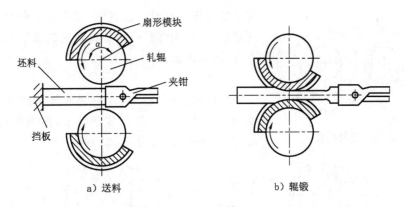

a) 送料　　　　　　　　　　　　　　b) 辊锻

图 9.9　辊锻

使环坯在辗压轮和芯辊之间受压变形。辗压轮还可由油缸推动作上下移动,改变它与芯辊之间的距离,使坯料厚度减小、直径增大。导向辊用以保证坯料正确运送。信号辊用来控制环坯直径。当环坯直径达到需要值与信号辊接触时,信号辊旋转传出信号,使辗压轮停止工作。如在环坯端面安装端面辊,则可进行径向-轴向辗环轧制成形(图 9.10b)。

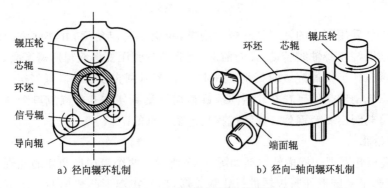

a) 径向辗环轧制　　　　　　　　　　b) 径向-轴向辗环轧制

图 9.10　环坯的辗环轧制成形

　　只需采用不同的辗压轮、端面辊及芯辊的截面形状即可生产各种横截面的环类件,如火车轮箍、轴承座圈、齿轮及法兰,尤其可生产其他技术无法成形的工件,如直径为 10 m、高为 6 m 的原子能反应堆无接缝加强环等零件。

　　辗环可在室温或加热条件下进行,这取决于工件的尺寸大小、材料的强度和延性。与其他制造方法相比,辗环工艺具有生产周期短,节约材料,产品尺寸公差较小,流线好的优点。

　　2) 横轧

　　横轧是轧辊轴线与坯料轴线互相平行的轧制成形技术,如齿轮轧制等。

　　齿轮轧制是一种少无切屑加工齿轮的新技术。直齿轮和斜齿轮均可用热轧制造(图 9.11)。在轧制前将毛坯外缘加热,然后将带齿形的轧轮作径向进给,迫使轧轮

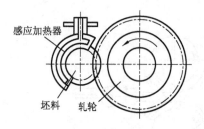

图 9.11　热轧齿轮

与毛坯对辊。在对辊过程中,坯料上一部分金属受压形成齿谷,相邻部分的金属被轧轮齿部"反挤"而上升,形成齿顶。

3)斜轧

斜轧亦称螺旋斜轧。它是轧辊轴线与坯料轴线相交一定角度的轧制成形技术,如周期轧制(图 9.12a)、钢球轧制(图 9.12b)等。

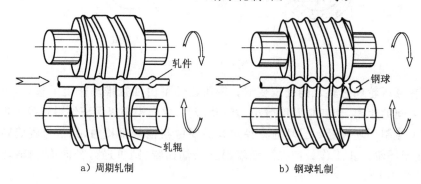

a)周期轧制　　　　　　　　　　　　b)钢球轧制

图 9.12　螺旋斜轧

螺旋斜轧采用两个的轧辊带有螺旋型槽,相交成一定角度,并作同方向旋转,坯料在轧辊间既绕自身轴线转动,又向前进,与此同时受压变形获得所需产品。螺旋斜轧可以直接热轧出带螺旋线的高速滚刀体、自行车后闸壳以及冷轧丝杠等。

螺旋斜轧钢球是使棒料在轧辊间螺旋型槽里受到轧制并分离成单个球,轧辊每转一周即可轧制出一个钢球。轧制过程是连续进行的。

4)楔横轧

(1)楔横轧原理　楔横轧原理如图 9.13 所示。两个带楔形凸棱的轧辊,以相同的方向旋转,带动圆形坯料旋转进行轧制成形,坯料在楔形凸棱模的作用下,轧制成各种形状的阶梯轴。在楔横轧中,坯料的变形过程主要是靠两个楔形凸棱压缩坯料,使坯料径向尺寸压缩,轴向尺寸伸长。

图 9.14 为楔形凸棱模展开图。楔形凸棱由三部分组成,即楔入部分、展宽部分和精整部分。在轧制中,楔入部分首先与坯料接触,将坯料压出环形槽,这一过程称为楔入。然后楔形凸棱上展宽部分的侧面把环形槽逐渐扩展,使变形部分的宽度增加,这一过程称为展宽。达到所需宽度后,由楔形凸棱上的精整部分对轧件进行精整。被轧长的坯料由导板限制其沿自身径向移动。

楔横轧既可代替一般锻造生产某些轴类零件,又可以用来精确制坯,为模锻提供预锻件,具有较广泛的用途。该技术适用于成形高径比不小于 1 的回转体轧制件。

(2)楔横轧的类型　楔横轧适合轧制各种实心、空心轴,如汽车、摩托车、电动机上的各种阶梯轴、凸轮轴、螺纹标准件等。

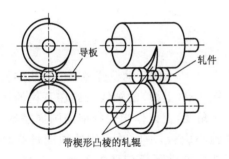

图 9.13　两辊式楔横轧

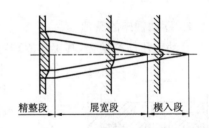

图 9.14　楔形凸块展开图

① 两辊式楔横轧。两辊式楔模轧应用较普遍,发展较快。按照轧辊的形状它又分为三种。

两辊式楔横轧(图 9.13)操作方便,轧辊加工容易,但轧制大件时需要有较大的轧辊和导板。大轧辊需要大型设备才能加工,且导板易磨损,并在安装不恰当时易刮伤轧件。

单辊弧形板式楔横轧(图 9.15)的弧形板相当于半径为负值的轧辊,其调整十分麻烦。由于内弧模板加工十分困难,所以该种轧机已被淘汰。

板式楔横轧(图 9.16)可看做轧辊直径增至无限大的两辊式楔横轧,板式楔横轧机用来大批量生产螺纹标准件,俗称搓丝机。它可以不用导板,模具加工方便,但其精度不如辊式楔横轧机,调整也较复杂。例如,用搓丝机搓螺钉时,用机械手将坯料垂直插入两搓板之间,插入的时间必须是在一个搓丝板的牙型顶部和另一搓丝板牙型的根部相重合的瞬间,否则滚出的螺纹将出现乱扣现象。其次,搓丝板的间隔必须与螺纹中径吻合。若间隔过大,则螺纹牙型顶部充填不足,螺纹中径变大;若间隔过小,则过高的滚轧压力将使搓丝板的寿命缩短,且螺纹的圆柱度降低。

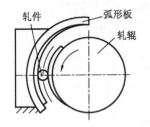

图 9.15　单辊弧形板式楔横轧

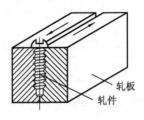

图 9.16　板式楔横轧

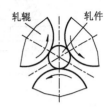

图 9.17　三辊式楔横轧

② 三辊式楔横轧(图 9.17)。三辊式楔横轧的特点是轧件在三轧辊间旋转,不需导板,避免了导板刮伤轧件;三轧辊互成 120° 角,从三个方向压缩轧件。与两辊式楔横轧机相比,其应力状态得到了改善,轧制零件品质好,轧制过程稳定;三辊轧制加大了极限楔展角,使轧辊直径减小。但三辊轧制工艺调整显然比两辊轧制复杂;轧件的最小直径必须大于轧辊直径的 1/6,否则轧辊不能接触轧制零件。

9.3　摆动辗压

1. 摆动辗压的原理

摆动辗压简称摆辗,其工作原理可以从图 9.18 所示的运动轨迹为圆的摆头结构

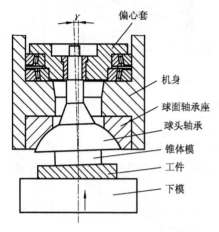

图 9.18　运动轨迹为圆的摆头结构

来分析。锥体模(上模)的轴线与放在下模的坯料轴线呈 γ 角度,上模作交变频率的圆周摆动,即一面绕轴心旋转,一面对坯体的顶面进行辗压。液压柱塞推动下模使坯料不断向上移动,摆头每一瞬间能辗压坯料顶面的某一部分,使其产生塑性变形。当液压柱塞到达预定位置时,即可获得所需的摆辗件。

2. 摆动辗压的类型

①摆辗按成形温度分为冷摆辗成形(温度低于 $T_{再}$)、温摆辗成形(温度等于 $T_{再}$)及热摆辗成形(温度高于 $T_{再}$)。

②摆辗按运动形式分为如图 9.19 所示的三种类型。通过控制内外两层偏心套的偏心距传动摆头(锥体模),摆辗头的运动轨迹可以为圆、直线、螺旋线、菊花线和多叶玫瑰线等五种,以适应复杂零件的需要。

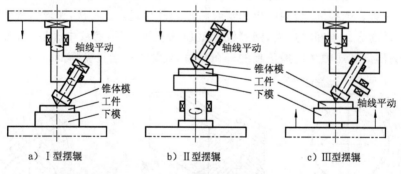

a) Ⅰ型摆辗　　　　　b) Ⅱ型摆辗　　　　　c) Ⅲ型摆辗

图 9.19　摆辗的三种类型

3. 摆辗的特点及应用

①坯料接触面积小,故所需成形压力小,设备吨位仅为一般冷锻设备吨位的 5%～10%。

②属于冷变形,变形速度慢,且逐步进行,因此摆辗表面光滑,表面粗糙度 $Ra=0.4～1.6~\mu m$;尺寸精度高,尺寸误差为 0.025 mm。

③能辗压成形高径比很小、一般锻造方法不能成形的薄圆盘件,如厚度为 0.2 mm 的薄圆片。

④ 设备占地面积小,周期短,投资少,易于实现机械化、自动化。

目前,冷摆辗除用来制造铆钉外,还用来冷镦挤成形各种形状复杂的轴对称件,如汽车和拖拉机的伞齿轮、齿环、推力轴承圈、端面凸轮、十字头、轴套、推力轴承圈、千斤顶丝杆、棘轮等。热摆辗多用来成形尺寸较大及精度要求高的件,如汽车半轴、法兰、摩擦盘、火车轮、锣、铱、蝶形弹簧及铣刀片等。

9.4　镦锻

镦锻成形技术分为冷镦与电镦,一般是对棒料的端部进行局部镦粗。

1. 冷镦

冷镦是用线材在自动冷镦机上加工冷锻件的成形技术。它主要用来成形轴对称和近似轴对称的、形状比较简单的实心及空心零件,是大量生产销钉、螺钉、螺栓及螺母等标准件的主要成形技术。

冷镦机有多种类型。以下以单击镦头机的工艺为例,简述冷镦铆钉加工中模具的动作(图 9.20)。线材由送料机构经切断模送到与挡料器接触(工序一)后,坯料由切断刀切断成定长后,送到与切断模相邻的镦粗模前(工序二),由挡料器送入模具中(工序三)。接着,冲头移向模具,坯料的另一端由顶杠顶住,坯料头部被镦粗成所需形状(工序四)。与此同时,切刀及挡料器退回初始位置,冷镦好的制件由顶杆从模具中顶出(工序五)。

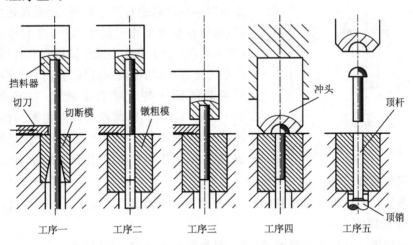

图 9.20　单击镦头机模具动作

冷镦属于冷变形。采用冷镦成形的锻件强度及硬度高,表面品质好,生产率高。但冷镦时坯料的每次变形量不能太大,变形的工步较多,而且只适用于可锻性好的坯料。

2. 电镦

与冷镦不同,电镦是利用低频率电流通过两电极(夹爪及模具)时产生的电阻热使坯料加热段达到变形温度,进行顶锻聚料而成形工件的技术(图 9.21)。

电镦属于热变形。采用电镦成形的锻件变形量大,变形工步少,特别适合镦锻如内燃机气门一类的零件(图 9.22)。

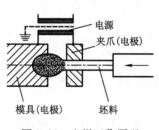

图 9.21　电镦工作原理

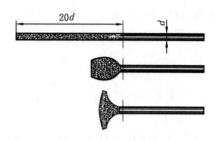

图 9.22　电镦气门

9.5　精密模锻

精密模锻是在模锻设备上锻造出形状复杂、高精度的锻件的成形技术。如精密模锻锥齿轮,其齿形部分可直接锻出而不必再经切削加工。模锻件尺寸精度可达 IT12～IT15,表面粗糙度 Ra 可达 $3.2～1.6\ \mu m$。

1. 精密模锻工艺过程

一般精密模锻的工艺过程大致是:先将原始坯料用普通模锻工艺制成中间坯料,

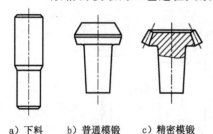

a) 下料　　b) 普通模锻　　c) 精密模锻

图 9.23　精密模锻工艺过程

接着对中间坯料进行严格清理,除去氧化皮和缺陷,然后在少无氧化气氛中加热,最后进行模锻(图 9.23)。为了最大限度地减少氧化作用,提高精锻件的品质,精密模锻过程的加热温度应比普通模锻的低一些。对于碳钢件,加热温度在 $450～900\ ℃$ 之间,因此精密模锻也称为温模锻。精锻时,需在中间坯料上涂敷润滑剂,以减少摩擦,延长锻模使用寿命,降低设备的功率消耗。

2. 精密模锻工艺特点

① 需要精确计算原始坯料的尺寸,严格按坯料质量下料,否则会使锻件尺寸公差增大,降低精度。

② 需要细致清理坯料表面,除净坯料表面的氧化皮、脱碳层等。

③ 为提高锻件的尺寸精度和降低表面粗糙度,应采用少无氧化加热法,尽量减少坯料表面形成的氧化皮。

④ 精密模锻的锻件精度在很大程度上取决于锻模的加工精度,因此,精锻模腔的精度必须很高,一般要比锻件精度高两级。锻模一定要有导柱导套结构,保证合模准确。为了排除模腔中的气体,减小金属流动阻力,使金属更好地充满模腔,在凹模上应开有排气小孔。

⑤ 模锻时要很好地润滑和冷却锻模。

⑥ 精密模锻一般都在刚度大、精度高的模锻设备上进行,如曲柄压力机、摩擦压力机或高速锤等。

9.6　多向模锻

多向模锻是在 20 世纪 60 年代发展和推广起来的,它是将坯料放入锻模内,用几个冲头从不同方向同时或依次对坯料加压,从而在一次加热和压力机的一次行程中获得形状复杂的精密锻件的成形技术。多向模锻能锻出具有凹面、凸肩或多向孔穴等形状复杂的锻件,这些锻件大多难以用常规的模锻设备制造。多向模锻一般需要在具有多向施压特点的专门锻造设备上进行。多向加压的形式改变了金属的变形条件,提高了金属的塑性,适宜于塑性较差的高合金钢的模锻。由于多向模锻在实现锻件精密化和改善锻件品质等方面具有独特的优点,因此它在工业发达国家已被广泛采用,在国内的应用范围也在不断扩大。水平分模多向模锻过程如图 9.24 所示。

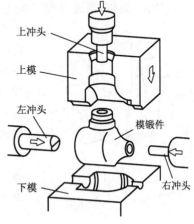

图 9.24　水平分模多向模锻

1. 多向模锻的优点

① 多向模锻采用封闭式锻模,不设计飞边槽,锻件可设计成空心的,精度高,锻件易于脱模,模锻斜度小,因而可节约大量金属材料。多向模锻的材料利用率为 40%～90%。

② 多向模锻尽量采用挤压成形,金属分布合理,金属流线较为理想。多向模锻件强度一般可提高 30% 以上,断后伸长率也有提高,极有利于产品的精密化和小型化。因此,航空航天技术、原子能工业中的受力机械零件广泛采用多向模锻件。

③ 多向模锻往往在一次加热过程中就完成锻压工艺,减少锻件的氧化损失,有利于模锻的机械化操作,显著降低了劳动强度。

④ 多向模锻工艺本身可以使锻件精度提高到理想程度,从而减少了机械加工余量和机械加工工时,使劳动生产率提高,产品成本下降。

⑤ 对金属材料来说,多向模锻适用范围广泛,不但可应用于一般钢材与非铁合金材料,而且也可应用于高合金钢与镍铬合金等材料。在航空、石油、汽车、拖拉机与原子能工业中的中空架体、活塞、轴类件、筒形件、大型阀体、管接头以及其他受力机械零件都可采用多向模锻件。

2. 多向模锻的局限性

① 需要配备适合于多向模锻工艺特点的专用多向模锻压力机,锻件成形压力高于一般模锻成形压力,需要大吨位的设备。

② 送进模具中的坯料只允许极薄的一层氧化皮,要使多向模锻取得良好的效果,必须对坯料进行感应电加热或气体保护无氧化加热,因此电力消耗较大。

③ 坯料尺寸要求严格,质量偏差要小,因此下料时要对尺寸进行精密计算或试料。

9.7　径向(旋转)锻造

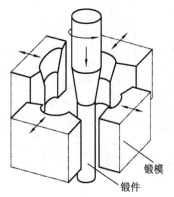

图 9.25　径向(旋转)锻造

径向(旋转)锻造是专门加工实心或空心长轴类零件的一种成形技术(图 9.25)。锻造时,采用两个以上(一般为 2~8 个)环绕坯料的锻模(或称锤头),以高频率(一般为 240~1 800 次/min)、短冲程向坯料施加同步的径向脉冲打击力,对工件快速和同步锻打。同时,打击力绕坯料轴线回转,使坯料截面关于轴线对称,最后锻造成沿轴向具有不同截面的实心或空心锻件。

径向(旋转)锻造每次压缩量小,每分钟锻打次数高,能提高金属的塑性。这种方法既可用于热锻,也可用于冷锻,所用设备有精锻机和轮转锻机两类。

1. 径向(旋转)锻造的分类

(1) 按锤头数量分类　按锻打用锤头数量分为二锤头(图 9.26a、b)、三锤头(图9.26c)、四锤头(图 9.26d)、六锤头或八锤头等多种。

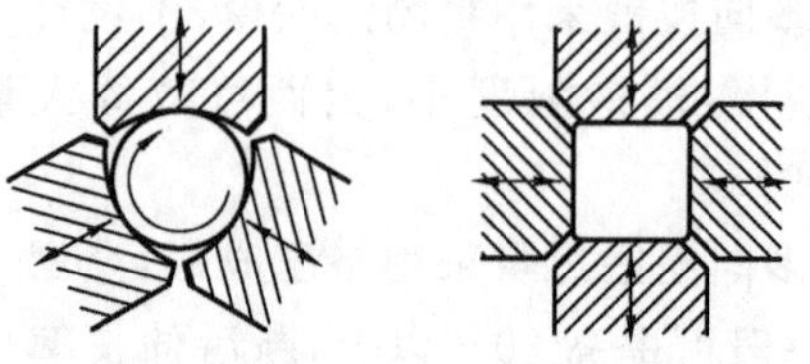

a) 二锤头回转式　b) 二锤头坯料回转式　c) 三锤头坯料回转式　d) 四锤头非回转式

图 9.26　径向(旋转)锻造的形式

(2) 按锤头与坯料的相对运动分类

① 锤头回转式,坯料不转,锤头每次打击都要绕坯料轴旋转(图 9.26a);

② 坯料回转式,坯料旋转,锤头只作打击(图 9.26b、c);

③ 非回转式,锤头和坯料都不旋转(图 9.26d);

④ 坯料相对于锤头轴向送进式;

⑤ 坯料相对于锤头无轴向送进式。

(3) 按空心锻件分类

① 插入芯棒(图 9.27)式;

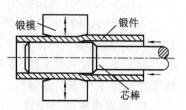

图 9.27　用芯棒径向(旋转)
锻造空心锻件

② 不用插入芯棒式。

2. 径向(旋转)锻造的特点及应用

1) 特点

① 锻件尺寸精度高,表面粗糙度低,Ra 可达 $0.4 \sim 3.2 \ \mu m$,其尺寸公差为 $\pm(0.02 \sim 0.2)$mm,锻件表面比切削加工面更光滑,与配合零件有较大的接触面。

② 径向(旋转)锻造对锻件的横截面压缩量大于拉拔等成形技术,锻件有较好的纤维组织,其抗拉及抗弯强度高。

2) 应用

用径向(旋转)锻造成形可以对棒、管、线材等坯料进行直径压缩,生产带锥度、台阶的锻件和内、外表面异形锻件;可以对弯曲轴进行矫直;可以只在坯料局部长度上成形;可以加工比一般模锻成形更长的锻件(如细长的顶杆件等);还可进行两件嵌合锻成一体的牢固连接(图 9.28)。凡具有一定塑性的金属均可进行径向(旋转)锻造,由钨合金、镍合金制成的半成品也可适用于这种锻造成形。若有必要,也可将预热的坯料进行径向(旋转)锻造。径向(旋转)锻

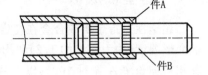

图 9.28　两件嵌合一起锻造

造的缺点是,锻件加工时间长、噪声大,锻造要求专用设备,只适用于大量生产。

9.8　粉末锻造

1. 粉末锻造的原理

粉末锻造是粉末冶金成形和锻造成形相结合的一种金属成形技术。普通的粉末冶金件的尺寸精度高,但塑性与冲击韧度差;锻件的力学性能好,但尺寸精度低。二者取长补短,就形成了粉末锻造成形技术,其工艺过程如图 9.29 所示。首先将粉末预压成形,然后在充满保护气体的炉子中烧结制坯,将坯料加热至锻造温度后再进行模锻。

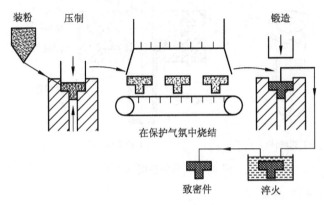

图 9.29　粉末锻造过程

2. 粉末锻造的优点

① 材料利用率高,可达 90% 以上,而模锻的材料利用率只有 50% 左右。

② 力学性能好,材质均匀,无各向异性,强度、塑性和冲击韧度都较高。

③ 锻件精度高,表面光洁,可实现少无切削加工。

④ 生产率高,产量可达 500～1 000 件/h。

⑤ 所需的锻造压力小,如 130 汽车差速器行星齿轮,钢坯锻造需用 2 500～3 000 kN 的压力机,粉末锻造只需 800 kN 的压力机。

⑥ 可以加工热塑性差的材料,如难以变形的高温铸造合金;可以锻出形状复杂的锻件,如差速器齿轮、柴油机连杆、链轮、衬套等。

9.9　超塑性成形

超塑性是指金属或合金在特定条件,即低的变形速率($\varepsilon=10^{-2}\sim10^{-4}\,s^{-1}$)、一定的变形温度(约为熔点的 1/2)和均匀的细晶粒度(晶粒平均直径为 $0.2\sim5\ \mu m$)下,其相对伸长率 A 超过 100% 以上的特性,如钢的 $A>500\%$、纯钛的 $A>300\%$、锌铝合金的 $A>1\ 000\%$。

超塑性状态下的金属在拉伸变形过程中不产生缩颈现象,变形应力仅为常态下金属变形应力的几分之一至几十分之一。因此,该种金属极易成形,可采用多种工艺方法制出复杂成形件。

目前常用的超塑性成形材料主要是锌合金、铝合金、钛合金及某些高温合金。

1. 超塑性成形的应用

1) 超塑性板料成形

如图 9.30a 所示的零件直径较小,高度较高。选用超塑性材料可以一次拉深成形,拉深件品质很好,性能无方向性。图 9.30b 为超塑性板料拉深过程。

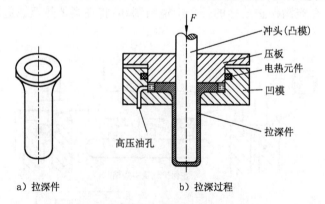

a) 拉深件　　　　　　　　b) 拉深过程

图 9.30　超塑性板料拉深

2) 超塑性板料气压成形

板料气压成形(图 9.31)的过程是:把超塑性金属板料放于模具中,板料与模具一起加热到规定温度,向模腔内吹入压缩空气或抽出模腔内的空气形成负压,板料将贴紧在凹模或凸模上,形成所需形状的工件。该法可加工厚度为 0.4～4 mm 的板料。

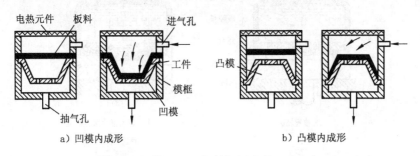

图 9.31　板料气压成形

3) 超塑性挤压和模锻成形

高温合金及钛合金在常态下塑性很差,变形抗力大,不均匀变形引起各向异性的敏感性强,用常规的工艺难以成形,材料损耗极大。如采用普通热模锻毛坯再进行机械加工的方法,金属损耗达 80% 左右,致使产品成本过高。如果在超塑性状态下进行模锻,就完全克服了上述缺点。

2. 超塑性模锻的特点

① 扩大了可锻金属材料的种类,如过去只能采用铸造成形的镍基合金,现在也可以采用超塑性模锻成形。

② 金属填充模腔的性能好,可锻出尺寸精度高、机械加工余量很小甚至不用加工的锻件。

③ 能获得均匀细小的晶粒组织,锻件的力学性能均匀一致。

④ 金属的变形抗力小,可充分发挥中小设备的作用。

总之,利用金属的超塑性,为制造少无切屑加工的零件开辟了一条新途径。

9.10　液压成形

1. 液压拉深成形

液压拉深成形如图 9.32 所示,作用在橡胶膜上的油压力由液压系统控制,最大液压力可达 100 MPa。它首先使板料向下成形,随后在压边圈作用下,拉深凸模向上运动进行拉深,橡胶膜周围的液压力迫使板料与凸模接触,因此增加了凸模与板料间的摩擦,降低拉深件的纵向拉应力,延缓破裂,提高了板料的变形程度和成形极限,且制件能被拉得更深,表面品质更好。因此该成形技术适合于铝、镁、钛合金和高强度合金板料的复杂件的小批生产,如运动轿车覆盖件、车门、底板、航空航天飞行器薄板件等。

2. 对向液压成形

对向液压成形(或称机械液压成形)是将液体的压力作用于板料,使板料贴模成

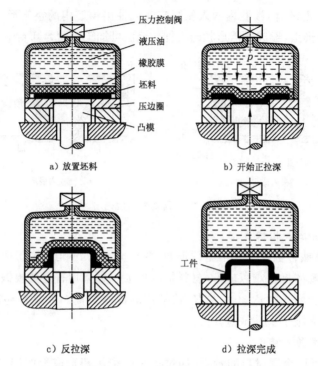

a) 放置坯料　　　　　　　b) 开始正拉深

c) 反拉深　　　　　　　d) 拉深完成

图 9.32　液压拉深成形

形的一种特种冲压成形技术。在液压成形过程中,压力油代替传统的金属凹模,对板料施加均一的压力,板料变形较均匀,因此能提高材料的成形能力,减少成形工序,而且制件的表面品质和尺寸精度好,模具制造相对容易。对向液压成形是一种很有前途的冲压成形技术,在美国、德国、日本等先进工业国家已得到实际应用。

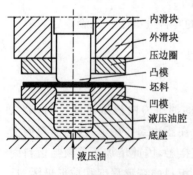

图 9.33　对向液压成形

对向液压成形如图 9.33 所示。在双动压力机内滑块上安装凸模,在外滑块上安装压边圈,在工作台上安装带液压控制系统的液压室,在其上部安装凹模。工作时,泵将液压油打入液压室内达到凹模面,然后将板料放在凹模面上。上模外滑块下行对板料施加压边力,凸模压下将板料压入液压室,液压室因而增压,这时板料对向受到液体压力的作用,而被均匀的压贴在凸模上。该方法提高了板料的极限变形程度,改善了拉深件品质,简化了模具制造,因此经济效益好。

9.11　高能高速成形

1. 高能高速成形的特点

高能高速成形是一种在极短时间内释放高能量而使金属变形的成形技术。它有以下特点。

① 高能高速成形仅用凹模就可以实现,因此,可节省模具材料,缩短模具制造周期,降低模具成本。

② 高能高速成形时,零件以很高的速度贴模,在零件与模具之间发生很大的冲击力,这不但对改善零件的贴模性有利,而且可有效地减少零件弹复现象。板料变形不是在刚体凸模的作用下,而是在液体、气体等传力介质的作用下实现的(电磁成形则不需传力介质),因此板料表面不受损伤,而且可改善变形的均匀性,零件精度高,表面品质好。

③ 高能高速成形可提高材料的塑性变形能力,对于塑性差的难成形材料来说是一种较理想的方法。

④ 用常规成形方法需多道工序才能成形的零件,采用高能高速成形方法可在一道工序中完成,因此,可有效地缩短生产周期,降低成本。

2. 爆炸成形

爆炸成形是利用爆炸物质在爆炸瞬间释放出巨大的化学能对金属坯料进行加工的高能高速成形技术,主要用于板料的拉深、胀形、校形,还常用于爆炸焊接、表面强化、管件结构的装配、粉末压制等。

爆炸成形不需专用设备,而且模具及工装制造简单,周期短,成本低,因此适用于大型零件的成形,尤其适用于小批生产或特大型冲压件的试制。

爆炸成形时,爆炸物质的化学能在极短时间内转化为周围介质(空气或水)中的高压冲击波,并以脉冲波的形式作用于板料,使它产生塑性变形。冲击波对板料的作用时间以微秒计,仅占板料变形时间的一小部分。这种异乎寻常的高速变形条件,使爆炸成形在变形机理及过程方面与常规冲压成形有着根本性的差别。

图 9.34 所示为爆炸拉深成形。板料固定在压边圈和凹模之间,整个模具埋在水中,板料上部放置定量炸药。起爆后,炸药以 2 000~8 000 m/s 的瞬间高速高压冲击波在水中传播,使板料受冲击而成形,成形后的零件形状与凹模模腔一致。

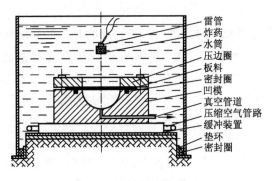

图 9.34　爆炸拉深成形

爆炸成形可用于板料（或管料）的成形、剪切等，所需的设备和模具投资小，见效快。但是，爆炸成形用的炸药、雷管等属危险物品，其保存、使用和管理应按照有关规定严格执行。直接从事爆炸成形的操作人员及器材保管人员，应该具有有关爆炸用品的基本知识。进行爆炸成形还需要掌握较强的专业知识，只有受到严格的专业训练，经考核合格者，才能从事爆炸成形的有关工作。

3. 电液成形

电液成形如图 9.35 所示，它是利用液体中强电流脉冲放电所产生的强大冲击波对金属进行加工的一种高能高速成形技术。来自电网的交流电经变压器及整流器后，变为高压直流电向电容器充电，当充电电压达到所要求的值后，点燃辅助间隙，高电压瞬间加到由两个放电电极所形成的主放电间隙上，并使主间隙击穿，在其间产生高压放电，在放电回路中形成非常强大的冲击电流，结果在电极周围的介质中形成冲击波及冲击液流而使金属板料成形。

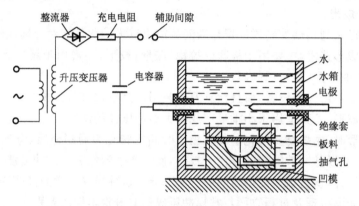

图 9.35　电液成形

与爆炸成形相比，电液成形的能量易于控制，成形过程稳定，操作方便，生产率高，便于组织生产。但由于受到设备容量限制，电液成形还只限于中小型零件的加工，主要用于板料的拉深、胀形、翻边、冲裁等。

4. 电磁成形

电磁成形是利用脉冲磁场对金属坯料进行压力加工的高能高速成形技术。电磁成形除具有前述的高能高速成形特点外，还具有不需要介质、可以在真空或高温条件下成形、能量易于控制、成形过程稳定、再现性强、生产效率高、易于实现机械化自动化等特点。

电磁成形适用于板材，尤其是管材的胀形、缩口、翻边、压印、剪切，以及装配、连接等。电磁成形原理如图 9.36 所示。与电液成形相比，除放电元件不同外，其他都是相同的。电液成形的放电

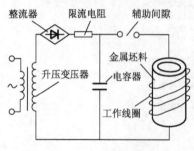

图 9.36　电磁成形原理

元件为水介质中的电极,而电磁成形的放电元件为空气中的线圈。

　　磁场压力形成原理如图 9.37 所示。当工作线圈通过强脉冲电流 I 时,线圈内就产生一均匀的强脉冲磁场(图 a)。如果将管状金属坯料放在线圈内,则在管坯外表面就会产生感应脉冲电流 I',该电流在管坯空间产生感应脉冲磁场(图 b)。放电瞬间,在管坯内部的空间,放电磁场与感应磁场因方向相反而相互抵消;在管坯与线圈之间,放电磁场与感应磁场因方向相同而得到加强。其结果是使管坯外表面受到很大的磁场压力 p 的作用(图 c)。如果管坯受力达到屈服强度值,就会引起缩颈变形。如将线圈放到管坯内部,放电时,管坯内表面的感应电流 I' 与线圈内的放电电流 I 方向相反,这两种电流产生的磁力线,在线圈内部空间因方向相反而互相抵消,在线圈与管坯之间因方向相同而得到加强。其结果是使管坯内表面受到强大的磁场压力,驱动管坯发生胀形变形。

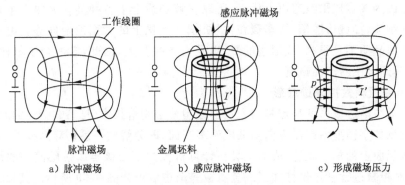

a) 脉冲磁场　　　　　　b) 感应脉冲磁场　　　　　c) 形成磁场压力

图 9.37　磁场压力形成原理

　　电磁成形的加工能力主要取决于电容器的充电电压及电容器的电容量大小。充电电压及电容器量越大,则可成形的毛坯越厚,成形力越大,工件贴模越好,成形的零件越精细;反之,会出现成形力不足,工件形状不清晰等问题。因此,电磁成形的充电直流电压最好能制成可调的(一般要求 5~10 kV 可调),以适应不同形状不同大小和厚度的工件成形。

9.12　数控成形

1. 金属板料多点成形

　　多点成形的基本思想是将整体模具离散化,由一系列规则排列的基本体(或称冲头)组成点阵来代替模具,通过控制基本体 Z 方向的位置坐标,由基本体球头的包络面构成所需的成形曲面,进行板料的快速成形,如图 9.38 所示。多点成形技术的特点如下。

　　① 实现板材三维曲面的无模成形,节省大量的模具材料及设计制造费用。采用多点成形不需要配置模

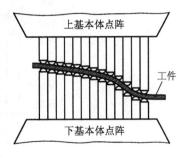

图 9.38　金属板料多点成形

具,因此,不存在模具制造及调试的问题,与传统模具成形方法相比,可大大节省模具费用,加快新产品开发进度。

② 实现柔性化生产。基于计算机控制及数控技术,多点成形的成形面形状可通过对各基本体运动的实时控制自由地构造出来,成形面具有可重构性、快捷性,因此在一台设备上可进行多品种零件的加工;另外,还可在多点成形设备上实现板料的分段、分片成形,因此可在小设备上成形面积数倍甚至数十倍于设备台面的大零件。

③ 实现板料变路径成形。多点成形的成形面甚至在板料成形过程中都是实时可变的,因此,多点成形时板料成形路径是可以改变的,这在传统的模具成形方法中很难实现。多点成形的零件具有残余应力小,成形精度高的特点,甚至可以提高板料的成形能力。

④ 易于实现 CAD/CAE/CAM 一体化及板材加工自动化。

正是因为多点成形具有以上优点,所以它特别适合于各种具有大曲率半径的金属曲面的制造,如城市雕塑、汽车覆盖件、机车或飞机上的大型钣金件等。由于成形零件的表面品质不是很高,成形速度慢,以及设备投资大,因此,它适合于单件、小批生产,尤其适合于新产品试制。

2. 金属板料数控渐进成形

金属板料渐进成形的特点是引入快速原型分层制造技术(见第 20 章)的原理,将复杂的三维数字模型沿高度方向离散成许多断面,即分解成一系列等高线层,并生成各等高线层面上的加工轨迹,成形工具在计算机控制下沿该等高线层面上的加工轨迹运动,对板材进行渐进塑性加工。金属板料渐进成形如图 9.39 所示。其加工过程是:首先将被加工板料置于一个顶支撑模型上,在板料四周用压板在托板上夹紧材料,托板可沿导柱自由上下滑动;然后将该装置固定在三轴联动的数控无模成形机上,加工时,成形工具先走到指定位置,并对板料压下设定压下量;再根据控制系统的指令,按照第一层截面轮廓的加工轨迹要求,以走等高线的方式对板料施行渐进塑性加工,并形成所需第一层截面轮廓后,成形工具头继续压下设定高度,再按第二层截面轮廓轨迹要求运动,并形成第二层轮廓;如此重复直到整个工件成形完毕。

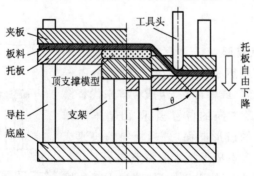

图 9.39　金属板料渐进成形

　　这种成形技术具有不需要专用模具、成形力小，能成形复杂曲面零件，实现柔性自动生产特点，因此，比较适合于加工汽车、飞机、飞船、火箭及导弹等大型薄板覆盖件的多品种、小批量生产，尤其适合于模型样件的制造。

复习思考题

　　(1) 与模锻相比，辊锻有什么优缺点？

　　(2) 挤压零件生产的特点是什么？

　　(3) 精密模锻需采取哪些措施才能保证产品精度？

　　(4) 轧制零件的方法有几种？各有什么特点？

　　(5) 何谓超塑性？超塑性成形有何特点？

　　(6) 液压成形有何特点？

　　(7) 试述几种主要高能高速成形的特点。

　　(8) 某厂需大量生产六角螺栓、螺母、木螺钉和铁钉，各应选择什么成形技术？

　　(9) 何谓旋锻？旋锻最独特的力学性能是什么？利用此性能最适合制造什么锻件？

　　(10) 试分析比较本章所述的成形技术，其中哪些属于冷变形，哪些属于热变形？

　　(11) 多点成形技术的原理和特点是什么？

　　(12) 本章介绍了哪些高能成形技术？它们适合成形什么样的零件？

　　(13) 某单位需要在一周内用钢板制造两件新型汽车车门的样件，请选择其成形技术，并说明理由。

第3篇
焊接成形技术

第 10 章

熔焊成形技术

焊接与其他连接的重要区别是通过原子之间的结合而实现连接。要使两块材料达到原子之间的结合,必须使它们的原子相互接近到晶格距离(一般为 0.3～0.5 nm)。但实际上,即使经过精密加工的材料表面,微观上也是凹凸不平的(表面粗糙度 Ra 为几微米到几十微米),同时,金属表面还存在着氧化膜和其他污染物,这些都阻碍材料表面达到紧密接触。焊接成形的实质就是通过加热或加压(或两者并用)使材料两个分离表面的原子达到晶格距离,借助原子的结合与扩散而获得不可拆接头的工艺方法。焊接成形工艺主要用于金属材料及金属结构的连接,亦可用于塑料及其他非金属材料的连接。根据实现原子结合基本途径的不同,焊接工艺的分类如图 10.1 所示。

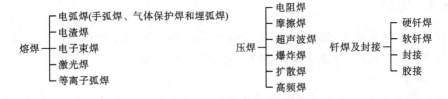

图 10.1　焊接工艺的分类

焊接工艺之所以发展如此迅速,是因为它具有下列特点。

① 可将大而复杂的结构分解为小而简单的坯料拼焊。典型的汽车有 15 000 个零件,它们必须用若干连接方法进行装配。

② 可实现不同材料间的连接成形,优化设计,节省贵重材料。

③ 可实现特殊结构件的生产。例如,核电站用的大型锅炉功率为 1.26×106 kW,要求无泄漏,它只有采用焊接方法才能制造出来。

④ 与铆接件相比,焊件的质量小。

但焊接接头不可拆卸,更换零部件不方便,易产生残余应力,引起应力集中,焊缝易产生裂纹、夹渣、气孔等缺陷,从而导致焊件承载能力降低甚至脆断,使用寿命缩短。因此,应特别注意采用合理的焊接工艺及重视焊缝品质的检验。

10.1　熔焊的三要素

熔焊的本质是小熔池熔炼与冷凝,是金属熔化与结晶的过程(图 10.2)。当温度达到材料熔点时,母材和焊丝熔化形成熔池(图 a),熔池周围母材受到热影响,组织和性能发生变化形成热影响区(图 b),在焊缝与热影响区之间存在固-液两相区,常称为熔合区。热源移走后熔池结晶成柱状晶(图 c)。所以,焊接接头是由母材、热影响区、熔合区、焊缝组成的。

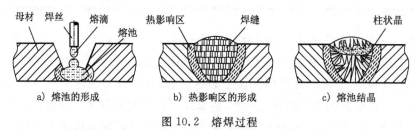

　　a) 熔池的形成　　　　　b) 热影响区的形成　　　　　c) 熔池结晶

图 10.2　熔焊过程

熔焊有如下特点:①熔池存在时间短,温度高;②冶金过程进行不充分,氧化严重;③热影响区大;④冷却速度快,结晶后焊缝易生成粗大的柱状晶。

要获得良好焊接接头必须有合适的热源、良好的熔池保护和焊缝填充金属,此称为熔焊的三要素。

10.1.1　热源

热源的能量要集中,温度要高,以保证金属快速熔化,减小热影响区。能满足熔焊要求的热源有电弧、等离子弧、电渣热、电子束和激光束。

1. 电弧

电弧是指两个电极之间强烈而持久的气体放电现象。气体放电不同于金属导电,其电压和电流的关系不遵循欧姆定律,而呈现几段曲线(图 10.3)。一般气体放电可分为非自持放电和自持放电两个区。在非自持放电区,气体放电自身不能维持其放电所需的带电粒子,而需外加措施(加热和光照射等)来制造带电粒子,且需要高的外加电压。在自持放电区,电极间带电粒子达到一定数量后,即使取消外加措施,放电过程也可在极间电场作用下自我保持。自持放电依电流的由小到大分为暗放电、辉光放电、电弧放电三个阶段。电弧放电过程在电极间产生高温而且热量集中,适合焊接的要求,因而成为一种应用最广的焊接热源。

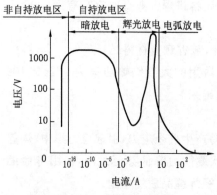

图 10.3　气体放电曲线

电弧分为三个区(图 10.4):①阴极区,即

电子发射区;②阳极区,即接收电子并产生正离子区;
③弧柱区,即气体电离区。各区的电离及产热的情况如
下。

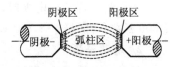

图 10.4　电弧的三个区

1) 阴极区

阴极材料发射电子的难易程度与其电子逸出功有
关。电子逸出功是指材料表面发射出电子所需的最小能量,用 W_ω 表示,单位为电子
伏特(eV)。

阴极材料的 W_ω 愈小,电子发射愈容易,电弧愈易稳定。几种典型材料的 W_ω 如
表 10.1 所示,可见含铈(Ce)和钍(Th)的钨基合金的 W_ω 比纯钨要小,电子发射较容
易,所以,非熔化极焊接一般都用钨铈合金作阴极。而 Al_2O_3 的 W_ω 比纯铝要小,所以
焊接铝合金时,常用阴极效应来除去 Al_2O_3 膜。

表 10.1　几种材料的电子逸出功 W_ω

材　　料	W	W-Ce	W-Th	Al	Al_2O_3
W_ω/eV	4.54	1.36	2.63	4.25	3.90

当外部能量超过材料的电子逸出功时,电子就可以脱离材料表面,产生电子发
射。电子发射的形式有如下几种。

(1) 热发射　电子受到热作用时,将产生强烈的热运动,产生热电子发射,并从
阴极带走能量,使阴极温度下降。高沸点的钨和碳电极易产生热发射。

(2) 电场发射　阴极前端存在高的电场强度,在电场作用下,电子脱离表面而产
生电场发射,低熔点的材料(如钢、铜和铝)易产生电场发射。

(3) 光发射　阴极受到一定波长的光辐照时,产生光发射。钾、钠、钙的临界波
长在可见光区,铁、铜、钨的临界波长在紫外线区。电弧的光辐射波(包括可见光和紫
外线)可引起电子的光发射。产生光发射时,电极表面接受的光辐射能量与电子逸出
功相等,对电极无冷却作用。

2) 阳极区

阳极区接受由弧柱来的电子流和向弧柱提供正离子流。受电子的碰撞,阳极获
得较高的能量,从而温度升高。

(1) 电场电离　当电弧导电时,阳极表面前方产生电子的堆积,形成阳极电场,
强电场使电子加速碰撞中性粒子而产生电离。

(2) 热电离　当阳极达到蒸发的高温时,中性粒子被热电离形成一个电子和一
个正离子,电子奔向阳极,正离子奔向阴极。

3) 弧柱区

中性的气体原子和分子受到电场的作用将产生激励或电离。电子从阴极奔向阳
极,与弧柱中的气体粒子产生强烈的碰撞而将大量的热量释放给弧柱区,所以弧柱具
有很高的温度。

当用钢芯焊条作电极时,电弧中各区的温度为:弧柱区 6 000～8 000 K,阳极区 2 600 K 左右,阴极区 2 400 K 左右。

2. 等离子弧

与自由电弧相比,等离子弧是被压缩的电弧,其弧区的能量密度集中,温度高,挺直度好(图 10.5)。

等离子弧的温度达 24 000～50 000 K,能量密度达 $10^5 \sim 10^6$ W/cm^2,焊缝和热影响区较小,可焊接厚钢板。

3. 电渣热

特制的电渣由一些金属盐和氧化物组成,熔融过程中会形成大量离子,如果接通电源,正负离子将产生定向移动而导电并释放热量(图 10.6),使渣池的温度达到 2 000～2 200 K。这一温度足以使大多数金属熔化。

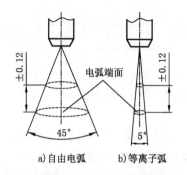

图 10.5　自由电弧与等离子弧的挺直度

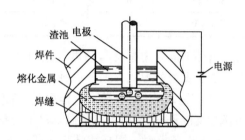

图 10.6　电渣热源

4. 电子束

钨被加热到 2 600 K 时能产生大量的电子,在强电场的作用下,电子被加速到 160 000 km/s,撞击在金属表面时能量密度将达到 $10^6 \sim 10^8$ W/cm^2,比电弧产生的能量密度大 1 000 倍,能使金属瞬间熔化或气化(图 10.7a)。电子束的穿透能力强,可一次焊接厚度达 200 mm 的钢板。

5. 激光束

激光具有单波长和单色性,方向性强,能量密度高达 $10^5 \sim 10^{13}$ W/cm^2,可使金属产生瞬间熔化或气化。但材料的光热效应通常只发生在表层(图 10.7b),因此,激光的穿透能力较差,熔池较浅,只能用来焊接微小件和薄壁件。

10.1.2　熔池保护

熔池金属在高温下与空气作用会产生诸多不良反应,形成气孔、夹杂等缺陷,影响焊缝品质。用渣保护、气体保护或渣-气体联合保护法,可隔绝空气,防止熔池氧化,并可脱氧、脱硫、脱磷,向熔池过渡合金元素,以改善其性能。

1. 渣保护

为了使熔池与空气隔离,可在熔池上覆盖一层熔渣,溶渣的作用是防止金属氧化、吸气和向熔池过渡合金元素,改善焊缝性能;同时,还可以稳定电弧,减少散热,提高生产率(图 10.8)。渣保护的材料有焊剂和电渣两类。

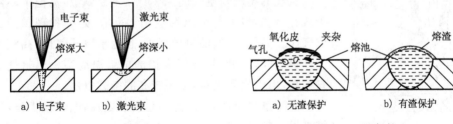

图 10.7　电子束和激光束的热特性　　　　　图 10.8　渣保护

1) 焊剂

焊剂应保证热源的稳定,硫、磷含量低,熔点和黏度合适,脱渣性好,不析出有害气体,不吸湿。焊剂有熔炼焊剂和非熔炼焊剂两类,非熔炼焊剂又分为烧结焊剂和黏结焊剂。熔炼焊剂主要起保护作用,非熔炼焊剂除了起保护作用外还可以起渗合金、脱氧、去硫等冶金作用。

焊剂是由 SiO_2、MnO、MgO 及 CaF 等组成的硅酸盐,根据其中硅、锰、氟的含量不同,可分为表 10.2 所示的几种类型。"H""J"是"焊""剂"二字的汉语拼音首写字母。

表 10.2　焊剂的牌号名称及其用途

焊剂牌号	名　称	用　途	电源种类
焊剂 130(HJ130)	无锰高硅低氟	用于低碳钢的焊接	交流或直流反接
焊剂 150(HJ150)	无锰中硅中氟	用于合金钢的焊接	交流或直流反接
焊剂 172(HJ172)	无锰低硅高氟	用于合金钢的焊接	直流反接
焊剂 230(HJ230)	低锰高硅低氟	用于低合金钢的焊接	交流或直流反接
焊剂 260(HJ260)	低锰高硅中氟	用于低合金高强度钢的焊接	直流反接
焊剂 251(HJ251)	低锰中硅中氟	用于低合金高强度钢的焊接	直流反接
焊剂 350(HJ350)	中锰中硅中氟	用于低合金高强度钢的焊接	直流反接
焊剂 430 或 431(HJ431)	高锰高硅低氟	用于低合金结构钢的焊接	交流或直流反接

2) 电渣

除应有焊剂的基本性能外,电渣还应有合适的电导率、高的蒸发温度。一般,SiO_2 含量愈高,电导率愈低,电渣黏度愈高;钙和其他元素的氟化物和钛的氧化物使渣的电导率增大,黏度减小。电渣分为高电导率、中电导率和低电导率等三类。

2. 气体保护

气体保护如图 10.9 所示。用于保护熔池和溶滴的气体应是在高温下不分解的惰性气体(如氩气)或低氧化性的、不溶于液态金属的气体(如 CO_2),也可用混合气体。保护气体还应能稳定热源,密度应比空气大,以便排开空气,在熔池上方形成气

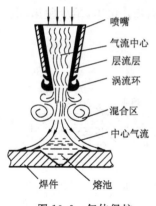

图 10.9　气体保护

罩。喷嘴结构应尽可能使气体以层流状态流出。

1）氩气

氩气的密度是空气的 1.25 倍，不易飘散，高温下不溶于液态金属，也不与金属发生化学反应，是一种理想的保护气体。另外，氩气的热导率小，且为单原子气体，高温下无分解过程，因此，用氩气保护的电弧温度高。但氩气电离势高，引弧比较困难，需要较高的空载电压。

由于氩弧温度高，因此一旦引燃电弧，电弧就很稳定。氩弧焊一般要求氩气纯度达 99.9%。

但是，氩气不像还原性气体或氧化性气体那样有脱氧或去氢作用，所以，氩弧焊对焊前的除油、去锈、去水等准备工作要求严格，否则就会影响焊缝品质。

2）CO_2 气体

CO_2 气体无色、无味，在常温下很稳定，但在高温下易分解。CO_2 气体密度大，是空气的 1.5 倍，受热后体积膨胀大，所以在隔离空气、保护焊接熔池和电弧方面效果良好。

使用液态 CO_2 很经济、方便。容积为 40 L 的标准钢瓶可以灌入 25 kg 的液态 CO_2，液态 CO_2 约占钢瓶容积的 80%，其余 20% 左右的空间则充满气化了的 CO_2。钢瓶压力表上所指示的压力值，就是这部分气体的饱和压力。只有当钢瓶内液态 CO_2 已全部挥发成气体，压力才会随着 CO_2 气体的消耗而逐渐下降。CO_2 气体纯度对焊缝金属的致密性有较大的影响。CO_2 气体中的有害杂质主要为水分和氮气，其中水分的危害最大，易导致气孔和焊缝脆性。因此，要求焊接用的 CO_2 纯度不能低于 99.5%。我国目前还无专用于焊接的 CO_2 气体，市售的 CO_2 气体主要是酿造厂、化工厂的副产品，含水较多而且不稳定。在使用前可先将钢瓶倒置 1~2 h，然后打开阀门，把沉积在下部的水排出。根据瓶中水含量的不同，可放水 2~3 次，每隔 30 min 左右放一次。放水结束后，仍将钢瓶放正，再放气 2~3 min，放掉钢瓶上部的气体，因为这部分气体通常含有较多的空气和水分。在气路系统中设置干燥器，可进一步减少 CO_2 气体中的水分。一般用硅胶或脱水硫酸铜做干燥剂。

3. 渣-气体联合保护

利用渣-气体联合保护（图 10.10）可获得良好的熔池保护效果，其具体起保护作用的有焊条的药皮和 CO_2 气体加药芯。

1）药皮

药皮含有造气剂和造渣剂，涂敷在焊条

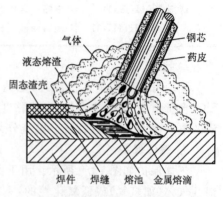

图 10.10　渣-气联合保护

外。此外,为了使电弧稳定燃烧和过渡合金元素,药皮中还含有稳弧剂、合金剂、脱氧剂、脱硫剂和去氢剂等。

为了保证药皮有一定的强度和压涂性,在药皮中还配有黏结剂、增塑剂等。药皮的原料有矿石、铁合金、有机物和化工产品等四类。各种原料粉末按一定比例配成涂料,再加黏结剂压涂在焊芯上即可配制出不同性质的药皮。

常用药皮成分及作用如表 10.3 所示。药皮配方举例如表 10.4 所示。

表 10.3　焊条药皮原料的种类、名称及其作用

原料种类	原料名称	作　用
稳弧剂	碳酸钾,碳酸钠,大理石,长石,钛白粉,钠水玻璃,钾水玻璃	改善引弧性,提高电弧燃烧稳定性
造气剂	淀粉,木屑,纤维素,大理石	高温分解出大量气体,隔绝空气,保护焊接熔滴与熔池
造渣剂	大理石,氟石,菱苦土,长石,锰矿,钛铁矿,黄土,钛白粉,金红石	形成渣层,覆盖在熔池表面,隔绝空气使渣具有合适的熔点、黏度和酸碱度,以有利于脱渣、脱硫和脱磷等
脱氧剂	锰铁,硅铁,钛铁,铝铁,石墨	降低电弧气氛和熔渣的氧化性,脱除熔滴和熔池金属中的氧,锰还起脱硫作用
合金剂	锰铁,硅铁,钛铁,钼铁,钒铁,钨铁	使焊缝金属获得必要的合金成分
黏结剂	钾水玻璃,钠水玻璃	将药皮牢固地黏在钢芯上

表 10.4　药皮配方举例

药皮类型	药皮配方/%(质量分数)												特　点
	大理石	菱苦土	金红石	钛白粉	氟石粉	中锰铁	碳铁	钛铁	硅铁	白泥	长石粉	云母粉	硅石粉	碳酸钠	

药皮类型	大理石	菱苦土	金红石	钛白粉	氟石粉	中锰铁	钛铁	硅铁	白泥	长石粉	云母粉	硅石粉	碳酸钠	特　点
钛钙型	14	7	26	10	—	12.5	—	—	12	8	10	—	—	酸性
低氢型	44	—	—	5	20	5	12	5.5	—	—	6	6	1	碱性

药皮特点不同,其特性也有很大差别,如酸性药皮与碱性药皮的性质就大不一样。

① 酸性药皮工艺性好,碱性药皮工艺性差。因酸性药皮中无反电离物氟石(CaF$_2$),因而电弧易引燃,引燃后燃烧稳定,脱渣性好,焊缝形状美观;而碱性药皮正好相反。

② 碱性药皮中有益元素多,有害元素(硫、磷、氢、氧、氮)少,所以能给焊缝增加有益的合金元素,从而使焊接接头的力学性能得到改善。

③ 碱性药皮中不含有机物而含有氟石,能够与氢化物化合生成不溶于熔池的HF,有去氢作用,可以降低焊缝中的氢含量,提高焊缝金属的抗裂性,所以也称之为

低氢型药皮。

④ 碱性药皮氧化性强,对锈、油、水的敏感性大,易产生飞溅和 CO 气孔。

⑤ 碱性药皮在高温下易生成有毒物质(如 HF 等),因此操作时应注意通风。

2) CO_2 气体加药芯

单一 CO_2 气体保护因产生飞溅、气孔和合金元素的氧化烧损,其应用受到一定限制。为了改善 CO_2 气体保护的效果,采用 CO_2 气体加药芯的方法。药芯是空心金属筒的中心包裹有与药皮成分相同的粉剂,因而可实现渣-气体联合保护。其优点如下。

① 由于药芯成分改变了纯 CO_2 电弧气氛的物理、化学性质,因而飞溅少,且飞溅颗粒细,容易清除。又因熔池表面覆盖有熔渣,所以焊缝成形类似手弧焊,较用单一 CO_2 气体保护时的形状更美观。

② 与单一药皮保护相比,CO_2 加药芯保护下电弧的热效率高,熔深大,因而生产率高,填充金属用量少。

③ 调整药芯成分可焊接不同的钢材,抗气孔能力比单一 CO_2 气体保护强。

10.1.3　焊缝填充金属

焊缝填充金属指的是焊芯与焊丝。当焊缝较宽时,靠母材的熔化不能填满焊缝,这时,必须外加焊丝补充。另外,对于低合金钢焊件,为了提高焊缝性能,使焊缝与母材强度相等,仅靠焊剂、药皮过渡合金元素是不够的,必须用合金焊丝和焊芯(填充金属)过渡合金元素。

常用的焊条钢芯及焊丝为碳素钢丝、合金钢丝和不锈钢丝,其牌号、材料及焊接结构材料如表 10.5、表 10.6 所示。其碳、硅含量较低,磷、硫的质量分数小于0.03%,以保证焊缝有较高的强度和韧性。其中,H 代表焊接用钢丝,其后的两位数字代表碳的质量万分数;A 为高级优质钢;E 代表特级优质钢。

表 10.5　焊条钢芯的牌号、材料及焊接结构材料

钢芯牌号	钢芯材料	焊接结构材料
H08	普通低碳钢	普通碳素结构钢
H08A	高级优质低碳钢	普通碳素结构钢
H08E	特级优质低碳钢	优质结构钢
H08Mn2	普通低合金钢	低合金结构钢
H08CrMoA	高级优质合金钢	低合金结构钢
H08Cr20Ni10Ti	不锈钢	不锈钢
H08Cr21Ni10	不锈钢	重要不锈钢

表 10.6　焊丝的牌号、材料及焊接结构材料

焊丝牌号	焊丝材料	焊接结构材料
H08MnA	优质结构钢	低碳钢
H10MnSi	低合金结构钢	低合金钢
H30CrMnSi	优质合金结构钢	高强度钢
H10Mn2MoVA	优质合金钢	重要高强度钢
H0Cr14	铁素体不锈钢	高铬铁素体钢
H0Cr18Ni9	奥氏体不锈钢	不锈钢
H08Cr22Ni15	双相不锈钢	重要不锈钢

10.2　焊接接头的组织与性能

10.2.1　焊接热循环

在焊接加热和冷却过程中,焊缝及其附近母材上某点的温度随时间变化的过程叫做焊接热循环。图 10.11 所示为低碳钢焊接热循环特征。温度达到 1 100 ℃ 以上的区域为过热区,$t_{过1}$ 为点 1 的过热时间;500~800 ℃ 的区域为相变温度区,$t_{8/5}$ 为点 1 处从 800 ℃ 冷却到 500 ℃ 的时间。由此可见,焊缝及其附近母材上各点在不同时间经受的加热和冷却作用是不同的,在同一时间各点所处的温度也是不同的,因此冷却后的组织和性能也不同。焊接热循环的特点是加热和冷却速度很快,对于易淬火钢,易导致马氏体相变,对于其他材料,也会产生相变和再结晶,易产生焊接变形、应力及裂纹。焊缝附近的母材受

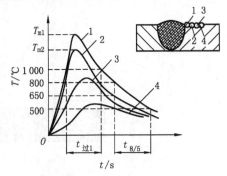

图 10.11　焊接热循环特征

焊接热循环作用而发生组织或性能变化的区域称为焊接热影响区。

10.2.2　焊缝的组织和性能

热源移走后,熔池焊缝中的液态金属立刻开始冷却结晶。晶粒以垂直于熔合线的方向向熔池中心生长,形成柱状树枝晶(图 10.12)。这样,低熔点物将被推向焊缝最后结晶的部位,形成成分偏析区。宏观偏析的分布与焊缝成形系数 B/H 有关,当 B/H 很小时,形成中心线偏析,易产生热裂纹。

焊缝金属冷却快,其宏观组织形态是细晶粒柱状晶,成分偏析严重,影响焊缝性能。但是,由于化学成分控制严格,碳、磷、硫等含量低。通过渗合金调整焊缝的化学

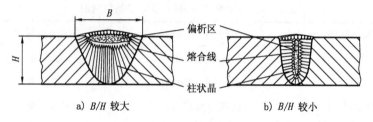

a) B/H 较大　　　　　　b) B/H 较小

图 10.12　焊缝的结晶

成分,使其有一定的合金元素,能使焊缝金属的强度与母材相当,一般都能达到"等强度"的要求。

10.2.3　热影响区的组织和性能

热影响区中不同点的最高加热温度不同,其组织变化也不同。低碳钢焊接接头最高加热温度曲线及室温下的组织图如图 10.13a 所示,图 10.13b 为简化了的铁碳相图。低碳钢的热影响区可分为以下几个区。

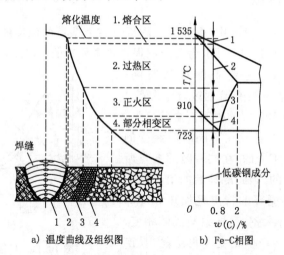

a) 温度曲线及组织图　　　　　b) Fe-C相图

图 10.13　低碳钢焊接热影响区的组织变化

(1)熔合区　熔合区中熔合有填充金属与母材金属的多种成分,故成分不均匀,组织为粗大的过热组织或淬硬组织,是焊接热影响区中性能很差的部位。严格地说,它不属于热影响区,是焊接接头中的一个特殊区域。

(2)过热区　过热区晶粒粗大,塑性差,易产生过热组织,是热影响区中性能最差的部位。

(3)正火区　正火区因冷却时奥氏体发生重结晶而转变为珠光体和铁素体,所以晶粒细小,性能好。

(4)部分相变区　部分相变区存在铁素体和奥氏体两相,其中铁素体在高温下长大,冷却时不变,最终晶粒较粗大。而奥氏体发生重结晶转变为珠光体和铁素体,晶粒细化。所以此区晶粒大小不均,性能较差。

焊接热影响区是影响焊接接头性能的关键部位。焊接接头的断裂往往不是出现在焊缝区,而是出现在接头的热影响区,尤其是多发生在熔合区及过热区,因此必须对焊接热影响区进行控制。

10.2.4 影响焊接接头性能的因素

(1)焊剂与焊丝 焊剂与焊丝直接影响焊缝的化学成分。通过焊剂、药皮可向焊缝过渡一部分合金元素。

(2)焊接方法 热源、温度和热量集中程度不同,熔合区和热影响区的大小、组织和杂质含量就不同,焊缝性能也就不同。一般,热量集中的焊接方法(如电子束焊、等离子弧焊)的热影响区较小,而加热时间长、热量分散的方法(如电渣焊、气焊)的热影响区较大。

(3)焊接工艺参数 电流、电压、焊接速度和线能量(单位长度焊缝上输入的能量)直接影响焊接接头组织及热影响区的大小。

(4)熔合比 熔合比是指母材在焊缝中所占面积的分数。如图 10.14 所示,S_m 为母材所占面积,S_t 为填充金属所占面积,则熔合比为 $S_m/(S_t+S_m)$。熔合比将影响焊缝的化学成分及焊接接头的性能。熔合比越大,表示母材熔入焊缝的量越大,对焊接接头性能的影响也越大。

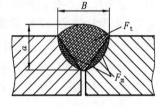

图 10.14 焊缝中的母材和填充金属

(5)焊后热处理 正火处理可细化焊接接头的组织,改善焊接接头的性能。

10.3 焊接变形和焊接应力

10.3.1 焊接应力与变形产生的原因及危害

1. 产生的原因

当长度为 L_0 的金属材料在自由状态下受到整体加热和冷却时,它可自由膨胀和收缩,不会产生应力(图 10.15a)。但加热时如受到刚性拘束(图 10.15b),其长度不能膨胀到自由变形时的 $L_0+2\Delta L$ 而仍然为 L_0,从而产生塑性压缩变形量 $2\Delta L$;冷却时也不能产生 $2\Delta L'$ 的自由收缩量而仍维持长度 L_0,将使金属受到拉应力并残留下来。在非刚性拘束的情况下加热时,金属可以产生部分的膨胀和收缩(图 10.15c):不能自由伸长 $2\Delta L$ 而只能产生 $2\Delta L_1$ 的膨胀量,金属受到压应力,产生一定量的压缩变形;冷却时不能产生 $2\Delta L$ 而只能产生 $2\Delta L_1$ 的收缩量,金属也会受到拉应力并残留下来。最后产生的变形 $2\Delta L_1-2\Delta L_1'$ 为残余变形,也称为焊接变形。

焊接过程中焊缝区金属经历加热和冷却循环,其膨胀和收缩受到周围冷金属的

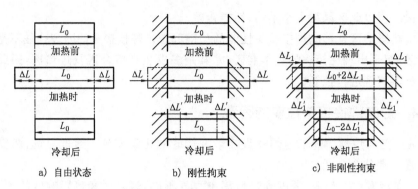

a) 自由状态　　　　b) 刚性拘束　　　　c) 非刚性拘束

图 10.15　加热和冷却时的应力与变形

拘束,不能自由进行。当拘束很大(如大平板对接)时,会产生很大的残余应力,而残余变形较小;当拘束较小(如小板对接焊)时,则既产生残余应力,又产生残余变形。

2. 危害

焊件产生的变形和应力对结构的制造和使用会产生不利影响。焊接变形可能使焊接结构尺寸不符合要求,组装困难,间隙大小不一致等,同时使结构件形状发生变化,产生附加应力,降低承载能力。焊接残余应力会增加焊件工作时的内应力,降低承载能力,还会诱发应力腐蚀裂纹,甚至造成脆断。另外,残余应力处于不稳定状态,在一定条件下应力会逐步衰减而逐步增大变形,使构件尺寸不稳定。所以,减小和防止焊接变形和应力是十分必要的。

10.3.2　焊接应力和变形的防止

1. 焊接应力的防止及消除

焊接残余应力是由于局部加热或冷却金属时,其伸长与缩短不均匀并受到阻碍而产生的。其分布与焊缝接头形式有关,当采用对接焊时,残余应力的分布如图10.16所示。由图可见,焊缝受热后冷却收缩时,受到周围冷金属的拘束而受拉应力,而母材及边缘则因焊缝的收缩而承受压应力,其应力值有时超过金属的屈服强度。因此,焊接应力是十分有害的。常采用如下工艺措施来减小焊接应力。

① 焊缝不要密集交叉,长度也要尽可能短,以减小局部热量,减小焊接应力。

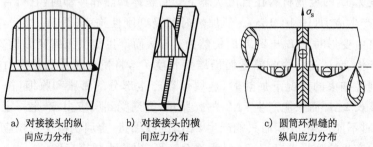

a) 对接接头的纵　　b) 对接接头的横　　c) 圆筒环焊缝的
向应力分布　　　　向应力分布　　　　纵向应力分布

图 10.16　焊接残余应力的分布

② 采取合理的焊接顺序,尽可能使焊缝自由地收缩,以减小应力。如图 10.17a 所示的焊件焊接顺序正确,因而焊接应力小;而图 10.17b 所示的焊件因先焊焊缝 1 而导致对焊缝 2 的拘束增加,从而增大了残余应力。

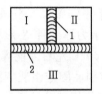

a) 焊接应力小　　　　b) 焊接应力大

③ 采用小的线能量,多层焊,减小焊缝应力。

图 10.17　焊接顺序对焊接应力的影响

④ 焊前预热可以减小焊件温差。

（图中数字表示焊接顺序）

⑤ 当焊缝还处在较高温度时,锤击焊缝使金属伸长。

⑥ 焊后进行消除应力的退火。把焊件整体缓慢加热到 $550 \sim 650$ ℃,保温一定时间,再随炉冷却,利用材料在高温下屈服强度的下降和蠕变现象而达到松弛焊接残余应力的目的。这种方法可以消除残余应力的 80% 左右。

此外,也可以用加压和振动等机械方法,利用外力使焊接接头残余应力区产生塑性变形,达到松弛残余应力的目的。

2. 焊接变形的防止和消除

焊件变形的形式主要有尺寸收缩、角变形、弯曲变形、扭曲变形、波浪变形等,如图 10.18 所示。凡能消除应力的方法均有助于消除焊接变形。此外,还可采用如下措施来消除焊接变形。

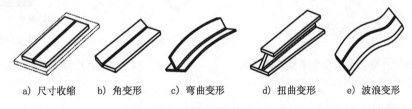

a) 尺寸收缩　　b) 角变形　　c) 弯曲变形　　d) 扭曲变形　　e) 波浪变形

图 10.18　焊接变形的常见形式

① 尽量将焊缝对称布置,让变形相互抵消。如图 10.19a 所示的为对称焊缝布置,如图 10.19b 所示的为对称双 Y 形坡口布置。

② 采用反变形方法(图 10.20)。在组装时,使焊件按角变形方向的反方向放置,以抵消焊接变形。

③ 在焊接工艺方面,采用高能量密度的热源(如等离子弧、电子束等)和小的线

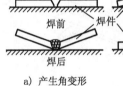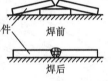

a) 对称焊缝　　b) 对称坡口　　　　　　a) 产生角变形　　b) 采用反变形

图 10.19　焊缝的对称布置　　　　　　图 10.20　Y 形坡口对接焊的反变形法

能量,采用对称焊(图 10.21)、分段倒退焊(图 10.22)或多层多道焊,都能减小焊接变形。图 10.23 所示为厚大件 X 形坡口的多层焊接工艺。操作中应注意,前一层焊缝金属必须冷却到 60 ℃左右才能焊后一层。

④ 采用焊前刚性固定组装焊接,限制产生焊接变形,但这样会产生较大的焊接应力,也可采用定位焊组装的方法。

⑤ 焊前预热,焊接过程中采用散热措施(图 10-24c 所示的水冷铜散热板)、锤击还处在高温的焊缝等。

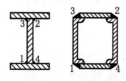

a) 工字梁　b) 方管结构

图 10.21　对称焊

(图中数字表示焊接顺序)

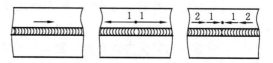

a) 焊件变形最大　　b) 焊件变形较小　　c) 焊件变形最小

图 10.22　分段倒退焊在长焊缝中的应用

(图中数字表示焊接顺序)

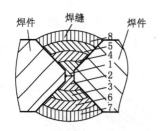

图 10.23　大型 X 形坡口的多层焊接工艺

(图中数字表示焊接顺序)

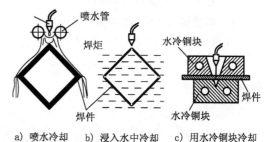

a) 喷水冷却　　b) 浸入水中冷却　　c) 用水冷铜块冷却

图 10.24　用散热法减小焊接变形

3. 焊接变形的矫正

(1) 机械矫正法(图 10.25)　　这种方法以产生反向塑性变形来矫正焊接变形,但同时会产生加工硬化而使材料塑性下降,通常只适用于塑性好的低碳钢和普通低合金钢。

(2) 火焰矫正法(图 10.26)　　这种方法利用火焰加热,以产生新的反向收缩变形

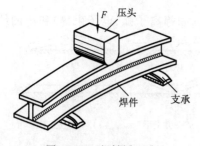

图 10.25　机械矫正法

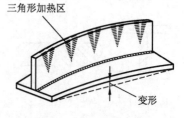

图 10.26　火焰矫正法

来矫正原来的变形。如焊后已经产生上拱的丁字梁,可用火焰在腹板上的三角形区加热到 $600 \sim 800$ ℃,然后冷却,腹板收缩产生反变形,从而把焊件矫正过来。此法一般仅适用于塑性好,且无淬硬倾向的材料。

10.4　焊接缺陷

焊接缺陷主要有焊接裂纹、未焊透、夹渣、气孔缺陷和焊缝外观缺陷等。这些缺陷减少焊缝截面,产生应力集中,使构件承载能力和抗疲劳强度降低,易产生破裂甚至脆断,其中危害最大的是焊接裂纹和气孔。

10.4.1　焊接裂纹

1. 热裂纹

1) 热裂纹的特征

发生在焊缝并在焊缝结晶过程中形成的热裂纹称为结晶裂纹,发生在热影响区并在加热到过热温度时因晶间低熔点杂质发生熔化并受焊接应力作用而产生的热裂纹称为液化裂纹。热裂纹的微观特征是沿晶界开裂,所以又称为晶间裂纹。因热裂纹在高温下形成,所以裂纹表面有氧化色彩。

2) 热裂纹产生的原因

① 在焊接过程中,焊缝结晶的柱状晶形态,会导致低熔点杂质偏析,从而在晶间形成一层液态薄膜。在热影响区中的过热区,如晶界存在较多的低熔点杂质,也会形成晶间液态薄膜。

② 接头中存在拉应力。液态薄膜强度低,在拉力的作用下很易开裂,从而产生热裂纹。

3) 热裂纹的防止

① 限制钢材和焊条、焊剂的低熔点杂质。硫、磷与铁易形成低熔点共晶物,很容易产生热裂纹。

② 适当提高焊缝成形系数,防止中心偏析。一般认为,焊缝成形系数为 $1.3 \sim 2.0$ 较合适。

③ 调整焊缝化学成分,避免低熔点共晶物形成,缩小结晶温度范围,改善焊缝组织,细化焊缝晶粒,提高塑性,减少偏析。一般认为,碳含量控制在 0.10%(质量分数)以下,热裂纹敏感性就会大大降低。

④ 减少焊接应力的工艺措施,如采用小的线能量、焊前预热、合理的焊缝布置等。

⑤ 施焊时填满弧坑。

2. 冷裂纹

1) 冷裂纹的形态和特征

焊缝和热影响区都可能产生冷裂纹,常见的冷裂纹形态有三种,如图 10.27 所示。

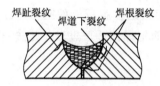

图 10.27　焊接冷裂纹的形态

① 焊道下裂纹。在焊道下的热影响区内形成的焊接冷裂纹,常沿平行于熔合线的方向扩展。

② 焊趾裂纹。沿应力集中的焊趾处形成的焊接冷裂纹,在热影响区扩展。

③ 焊根裂纹。沿应力集中的焊缝根部所形成的焊接冷裂纹,向焊缝或热影响区扩展。冷裂纹的特征是无分支,通常为穿晶型,其表面无氧化色彩。最主要、最常见的冷裂纹是延迟裂纹,即在焊后延迟一段时间才发生的裂纹。

2）延迟裂纹的产生原因

① 焊接接头(焊缝和热影响区及熔合区)的淬火倾向严重,产生淬火组织,导致接头脆化。

② 焊接接头氢含量较高,接头冷凝时,大量氢分子析出并聚集在焊接缺陷处,造成非常大的局部压力,使接头脆化。

③ 存在较大的拉应力。因氢的扩散需要时间,所以冷裂纹在焊后延迟一段时间才出现。由于是氢所诱发的,因此延迟裂纹也叫氢致裂纹。

3）防止延迟裂纹的措施

① 选用碱性焊条或焊剂,减少焊缝金属中的氢含量,提高焊缝金属塑性。

② 焊前清理一定要严格,焊条、焊剂要烘干,焊缝坡口及附近母材要去除油、水、锈,减少氢的来源。

③ 焊件焊前预热,焊后缓冷,可降低焊后冷却速度,避免产生淬硬组织,并可减少焊接残余应力。

④ 采用减小焊接应力的工艺措施,如对称焊、小的线能量的多层多道焊等。

⑤ 焊后进行清除应力的退火处理或立即进行去氢(后热)处理(加热到 250 ℃,保温 2~6 h,使焊缝金属中的氢扩散并逸出液态金属表面)。

10.4.2　气孔

1. 气孔产生的原因

高温下溶解在焊缝液态金属中的大量气体,随着温度的下降,其溶解度降低而析出,若来不及逸出熔池表面就会导致气孔的产生。若熔池保护不好,溶入熔池的气体就多,产生气孔的倾向就大。氢、氮在液态金属中的溶解度较大,所以气孔多为氢气孔、氮气孔。

另外,熔池氧化严重时存在较多的 FeO,FeO 与 C 将发生如下反应:

$$FeO + C \rightarrow Fe + CO \uparrow$$

因此,焊缝中也经常出现 CO 气孔。熔池氧化越严重,碳含量越高,就越容易产生 CO 气孔。

2. 防止气孔的方法

焊条、焊剂要烘干,焊丝和焊缝坡口及其两侧的母材要去除锈、油和水。焊接时采用短弧焊,采用碱性焊条,CO_2 气体保护焊时采用药芯焊丝或低碳材料,都可减少和防止气孔的产生。

10.5　焊接检验

10.5.1　焊接检验过程

焊件品质检验是焊接结构生产过程的重要组成部分。只有通过检验和对缺陷的分析,才能鉴定焊件品质的优劣,才能在整个生产过程中有目的地采取措施来防止缺陷,保证产品的安全使用。焊件品质检验包括以下三种。

(1) 焊前检验　焊前检验主要是指焊接原材料的检验、设计图样与技术文件的论证和焊接工人的培训考核等。特别重要的是,焊前必须对原材料进行化学分析、力学性能试验和必要的焊接性试验,注意原材料的保管与发放,不许错用或混用材料。

(2) 焊接生产中的检验　焊接生产中的检验是指生产工序中的检验,通常由每个工序的焊工在焊后自己进行检验(主要是外观检验),检验合格后打上焊工代号钢印。这样可以及时发现问题,予以补救。

(3) 成品检验　成品检验是指焊接产品最后的品质检验和评定。例如,按设计要求的品质标准,经 X 射线检验、水压试验等有关检验合格以后,产品才能出厂,以保证以后的安全使用。至于哪种产品应该要求哪一级品质标准,或采取哪种焊接检验方法,应由产品设计部门依据有关产品技术标准与规程来决定。

10.5.2　外观检验和力学性能检验

1. 外观检验

外观检验就是用肉眼或低倍数(小于 20 倍)放大镜检查焊缝区有无表面气孔、咬边、未焊透、裂缝等缺陷,并检查焊缝外形及尺寸是否合乎要求。外观检验合格以后,才能进行其他方法检验。

2. 力学性能检验

焊接接头或焊缝金属的力学性能检验主要用于研究试制工作,如新钢种的焊接、焊条试制、焊接工艺试验评定和焊工技术考核等,常做的试验是拉伸试验、冲击试验、弯曲及压扁试验、硬度试验和疲劳试验等。试件的形状、尺寸、截取方法及试验方法应该按有关国家标准进行。

10.5.3　无损检验

1. 磁粉检验

在焊件外加一磁场,在焊缝表面撒上铁粉。磁力线通过完好的焊件时是均匀的直线;当焊件有缺陷存在时,磁力线就会发生弯曲,磁扰乱部位的铁粉就被吸附在裂缝缺陷之上,其他部位的铁粉则无此现象,如图 10.28 所示。所以,可通过焊缝上铁粉吸附情况判断焊缝中缺陷的所在位置和大小。

2. 着色检验

将焊件表面打磨到 $Ra \leqslant 12.5 \ \mu m$,用清洗剂除去杂质污垢。先涂一层渗透剂,渗透剂呈红色,具有很强的渗透性能,可通过焊件表面渗入缺陷内部。十分钟以后,将表面的渗透剂擦掉,再一次清洗,而后涂一层白色的显示剂,借助毛细作用,缺陷处的红色渗透剂即显示出来。可用 4～10 倍放大镜形象地看出裂纹等表面缺陷位置与形状。

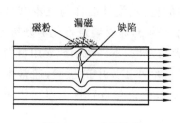

图 10.28　磁粉检验

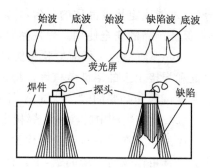

图 10.29　超声波检验

3. 超声波检验

超声波的频率在 20 000 Hz 以上,具有能透入金属材料深处的特性,而且由一种介质进入另一种介质界面时,在界面发生反射波。因此检验焊件时,在荧光屏上可看到无缺陷处有规律的始波和底波(图 10.29)。若焊接接头内部存在缺陷,介于始波与底波之间将另外产生脉冲反射波。根据脉冲反射波形的相对位置及形状,即可判断缺陷的位置、种类和大小。

4. X 射线和 γ 射线检验

X 射线和 γ 射线都是电磁波,都能不同程度地透过金属,当经过不同物质时,射线会引起不同程度的衰减,从而使金属另一面的照相底片得到不同程度感光。图 10.30 为 X 射线透视示意图。若焊缝中有未焊透、裂缝、气孔与夹渣,则通过缺陷处的射线衰减程度小。因此,相应部位的底片感光较强,底片冲出后,就在缺陷部位上显示出明显可见的黑色条纹和斑点,如图 10.31 所示。

射线探伤品质检验标准按国标《金属熔化焊焊接接头射线照相》(GB/T3323—2005)来评定。焊接接头共分四级:一级焊缝缺陷最少,品质最好;二、三级焊缝的内部缺陷依次增多,品质逐级下降;缺陷数量超过三级者为四级。各级焊缝不允许哪种缺陷和允许哪种缺陷达到什么程度,在标准中都有详细的规定,可由检验人员借助计算机进行评定。

几种焊缝内部检验方法的相互比较如表 10.7 所示。

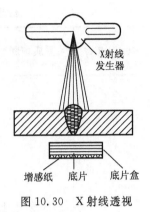

图 10.30　X 射线透视

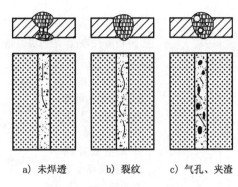

a) 未焊透　　　b) 裂纹　　　c) 气孔、夹渣

图 10.31　X 射线底片的识别

表 10.7　几种焊缝内部检验方法的比较

检验方法	能探出的缺陷	可检验的厚度	灵敏度	其他特点	品质判断
磁粉检验	表面及近表面的缺陷（微细裂缝、未焊透、气孔等）	表面与近表面，深度不超过 6 mm	与磁场强度大小及磁粉品质有关	被检验表面最好与磁场正交、限于磁性材料	根据磁粉分布情况判定缺陷位置，但深度不能确定
着色检验	表面及近表面有开口的缺陷（微细裂纹、气孔、夹渣、夹层等）	表面	与渗透剂性能有关，可检验出 0.005～0.01 mm 的微裂缝，灵敏度高	表面应打磨到 $Ra \leqslant 12.5\ \mu m$，环境温度在 15 ℃以上，可用于非磁性材料，适于各种位置单面检验	可根据显示剂上的红色条纹，形象地看出缺陷位置、大小
超声波检验	内部缺陷（裂缝、未焊透、气孔及夹渣）	焊件厚度的上限几乎不受限制，下限一般应大于 8 mm	能检验出直径大于 1 mm 的气孔夹渣，探裂缝较灵敏，对表面及近表面的缺陷不灵敏	检验部位的表面应加工到 $Ra = 6.3～1.6\ \mu m$，可以单面探测	根据荧光屏上信号，可当场判断有无缺陷、缺陷的位置及其大致大小，但判断缺陷种类较难

续表

检验方法	能探出的缺陷	可检验的厚度	灵　敏　度	其 他 特 点	品质判断
X射线检验	内部缺陷（裂缝、未焊透、气孔及夹渣等）	150 kV 的 X 射线检测仪可检验厚度不大于 25 mm，250 kV 的 X 射线检测仪可检验厚度不大于 60 mm	能检验出尺寸大于焊缝厚度 1%～2% 的各种缺陷	焊接接头表面无须加工，但正反两面都必须是可接近的	从底片上能直接形象地判断缺陷种类和分布，对平行于射线方向的平面形缺陷不如超声波灵敏
γ射线检验		镭能源可检验厚度为 60～150 mm，钴 60 能源可检验厚度为 60～150 mm，铱 192 能源可检验厚度为 1.0～65 mm	较 X 射线低，一般可检验出约为焊缝厚度的 3% 的缺陷		
高能射线检验		9 mV 电子直线加速器可检验厚度为 60～300 mm，24 mV 电子感应加速器可检验厚度为 60～300 mm	一般可检验出不大于焊缝厚度的 3% 的缺陷		

10.5.4　密封性检验

1. 静气压试验

往封闭的容器或管道等试验件内通入一定压力的压缩空气后，小件可放在水槽中，看其是否冒气泡；大件可在焊缝外侧涂刷肥皂水，看其是否冒泡。静气压试验用来检验焊缝的密封性。

2. 煤油检验

在被检验焊缝及热影响区的一侧涂刷石灰水，在另一侧涂刷煤油。当有微细裂缝或渗透性缺陷时，煤油渗透力较强，会渗过缺陷，使石灰白粉呈现黑色斑纹。

3. 水压试验

水压试验用于检验压力容器、锅炉、压力管道和储罐等的焊接接头致密性和强度，同时能起到降低结构焊接应力的作用。

水压试验应在焊缝内部检验及所有检查项目全部合格后进行。试验时,容器或管道内装满水,堵塞所有孔眼。按有关产品技术条件要求,用水泵把容器内的水压提高到焊件工作压力的 1.25～1.5 倍,停泵保压 5 min,看压力表指示的压力是否下降。再降到工作压力,全面检查试件焊缝和金属外壁是否有渗漏现象。水压试验后,焊接构件应没有可见的残余变形。水压试验是检验锅炉、容器、管道的重要手段,应严格按有关技术标准执行。水压试验合格的产品一般即可认为是合格产品。

10.6　熔焊

10.6.1　手弧焊

1. 手弧焊原理

以有药皮的焊芯为一个电极,以焊件为另一个电极,手工通过短路引燃电弧,在电弧的高温作用下,药皮产生大量的气体和熔渣,以实现渣-气体联合保护。电弧熔化焊芯和焊缝处的母材金属,手工操作沿焊缝均匀移动电弧形成焊缝,药皮用以保证焊缝的化学成分和力学性能。

2. 手弧焊工艺

1) 直流手弧焊

直流手弧焊的焊接电源与焊件的连接有正接和反接两种方式(图 10.32)。直流正接是焊件接电源的正极,焊条接负极,正极温度高于负极。这种接法可获得较大的熔深,适用于厚板的焊接。直流反接与正接相反,焊条接正极,焊条熔化速度快。这种接法可实现薄板的快速焊接及碱性焊条的焊接。

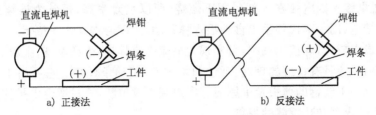

图 10.32　直流焊手弧焊的正接法和反接法

2) 交流手弧焊

交流手弧焊的电源为交流电源,常用 50 Hz 的工频交流电。焊件和焊条正负极每秒交换 100 次,两极不存在温度差。交流手弧焊主要使用酸性焊条。

3) 焊条的型号和牌号

焊条型号用国际通用标准表示。在型号 E××××中:E 为 Electrode 的首字母,×代表数字;第一、第二位数字表示熔敷金属的最小抗拉强度值(×10 MPa);第三位数字表示焊接位置(0 和 1 表示全位置焊,2 表示平焊,4 表示向下立焊);第三、第四位数字表示焊接电流种类和药皮类型(如 03 为钛钙型药皮,交流或直流正、反接;15 为低氢钠型药皮,直流反接;16 为低氢钾型药皮,交流或直流反接)。

焊条牌号用我国行业标准表示,有 J×××、A×××、Z××× 三种。其中:J 代表结构钢,A 代表奥氏体钢,Z 代表铸铁;前两位数字表示所形成焊缝的最小抗拉强度值(×10 MPa),如 J422 中的 42 表示抗拉强度为 420 MPa 级,相应还有 50、55、60、70、75、85 等级别;最后一位数字表示药皮类型和适用的电流种类,如 1~5 为酸性药皮,6 和 7 为碱性药皮。酸性药皮的焊条可用于交、直流电源焊接,而碱性药皮的焊条只能用于直流电源焊接。焊条牌号与相应的焊条型号相对应,如 J422 与 E4303 对应,J507 与 E5015 对应。

4) 酸性焊条与碱性焊条

酸性焊条药皮不含 CaF,生成的气体主要为 H_2 和 CO,脱硫、脱磷能力差,焊缝氢含量高、韧性差。碱性焊条药皮含有大量的 $CaCO_3$ 和 CaF,生成的气体主要为 CO 和 CO_2,脱硫、脱磷能力强,焊缝氢含量低、韧性好。

碱性焊条工艺性差,因含有较多的 HF 和 OH⁻ 等负离子,电弧燃烧不稳定,只能用直流电源焊接。

手弧焊操作简便、灵活,可全位置焊接,但其接头过热区宽,热影响区也宽,所以只适用于焊接性好的低碳钢、低合金钢;操作中需更换焊条,生产率低,金属浪费大,生产条件差,故只用于单件、小批短焊缝的焊接。

10.6.2　埋弧焊

1. 埋弧焊的原理及特点

埋弧焊用焊剂进行渣保护,其工艺过程如图 10.33 所示。焊丝为一电极并在焊剂层下引燃电弧。因电弧在焊剂包围下燃烧,所以热效率高;焊丝为连续的盘状焊丝,可连续馈电,用小车代替手工自动沿焊缝移动,速度通常高达 5 m/min,自动化程度高,生产成本较低;焊接无飞溅,可实现大电流高速焊接,生产率高;金属利用率高,焊件品质好,焊缝具有良好的韧性、延性和均匀性;劳动条件好。它可用于焊接各种碳钢、合金钢和不锈钢的薄板及中厚板。因焊剂为颗粒状,故只适合水平施焊。埋弧焊适于平直长焊缝和环焊缝的焊接。

2. 埋弧焊的工艺

1) 焊前准备

板厚小于 14 mm 时,可不开坡口;板厚为 14~22 mm 时,应开 Y 形坡口;板厚为 22~50 mm 时,可开双 Y 形或 U 形坡口。焊缝间隙应均匀,焊直缝时,应安装引弧板和引出板(图 10.34),以防止起弧和熄弧时在工件焊缝中产生的气孔、夹杂、缩孔、缩松等缺陷。

2) 平板对接焊

平板对接焊一般采用双面焊,可不留间隙直接进行双面焊接,也可采用打底焊、焊剂垫或垫板。为提高生产率,也可采用水冷铜成形底板进行单面焊双面成形(图

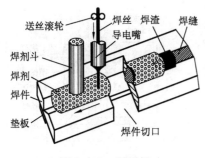

图 10.33 埋弧焊

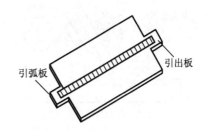

图 10.34 引弧板和引出板

10.35)。

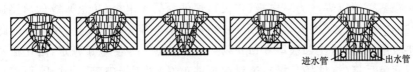

a) 双面焊   b) 打底焊   c) 采用垫板   d) 采用锁底坡口   e) 采用水冷铜板

图 10.35 平板对接焊

3）环焊缝

焊接环焊缝时，焊丝起弧点应与环的中心线偏离一距离 e（图 10.36），以防止熔池金属的流淌。一般取 $e = 20 \sim 40$ mm，直径小于250 mm 的环焊缝一般不采用埋弧自动焊。

3. 埋弧焊的应用

埋弧焊主要用于压力容器的环缝焊和直缝焊、锅炉冷却壁的长直焊缝焊接、船舶和潜艇壳体的焊接、起重机械（如行车）和冶金机械（如高炉炉身）的焊接等。

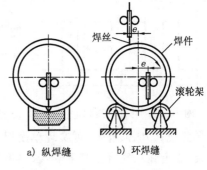

a) 纵焊缝   b) 环焊缝

图 10.36 圆形件埋弧焊

10.6.3 气体保护焊

1. 氩弧焊

氩弧焊是利用氩气保护电弧区及熔池进行焊接的一种熔焊工艺。

1）钨极氩弧焊

以钨钍合金和钨铈合金为阴极，利用钨合金熔点高、发射电子能力强、阴极产热少、钨极寿命长的特点，形成不熔化极氩弧焊，如图 10.37 所示。钨极氩弧焊一般只采用直流正接（焊件接正极），否则易烧损钨极。焊接铝时，可采用交流氩弧焊，利用负半周的电流时大质量氩离子击碎熔池表面的氧化膜（称为阴极破碎）。钨极氩弧焊通常用来焊接薄板。

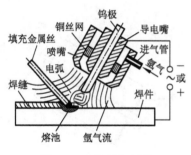

图 10.37　钨极氩弧焊

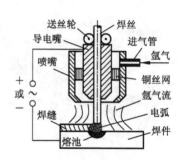

图 10.38　熔化极氩弧焊

2）熔化极氩弧焊

熔化极氩弧焊以焊丝为一电极（正极），焊件为另一电极（负极），焊丝熔滴通常呈很细颗粒的"喷射过渡"进入熔池（图 10.38），所用电流比较大，生产率高，因此通常用来焊接较厚的焊件，比如板厚 8 mm 以上的铝容器。为使电弧稳定，熔化极氩弧焊通常采用直流反接（焊件接负极），这对铝焊件正好有"阴极破碎"的作用，可清除氧化皮。

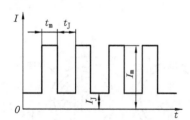

图 10.39　脉冲氩弧焊电流波形

3）脉冲氩弧焊

将电流波形调制成脉冲形式（图 10.39），用高脉冲来焊接，低脉冲用来维弧和凝固，可控制焊缝的尺寸与焊件品质。

4）氩弧焊的特点及应用

氩弧焊有如下特点：①机械保护效果很好，焊缝金属纯净、致密，表面无熔渣，焊件品质优良，焊缝外形美观；②电弧稳定，可实现单面焊双面成形；③明弧可见，易操作，可全位置自动焊接；④电弧在气流压缩下燃烧，热量集中，焊接热影响区较小，焊接变形小；⑤氩气成本高。

氩弧焊主要用于化学性质活泼的非铁金属、稀有金属和合金钢，如铝、镁、钛、锆、钼、钽、高强度合金钢和不锈钢、耐热钢等的焊接。

2. CO_2 气体保护焊

CO_2 气体保护焊是以 CO_2 为保护气体的电弧焊（见图 10.40），它用焊丝为电极引燃电弧，实现半自动焊或自动焊。

CO_2 气体密度大，高温体积膨胀大，保护效果好。但 CO_2 属氧化性气体，在高温下易分解为 CO 和 O_2，导致合金元素的氧化、熔池金属的飞溅和 CO 气孔。

1）防止飞溅和气孔的措施

CO_2 气体保护焊常用 H08Mn2SiA 焊丝加强脱氧和合金化；采用短路过渡和细颗粒过渡；为使电弧稳定，飞溅少，采用直流反接方式；采用含硅、锰、钛、铝的焊丝，防止铁的氧化；采用药芯焊丝，实现气-渣联合保护。

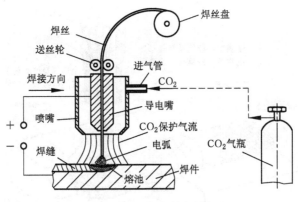

图 10.40　CO_2 气体保护焊

2）CO_2 气体保护焊的特点及应用

CO_2 气体保护焊有如下特点：①成本仅为手弧焊和埋弧焊的 40％ 左右，生产率比手弧焊高 1～4 倍；②焊缝品质较好，氢含量低，裂纹倾向小；电弧热量集中，热影响区小，焊件变形小；③明弧可见，操作方便，易于全位置自动化操作；④焊接时烟尘、飞溅较大，焊缝成形不够光滑。

CO_2 气体保护焊目前已广泛应用于船舶、机车车辆、汽车、农机制造等工业领域，主要用于板厚在 25 mm 以下的低碳钢及强度等级不高的低合金钢结构的焊接，也可用于磨损件的堆焊和铸铁件的焊补。

10.6.4　药芯焊丝电弧焊

1. 药芯焊丝电弧焊的原理

药芯焊丝电弧焊（图 10.41）与气体保护焊相似，其焊条是管状并用焊剂填充（因此称为"药芯"），产生的电弧更稳定，使焊缝外形得到改善，并使焊接金属获得更好的力学性能。在焊丝中，焊剂比药皮焊条上所用的脆性药皮涂层有更好的柔韧性，这样，管状焊条可以提供长的盘卷长度。焊丝直径通常是 0.5～4 mm，要求的功率约为 20 kW。也可用自保护的焊丝，采用这些焊丝焊接不用外部提供保护性气体，因为这些焊丝含有挥发性焊剂，可以保护焊接区不受周围环境的影响。

由于药芯焊丝电弧焊焊丝制造的进步以及焊剂化学性质的优化，这种工艺在焊接领域的推广应用十分迅速。小直径焊丝使制造更薄材料的焊缝成为可能，而且，小直径焊丝容易进行不同位置零件的焊接，其焊剂的化学性质可允许焊接更多的材料。

2. 药芯焊丝电弧焊的特点

药芯焊丝电弧焊工艺综合了药皮焊条电弧焊的多功能性及气体保护焊焊条连续和自动送进的优点，具有经济、通用性强的特点，比气体保护焊有更高的焊缝金属沉积速度，可用于各种焊接接头，主要用于碳钢、不锈钢和镍基合金，以及厚截面工件的焊接。最近开发的小直径管状焊条已将该法扩展到小截面尺寸工件的焊接。

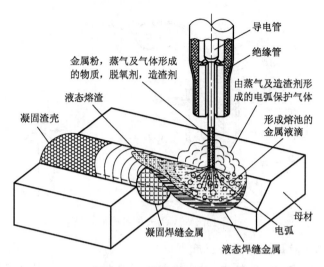

金属粉，蒸气及气体形成
的物质，脱氧剂，造渣剂

导电管

绝缘管

由蒸气及造渣剂形
成的电弧保护气体

液态熔渣

凝固渣壳

形成熔池的
金属液滴

母材

电弧

凝固焊缝金属

液态焊缝金属

图 10.41　药芯焊丝电弧焊

药芯焊丝电弧焊的主要优点是可以开发那些特殊化学性质的焊接金属，易于实现焊接过程自动化，便于采用柔性制造系统及机器人进行焊接。

10.6.5　电渣焊

电渣焊是利用电流通过熔渣时产生的电阻热加热并熔化焊丝和母材来进行焊接的一种熔焊工艺，依电极形状不同，它可分为丝极电渣焊、板极电渣焊、熔嘴电渣焊和熔管电渣焊。

一般以竖直立焊位置进行电渣焊，如图10.42所示。焊接电源的一个极接在焊丝的导电嘴上，另一个极接在焊件上。焊丝由送丝滚轮驱动，在其自身电阻热和渣池电

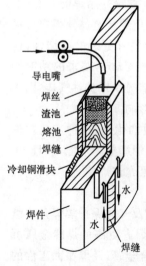

导电嘴
焊丝
渣池
熔池
焊缝
冷却铜滑块
焊件
水
水
焊缝

图 10.42　电渣焊

阻热的作用下加热熔化，形成熔滴后穿过渣池进入渣池下面的金属熔池，使渣池的最高温度达到 2 200 K 左右（焊接钢时）。同时，渣池的最低温度约为 2 000 K，位于渣池内的渣产生剧烈的涡流，使整个渣池的温度比较均匀，并迅速地把渣池中心处的热量不断带到渣池四周，从而使焊件边缘熔化。随着焊丝金属向熔池的过渡，金属熔池液面及渣池表面不断升高。若机头上的送丝导电嘴与金属熔池液面之间的相对高度保持不变，机头上升速度应该与金属熔池的上升速度相等。机头的上升速度也就是焊接热源的移动速度，金属熔池底部的液态金属随后冷却结晶，形成焊缝。

保持合适的渣池深度是获得良好焊缝的重要条件之一。因此，电渣焊要在竖直位置或接近竖直的位置进行，并且在焊缝的两侧设置冷却铜滑块或固定垫板以防止电渣流失等。冷却铜滑块是随同机头一起上移的。

1. 电渣焊的结晶特点

电渣焊的线能量大,加热和冷却速度低,高温停留时间长,所以,电渣焊焊缝的一次结晶晶粒为粗大的树枝状组织,热影响区也严重过热。在焊接低碳钢时焊缝和近缝区容易产生粗大的魏氏组织。为了改善焊接接头的力学性能,焊后要进行正火处理。

2. 电渣焊工艺特点

焊件焊前要装配好。首先定出设计间隙,装配的实际间隙应比设计值稍大,以补偿焊接时的变形。在多数情况下,间隙要略呈上宽下窄的楔形(图 10.43),这是为防止焊接收缩变形而设计的。β 值一般取 $1°\sim2°$。焊件错边不应超过 2 mm,以防止渣和熔池金属流失。

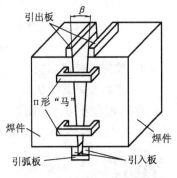

图 10.43　电渣焊焊件的装配

焊件起焊和结尾处应装有引入板和引出板,引入板用来建立有一定高度的渣池。渣池建立初期,冶金反应不完全,形成的夹杂、气孔留在引入板中,焊后再除去。引出板是为了防止缩孔和裂缝的产生而设置的,焊后应及时切除,以免在该处产生的裂纹扩展到焊缝上。

与一般电弧焊相比,电渣焊有如下优点。

① 可一次焊接很厚的焊件,只需留有一定的间隙而不用开坡口,故焊接生产率高。焊接过程中焊剂、焊丝和电能的消耗量均比埋弧焊低,而且焊件越厚效果越明显。

② 金属熔池的凝固速率低,熔池中的气体和杂质较易浮出,故焊缝产生气孔,夹渣的倾向性较低。

③ 渣池的热容量大,对电流波动的敏感性小,电流密度可在较大的范围内变化。

④ 一般不需预热,焊接易淬火钢时,产生淬火裂纹的倾向小。

电渣焊广泛用于锅炉、重型机械和石油化工等行业。电渣焊除焊接碳钢、合金钢以及铸铁外,也可用来焊接铝、镁、钛及铜合金。

10.6.6　等离子弧焊

等离子弧焊是利用机械压缩效应(电弧通过喷嘴细小孔道时的被迫收缩)、热压缩效应(在冷气流的强迫冷却下,带电粒子(离子和电子)流往弧柱中心集中)和电磁收缩效应(弧柱带电粒子的电流线为平行电流线,相互磁场作用使电流线产生相互吸引而收缩)将电弧压缩为一束细小等离子体的一种焊接工艺。等离子弧发生器原理如图 10.44 所示。

等离子弧温度高达 24 000 K 以上,能量密度达 105～106 W/cm²,可一次性熔化较厚的材料。等离子弧焊可用于焊接和切割。

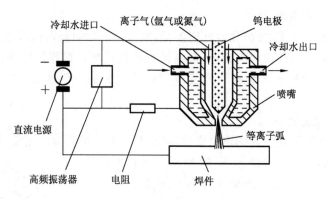

图 10.44　等离子弧发生器原理

1. 等离子弧焊工艺

1) 穿孔型等离子弧焊

穿孔效应及工艺如图 10.45 所示。在大的电流(100～300 A)和离子气流量适当的工艺参数条件下,可实现熔化穿孔型焊接。这时等离子弧把焊件完全熔透并在等

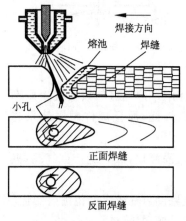

图 10.45　穿孔效应及工艺

离子流的作用下形成一个穿透焊件的小孔,熔化的金属被排挤在小孔周围。随着等离子弧沿焊接方向的移动,熔化金属沿电弧周围熔池壁向熔池后方移动,于是小孔也跟着等离子弧向前移动。利用穿孔焊接可在不用衬垫的情况下实现单面焊双面成形,因而受到特别重视。

穿孔型等离子弧焊最适合焊接厚度为 3～8 mm 不锈钢、12 mm 以下的钛合金、2～6 mm 的低碳钢或低合金钢和铜及铜合金、镍及镍合金的对接缝,可实现不开坡口、不加填充金属、不用衬垫的单面焊双面成形。厚度大于上述范围时可采用 Y 形坡口多层焊。

2) 熔入型等离子弧焊

当等离子弧的离子气流量较小时,穿孔效应消失,等离子弧焊同钨极氩弧焊相似(但熔深和焊接效率高于氩弧焊),这种焊接工艺称为熔入型等离子弧焊。熔入型等离子弧焊适用于薄板、多层焊缝的盖面及角焊缝的焊接,操作中可填加也可不填加焊丝,其优点是焊速较快,目前已普遍用来焊接金属箔。由于喷嘴的拘束作用和维弧电流的同时存在,小电流的等离子弧可以十分稳定。电流在 15～30 A 的熔入型等离子弧焊通常称为微束等离子弧焊。此外,还有脉冲等离子弧焊、熔化极等离子弧焊和变极性等离子弧焊等。

2. 等离子弧切割

等离子弧切割通常采用氮气和压缩空气作离子气将切口金属熔化并吹除。等离

子弧的热熔值高,切割速度提高,切口品质好,近年来受到国内外的特别重视。等离子弧切割低碳钢的厚度为 0.6～80 mm,尤适合用氧-乙炔焰气体不能切割的金属,如不锈钢及合金钢等。

3. 等离子弧焊的特点及应用

等离子弧焊有如下特点:①等离子弧能量密度大,弧柱温度高,穿透能力强,10～12 mm厚的钢材可不开坡口,一次焊透双面成形;②焊接速度快,生产率高,应力变形小;③电流小到 0.1 A 时,电弧仍能稳定燃烧,与普通电弧相比,它能保持良好的挺直度与方向性,所以,等离子弧焊可焊接箔材。

等离子弧焊在生产中已得到广泛应用,特别是在国防工业及尖端技术所用的铜合金,合金钢,钨、钼、钴、钛等金属的焊接方面。钛合金导弹壳体、波纹管及膜盒、微型继电器、电容器的外壳以及飞机上一些薄壁容器,均可用等离子弧焊接。但是,等离子弧焊设备比较复杂,气体耗量大,只宜于室内焊接。

10.6.7　电子束焊

1. 电子束焊原理

现代原子能和航天、航空技术大量应用了锆、钛、钼、铌和铍等稀有、难熔或活性大的金属,用一般焊接方法难以得到满意的结果。20 世纪 50 年代研制出的真空电子束焊成功地实现了这些金属的焊接。电子束焊是利用高速运动的电子撞击工件时、将动能转化为热能并将焊缝熔化进行熔焊的成形技术。图 10.46a 所示为真空电子束焊装置。电子枪、焊件及夹具全部装在真空室内。电子枪由加热灯丝、阴极、阳极及聚焦装置等组成。阴极被灯丝加热到 2 600 K 时能发出大量电子,这些电子在阴极与阳极(焊件)间的高电压作用下,经电磁透镜聚焦成电子流束,以高速(1.6×10^5 km/s)射向焊件表面,将动能转变为热能。聚焦电磁透镜由单独的直流电源供电,为调节电子束的相对位置,还另设有偏转装置。真空电子束焊要求真空室的真空度一般为 $10^{-3} \sim 10^{-2}$ Pa。当电子束能量密度较小时,加热区集中在焊件表面,这时,电子束焊与电弧焊相似;而电子束能量高时,将产生穿孔效应,熔深可达 200 mm。用于穿透焊缝的结构如图 10.46b 所示。

由于真空电子束焊对真空度的要求很高,为扩大电子束焊的应用范围,先后研制出了低真空和非真空电子束焊,为防止电子枪的污染,采用氦气隔离电子枪与工作室,使电子束能在大气中进行焊接。

电子束焊一般不加填充金属,如要求焊缝有突出表面的堆高可在接缝预加垫片。对接焊缝间隙为板厚的 10%,一般不能超过 0.2 mm。

2. 电子束焊的特点及应用

电子束焊有如下特点:①保护效果好,焊缝品质好,适用范围广;②能量密度大,穿透能力强,可焊接厚大截面工件和难熔金属;③加热范围小,热量影响区小,焊接变形小;④焊件的尺寸大小受真空室容积的限定;⑤电子束焊设备复杂、成本高。

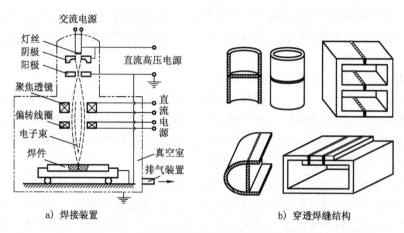

a) 焊接装置　　　　　　　　　　　b) 穿透焊缝结构

图 10.46　真空电子束焊接装置及穿透焊缝结构

电子束焊主要用于微电子器件焊装、导弹外壳的焊接、核电站锅炉汽包和精度要求高的齿轮等的焊接。

10.6.8　激光焊

1. 激光焊原理

激光焊是利用光学系统将激光聚焦成微小光斑,使其能量密度达 10^{13} W/cm^2,从而使材料熔化焊接的工艺。激光焊分为脉冲激光焊和连续激光焊。脉冲激光焊主要用于微电子工业中的薄膜、丝、集成电路内引线和异材焊接。连续激光焊可焊接中等厚度的板材,焊缝很小。图 10.47 所示为用于焊接和切割(大功率激光器)的激光焊过程与切割机。工件安装在工作台上,激光器发出的连续激光束,经反射镜及聚焦系统聚焦后,射向焊缝完成焊接。

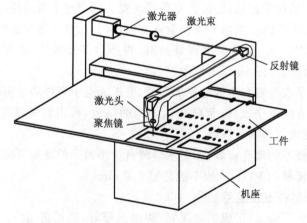

图 10.47　激光焊过程与切割机

2. 激光焊的特点

激光焊有如下特点：①高能高速，焊接热影响区小，无焊接变形；②灵活性大，光束可偏转、反射到其他焊接方法不能到达的焊接位置；③生产率高，材料不易氧化；④设备复杂，目前主要用于薄板和微型件的焊接。

【例】　激光焊接电动剃须刀刀片

吉利电动剃须刀盒如图 10.48 所示，两个狭窄部分的每一个高强度刀片上有 13 个微小的焊缝（点），其中 11 个可以在图中的每个刀片上看见暗黑色点（直径约 0.5 mm）。刀片上的焊缝（点）可用放大镜或显微镜进行检查。

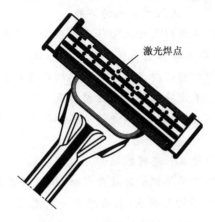

激光焊点

图 10.48　吉利电动剃须刀盒

焊缝（点）是用 YAG 光纤激光器进行焊接，该装置能提供非常柔性光束的操作，满足了焊接位置的可达性，并能沿刀片不同部位准确定位。一条生产线的生产率是每小时三百万个焊缝（点），动作精确，焊接品质稳定。

复习思考题

(1) 电弧的三个区是哪三个区？每个区的电现象怎样？由此导致的温度分布有何特点？

(2) CO_2 气体保护效果怎样？为什么 CO_2 气体保护可除氢，而且易产生飞溅？

(3) 渣-气体联合保护中造气剂和造渣剂可选用什么化合物？

(4) 焊丝和焊条钢芯的作用是什么？其化学成分特点怎样？

(5) 焊接接头由哪几部分组成？各部分的组织和性能特点怎样？

(6) 指出低碳钢和合金钢（退火态）的热影响区的组织有何异同，怎样防止合金钢的焊接裂纹？

(7) 试述热裂纹及冷裂纹的特征、形成原因及防止措施。

(8) 常用无损检测焊缝的方法有哪几种？分述其基本原理和适用范围。

(9) 什么叫直流正接？什么叫直流反接？各应用于什么场合？

（10）酸性焊条和碱性焊条有什么不同？各应用于什么场合？

（11）采用直流钨极氩弧焊时，钨极应接电源的哪一极？采用氩弧焊时，为什么对焊前清理要求特别严格？

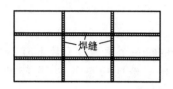

图 10.49　焊缝设计及焊接次序

（12）图 10.49 所示的方式拼接大块钢板是否合理？为什么？如不合理应怎样改善？

为减小焊接应力与变形，其焊接次序应如何合理安排？

（13）厚件多层焊时，为什么有时要用圆头小锤敲击红热状态的焊缝？

（14）试述穿孔型等离子弧焊与熔入型等离子弧焊的异同点和应用场合。

（15）采用电渣焊时，引入板和引出板有何作用？

（16）电渣焊的焊缝组织有何特点？焊后需热处理吗？怎样处理？

（17）试述电子束焊和激光焊的特点和适用范围。

（18）等离子切割能用于非金属材料吗？如可以，你是选择转移弧还是非转移弧，并解释理由。

（19）焊缝的污染源是什么？怎样控制。

（20）大型船舶的船体是用厚钢板焊接而成的，试选用本章所述焊接成形技术中的三种，列表比较每一种技术的优缺点，最后确定一种最适合的焊接成形技术，并解释理由。

（21）描述熔焊的特点及如何识别焊接接头的不同区域。

（22）热影响区的性能是什么？

（23）焊接品质的含义是什么？讨论影响它的因素？

（24）铸造和熔焊之间异同点是什么？

（25）解释不同被焊零件的韧性对焊缝缺陷的影响。

（26）为什么预热焊件可降低裂纹的可能性？

第 11 章

压焊成形技术

压焊是通过加热及加压使金属达到塑性状态,产生塑性变形、再结晶和原子扩散,最后使两个分离表面的原子接近到晶格距离(0.3～0.5 nm),形成金属键,从而获得不可拆卸接头的成形技术。

压焊的热源形式为电阻热、高频热和摩擦热等,其加压作用的形式可为静压力、冲击力(锻压力)和爆炸力等。根据压力和温度的不同,压焊可分为冷压焊、扩散焊和热压焊。

11.1 电阻焊

11.1.1 电阻焊的原理

电阻焊是利用电阻热为热源,并在压力下通过塑性变形和再结晶而实现焊接的一种压焊成形技术。

1. 热源

当电流从两电极流过焊件时,焊件因具有较大的接触电阻而集中产生电阻热:$Q = I^2Rt$,焊接区的总电阻(图 11.1)为

$$R = R_c + 2R_{cw} + 2R_w$$

式中,R_c 为焊件接触电阻;R_{cw} 为电极与焊件间的接触电阻;R_w 为焊件电阻。

① 接触电阻 $R_c + 2R_{cw}$。接触面上存在的微观凸凹不平、氧化物等不良导体膜,使电流线弯曲变长,实际导电面积减小(图 11.2)。

由电阻公式 $R = \rho L/S$ 可知,因氧化物等不良导体膜的存在,接触处电阻率 ρ 增

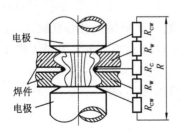

图 11.1 电阻焊电阻

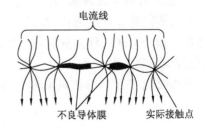

图 11.2 接触电阻

加。而微观凸凹不平(粗糙度大),使电流线弯曲拉长(L 增大),同时实际导电面积 S 减小,所以接触处电阻增大。

② 影响接触电阻的因素。焊件表面愈粗糙、氧化愈严重,接触电阻就愈大;电极压力愈高,接触电阻就愈小。如再将压力降低,接触电阻的值将不能回到加压前(接触电阻对压力是不可逆的)。焊前预热将会使接触电阻大大下降。

③ 焊件电阻。因焊件较薄,表面存在集肤效应,因此,实际电阻将变大。

2. 压力

静压力用来调整电阻大小,改善加热条件,使金属产生塑性变形或在压力下结晶。冲击力(锻压力)用来细化晶粒,焊合缺陷等。

3. 电阻焊过程

电阻焊过程包括预压、通电加热、在压力下冷却结晶或塑性变形和再结晶。为使焊缝在两板的贴合面附近生成,接触面上必须有一定的接触电阻。

通电后,因两焊件间接触电阻的存在,贴合面处温度迅速上升到熔点以上。断电后,熔核立即开始冷却结晶,由于有维持压力或顶锻压力的作用,缩孔和缩松等缺陷被消除,并产生塑性变形和再结晶,细化晶粒,获得组织致密的焊点。图 11.3 所示为点焊熔核形成过程。

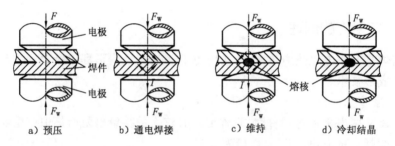

图 11.3　点焊熔核形成过程

11.1.2　电阻点焊和电阻缝焊

1. 电阻点焊

电阻点焊是用圆柱电极压紧焊件,通电、保压获得焊点的电阻焊工艺。

1)点焊时的分流现象

因已焊点形成导电通道,在焊下一点时,焊接电流一部分将从已焊点流过,使待焊点电流减小的现象称为分流,点焊时的分流率如图 11.4 所示。分流减小了焊接电流,使焊点品质下降。

设焊接电流为 I,分流电流为 I_1,流过待焊点的电流为 I_2,则

$$I = I_1 + I_2$$

$$I_1 = K\delta/L_d$$

式中,K 为比例系数;δ 为板厚(mm);L_d 为点距(mm)。

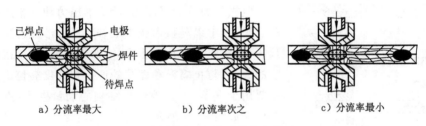

图 11.4　点焊时的分流率

从上式可见,焊件愈厚,导电性愈好,点距愈小,则分流愈严重。因此,为防止分流,对不同的材质和板厚的材料,应满足不同的最小点距的要求。常用板材点焊时的最小点距如表 11.1 所示。

表 11.1　常用板材点焊时的最小点距　　　　　　　　　mm

材　　料	板　　厚	最小点距
低碳钢或低合金钢	0.5	10
	1.0	12
	2.0	18
	4.0	32
铝合金	0.5	11
	1.0	14
	2.0	25

2)点焊时的熔核偏移

在焊接不同厚度或不同材质的工件时,因薄板或导热性好的材料吸热少、散热快而导致熔核偏向厚板或导热差的材料的现象称为熔核偏移(图 11.5)。

熔核偏移易使焊点减小,接头性能变差。可采用特殊电极和工艺垫片的措施,防止熔核偏移,如图 11.6 所示。其中图 a 所示为在薄板处用加黄铜套的电极来减少薄板散热,图 b 所示为在薄件上加一工艺垫片来加厚薄件。

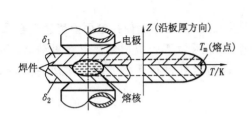

图 11.5　点焊时的熔核偏移

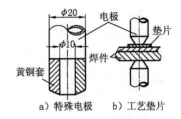

图 11.6　熔核偏移的防止

3)点焊工艺参数

点焊的工艺参数为电流、压力和时间。大电流、短时间称为强规范,主要用于薄板和导热性好的金属的焊接,也可用于不同厚度或不同材质及多层薄板的点焊;小电流、长时间称为弱规范,主要用于稍厚的板和易淬火钢的点焊。

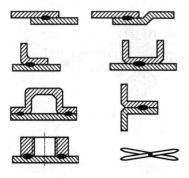

图 11.7　点焊接头形式

电极压力分为平压力、阶梯形压力和马鞍形压力等三种,其中以马鞍形压力最好。马鞍形压力又分为预压、焊接压力和顶锻压力,可改善通电、调整接触电阻的大小、防止缩松和缩孔的产生和细化晶粒。点焊主要用于汽车、飞机等薄板结构的大量生产,点焊接头形式如图 11.7 所示。

【例】　点焊生成热的估算　假设焊接 1 mm 厚的两块钢板,使用电流 5 000 A,通电时间 0.1 s,电极直径 5 mm,试估算焊缝区产生的热及其分布。

假定在此操作中的有效电阻为 200 $\mu\Omega$,那么根据公式 $Q = I^2 Rt$,有

$$Q = 5\ 000^2 \times 0.000\ 2 \times 0.1\ \mathrm{J} = 500\ \mathrm{J}$$

从给出的资料中,我们估算焊点熔核的体积是 30 mm³。若钢板的密度为 8 000 kg/m³,焊点熔核的质量是 0.24 g,熔化 1 g 钢板要求的热约 1 400 J,所以熔化焊点熔核要求的热是 1 400 × 0.24 = 336 J。剩余热 164 J 被消散到焊点熔核周围的金属中。

2. 电阻缝焊

电阻缝焊(图 11.8)是断续的点焊过程,它用连续转动的盘状电极代替了柱状电极(故又称为滚焊)进行间隔时间很短的点焊,焊后获得焊点首尾相互重叠的连续焊缝。电阻缝焊的分流现象严重,通常采用强规范焊接,焊接电流比点焊大 1.5～2 倍。电阻缝焊主要用于低压容器,如汽车、摩托车的油箱,气体净化器等密封件的焊接。

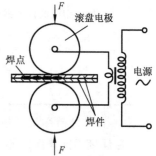

图 11.8　电阻缝焊

11.1.3　对焊

对焊是利用电阻热将杆状焊件端面对接焊接的一种电阻焊工艺。

1. 电阻对焊

电阻对焊的工艺过程是:先将焊件夹紧并加压,然后通电使接触面温度达到金属的塑性变形温度(950～1 000 ℃),接触面金属在压力下产生塑性变形和再结晶,形成固态焊接接头(图 11.9a)。电阻对焊要求在对接处进行严格的焊前清理,所焊的截面积较小,一般用于钢筋的对接。

2. 闪光对焊

闪光对焊的关键是先通电,后接触。开始时因个别点接触、个别点通电而形成的电流密度很高,接触面金属瞬间熔化或气化,形成液态过梁。过梁上存在电磁收缩力和电磁引力及斥力而使过梁爆破飞出,形成闪光(图 11.9b)。闪光一方面排除了氧化物和杂质,另一方面使得对接处的温度迅速升高。

当温度分布达到合适的状态后,立刻施加顶锻力,将对接处所有的液态物质全部

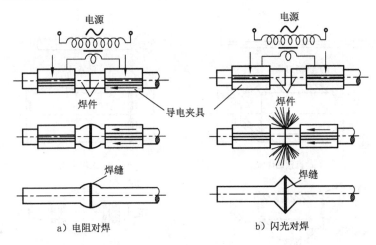

a）电阻对焊　　　　　　　　　b）闪光对焊

图 11.9　对焊

挤出，使纯净的高温金属相互接触，在压力下产生塑性变形和再结晶，形成固态连接接头。

闪光对焊主要用于钢轨、锚链、管子等的焊接，也可用于异种金属的焊接。因接头中无过热区和铸态组织，所以焊件性能好。

【例】　电阻焊与激光焊在罐头制造业的比较　用于食品和家用产品的圆柱形罐用电阻缝焊生产已有许多年（罐的侧面有搭接接头），激光焊于 1987 年前后引入罐头制造业，用激光焊生产接头具有与电阻焊相同的生产率，并有以下优点：

① 与电阻焊的搭接接头不同，激光焊是用对接接头，因此节省金属。若按年产 10 亿罐体计算，节省的金属材料是十分可观的。

② 由于激光焊热影响区窄（图 11.10），所以大大减小了表面的打磨区，罐体的外观品质被越来越多的客户所接受。

③ 电阻焊的搭接接头容易被罐体内的盛装物（如番茄酱）腐蚀，这种影响可能会引起盛装物变质并引起潜在的责任风险，用激光焊对接的接头可避免这个问题。

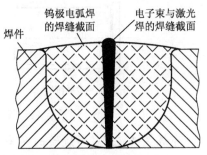

图 11.10　钨极电弧焊、电子束焊与激光焊的焊缝尺寸比较

11.2　摩擦焊

摩擦焊是利用焊件接触面相对旋转运动中相互摩擦所产生的热使端部达到塑性状态，然后迅速顶锻、完成焊接的一种压焊成形技术。图 11.11 所示的是一些摩擦焊零件。

1. 摩擦焊的工艺过程

摩擦焊原理及工艺过程如图 11.12 所示。左、右两焊件都具有圆形截面，焊接

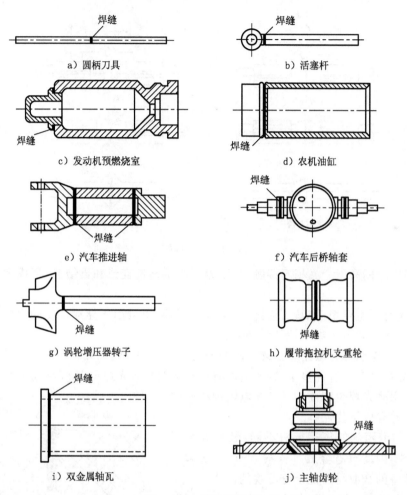

图 11.11　摩擦焊零件

前,左焊件被夹持在可旋转的夹头上,右焊件被夹持在能够沿轴向移动加压的夹头上。首先,左焊件高速旋转(步骤Ⅰ),右焊件向左焊件靠近,与左焊件接触并施加足够大的压力(步骤Ⅱ);这时,焊件开始摩擦,摩擦表面消耗的机械能直接转换成热能,温度迅速上升(步骤Ⅲ);当温度达到焊接温度以后,左焊件立即停止转动,右焊件快速向左焊件施加较大的顶锻压力,使接头产生一定的顶锻变形量(步骤Ⅳ);保持压力一段时间后,待两焊件已经焊接成一体时可松开夹头,取出焊件。全部焊接过程只需2~3 s 的时间。

2. 摩擦焊的优点

摩擦焊有如下优点:①焊件接头的品质好而稳定,废品率仅为闪光对焊的 1% 左右;②生产率高,是闪光焊的 4~5 倍;③三相负载均衡,节能,与闪光对焊比较,可节省电能 80%~90%;④适于焊接异种金属,如碳素结构钢—高速钢、铜—不锈钢、

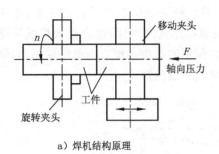

a) 焊机结构原理

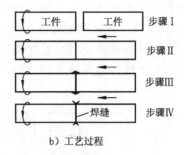

b) 工艺过程

图 11.12　摩擦焊

铝—铜、铝—钢等;⑤金属焊接变形小,接头焊前不需特殊清理,不需要填充材料和保护气体,加工成本显著降低;⑥容易实现机械化、自动化,操作技术简单,容易掌握。

　　摩擦焊是一种旋转焊件的对焊方法,因此,非圆形截面焊件的焊接是很困难的;大截面焊件的焊接,也受到焊机主轴电动机功率和焊机压力的限制,故目前摩擦焊焊件截面面积不超过 200 cm^2;不容易夹持的大型盘状焊件和薄壁管件,一些摩擦系数特别小的和易碎的材料,也很难进行摩擦焊。另外,摩擦焊的一次性投资较大,因此更适于大量生产,主要用来焊接汽车、拖拉机工业中批量大的杆状零件、产品以及圆柄刀具等。

3. 摩擦搅拌焊

　　在传统的摩擦焊中界面上的热是通过两个接触界面的摩擦作用获得的,而在摩擦搅拌焊(图 11.13)中被摩擦的第三个物体,是高速旋转的搅拌头(也称工具头)。搅拌头以非自耗工具的形式参入焊接,与待焊接的两个对接接头端面接触面紧靠在一起。搅拌头的旋转作用和接触压力引起的摩擦热传递给对接接头,使焊件的温度升高到材料熔点的二分之一。旋转搅拌头的前端迫使对接接头材料加热、混合和搅动,并形成固态连接。

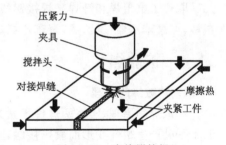

图 11.13　摩擦搅拌焊

　　摩擦搅拌焊主要用于低熔点材料(如铝、镁和锌合金)的连接,已成功地用来焊接厚度达 75 mm 的铝合金板。焊接设备可以是常规的立式铣床,焊件厚度可以小到 1 mm,大到 30 mm。该法用较低的热输入产生焊缝,因此焊缝品质高,材料结构均匀,变形小,显微组织改变少,焊接现场没有烟气和飞溅现象,易于实现自动化。

11.3　超声波焊

1. 超声波焊的原理

　　超声波焊的原理是:利用超声频的高频振荡能,通过磁致伸缩元件将超声频转化为高频振动,在上下振动极的作用下,两焊件局部接触处产生强烈的摩擦、升温和变形,从而使氧化皮等污物得以破坏或分散,并使纯净金属的原子充分靠近,形成冶金结合(图 11.14)。在超声波焊接过程中,没有电流流经焊件,也没有火焰或弧光等热源的作用,是一种摩擦、扩散、塑性变形综合作用的焊接过程。与电阻焊相似,依电极形状不同,超声波焊也可分为超声波点焊和超声波缝焊。

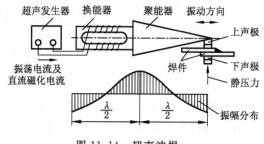

图 11.14　超声波焊

2. 超声波焊的特点

超声波焊有如下特点:①接头中无铸态组织或脆性金属间化合物,也无金属的喷溅,接头的力学性能比电阻焊好,且稳定性高;②可焊的材料范围广,特别适合于高熔点、高导热性和难熔金属的焊接及异种材料的焊接,可用于厚薄悬殊及多层箔片的焊接等特殊情形;③焊件表面清理简单,电能消耗仅为电阻焊的 5%。

超声波焊目前主要用于微小薄件(如厚度为 $2\ \mu m$ 的金箔)、微电子器件中的集成电路引线的焊接,焊件变形小。在美国、日本等国家的微型电机制造中,超声波焊几乎取代了电阻焊和钎焊来焊接铝线圈、铜线圈与铝导线。超声波焊也可用来焊接塑料,如聚苯乙烯、聚乙烯、聚苯乙烯、尼龙和有机玻璃等。

11.4　扩散焊

1. 扩散焊的原理

扩散焊的原理是:将两焊件压紧并置于真空或保护气氛中加热,使接触面微观凸凹不平处产生塑性变形而紧密接触,经过较长时间的保温和原子扩散而形成固态冶金连接。扩散焊装置如图 11.15 所示。扩散焊分固态扩散焊和瞬时液相扩散焊两类。

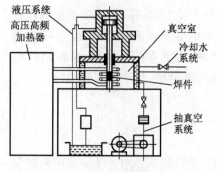

图 11.15　扩散焊装置

2. 扩散焊过程

1) 固态扩散焊过程

(1) 变形-接触阶段　在压力和温度的共同作用下,焊件表面的凸起部分产生塑性变形,接触面积从 1% 增大到 75%,为原子间的扩散做好准备(图 11.16a、b)。

(2) 扩散-界面推移阶段　因界面产生较大的晶格畸变、位错和空位,界面处原子处于高度激活状态,而很快扩散形成金属键,并经过回复和再结晶产生晶界的推移,形成固态冶金结合(图 11.16c)。

(3) 界面和孔洞消失阶段　经过长时间保温扩散后,孔洞消除,界面晶粒长大,原始界面消失(图 11.16d)。

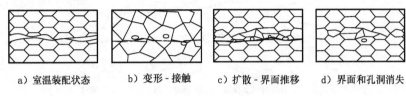

　a) 室温装配状态　　b) 变形 - 接触　　c) 扩散 - 界面推移　　d) 界面和孔洞消失

图 11.16　固态扩散焊过程

2) 瞬时液相扩散焊过程

(1) 液相生成　在一定温度下,利用中间夹层材料与两焊件接触处形成低熔点共晶液相,填充接头间隙(图 11.17a、b)。

(2) 等温凝固　液相中使熔点降低的元素大量扩散至焊件母材中,而焊件母材中某些元素向液相中溶解,使液相的熔点逐渐升高而凝固形成接头(图 11.17c)。

(3) 均匀化　保温扩散使接头成分均匀化(图 11.17d)。

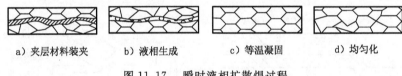

　a) 夹层材料装夹　　b) 液相生成　　c) 等温凝固　　d) 均匀化

图 11.17　瞬时液相扩散焊过程

3. 扩散焊的特点

扩散焊有如下特点:①焊接温度低(为焊件熔点的 40%～80%),可焊接熔焊难以焊接的材料,如高温合金及复合材料;②可焊接结构复杂、要求焊件表面十分平整和光洁及精度要求高的焊件;③可焊接各种不同材料;④焊缝可与母材成分和性能相同,无热影响区。

扩散焊可用于高温合金涡轮叶片、超声速飞机中钛合金构件、钛-陶瓷静电加速管的焊接,异种钢、铝及铝合金、复合材料的焊接以及金属与陶瓷的焊接等。

【例】　扩散焊军用飞机中的应用

扩散焊特别适合于钛和在军用飞机中使用的超耐热合金,设计可行性应减少昂贵战略物资并降低制造成本。图 11.18 所示的军用飞机有 100 个以上的扩散焊件,其中主要是机身尾架、舷外及舷内动力附件、引擎机舱框架、引擎机舱支撑梁、起落架耳轴和舱壁等。

11.5　爆炸焊

1. 爆炸焊的原理

爆炸焊(图 11.19)是利用炸药爆炸时产生的高压(700 MPa)、高温(3 000 ℃)及

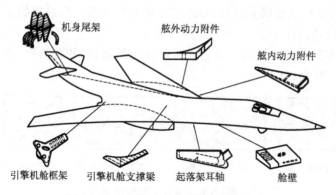

图 11.18　军用飞机主要的扩散焊焊件

高速(500~1 000 m/s)冲击波作用在覆板上,使覆板与基板猛烈撞击,在接触处产生射流,从而清除表面的氧化物等杂质,并在高压下形成固态接头。应该注意,接触界面撞击点前方产生的金属射流以及爆炸发生对覆板的变形与加速运动,是沿整个焊接接头逐步、连续地完成的,这是获得爆炸焊牢固接头的基本条件。如果炸药同时爆炸,覆板与基板进行全面撞击,那么,即使压力再高也不能产生良好的结合。按装配方式可将爆炸焊分为平行法和角度法两种(图 11.20a、b)。

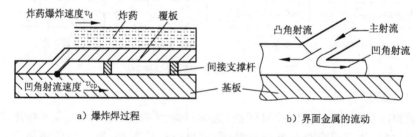

a) 爆炸焊过程　　　　　　　　　　b) 界面金属的流动

图 11.19　爆炸焊

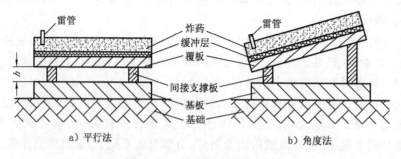

a) 平行法　　　　　　　　　　　b) 角度法

图 11.20　爆炸焊的装配方式

2. 爆炸焊接头的特点

爆炸焊接头有如下特点:①在结合面为平坦界面情况下,撞击速度较低,结合面无熔化发生,因此接头性能较差,这种结合形式在实际生产中并不多用;②在结合面为波浪形界面情况下,撞击速度较高,结合面有熔化发生,因此接头性能较好,应尽可能得到这种结合形式;③在结合面为连续的熔化层情况下,撞击速度过高,结合面产生连续的熔化层,接头性能也较差,应尽量避免得到这种结合形式。

爆炸焊主要用于铝—钢—铜、钛—钢和锆—铌等用其他焊接方法不宜焊接的大型复合板和复合管的焊接。

复习思考题

(1) 压焊的两要素是什么? 压焊有哪些要求和形式?

(2) 接触点焊的热源是什么? 为什么会有接触电阻? 接触电阻对点焊熔核的形成有什么影响? 怎样控制接触电阻的大小?

(3) 什么是点焊的分流和熔核偏移? 怎样减少和防止这种现象?

(4) 试述电阻对焊和闪光对焊的过程。为什么闪光对焊为固态下的连接接头?

(5) 试述摩擦焊的过程、特点及适用范围。

(6) 什么叫扩散焊? 扩散焊的应用场合有哪些?

(7) 固相扩散焊与瞬时液相扩散焊有什么不同?

(8) 什么叫超声波焊? 超声波焊有何特点? 适用于什么场合?

(9) 什么类型的爆炸焊接头是理想的连接接头?

(10) 试述爆炸焊的应用范围。

(11) 解释本章焊接工艺的热源。

(12) 描述点焊熔核的特点,它的强度取决于什么?

(13) 解释电阻焊中通过电极施加巨大压力的重要意义。

(14) 两块平铜板,每块厚 1.0 mm,用的点焊电流为 5 000 A,通电时间 0.25 s,电极直径 5 mm。估算焊缝区产生的热,假设电阻为 100 $\mu\Omega$。

第 12 章

钎焊、封接与胶接技术

钎焊、封接与胶接是一种在低于构件熔点的温度下,采用液态填缝材料充填接头缝隙,通过毛细作用及表面化学反应,待填缝材料结晶或固化后,将两个分离的表面连接成不可拆接头的物理和化学连接技术。

12.1 钎焊

钎焊是用比母材熔点低的合金作为钎料,加热时钎料熔化成液态,使其润湿母材和填充工件接头间隙,并与固态母材相互扩散,冷凝后形成焊接接头的技术。

与熔焊和压焊相比,钎焊对母材的物理化学性能影响小,焊接应力和变形小,是一种近无余量的成形技术。钎焊的接头光滑美观,适用于焊接各种精密、复杂和性能差别较大的异种材料组成的构件,如蜂窝结构板、透平叶片、硬质合金刀具和印制电路板等。

钎焊已成为众多工业产品制造中不可缺少的连接技术,特别是由于航空航天、电子、核能工业的迅速发展,为满足构件的质量小,强度、刚度高和导电性、导热性好,以及恶劣工况条件(如高温、高压、疲劳、腐蚀等)下工作性能好和制造成本低的要求,采用了大量的新材料、新结构、新工艺和新设备,这就大大推动了钎焊技术的发展,也促进了钎焊技术在民用产品,如家电、汽车、轻工、电子等行业的大量应用,特别在微波波导、电子管和电子真空器件的制造中,钎焊甚至是唯一可行的连接技术。

12.1.1 钎料和钎剂

1. 钎料

钎料是形成焊接接头的填充金属,钎焊接头的性能主要取决于钎料。钎料应有合适的熔点、良好的润湿性和填缝能力,能很好与母材相互扩散,还应具有一定的力学和物理化学性能,以满足接头的使用要求。按钎料熔点不同,钎焊分为硬钎焊和软钎焊两大类。

1) 硬钎焊

钎料熔点高于 450 ℃ 的钎焊称为硬钎焊。硬钎焊的接头强度高,在 200 MPa 以上。硬钎焊主要用于受力较大的钢铁和铜合金构件、工具和刀具的焊接。硬钎焊的钎料种类繁多,以铝、银、铜、锰和镍为基的钎料应用最广。铝基钎料常用于铝焊件钎焊；银基、铜基钎料常用于铜、铁焊件的钎焊；锰基和镍基钎料多用来焊接在高温下工作的不锈钢、耐热钢和高温合金等焊件；焊接铍、钛、锆等难熔金属、陶瓷等材料则常用钯基、锆基和钛基等钎料。选用钎料时要考虑母材的特点和对接头性能的要求。注意，不像其他焊接工艺，硬钎焊的钎料成分与被焊金属有显著不同。

　　2) 软钎焊

　　钎料熔点低于 450 ℃的钎焊称为软钎焊，多用于电子和食品工业中导电、气密和水密器件的焊接。钎料对母材润湿能力强、表面张力低是形成优良焊点的基本前提。锡铅钎料对铜、镍等多种母材金属具有良好的润湿及铺展能力，故以锡基合金作为钎料的锡焊最为常用。这类钎料熔点低（一般低于 250 ℃），渗入接头间隙的能力较强，所以具有较好的焊接工艺性能和导电性，因此广泛用来焊接受力不大、常温下工作的电子元器件、导电部件，以及钢铁、铜及其合金等制造的构件。现代重要的微电子互连技术、电子工业的芯片级封装（IC 封装）和板卡级的组装，均大量采用低熔点锡基合金填充金属（钎料）的软钎焊进行焊接，完成器件的封装与板卡的组装。

2. 钎剂

　　钎焊时要求待焊件表面必须洁净，因此要用到钎剂。钎剂的作用是除去母材和钎料表面的油污、杂质和过厚的氧化膜，并保护钎料和母材接触面不被氧化，增加钎料的润湿和撒布能力，以产生最大的连接强度。

　　钎剂的熔点应低于钎料，钎剂残渣对母材和焊接接头的腐蚀性应比较小。一般应根据钎料种类选择钎剂。用于硬钎焊的钎剂通常由碱金属和重金属的氯化物、氟化物，或硼砂、硼酸、氟硼酸盐等组成，钎剂可制成粉状、糊状和液状。为了改善熔化钎料的润湿性和毛细作用，钎剂中也可加入如锂、硼和磷等润湿剂，还可对钎焊接头进行喷砂处理，以改善结合面的表面粗糙度。上述钎剂是有腐蚀性的，所以钎焊后应用热水、柠檬酸或草酸等清洗干净。

　　软钎焊常用的钎剂为松香或氯化锌溶液。这种钎剂焊后的残渣对焊件无腐蚀作用，称为无腐蚀性钎剂。焊接铜、铁等材料时用的钎剂由氯化锌、氯化铵和凡士林等组成。焊铝件时需要用氟化物和氟硼酸盐作为钎剂，还有用盐酸加氯化锌等作为钎剂的。这些钎剂称为腐蚀性钎剂，焊后的残渣有腐蚀作用，焊后必须清洗干净。

　　钎焊时还可使用软钎焊丝（俗称焊锡丝）、焊片和钎料膏（即焊膏）等，它们都是钎料合金与钎剂的复合体，其共同的特点是在钎焊时，钎料和钎剂是一次性同时施加上去的，所不同的是软钎焊丝为丝状，主要用于手工烙铁钎焊；而钎料膏是由钎料合金粉末、钎剂及黏结剂混合所构成的膏状体，多用于回流焊。

12.1.2　钎焊接头

1. 硬钎焊接头

　　典型的硬钎焊接头形式如图 12.1 所示，硬钎焊牢固的接头要求比其他焊接工艺有更大的接触面积，两个待焊零件间的间隙是接头强度的重要因素。如果间隙太小，

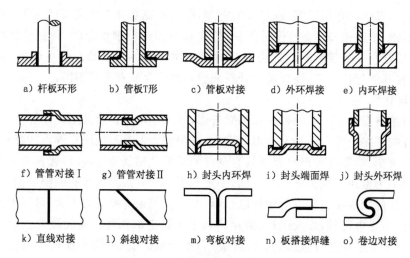

a) 杆板环形　　b) 管板T形　　c) 管板对接　　d) 外环焊接　　e) 内环焊接

f) 管管对接Ⅰ　　g) 管管对接Ⅱ　　h) 封头内环焊　　i) 封头端面焊　　j) 封头外环焊

k) 直线对接　　l) 斜线对接　　m) 弯板对接　　n) 板搭接焊缝　　o) 卷边对接

图 12.1　硬钎焊常用的接头形式

则熔化的钎焊金属不能完全渗透到界面;如果间隙太大,则使熔化金属充满界面所需的毛细作用不足,降低钎焊接头强度。典型的硬钎焊接头的间隙范围为0.025~0.2 mm,并且其间隙必须适合安装在很小的尺寸公差范围之内。

2. 软钎焊接头

与硬钎焊不同,软钎焊的温度相当低,因此它只能限制在低温下应用;钎料不产生很高的强度,故它不能用于重载(结构)件;结合表面小,故几乎不使用对接接头。

软钎焊的设计原则与硬钎焊相似,为了增加连接强度,应尽量增加接头的接触面积。某些经常使用的软钎焊接头形式如图 12.2 所示。在很多情况下为了提高强度,在进行软钎焊前常用机械连接(图 12.2e、g、i、j)。

12.1.3　钎焊工艺方法

钎焊常用的工艺方法较多,主要是按使用的设备和工作原理来区分。按热源不同可分为红外钎焊、电子束钎焊、激光钎焊、等离子钎焊、辉光放电钎焊等,按工作过程不同可分为接触反应钎焊和扩散钎焊等,按钎焊的加热方式可分为烙铁加热、火焰加热、电阻加热、感应加热、炉内加热、盐浴加热等。可根据钎料种类,焊件形状与尺寸、接头数量、品质要求与生产批量等,经综合考虑后选择最合适的工艺。

1. 烙铁钎焊

烙铁钎焊加热温度较低,一般只适用于细小、简单或薄壁焊件。

2. 火焰硬钎焊

火焰硬钎焊的热源是用可燃气体与氧气或压缩空气混合燃烧的火焰。完成硬钎焊首先应用焊炬预热接头,然后将焊条或焊丝熔化到接头中。焊件合适的厚度范围为 0.25~6 mm。火焰钎焊设备简单、操作方便,根据焊件形状可用多个焊炬从不同处同时加热焊件。这种方法适用于自行车架、铝水壶嘴等中小件的焊接,也可用于修

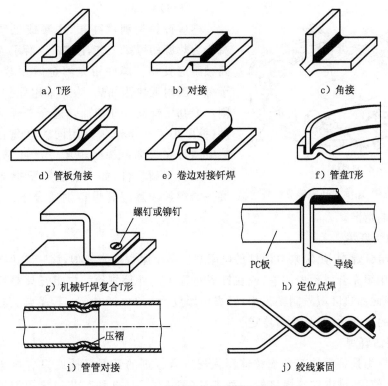

a）T形　　　　　　　b）对接　　　　　　　c）角接

d）管板角接　　　　e）卷边对接钎焊　　　　f）管盘T形

g）机械钎焊复合T形　　　　　　h）定位点焊

i）管管对接　　　　　　　j）绞线紧固

图 12.2　软钎焊常用的接头形式

理工作。

3. 炉中铜焊

　　零件在炉中首先预清理之后，用合理轮廓形状的填充金属（成形的丝）预载，然后将装配好钎料的工件放在炉中进行加热焊接，这种工艺称为炉中铜焊（图 12.3）。炉中铜焊常常需要加钎剂，也可用还原性气体或惰性气体保护，加热比较均匀。对于复杂形状焊件可用分批间歇式炉，大量生产时可采用连续式炉。对于与环境起反应的金属应采用真空炉或中性气氛炉。炉中铜焊不要求熟练操作者，由于整个装配体是在炉中均匀加热，故可钎焊复杂件。

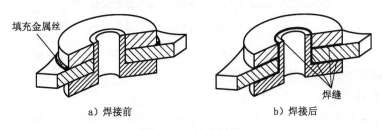

a）焊接前　　　　　　　　b）焊接后

图 12.3　炉中铜焊

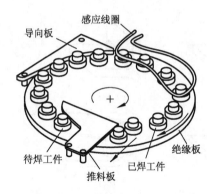

图 12.4　连续式高频感应钎焊

4. 感应钎焊

感应钎焊是利用高频、中频或工频感应电流作为热源的焊接工艺,图 12.4 所示为连续式高频感应钎焊。焊件用充填金属预载,然后置于感应圈附近快速加热,除非采用保护气氛,否则一般都用钎剂。高频加热适合于焊接薄壁管件(壁厚小于 3 mm)。采用同轴电缆和分合式感应圈可在远离电源的现场进行钎焊,特别适用于某些大型构件,如火箭上需要拆卸的管道接头的焊接。感应钎焊特别适合于连续作业、生产率高的情况。

5. 电阻钎焊

在电阻钎焊中,热源来自焊件的电阻热。与电阻焊非常相似,该工艺也要使用电极。钎料用填充金属预先放置,或在钎焊过程中由外部供给。电阻钎焊是快速加热的工艺,因此加热区域限制得很小,钎焊件厚度为 0.1~12 mm。其优点是易于实现焊接过程的自动化,产品品质稳定。

6. 浸沾钎焊

浸沾钎焊是将焊件部分或整体浸入覆盖有钎剂的钎料浴槽或只有熔盐的盐浴(作为钎剂使用)槽中加热焊接的一种工艺(图 12.5)。这种工艺加热均匀、迅速,温度控制较为准确,适合于大量生产的焊件和大型构件的焊接。为了有利于气泡的排出,并减少桥接缺陷,浸沾钎焊可先将印制电路板与钎料液面成 30°角度入钎料浴槽,然后逐渐摆平,浸浴后再与钎料液面呈 30°角度逐渐出浴,从而完成整个浸沾钎焊的过程。

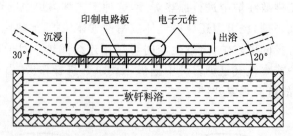

图 12.5　浸沾钎焊

盐浴槽中的盐多由钎剂组成,焊后工件上常残存大量的钎剂,清洗工作量大。由于该法不利于环保,其应用已逐渐减少。

7. 红外钎焊

红外钎焊的热源是高亮度的石英灯,辐射能聚焦到焊接接头上,整个焊接过程在真空中完成。该法特别适合焊接非常细薄的、厚度通常小于 1 mm 的焊件,包括蜂窝结构件。

8. 扩散硬钎焊

扩散硬钎焊在能很好控制温度和时间的炉子中进行,填充金属扩散到零件和接头间的结合面,要求的钎焊时间为 0.5~24 h。扩散硬钎焊用于牢固的搭接、对接接头或难度较大的接头操作。由于在界面上的扩散速度与焊件的厚度无关,焊件的厚度范围可以小到金属箔的厚度,大到 50 mm。

9. 波峰焊

波峰焊(图 12.6)是当前印制电路板生产中应用最广泛的方法之一。波峰焊时,由机械泵或电磁泵产生一个稳定、连续和缓外溢的波浪状或涌泉状液态钎料波峰,并使印制电路板沿某一角度方向穿过波冠,板上插装有元件的底部与熔融的钎料循环流动的波峰面接触,此时,钎料波即向板提供热量和所需的钎料,在毛细作用和辅助的轻微波压作用下,就可以得到优良、可靠的软钎焊接头。图 12.7 所示为波峰焊焊接的通孔安装结构的印制电路板。

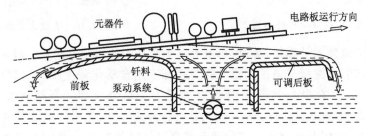

图 12.6　波峰焊

钎焊时间由印制电路板所接触到的波面宽度和板的移动速度来决定。波峰焊时,印制电路板的运动速度为 300~600 cm/min,其废品率小到万分之几。因此,波峰焊具有优良的连接品质,生产率高,可在流水线上实现自动化生产,用于大批量生产印制电路板和电子元件的组装。

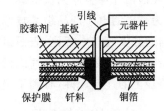

图 12.7　通孔安装结构的印制电路板

10. 回流焊

回流焊又称再流焊,是指用钎料(焊膏)同时完成贴片与钎剂及钎料投放并使其加热熔化,从而将元件与印制电路板连接起来的一种装焊工艺,目前的电子产品约有 90% 是采用回流焊技术生产的。图 12.8 所示为一种采用回流焊进行组装电子板卡的生产线。其焊接过程是:首先在印制电路板焊盘上印刷(或涂布)焊锡钎料膏(图 12.9),再将表面贴装元器件准确地安放到涂有焊锡膏的焊盘上(图 12.10),通过整体加热使焊膏中的锡熔化,助焊剂挥发,冷却后就在元器件引脚与焊盘之间形成了软钎焊焊点,从而完成了元器件与印制电路板的焊接。

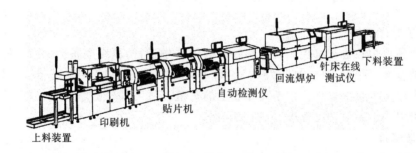

图 12.8　电子板卡的回流焊生产线

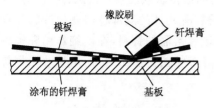

图 12.9　印刷或涂布钎料膏

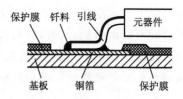

图 12.10　安放表面贴装元器件

电子板卡组装的计算机、手机、彩电等电子产品中的印制电路板一般都有几万个焊点。目前印制电路板与电子元器件的焊接都采用自动化程度很高的软钎焊,如波峰焊和回流焊,只有少数情况下的焊点采用手工烙铁钎焊。所谓表面组装技术(SMT,Surface Mounting Technology),就是将片式元件(无引线的或仅有为安装时固定用的引线)在印制电路板上不用通孔就直接焊到其表面上的方法,其关键是印刷焊膏、表面贴片和整体回流钎焊。表面组装技术已经逐步取代了传统的通孔安装技术,成为首要的电子产品组装技术。

与通孔安装技术相比,表面组装技术具有如下优点:表面安装器件小而轻,不易因冲击和振动而导致失效,片式元件所占面积小,钻孔数量显著减少,大大节约了印制电路板上的连接硬件,有利于提高电路的品质,也节省了时间,降低了成本。

12.1.4　钎焊技术的应用

【例1】　蒸发器与冷凝器的钎焊

图 12.11 所示是汽车上的一种铝板翅式换热器的结构。钎焊通常在连续式保护气氛钎焊炉中进行。部件材料为铝合金板,其表面包覆一层钎料,钎料层的厚度为铝合金板厚的5%～10%。将装配好的蒸发器和冷凝器浸入由 $KAlF_4$ 和 K_3AlF_6 共晶物粉末组成的钎剂水溶液中,取出后烘干,送入充满保护性气氛的钎焊炉中实现钎焊。

【例2】　自行车架的钎焊

自行车架、前叉和车把等都是采用钎焊连接的。图 12.12 为自行车架及前叉焊接结构。车架材料一般为 Q345 钢或 09Mn 钢,钎料主要采用铜锌合金片或丝,钎剂为糊状的硼砂与硼酸的混合物。钎焊在液化气多头自动火焰下完成。车架在钎焊前

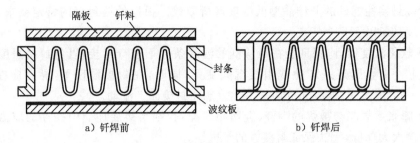

图 12.11　铝板翅式换热器结构

需对焊接部位除锈除油,涂钎剂。自行车架由前接头、中接头、后接头、平叉、立叉、上管、下管和接片等组成,在专用的多头火焰自动焊机上使用中性焰分八次钎焊而成。

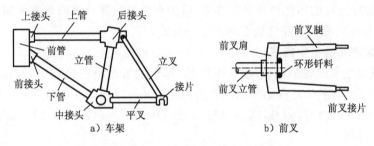

图 12.12　自行车车架及前叉焊接结构

12.2　封接

　　玻璃封接的过程是:用粉末状封接玻璃作为填缝材料,在加热熔融过程中,粉末逐渐液化,并排出气体等夹杂物,然后熔融玻璃通过均匀扩散而形成无定形体,实现对玻璃、陶瓷之间和它们与金属的连接。玻璃封接主要用于电真空器件的封盖、半导体和集成电路器件的封装,陶瓷与金属的连接等。

12.2.1　封接玻璃

　　封接玻璃有低熔玻璃和电真空玻璃等,低熔玻璃又分为结晶型和非结晶型两类,应用最广的是非结晶型低熔玻璃。低熔玻璃指软化温度不高于 500 ℃的一类粉状玻璃材料,它与金属、陶瓷等材料黏附力强且本身不透气,封接的密封腔体可获得较高的气密性,同时又具有不燃性和良好的耐热性,电性能也比较优越。因此,它作为一种无机焊料广泛地应用在真空和电子产品中,在集成电路封装领域,它也是很好的低温密封材料和胶接材料。

1. 低熔玻璃的特点

　　在低熔玻璃中结晶型玻璃的结构为晶态和无定形态的混合体,视晶化程度不同外观呈白色不透明或半透明状;非结晶型玻璃的结构为无定形态,外观呈透明状。结晶型低熔玻璃封接温度高,加热时间长,效率低,含湿量大,难以适用于电路芯片,因而逐渐被封接性能好的非结晶型低熔玻璃所取代。根据低温封接的特定要求,低熔玻璃必须具备以下几个特点。

① 软化温度低,应保证能在足够低的温度条件下进行封接,以免封接温度过高而导致芯片上金属连线球化或引线框架变形;同时,在封接温度下,黏度应在 1～100 Pa·s 范围之间,能既充分又不过分地在封接面上流动。

② 膨胀系数能与被焊的陶瓷、金属相匹配,否则封接后玻璃中残存的应力会使封接强度大大降低,无法保证封接体的气密性。

③ 对金属有良好的浸润性,并要求玻璃能够扩散到金属表面的氧化层中去,以获得牢固的封接强度。

④ 在与水、空气或其他介质接触时,具有良好的化学稳定性和绝缘性。

⑤ 在封接过程中不能产生有害物质,因为有害物质挥发或溅落在电路芯片或其他部位上,会导致集成电路性能变坏或完全失效。

2. 低熔玻璃的化学组成

低熔玻璃主要是硼硅铅玻璃,它由玻璃、填料和着色剂三者组成,我国 NS 系列的低熔玻璃化学组成大致如下:$w(PbO)=51\%\sim71\%$,$w(B_2O_3)=5\%\sim10\%$,$w(SiO_2)=10\%\sim13\%$,$w(Bi_2O_3)<4\%$,$w(BaO)<2\%$,$w(ZnO)<2\%$,$w(Al_2O_3)<1\%$,$w(F)<1\%$。

为了调整玻璃的膨胀系数,还要加入一些填料。这些填料如钛酸铅($PbTiO_3$)和锂霞石($Li_2O\cdot Al_2O_3\cdot 2SiO_2$)等,难以与玻璃发生反应,其膨胀系数很小或者是负值。当需要改变颜色时,再加入一定量的着色剂。低熔玻璃的性能主要取决于玻璃组成中各主要成分的特性,与整个玻璃的微观结构也有很大关系。

3. 低熔玻璃的加工方法

(1) 制备低熔玻璃粉　低熔玻璃的制备是先按低熔玻璃的配方进行配料,并充分混合,然后装入高铝坩埚内,在 1 050 ℃温度下熔炼。为了防止氧化铅等材料的大量挥发,要求熔炼时间愈短愈好。待混合料形成均匀的玻璃熔体时,应立即取出进行水淬处理,使玻璃熔体受水的激冷而炸裂成无数的小碎块,再球磨(最好用玛瑙球进行球磨)粉碎、过 200 目(网孔尺寸约 0.075 mm)筛,在达到规定的粒度后,即可储存备用。

(2) 加入调整膨胀系数的材料　当需要在低熔玻璃组成中加入锂霞石来调整膨胀系数时,应先单独将其进行 1 360 ℃、恒温 4 h 的高温焙烧,然后通过球磨粉碎至一定粒度后,再与主玻璃粉料混合使用。

(3) 添加黏结剂　在制造陶瓷熔封外壳时,应先在低熔玻璃粉料中加入一定量的有机黏结剂,制成玻璃浆料,以保证在丝网印刷时使玻璃粉料能够均匀地印刷到陶瓷底片或盖板上去。所用的黏结剂可以是聚甲基丙烯酸丁酯、萜品醇、乙基纤维素或松醇等材料的溶液,其黏度可根据气候、温度以及玻璃印刷厚度加以调整。

(4) 反复轧碾玻璃浆料　低熔玻璃浆料应充分混合。为保证混合效果,除应在专门的设备上进行搅拌外,还应用三辊轧碾机将玻璃浆料反复轧碾三次。在混合过程中,浆料应防止吸湿,防止杂质和灰尘混入,同时在使用时仍需及时搅拌,以避免玻璃粉料沉淀。

(5) 印刷玻璃浆料涂层　丝网印刷是在专门的印刷机上进行的,利用特定的掩模版图和根据陶瓷基体面积大小,一次印刷可多达 200 个。为了达到所规定的厚度,必须进行 4~5 次印刷。

(6) 排胶烘干　每次印刷后都必须进行加热排胶处理,将黏结剂排除干净,否则,低熔玻璃在正式封接时将会产生大量气泡,甚至出现结构松散的蜂窝现象。为此,烘干排胶加热只能在充分氧化气氛下缓慢进行。

(7) 玻璃预烧　最后再进行一次温度不超过 400 ℃的玻璃预烧,使玻璃涂层在未充分玻璃化而又具有一定强度的条件下,保持完好的印刷图形。

(8) 安装引线框架　引线框架的安装一般是将已涂敷低熔玻璃涂层的陶瓷基座置于专门的框架定位机上,在 585±10 ℃条件下使玻璃熔融,然后立即将经三氯乙烯溶液清洗干净的引线框架按规定要求进行定位,并嵌入熔融玻璃之中,保证引线框架和玻璃同在一个水平面上,待安装就绪后立即将陶瓷基座从加热台上取出,并使之冷却。此时引线框架仅仅是依靠低熔玻璃的表面连接而临时固定在陶瓷片基座上,因而强度甚低,容易使玻璃崩裂而导致引线框架脱落,所以在操作时一定要多加注意。

12.2.2　金属氧化处理

要想得到坚固的封接层,最理想的是玻璃能"浸润"到金属的表层中去,即玻璃扩散到金属表面的内层中,实现化学连接。实践证明,由于金属材料与玻璃的化学键性质相差较远,玻璃实际上不能融入金属中,而只能扩散到金属表面的氧化物中。因此,欲使玻璃与金属材料能够得到良好的封接,就必须事先对金属表面进行氧化处理,所产生的过渡性的氧化物与玻璃有相似的化学键力,才能实行化学连接。

与空气接触时,金属表面晶粒的界面首先被氧化。随着金属离子置换的氧不断扩散,氧化反应将不停地向金属内部发展,并使金属表面生成粗糙的氧化层。氧化层厚度随氧化温度和所生成氧化物的不同而不同。为了达到良好的封接强度和气密性,氧化层厚度以在封接温度下熔融玻璃能够透过金属氧化层为限,过厚或过薄都会影响封接层的品质。氧化层厚度一般以金属材料氧化后的增量计算,最理想的增量为 $0.3 \sim 0.7 \ \mathrm{mg/cm^2}$。

保证封接层气密性的另一指标是金属与其表面氧化层的结合力。它取决于金属氧化处理的工艺,而且与金属材料的表面状态和清洁程度有关。如果金属与其表面氧化层结合不牢,尽管表面氧化层与玻璃有很好的浸润能力,也难以保证其气密性。

柯伐合金(Fe-29Ni-17Co)是常用的集成电路芯片引脚材料,用柯伐合金冲制而成的金属零件,在加工过程中其表面容易黏附油脂、汗渍等杂质,同时,在机械加工中不可避免地会产生应力。因此,在进行表面氧化处理前,应先对其进行清洗和热处理,消除应力和充分脱碳、脱气,同时改善柯伐合金的结晶结构,得到较大的晶粒,使之更加容易氧化。其热处理的温度应高于封接温度 50 ℃,最好采用湿氢气作为保护气体。

12.2.3　封接结构

陶瓷熔封集成电路结构如图 12.13 所示。陶瓷熔封外壳由黑色高纯氧化铝陶瓷的基座、上盖和表面覆有铝层的铁镍合金引线框架组成。用丝网印刷将具有一定厚度和熔封温度的低熔点玻璃分别印刷到陶瓷基座和上盖上,达到合适的厚度,并且预先借助低熔玻璃将引线框预烧固定在陶瓷基座上,芯片固定在托板上。引线框架上的覆铝层(点板),可以进行硅铝丝的铝-铝键合。当组装完毕后,将陶瓷上盖与底座重叠在一起,在规定的熔封温度下,按照一定的温度分布曲线通过低熔玻璃将其熔封成为一个整体,从而形成气密性等性能良好的封装结构。

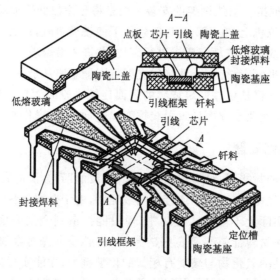

图 12.13　陶瓷熔封集成电路结构

12.3　胶接

12.3.1　胶接的特点

胶接是利用胶黏剂把两种性质相同或不同的物质牢固地黏合在一起的连接技术。胶黏剂之所以能够把两个物质牢固地胶接在一起,主要是因为胶黏剂能通过本身在被胶接材料的连接面上产生机械、物理和化学作用而产生黏附力。

1. 优点

① 胶接对材料的适应性强,既可用于各种金属与金属、非金属与非金属之间的连接,也可用于金属与非金属,特别是较薄的金属片与非金属之间的连接;

② 采用胶接可省去螺钉、螺栓等连接件,因此,胶接结构的质量比铆接、焊接结构减小 25%～30%;

③ 胶接接头的应力分布均匀,应力集中较小,因此它的耐疲劳性能好;

④ 胶接接头的密封性能好,并具有耐磨蚀和绝缘等性能;

⑤ 胶接工艺简单,操作容易,效率高,成本低。

2. 缺点

① 胶接强度比较低,一般仅能达到金属母材强度的 10%～50%,胶接接头的承载能力主要依赖于较大的胶接面积;

② 使用温度低,一般,长期工作温度低于 150 ℃,仅有少数可在 200～300 ℃ 范围内使用;

③ 胶接接头长期与空气、热和光接触时,易老化变质;

④ 胶接接头因受多种因素影响而品质不够稳定,而且难以检测。

胶接技术的应用已有几千年的历史,无论是在埃及的金字塔、中国的万里长城,还是在各地出土的文物中,考古学家都发现了胶黏剂的痕迹。20 世纪 30 年代出现的合成树脂、合成橡胶等高分子材料,为胶接技术开辟了广阔的前景。虽然现代胶接技术还属发展中的新工艺,但它使用方便、无污染。随着材料领域的不断革命,高性能胶黏剂的不断涌现,合成材料代替天然材料、非金属材料代替金属材料将成为必然趋势,胶接技术的应用也将越来越广泛。

12.3.2　胶黏剂

1. 胶黏剂的分类

胶黏剂的分类方法很多,目前常按胶黏剂基本组分的分类如图 12.14 所示。

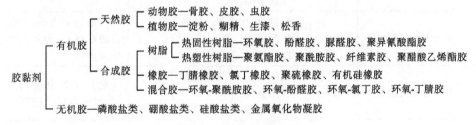

图 12.14　胶黏剂的分类

另外,还可按主要用途分为结构胶、修补胶、密封胶、软质材料用胶、特种胶(如高温胶、导电胶、点焊胶等)。

2. 胶黏剂的组成

胶黏剂不是单一的组分,一般由几种材料组成。配方不同,胶黏剂的性能也不同。

① 基料,胶黏剂的基本组分,通常由一种或几种高聚物混合而成。

②　固化剂,能使线型结构的树脂转变成网状或体型结构的树脂,从而使胶黏剂固化。

③　增塑剂,能改善胶黏剂的塑性和韧性,降低脆性,提高接头的抗剥离及抗冲击能力。

④　稀释剂,能降低胶黏剂的黏度,便于涂敷。

⑤　填充剂,能够增加胶黏剂的强度,改善耐老化性能,降低成本。

3. 常用胶黏剂

一些常用胶黏剂的特点、性能和用途如表 12.1 所示。

表 12.1　常用胶黏剂的特点、性能和用途

分类	类　型	牌　号	特　　点	用　　途
结构胶	环氧-丁腈	自力-2	弹性及耐候性良好,耐疲劳; 使用温度:-60～100 ℃; 固化条件:160 ℃、2 h	可胶接金属、复合材料及陶瓷
	酚醛-丁腈	J-03	弹性及耐候性良好,耐疲劳; 使用温度:-60～150 ℃; 固化条件:160 ℃、3 h	可胶接金属、陶瓷及复合材料
	环氧-丁腈	HS-1	强度、韧性好; 使用温度:-40～150 ℃; 固化条件:130 ℃、3 h	可胶接金属、有机材料等非金属
	酚醛-缩醛-有机硅	204	耐湿热溶剂; 使用温度:-20～200 ℃; 固化条件:180 ℃、2 h	可胶接金属、非金属及复合材料
修补胶	环氧改性胶	JW-1	耐湿热,固化温度低; 使用温度:-60～60 ℃; 固化条件:20 ℃、24 h	可修补陶瓷、复合材料、工程塑料
	环氧-丁腈-酸酐	J-48	耐湿热,化学稳定性好; 使用温度:-60～170 ℃; 固化条件:25 ℃、24 h	可胶接铝合金,可先点焊后注胶,也可先注胶后点焊
	环氧改性胶	425	流动性好,化学稳定性好; 使用温度:-60～60 ℃; 固化条件:130 ℃、3 h	适用于铝合金的胶接,可先点焊后注胶
	环氧-丁腈	KH-120	耐疲劳性好,化学稳定性好; 使用温度:-55～120 ℃; 固化条件:150 ℃、4 h	适用于各种材质螺纹件的紧固与密封防漏
	双甲基丙烯酸多缩乙二醇酯	Y-150 GY-230	较高锁固强度,慢固化厌氧胶; 使用温度:-55～150 ℃; 固化条件:25 ℃、24 h	适用于 M12 以下螺纹件紧固与密封防漏及零件装配后注胶填充固定

续表

分类	类　型	牌　号	特　点	用　途
高温胶	氧化铜-磷酸	无机胶	耐高温,化学稳定性好,性脆; 使用温度:−60～700 ℃; 固化条件:室温、24 h,或 60～80 ℃、1 h,或 100 ℃、0.5 h	适用于套接抗压、抗拉剪接头
	有机硅-填料	KH-505	糊状,耐高温; 使用温度:−60～400 ℃; 固化条件:270 ℃、3 h	适用于钢、陶瓷等非承力结构的胶接,如螺栓、小轴、螺钉的紧固
	双马来酰亚胺改性环氧	J-27H	耐热,化学稳定性好; 使用温度:−60～250 ℃; 固化条件:200 ℃、1 h	适用于石墨、石棉、陶瓷及金属的胶接
导电胶	环氧-固化剂-银粉	SY-11	双组分导电胶,性脆; 使用温度:−55～60 ℃; 固化条件:120 ℃、3 h,或 80℃、6 h	适用于各种金属、压电陶瓷、压电晶体等导体的胶接

12.3.3　胶接工艺过程

1. 表面准备

与软钎焊相似,表面准备的第一步是除去材料表面的灰尘、氧化膜和液态物质。表面所吸附的任何液态物质,都会妨碍胶黏剂的渗透。如果材料胶接强度要求不高,则表面准备工作非常简单,胶接铝材时,用丁酮(MEK)或三氯乙烯擦拭,就能去掉松散的氧化膜。材料表面必须打磨光,使所有松散的氧化膜都能去除,在组成接头的表面上,只允许带有与金属表面牢固结合的氧化层。只有在用来清理的布上或清洁的擦拭织物上看不到氧化物时,才认为表面已经没有松散的氧化物了。

如果用喷砂、金属丝刷或砂纸打磨来进行表面粗糙处理,可使胶黏剂的有效胶接表面积增大,但是这不是主要的。只有改变表面层化学性质,使之高度强化,才能真正有助于形成良好的胶接层。

某些金属,特别是对于铝来说,用化学清理法能获得的强度最高。化学清理法的步骤是:①用三氯乙烯蒸气除油并用清水冲洗;②在含铬的硫酸溶液中清洗并用清水冲洗;③吹干。如果这种类型的清理方法对现场条件不合适,则可用碳化钨砂轮打磨表面,然后用 80 目(颗粒尺寸约 0.19 mm)的氧化铝颗粒进行喷砂处理,接着用清洁的三氯乙烯冲洗除油,并用清水冲洗,最后马上放到 60 ℃的烘箱内烘干。

因为烘干的零件有被污染和形成氧化膜的可能,所以最好在处理后的几小时之内就进行胶接。如果必须存放,则应保存在一个气密性很好的容器里。必须特别注意,已酸洗或清理过的表面不能用手触摸,搬运时必须戴清洁的棉线手套。

2. 胶黏剂的涂敷和固化

胶黏剂可以用各种方法涂敷。例如，可把环氧树脂配制成适当状态，以便喷涂、涂刷、浸渍、滚涂、挤压和抹。热熔胶黏剂常常用胶黏剂枪来喷涂。带状胶黏剂现在十分普遍，因为它们不需再进行混合，应用起来总能保持已知的均匀厚度。向零件表面涂敷胶黏剂，可以只向其中一个零件表面涂敷一层较厚的胶黏剂，也可以向相配合的两个零件表面分别涂敷一层较薄的胶黏剂；一般来说，后者应用较多，效果较好。粗糙的表面必须涂敷足够量的胶黏剂，以便填充那些小的凹陷处，得到所需要的胶接层厚度。两个表面之间的间隙应控制在千分之几毫米。

3. 固化时间

通过溶剂的挥发或加压可使胶黏剂交联固化。某些胶黏剂（如环氧树脂）含加热活化的催化剂，仅由接触压力就能形成交联，不需要排出挥发性溶剂。酚醛树脂含有挥发性溶剂，在固化期间需要施以压力，以保证溶剂排出。那些依靠交联而固化的胶黏剂，常常需要加热来加速反应，固化温度可达 149~204 ℃。太高的温度能造成"过固化"，使接头变脆。固化时间太短或固化温度太低，会导致交联不足，形成柔软的、胶接强度较低的胶接接头。

12.3.4 胶接的应用

【例1】 制造蜂窝夹层结构

蜂窝夹层结构是由蜂窝夹芯和上下蒙皮胶接在一起组成的三层结构。这种夹层结构的单位结构质量的强度和刚度，要比其他结构形式高得多。此外，它还具有表面平整、密封、隔热和易实现机械化生产等优点。它在现代技术中，尤其是在航空航天工业中得到广泛的应用，如一架大型喷气式客机要用到一两千平方米的金属蜂窝夹层结构材料。

制造蜂窝夹芯，是将涂有平行胶条的金属箔按胶条相互交错排列叠合起来，胶条固化后将多层金属箔胶接在一起，再在专用设备上拉伸成蜂窝格子。蜂窝夹层结构也可用再活化组装工艺制造，主要用酚醛-缩醛型、酚醛-丁腈型、环氧-丁腈型胶黏剂。

【例2】 船舶尾轴与螺旋桨的安装

传统的安装船舶尾轴与螺旋桨的方法是采用键紧配合连接，对尾轴和轴孔加工精度和表面粗糙度要求高，尾轴与轴孔的接触面要求达到75％以上。采用胶接装配后，对尾轴和轴孔的加工精度要求低，从而提高了生产率，其连接部位具有良好的耐腐蚀性能。胶接装配采用常温固化的环氧胶黏剂。

【例3】 金属切削刀具的胶接

硬质合金刀具大多采用焊接方法将刀片固定在刀杆上，由于焊接高温的影响，刀片容易产生裂纹，从而缩短了使用寿命。若采用胶接方法，则可避免上述影响。胶接刀具大多采用无机胶黏剂。

【例 4】　铸件的修补

生产中，铸件经常会产生气孔或砂眼，对这些缺陷用胶黏剂进行修补，将使可能报废的铸件得到利用。这对一些较大型的铸件是十分有意义的。

铸件的修补应根据气孔、砂眼的大小和位置采取不同的措施。对于微小的气孔，应采用低黏度的胶液和抽真空的方法，使胶液能更多地进入气孔中。对于较大的气孔、砂眼，可采用含填料的胶黏剂。当气孔、砂眼很大时，可采用扩孔加胶接的方法镶入一个金属塞。

【例 5】　零件尺寸的修复

有相对运动的轴、孔或平面，根据其具体的磨损情况，可采用胶黏剂加减摩材料刷涂或喷涂来恢复尺寸。这种方法要比其他工艺简单，修补后的加工较容易。

机床导轨在工作中经常磨损，其精度受到影响。对于这样的磨损，可采用室温固化环氧树脂胶加入适量铸铁粉与二硫化钼粉的方法直接填补修复，待固化后用刮刀修平即可使用。

复习思考题

(1) 钎焊和熔焊最本质的区别是什么？钎焊根据什么而分类？

(2) 试述钎焊的特点及应用范围。钎料有哪几种？

(3) 试述封接的特点及应用范围。对封接玻璃有什么要求？

(4) 陶瓷与金属能否直接用玻璃封接？封接金属前应怎样处理？

(5) 封接玻璃中为什么要加入锂霞石、锆石等材料？它们对封接玻璃的品质有何影响？

(6) 试述胶接的原理、特点及应用范围。

(7) 试述常用胶黏剂的特点及应用范围。

(8) 举例说明胶接结构的应用。

(9) 铣刀上的硬质合金刀片可用哪些方法固定到刀头上？分别分析这些方法的优缺点。

(10) 在胶接中表面准备为什么很重要？

(11) 硬钎焊需要焊剂吗？如果要，试说明其理由。

(12) 描述硬钎焊和软钎焊的区别。

(13) 如何区别胶接与其他连接方法？

(14) 软钎焊一般用于较薄的零件，试说明其理由。

(15) 如果你设计的接头要承受高压和循环疲劳载荷，你选用什么连接技术？试说明其理由。

金属材料的焊接性

13.1　金属材料焊接性的概念及评估方法

13.1.1　焊接性的概念

金属材料的焊接性,是指被焊金属在采用一定的焊接方法、焊接材料、工艺参数及结构形式条件下,获得优质焊接接头的难易程度。金属材料在一定的焊接工艺条件下,表现出"好焊"和"不好焊"的差别。

焊接性包括两个方面:一是工艺焊接性,主要是指焊接接头产生工艺缺陷的倾向,尤其是出现各种裂缝的可能性;二是使用焊接性,主要是指焊接接头在使用中的可靠性,包括焊接接头的力学性能及其他特殊性能(如耐热、耐蚀性能等)。金属材料这两方面的焊接性通过估算和试验方法来确定。

金属材料的焊接性不是一成不变的,同一种金属材料,采用不同的焊接方法、焊接材料与焊接工艺(包括预热和热处理等),其焊接性可能有很大差别。例如,曾一度认为化学活泼性极强的钛的焊接是比较困难的,但自从氩弧焊应用比较成熟以后,钛及其合金的焊接结构已在航空等工业部门广泛应用。由于等离子弧焊、真空电子束焊、激光焊等焊接方法相继出现,钨、钼、钽、铌、锆等高熔点金属及其合金的焊接都已成为可能。

根据目前焊接技术的水平,工业上应用的绝大多数金属材料都是可焊的,只是焊接的难易程度不同而已。当采用新材料(指以前未应用过的材料)制造焊接结构时,了解及评价新材料的焊接性,是产品设计、施工准备及正确制订焊接工艺的重要依据。

13.1.2　钢材焊接性的评估方法

1. 碳当量估算法

实际焊接结构所用的金属材料绝大多数是钢材,影响钢材焊接性的主要因素是化学成分。不同的化学元素对焊缝组织性能、夹杂物的分布,对焊接热影响区的淬硬程度等影响不同,产生裂缝及造成接头破坏的倾向也不同。在各种元素中,碳的影响最明显,其他元素的影响可折合成碳的影响,因此可用碳当量方法来估算被焊钢材的焊接性。硫、磷对钢材焊接性的影响也很大,在各种合格钢材中,硫、磷都要受到严格限制。

计算碳钢及低合金结构钢碳当量($C_{当量}$)的经验公式为

$$w(C_{当量}) = w(C) + \frac{w(Mn)}{6} + \frac{w(Cr) + w(Mo) + w(V)}{6} + \frac{w(Ni) + w(Cu)}{15}$$

$w(C_{当量})<0.4\%$时,钢材塑性良好,淬硬倾向不明显,焊接性良好。在一般的焊接工艺条件下,焊件不会产生裂缝,但对厚大焊件或在低温下焊接时应考虑采用预热处理。

$w(C_{当量})=0.4\%\sim0.6\%$时,钢材塑性下降,淬硬倾向明显,焊接性较差。焊接之前焊件需要适当预热,焊后应注意缓冷,要采取一定的焊接工艺措施才能防止裂缝。

$w(C_{当量})>0.6\%$时,钢材塑性较低,淬硬倾向很强,焊接性不好。焊接之前焊件必须预热到较高温度,焊接时要采取减小焊接应力和防止开裂的工艺措施,焊后要进行适当的热处理,才能保证焊接接头的品质。

利用碳当量法估算钢材焊接性是粗略的,因为钢材焊接性还受结构刚度、焊后应力条件、环境温度等的影响。例如,当钢板厚度增大时,结构刚度增大,焊后残余应力也增大,焊缝中心部位将出现三向拉应力,实际允许的碳当量值将降低。因此,在实际工作中确定材料焊接性时,除初步估算外,还应根据情况进行抗裂试验及焊接接头使用焊接性试验,为制订合理工艺规程提供依据。

2. 小型抗裂试验法

小型抗裂试验法的试样尺寸较小,应用简便,能定性评定不同拘束形式的接头产生裂缝的倾向。常用的试验法有刚性固定对接试验法、Y形坡口试验法、十字接头试验法等。图13.1是刚性固定对接抗裂试验简图。切割一个厚度$\delta \geqslant 40$ mm的方形刚性底板,手工焊时取边长$L=300$ mm,自动焊时取$L \geqslant 400$ mm,再将待试钢材按原厚度切割成两块长方形试板,按规定开坡口后,将其焊在刚性底板之上。试样厚度$\delta \leqslant 12$ mm时,取焊脚$k=\delta$;$\delta>12$ mm时,取$k=12$ mm,待周围固定焊缝冷却到常温

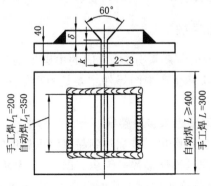

图 13.1 刚性固定对接抗裂试验简图

以后,按实际产品焊接工艺进行单层焊或多层焊。焊完后在室温放置 24 h,先检查焊缝间隙表面及热影响区表面有无裂缝,再从垂直于焊缝的方向取 $\delta = 15$ mm 的金相磨片两块,进行低倍放大,检查裂缝。

　　根据一般焊接工艺焊后试板有无裂缝或裂缝多少的情况,可初步评定材料焊接性的好坏。若有裂纹,应调整工艺(如预热、缓冷等)再焊接试板,直至不产生裂纹为止。抗裂试验的结果可作为制订焊接工艺规程与规范的参考。

13.2　碳钢的焊接

13.2.1　低碳钢的焊接

　　碳含量不大于 0.25%(质量分数)的低碳钢塑性好,一般没有淬硬倾向,对焊接热过程不敏感,焊接性良好。焊这类钢时,不需要采取特殊的工艺措施,在焊后通常也不需要进行热处理(电渣焊除外)。

　　厚度大于 50 mm 的低碳钢结构,当用大电流多层焊时,焊后应进行消除应力退火。在低温环境下焊接较大刚度的结构时,由于焊件各部分温差较大,变形又受到限制,焊接过程容易产生大的内应力,可能导致构件开裂,因此焊前对钢板应进行预热。

　　低碳钢可以用各种焊接方法进行焊接,用得最广泛的是手弧焊、埋弧焊、电渣焊、气体保护焊和电阻焊。

　　采用熔焊法焊接低碳钢结构时,焊接材料及工艺的选择原则主要是保证焊接接头与母材的结合强度。用手弧焊焊接一般低碳钢结构时,可根据情况选用 E4303(J422)焊条。当焊接承受动载的结构、复杂结构或厚板结构时,应选用 E4316(J426)、E4315(J427)或 E5015(J507)焊条。采用埋弧焊时,一般选用 H08A 或 H08MnA 焊丝,配 HJ431 焊剂进行焊接。

　　对低碳钢结构也不允许用强力进行组装,装配点固焊应使用选定的焊条,点固后应仔细检查焊道是否有裂缝与气孔。焊接时,应注意焊接规范、焊接次序,且多层焊的熄弧和引弧处应相互错开。

13.2.2　中、高碳钢的焊接

　　碳含量在 $0.25\% \sim 0.6\%$(质量分数)之间的中碳钢随碳含量的增加,淬硬倾向增大,焊接性逐渐变差。实际生产中的焊件主要是中碳钢铸件与锻件。中碳钢件的焊接特点如下。

1. 热影响区易产生淬硬组织和冷裂缝

　　中碳钢属于易淬火钢,热影响区被加热到超过淬火温度的区段时,受工件低温部分迅速冷却的作用,将出现马氏体等淬硬组织。图 13.2 为易淬火钢与低碳钢的热影响区组织示意图。如焊件刚度较大或工艺不恰当,就会在淬火区产生冷裂缝,即焊接接头焊后冷却到相变温度以下或冷却到常温后产生裂缝。

2. 焊缝金属热裂缝倾向较大

焊接中碳钢时,因母材碳含量与硫、磷杂质含量远远高于焊条钢芯,母材熔化后进入熔池,使焊缝金属碳含量增加,塑性下降;加上硫、磷低熔点杂质的存在,焊缝及熔合区在相变前就可能因内应力而产生裂缝。因此,焊接中碳钢构件,焊前必须进行预热,使焊接时工件各部分的温差减小,以减小焊接应力,同时减慢热影响区的冷却速度,避免产生淬硬组织。一般情况下,35 钢和 45 钢的预热温度可选为 150~250 ℃,结构刚度较大或钢材碳含量更高时,可再提高预热温度。

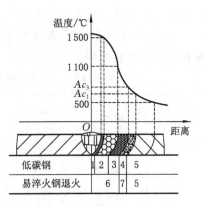

图 13.2　热影响区的组织
1—熔合区　2—过热区　3—正火区
4—部分相变区　5—未受热影响区
6—淬火区　7—部分淬火区

焊接中碳钢应选用抗裂能力较强的低氢型焊条。要求焊缝与母材等强度时,可根据钢材强度选用 E5016(J506)、E5015(J507) 或 E6016(J606)、E6015(J607)焊条;如不要求焊缝与母材等强度,则可选择强度较低的 E4315 焊条,以提高焊缝的塑性。同时,焊接电流要小,要开坡口,进行多层焊,以防止母材过多地熔入焊缝,同时减小焊接热影响区的宽度。

焊接中碳钢一般都采用手弧焊,但对厚件可考虑应用电渣焊。电渣焊可减轻焊接接头的淬硬倾向,提高生产效率,但焊后要进行相应的热处理。

高碳钢的焊接特点与中碳钢基本相似。由于碳含量更高,焊接性变得更差,所以应采用更高的预热温度、更严格的工艺措施(包括焊接材料的选配)。实际上,高碳钢的焊接只限于修补工作。

13.3　合金结构钢的焊接

13.3.1　常用焊接合金结构钢的类型

合金结构钢分为机械制造用合金结构钢和普通低合金结构钢两大类。用于机械制造的合金结构钢(包括调质钢、渗碳钢)零件,一般都采用轧制或锻制的坯件,采用焊接结构的较少。如果需要焊接,因其焊接性与中碳钢相似,所以用于保证焊件品质的工艺措施与焊接中碳钢基本相同。

焊接结构中,用得最多的是普通低合金结构钢(简称低合金钢)。低合金钢一般按屈服强度分级,几种常用的低合金钢钢号及其平均碳当量如表 13.1 所示。我国低合金钢的碳含量都较低,但因其他合金元素种类与含量不同,所以性能上的差异很大,焊接性的差别比较明显。强度级别较低的低合金钢,含合金元素较少,碳当量低,具有良好的焊接性;强度级别高的低合金钢,碳当量较高,焊接性较差,焊接时应采取严格的工艺措施。表 13.1 列出了几种常用低合金钢的焊接材料与预热要求,如焊件厚度较大、环境温度较低,则预热温度还应适当提高。强度等级相同的其他合金结构钢也可参照此表选用。

表 13.1　常用普通低合金结构钢的焊接材料、预热温度

强度等级 /MPa	钢 号	$w(C_{当量})$ /%	手弧焊焊条	埋 弧 焊		预热温度
				焊 丝	焊 剂	
300	09Mn2	0.35	E4303(J422)	H08	HJ431	—
	09Mn2Si	0.36	E4316(J426)	H08MnA		
350	16Mn	0.39	E5003(J502)	H08A	HJ431	—
			E5016(J506)	H08MnA,H10Mn2		
400	15MnV	0.40	E5015(J507)	H08MnA	HJ431	≥100 ℃
	15MnTi	0.38	E5515-G(J557)	H10MnSi,H10Mn2		(对于厚板)
450	15MnVN	0.43	E5515-G(J557)	H08MnMoA	HJ431	≥150 ℃
			E6015-D1(J607)	H10Mn2	HJ350	
500	18MnMoNb	0.55	E6015-D1(J607)	H08Mn2MoA	HJ250	≥200 ℃
	14MnMoV	0.50	E7015-D2(J707)	H08Mn2MoVA	HJ350	
550	14MnMoNb	0.47	E6015-D1(J607)	H08Mn2MoVA	HJ250	≥200 ℃
			E7015-D2(J707)		HJ350	

13.3.2　低合金钢的焊接特点

1. 热影响区的淬硬倾向

焊接低合金钢时,热影响区可能产生淬硬组织,淬硬程度与钢材的化学成分和强度级别有关。碳及合金元素的含量越高,钢材强度级别就越高,焊后热影响区的淬硬倾向也越大。如 300 MPa 级的 09Mn2、09Mn2Si 钢淬硬倾向很小,焊接性与一般的低碳钢基本一样。350 MPa 级的 16Mn 钢淬硬倾向也不大,但当碳含量接近允许上限或焊接规范不当时,16Mn 钢过热区也可能出现马氏体等淬硬组织。大于 450 MPa 级的低合金钢淬硬倾向增大,热影响区容易产生马氏体组织,形成淬火区(图 13.2),硬度明显增加,塑性、韧性则下降。

2. 焊接接头的裂纹倾向

随着钢材强度级别的提高,焊件产生冷裂纹的倾向也增加。冷裂纹的影响因素一般认为有三个方面:一是焊缝及热影响区的氢含量,其次是热影响区的淬硬程度,第三是焊接接头的应力大小。冷裂纹是在这三种因素综合作用下产生的,而氢含量常常是最重要的。由于液态合金钢容易吸收氢,凝固后,氢在金属中扩散、集聚和诱发裂纹需要一定时间,因此,冷裂缝常具有延迟现象,故又称为延迟裂纹。我国生产的低合金钢碳含量较低,且大部分含有一定量的锰,对脱硫有利,因此产生热裂纹的倾向不大。

3. 低合金钢的焊接措施

根据低合金钢的焊接特点,生产中可分别采取以下措施:①对于 16Mn 钢等强度级别较低的钢材,在常温下焊接时与低碳钢一样,在低温或在大刚度、大厚度构件上进行小焊脚、短焊缝焊接时,应防止出现淬硬组织;②适当增大焊接电流,减慢焊接速度,选用抗裂性强的低氢型焊条;③是否需要预热,应根据焊件厚度及环境温度综合考虑,对中厚板只有环境温度在零度以下才预热,对厚板则均应预热,预热温度为 100~150 ℃;④对锅炉、受压容器等重要件,当厚度大于 20 mm 时,焊后必须进行退火处理以消除应力。

对强度级别高的低合金钢,焊接前一般均需进行预热。焊接时,应调整焊接规范以控制热影响区的冷却速度,焊后还应及时进行热处理以消除内应力。如生产中不能立即进行焊后热处理,可先进行消氢处理,即将焊件加热到 200~350 ℃,保温 2~6 h,以加速氢的逸出,防止产生冷裂纹。另外,应根据钢材强度等级选用相应的焊条、焊剂,对焊件进行认真清理。

13.4　铸铁的焊补

铸铁碳含量高,组织不均匀,塑性很低,属于焊接性很差的金属材料,因此铸铁不应用于焊接构件。但对于铸铁件生产中出现的铸造缺陷,铸铁零件在使用过程中发生的局部损坏或断裂,如能焊补,其经济效益是很大的。

1. 铸铁焊补的特点

(1) 熔合区易产生白口组织　由于焊接是局部加热,焊后铸铁焊补区冷却速度比铸造时快得多,因此很容易产生白口组织和淬火组织,硬度很高,焊后很难进行机械加工。

(2) 易产生裂纹　铸铁强度低、塑性差,当焊接应力较大时,就会在焊缝及热影响区产生裂纹,甚至沿焊缝整个断裂。此外,当采用非铸铁组织的焊条或焊丝冷焊铸铁时,因铸铁的碳、硫及磷杂质含量高,如母材过多熔入焊缝中,则容易产生热裂纹。

(3) 易产生气孔　铸铁焊接时易生成 CO 与 CO_2 气体。铸铁凝固时由液态变为固态的时间较短,熔池中的气体往往来不及逸出而形成气孔。

(4) 流动性好　铸铁立焊时熔池金属容易流失,所以一般只采用平焊。

2. 铸铁的焊补方法

根据铸铁的特点,一般都采用气焊、手弧焊(大件可采用电渣焊)来焊补铸铁件,按焊前是否预热可分为热焊法与冷焊法两大类。

1) 热焊法

热焊法是焊前将焊件整体或局部预热到 600~700 ℃、焊后缓慢冷却的焊补工艺。热焊法可防止焊件产生白口组织和裂纹,焊件品质较好,焊后可以进行机械加工。但热焊法成本较高,生产率低,劳动条件差,一般用来焊补形状复杂、焊后需要加工的重要铸件,如车床主轴箱、汽缸体等。

用气焊进行铸铁件的热焊比较方便,气焊火焰可以用于焊件预热和焊后缓冷,填充金属应使用专制的铸铁焊芯,并配以硼砂,或硼砂和碳酸钠组成的焊剂;也可用涂有药皮的铸铁焊条进行手弧焊焊补。药皮成分主要是石墨、硅铁、碳酸钙等,它们可以补充焊接处碳和硅的烧损,并造渣以清除杂质。

2) 冷焊法

焊补之前焊件不预热或进行 400 ℃ 以下低温预热的焊补方法称为冷焊法。冷焊法主要依靠焊条来调整焊缝化学成分,防止或减少白口组织和避免裂纹。冷焊法方便灵活,生产率高,成本低,劳动条件好,但焊接处机械加工性能较差,生产中多用来焊补要求不高的铸件以及高温预热会引起变形的铸件。焊接时,应尽量采用小电流、短弧、窄焊缝、短焊道(每段不大于 50 mm),并在焊后及时轻轻锤击焊缝以松弛应力,防止焊后开裂。

冷焊法一般是用手工电弧焊进行焊补,应根据铸铁材料性能、焊后对机械加工的要求及铸件的重要性来选择焊条。常用的焊条有如下几种。

(1) 钢芯铸铁焊条　钢芯铸铁焊条的焊丝为低碳钢。其中一种焊条药皮有强氧化性成分,能使熔池中的硅、碳大量烧损,以获得塑性较好的低碳钢焊缝,但熔合处为低碳低硅的白口组织,焊后不能机械加工,只适用于一般非加工件焊补。还有一种焊条通称为高钒铸铁焊条,药皮中有大量钒铁,能使焊缝金属成为高钒钢,因此具有较好的抗裂性及加工性,可用于高强度铸铁及球墨铸铁的补焊。

(2) 镍基铸铁焊条　镍基铸铁焊条的焊丝是纯镍或镍铜合金,焊补后,焊缝为塑性好的镍基合金。镍和铜是促进铸铁石墨化的元素,所以熔合处不会产生白口组织,具有良好的抗裂性与加工性。但此种焊条的价格高,应控制使用,一般只用于重要铸件加工面的焊补。

(3) 铜基铸铁焊条　铜基铸铁焊条用铜丝做焊芯或用铜芯铁皮焊芯,外涂低氢型涂料。焊补后,焊缝金属为铜铁合金,其中铜占 80%(质量分数)左右。铜基铸铁焊条可用于一般灰铸铁件的焊补,能使焊件保持韧性,应力小,抗裂性好,焊后可以加工。对铸件加工后出现的小气孔、"缺肉"或小裂纹,如果受力不大,也可以采用黄铜钎焊修复。

13.5　非铁金属的焊接

13.5.1　铜及铜合金的焊接

1. 焊接的特点

铜及铜合金的焊接比低碳钢困难得多,其特点如下。

① 铜的导热性很好(紫铜的热导率约为低碳钢的 8 倍),焊接时热量极易散失。因此,焊前焊件要预热,焊接时要选用较大电流或火焰,否则容易造成焊不透缺陷。

② 铜在液态时易氧化,生成的氧化亚铜与铜组成低熔点共晶物,分布在晶界形

成薄弱环节;又因铜的膨胀系数大,凝固时收缩率也大,容易产生较大的焊接应力。因此,焊接过程中极易引起开裂。

③ 铜在液态时吸气性强,特别容易吸氢,生成气孔。

④ 铜的电阻极小,不适于电阻焊接。

⑤ 铜合金中的合金元素有的比铜更易氧化,使焊接的难度增大。例如黄铜中的锌沸点很低,极易烧蚀蒸发,生成氧化锌烟雾。锌的烧损不但改变了接头化学成分、降低接头性能,而且形成的氧化锌烟雾有毒。铝青铜中的铝焊接时易生成难熔的氧化铝,增大熔渣黏度,生成气孔和夹渣。

2. 焊接方法

铜及铜合金可用氩弧焊、气焊、钎焊等方法进行焊接。

氩弧焊是保证紫铜和青铜焊件品质的有效方法。焊丝应选用特制的紫铜焊丝和磷青铜焊丝,此外还必须使用焊剂来溶解氧化铜与氧化亚铜。焊接紫铜和锡青铜所用焊剂的主要成分是硼砂和硼酸,焊接铝青铜时应采用由氯化盐和氟化盐组成的焊剂。

气焊紫铜及青铜时,应采用严格的中性焰。如果氧气过多,铜将猛烈氧化;如果乙炔过多,熔池中会吸收过多的氢。气焊用的焊丝及焊剂与氩弧焊相同。

目前焊接黄铜最常用的方法仍是气焊,因为气焊火焰温度较低,焊接过程中锌的蒸发较少。气焊黄铜一般用轻微氧化焰,采用含硅的焊丝,使焊接时在熔池表面形成一层致密的氧化硅薄膜,以阻碍锌的蒸发和防止氢的溶入,避免气孔的产生。焊接黄铜用的焊剂也是由硼砂和硼酸配制而成的。

13.5.2　铝及铝合金的焊接

1. 焊接的特点

工业上用于焊接的铝基材料主要是纯铝(熔点 658 ℃)、铝锰合金、铝镁合金。铝及铝合金的焊接比较困难,其焊接特点如下。

① 铝与氧的亲和力很大,极易生成氧化铝。氧化铝组织致密,熔点高达 2 050 ℃,它覆盖在金属表面,能阻碍金属熔合。此外,氧化铝密度大,易使焊缝夹渣。

② 铝的热导率较大,要求使用大功率或能量集中的热源,焊件厚度较大时应考虑预热。铝的膨胀系数也较大,易产生焊接应力与变形,并可能导致裂纹的产生。

③ 液态铝能吸收大量的氢,铝在固态时又几乎不溶解氢,因此易产生气孔。

④ 铝在高温时强度及塑性很低,焊接时常因不能支持熔池金属而引起焊缝塌陷,因此常需采用垫板。

2. 焊接方法

焊接铝及铝合金的常用方法有氩弧焊、气焊、点焊、缝焊和钎焊。

氩弧焊是焊接铝及铝合金较好的方法,由于氩气的保护作用和氩离子对氧化膜的阴极破碎作用,焊接时可不用焊剂,但氩气纯度要求大于 99.9%。

要求不高的焊件也可采用气焊,但必须用焊剂去除氧化膜和杂质,常用的焊剂是氯化物与氟化物组成的专用铝焊剂。

不论采用哪种焊接方法焊接铝及铝合金,焊前必须彻底清理焊接部位和焊丝表面的氧化膜与油污,清理面品质的好坏将直接影响焊缝性能。此外,由于铝焊剂对铝有强烈的腐蚀作用,故使用焊剂的焊件,焊后应进行仔细冲洗,以防止溶剂对焊件继续腐蚀。

13.6　异种金属的焊接性分析

异种金属的焊接通常要比同种金属的焊接困难,因为除了金属本身的物理化学性能对焊接有影响外,两种金属材料性能的差异会在更大程度上影响它们之间的焊接性能。

13.6.1　异种金属性能的差异

1. 结晶化学性的差异

结晶化学性的差异,也就是通常指的"冶金学上的不相容性",包括晶格类型、晶格参数、原子半径、原子的外层电子结构等差异。两种被焊金属在冶金上是否相容,取决于它们在液态和固态时的互溶性以及在焊接过程中是否会产生金属间化合物(脆性相)。

两种金属,如铅与铜、铁与镁、铁与铅等,在液态下不能互溶时,若采用熔焊方法进行焊接,被熔金属从熔化到凝固过程中将极容易产生分层脱离而使焊接失败。因此,在选择材料搭配时,首先要满足互溶性。

2. 物理性能的差异

焊接中,金属的物理性能主要是指熔化温度、膨胀系数、热导率和电阻率等。它们的差异将影响焊接的热循环过程和结晶条件,增加焊接应力,降低接头品质,使焊接困难。例如,异种金属熔点相差愈大,焊接就愈困难。当焊接熔点相差很大的异种金属时,熔点低的金属达到熔化状态,而熔点高的金属仍呈固体状态。因此,已熔化的金属容易渗透入过热区的晶界,使过热区的组织性能变差。当熔点高的金属熔化时,势必造成熔点低的金属流失、合金元素的烧损和蒸发,使焊接困难。

为了获得优质的异种金属焊接接头,除合理地选用焊接方法和填充材料、正确地制定焊接工艺外,还可采取如下一些工艺措施:

① 尽量缩短被焊金属液态下相互接触的时间,防止或减少生成金属间化合物;

② 熔焊时要很好地保护被焊金属,防止金属与周围空气的相互作用,产生使接头熔合不好的氧化物;

③ 采用与两种被焊金属的焊接性都很好的中间层或堆焊中间过渡层,防止生成金属间化合物;

④ 在焊缝中加入某些合金元素,阻止金属间化合物相的产生和增长。

13.6.2　异种金属的焊接技术

异种金属的焊接技术与同种金属的焊接技术一样,按其热源的性质可分为熔焊、压焊、钎焊等。

1. 熔焊

熔焊的最大特点是控制熔合比和防止金属间化合物的产生。为了降低熔合比或控制不同金属母材的熔化量,常选用热源能量密度较高的电子束焊、激光焊、等离子弧焊等。

为了有效地控制母材的熔合比,可用堆焊隔离层的方法,如图 13.3 所示。对一些熔合不理想的金属,可通过增加过渡层金属,使其能更好地熔合在一起。

2. 压焊

大多数压焊方法都是只将被焊金属加热至塑性状态或者不加热,然后施加一定压力进行焊接的。当焊接异种金属时,与熔焊相比,

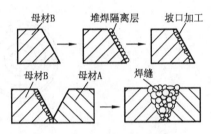

图 13.3　隔离层的应用

压焊具有一定的优越性。只要接头形式允许,采用压焊往往是比较合理的选择。在大多数情况(例如闪光焊和摩擦焊)下,异种金属交界表面可以不熔化,只有少数情况(例如点焊)下,压焊后还保留了曾经熔化的金属。

压焊由于不加热或加热温度很低,可以减轻或避免热循环对金属性能的不利影响,防止产生脆性的金属间化合物,某些形式的压焊(例如闪光焊、摩擦焊)甚至能将已产生的金属间化合物从接头中挤压去除。此外,压焊不存在因母材熔入而引起的焊缝金属性能变化的问题。

3. 钎焊

钎焊本身就是钎料与母材之间的异种金属连接方法。钎焊还有一些较特殊的方法,如熔焊-钎焊法(钎料与其中一种母材相同)、共晶钎焊法或共晶扩散焊法(使两种母材在结合面处形成低熔点共晶体)和液相过渡焊法(在接缝之间加入可熔化的中间夹层)等。

复习思考题

(1) 什么叫焊接性? 怎样评估或判断材料的焊接性?

(2) 应采取哪些综合措施来防止高强度低合金结构钢焊后产生冷裂纹?

(3) 用下列板材制作圆筒形低压容器,试分析其焊接性,并选择焊接方法与焊接材料。

① Q235 钢板,厚 20 mm,批量生产;

② 20 钢板,厚 2 mm,批量生产;

③ 45 钢板，厚 6 mm，单件生产；

④ 紫铜板，厚 4 mm，单件生产；

⑤ 铝合金板，厚 20 mm，单件生产；

⑥ 镍铬不锈钢板，厚 10 mm，小批生产；

⑦ 铝与镍铬不锈钢板，厚 5 mm，小批生产。

（4）有直径为 500 mm 的铸铁带轮和齿轮各一件，铸造后出现图 13.4 所示的断裂现象。曾先后用 J422 焊条和钢芯铸铁焊条进行电弧焊焊补，但焊后再次断裂。试分析其原因。用什么方法能保证焊后不断裂，并可进行机械加工？

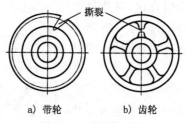

a）带轮　　　　b）齿轮

图 13.4　带轮和齿轮

（5）当钢的碳含量增加时，其焊接性会如何变化？为什么？

第 14 章

焊接结构的设计

14.1 焊件材料及焊接方法的选择

14.1.1 焊件材料的选择

焊件材料选择一般遵循以下原则：

① 尽量选用焊接性好的材料，例如：尽量选用 $w(C)<0.25\%$ 的低碳钢或者 $w(C_{当量})<0.4\%$ 的低合金钢，因为这类钢的淬硬倾向小，塑性好，焊接工艺简单；尽量选用镇静钢，因为镇静钢气体含量低，特别是氢、氧含量低，可以避免产生气孔和裂纹等缺陷。

② 焊接异种金属时，焊缝的强度应与低强度金属的强度相等，而焊接工艺应按高强度金属设计。

③ 尽量采用工字钢、槽钢、角钢和钢管等型材，以简化焊接工艺过程。

14.1.2 焊接方法的选择

1. 生产单件钢结构件

① 当板厚为 3～10 mm，强度较低且焊缝较短时，应选用手弧焊。

② 当板厚在 10 mm 以上，焊缝为长直焊缝或环焊缝时，应选用埋弧焊。

③ 当板厚小于 3 mm，焊缝较短时，应选用 CO_2 气体保护焊。

2. 生产大批量钢结构件

① 当板厚小于 3 mm 时，若无密封要求，则应选用电阻点焊；若有密封要求，则应选用缝焊。

② 当板厚为 3～10 mm，焊缝为长直焊缝或环焊缝时，应选用 CO_2 气体保护焊。

③ 当板厚大于 10 mm，焊缝为长直焊缝和环焊缝时，应选用埋弧焊或电渣焊。

3. 生产不锈钢、铝合金和铜合金结构件

① 当板厚小于 3 mm 时，应选用脉冲钨极或钨极氩弧焊。

② 当板厚为 3～10 mm，焊缝为长直焊缝或环焊缝时，应选用熔化极氩弧焊或等离子弧自动焊。

14.2　焊接接头的工艺设计

14.2.1　焊缝的布置

① 焊缝应尽可能分散(图14.1)，以减小焊接热影响区，防止粗大组织的出现。

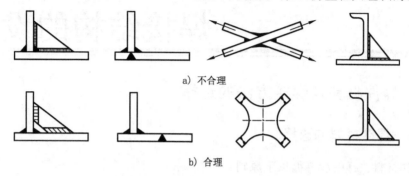

a) 不合理

b) 合理

图 14.1　焊缝分散布置的设计

② 焊缝的位置应尽可能对称分布(图14.2)，以抵消焊接变形。

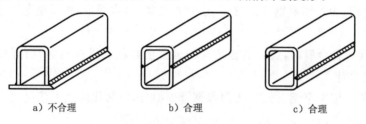

a) 不合理　　　　　　b) 合理　　　　　　c) 合理

图 14.2　焊缝对称布置的设计

③ 焊缝应尽可能避开最大应力和应力集中的位置(图14.3)，以防止焊接应力与外加应力相互叠加，造成过大的应力和开裂。

④ 焊缝应尽量远离或避开机械加工表面(图14.4)，以防止破坏已加工面。

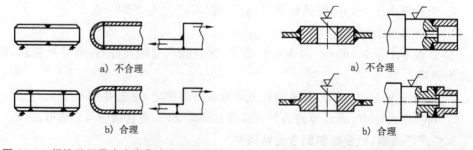

a) 不合理　　　　　　　　　　　　　　a) 不合理

b) 合理　　　　　　　　　　　　　　b) 合理

图 14.3　焊缝避开最大应力集中位置的设计　　　图 14.4　焊缝远离机械加工表面的设计

⑤ 焊缝应便于焊接操作(图14.5、图14.6及图14.7)，焊缝位置应使焊条易到位，焊剂易保持，电极易安放。

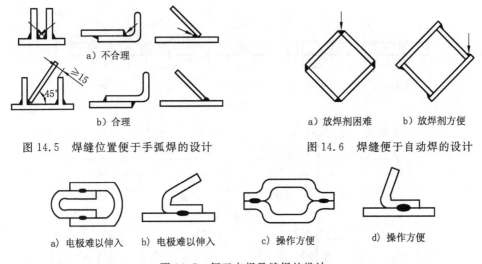

图 14.5　焊缝位置便于手弧焊的设计　　　　　　图 14.6　焊缝便于自动焊的设计

a) 电极难以伸入　　b) 电极难以伸入　　c) 操作方便　　　d) 操作方便

图 14.7　便于点焊及缝焊的设计

14.2.2　接头形式的选择与设计

接头形式应根据结构形状、强度要求、工件厚度、焊后变形大小、焊条消耗量、坡口加工难易程度等各个方面因素综合考虑决定。

1. 熔焊接头设计

根据国标《气焊、焊条电弧焊、气体保护焊和高能束焊的推荐坡口》(GB/T 985.1—2008)的规定,焊接碳钢和低合金钢的接头形式可分为对接接头、角接接头、丁字接头及搭接接头四种。常用接头形式基本尺寸如图 14.8 所示。

对接接头受力比较均匀,是用得最多的接头形式,重要受力焊缝应尽量选用这种接头。搭接接头因两焊件不在同一平面,受力时将产生附加弯矩,而且金属消耗量也大,一般应避免采用。但搭接接头无须开坡口,对下料尺寸要求不高,对某些受力不大的平面连接与空间架构,采用搭接接头可节省工时。要求高的搭接接头可采用塞焊(图 14.8e)。角接接头与丁字接头受力情况都较对接接头复杂些,但接头成直角或一定角度连接时,还必须采用这种接头形式。

对厚度在 6 mm 以下、对接接头形式的钢板进行手弧焊时,一般可不开坡口直接焊成。板厚较大时,为了保证焊透,接头处应根据焊件厚度预制各种坡口,坡口角度和装配尺寸可按标准选用。厚度相同的焊件常有几种坡口形式可供选择,Y 形和 U 形坡口只需一面焊,可焊到性较好,但焊后角变形较大。双 Y 形和双 U 形坡口受热均匀,变形较小,但必须两面都焊到,所以有时受到结构形状限制。

U 形和双 U 形坡口形状复杂,需用机械加工准备坡口,成本较高,一般只在重要的受动载的厚板结构中采用。

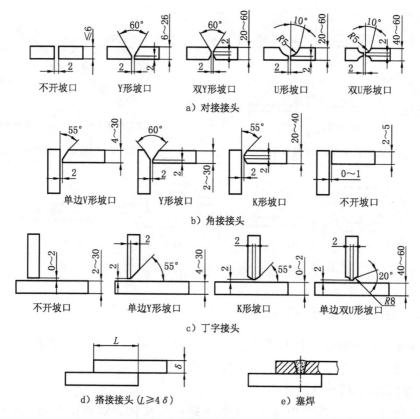

a) 对接接头

b) 角接接头

c) 丁字接头

d) 搭接接头（L≥4δ）　　　　e) 塞焊

图 14.8　手弧焊接头及坡口形式

　　设计焊接结构最好采用相等厚度的金属材料，以便获得优质的焊接接头。如果采用两块厚度相差较大的金属材料进行焊接，则接头处会造成应力集中，而且接头两边受热不匀易产生焊不透等缺陷。根据生产经验，不同厚度金属材料对接时，应在较厚板料上加工出单面或双面斜边的过渡形式，如图 14.9 所示。

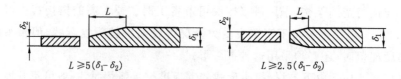

$L \geqslant 5(\delta_1 - \delta_2)$　　　　　$L \geqslant 2.5(\delta_1 - \delta_2)$

图 14.9　不同厚度金属材料对接的过渡形式

2. 压焊接头设计

1）点焊接头设计

点焊接头设计包括焊点直径 d、焊点数 n 等的设计，如表 14.1 所示。

2）摩擦焊的接头形式

摩擦焊的接头形式不仅要根据产品的设计要求，而且要根据摩擦焊接工艺的特

表 14.1　点焊接头工艺设计

名　称	接头形式	基本符号	标注方法
点　焊	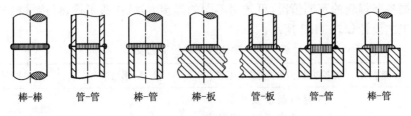	○	$\overset{d}{\bigcirc} n\times(e)$

序号	经验公式	简　图	备　注
1 2 3 4 5	$d=2\delta+3$ $A=30\sim70$ $c\leqslant0.2\delta$ $e>8\delta$ $s>6\delta$		d——熔核直径(mm); A——焊透率(%); c——压痕深度(mm); e——点距(mm); s——边距(mm); δ——焊件厚度(mm); n——焊点数

点来确定。接头形式的设计原则如下：①在旋转式摩擦焊的两个焊件中，至少要有一个焊件具有回转截面；②焊件应有较大的刚度，能方便、牢固地夹紧，要尽量避免采用薄管和薄板接头；③尽量使两个焊接截面的尺寸相等，防止变形和应力，保证焊件品质；④为了增大焊缝面积，可以把焊缝设计成搭接成形的锥形接头。

　　摩擦焊接头的设计原则和具体形式，随着产品结构的要求和焊接工艺的改善而不断发展。图 14.10 所示为目前生产中旋转式摩擦焊所常用的几种接头形式。

棒-棒　　管-管　　棒-管　　棒-板　　管-板　　管-管　　棒-管

图 14.10　摩擦焊接头形式

3. 钎焊接头设计

　　钎焊构件的接头都采用板料搭接和套件镶接形式，图 14.11 表示了几种常见的形式。这些接头都有较大的焊接面，可弥补钎料强度方面的不足，保证接头有一定的承载能力。接头之间要有良好的配合和适当的间隙：间隙太小，会影响钎料的渗入与润湿，不可能全部焊合；间隙太大，不但浪费钎料，而且会降低钎焊接头强度。因此，一般钎焊接头间隙要求为 0.05～0.2 mm。

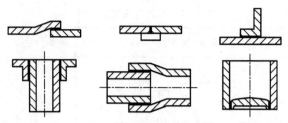

图 14.11　钎焊接头形式

14.3　典型焊件的工艺设计举例

结构名称:中压容器(图 14.12);

材料:16MnR(原料尺寸为 1 200 mm×5 000 mm);

件厚:筒身 12 mm,封头 14 mm,人孔圈 20 mm,管接头 7 mm;

生产批量:小批生产。

工艺设计要点:筒身用钢板冷卷,按实际尺寸,可分为三节,为避免焊缝密集,筒身纵焊缝可相互错开 180°。封头应采用热压成形,与筒身连接处应有 30~50 mm 的直段,使焊缝躲开转角应力集中位置。如卷板机功率有限,人孔圈可加热卷制。其焊接工艺如图 14.13 所示。

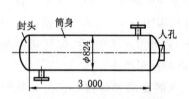

图 14.12　中压容器外形图

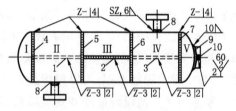

图 14.13　中压容器工艺图

根据各条焊缝的不同情况,可选用不同的焊接方法、接头形式、焊接材料与工艺,其焊接工艺设计如表 14.2 所示。

表 14.2　中压容器焊接工艺设计

序号	焊缝名称	焊接方法选择与焊接工艺	接 头 形 式	焊接材料
1	筒身纵缝 1、2、3	因容器品质要求高,又是小批生产,故采用埋弧焊双面焊,先内后外;材料为 16MnR,应在室内焊接(以下同)		焊丝:H08MnA 焊剂:HJ431 焊条:E5015 (J507)
2	筒身环缝 4、5、6、7	采用埋弧焊,顺序焊接焊缝 4、5、6,先内后外;装配后再焊接焊缝 7,先在内部用手弧焊封底,再用自动焊焊外环缝		焊丝:H08MnA 焊条:E5015 (J507) 焊剂:HJ431

续表

序号	焊缝名称	焊接方法选择与焊接工艺	接头形式	焊接材料
3	管接头焊接焊缝8	管壁为7 mm,角焊缝插合式装配,采用手弧焊,双面焊,先焊内部,后焊外部		焊条:E5015(J507)
4	人孔圈纵缝焊缝9	板厚20 mm,焊缝短(100 mm),采用手弧焊,平焊位置,Y形坡口		焊条:E5015(J507)
5	人孔圈焊接焊缝10	处于立焊位置的圆角焊缝,采用手弧焊;单面坡口双面焊,焊透		焊条:E5015(J507)

复习思考题

(1) 如图14.14所示三种焊件的焊缝布置是否合理？若不合理,请予改正。

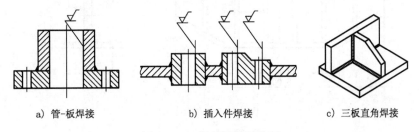

a) 管-板焊接　　　　b) 插入件焊接　　　　c) 三板直角焊接

图14.14　焊件的焊缝布置

(2) 图14.15所示的两种低碳钢支架,如成批生产,请设计最合理的生产工艺。如用焊接工艺,试选择焊接方法、接头形式与焊接材料,提出工艺要求。

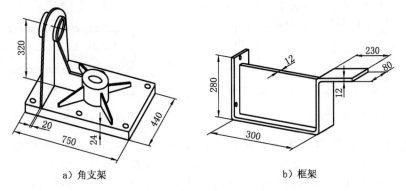

a) 角支架　　　　　　b) 框架

图14.15　低碳钢支架

（3）图 14.16 所示的两种铸造支架，材料为 HT150，单件生产。拟改为焊接结构，请设计结构图，选择原材料、焊接方法，画简图表示焊缝及接头形式。试拟定图 14.17b 所示焊件的焊接生产过程和防止变形的措施。

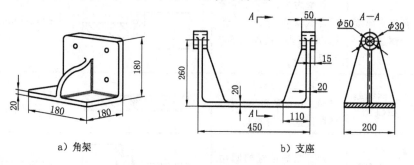

a）角架　　　　　　　　　　b）支座

图 14.16　铸造支架

（4）图 14.17 所示的焊接梁，材料为 15 钢，现有钢板最大长度为 2 500 mm。试决定腹板与上、下翼板的焊缝位置，选择焊接方法，画出各条焊缝接头形式并制定各条焊缝的焊接次序。

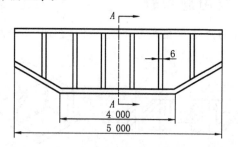
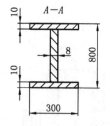

图 14.17　焊接梁

（5）图 14.18 所示的锅炉汽包，原材料已定为牌号为 22g 的锅炉钢，筒身及封头壁厚均为 50 mm，试拟订生产工艺过程，选择焊接方法、接头形式、焊接材料并提出工艺要求（原材料尺寸：2.5 m×4 m）。

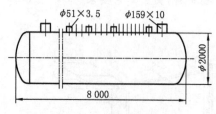
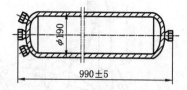

图 14.18　锅炉汽包　　　　　　　图 14.19　压缩空气储气罐

（6）图 14.19 所示的汽车刹车用压缩空气储存罐，用低碳钢板制造，筒壁厚 2 mm，端盖厚 3 mm，4 个管接头为标准件 M10，工作压力为 0.6 MPa。试根据工件结构形状决定制造方法及焊缝位置，请选择焊接方法、接头形式与焊接材料，并决定装配焊接次序。

第4篇
材料的其他成形技术

第 15 章

塑料的成形技术

15.1 塑料的性能及选用

塑料是以合成树脂或天然树脂为原料,在一定温度和压力条件下可塑制成形的高分子材料,一般含有添加剂,如填充剂、稳定剂、增塑剂、色料和催化剂等。塑料可分为热塑性塑料和热固性塑料两大类。热塑性塑料受热时呈熔融状态,可反复成形加工;热固性塑料成形后为不熔、不溶的材料。

塑料以其密度小(为钢的 1/8~1/4)、比强度大、比刚度(或比弹性模量)大、耐腐蚀、耐磨、绝缘、减摩、自润滑性好、易成形、易复合等优良的性能,在机械制造、轻工、包装、电子、建筑、汽车、航空航天等领域得到广泛应用。

15.1.1 塑料的成分

塑料一般由树脂和添加剂(也称助剂)组成。树脂在塑料中起决定性的作用,但也不能忽视添加剂的重要影响。例如,酚醛压塑粉中若无添加剂,聚氯乙烯中若无稳定剂,硝化纤维素中若无增塑剂,就没有什么实用价值,也无法进行成形加工。塑料的主要成分如下。

1. 树脂

在简单成分的塑料中,树脂量为 90%~100%(质量分数);在复杂成分的塑料中,树脂量为 40%~60%(质量分数)。目前生产中主要使用合成树脂,很少使用天然树脂(如松香、虫胶等)。树脂决定了塑料的类型和基本性能,如力学性能、物理性能和电性能等,并使塑料具有塑性或流动性,从而具有成形性。

2. 填充剂

填充剂(又称填料)并非每种塑料所必需的成分。填充剂的作用如下。

① 起增量作用,树脂中掺入廉价的填充剂(如碳酸钙),可减少塑料中树脂的相对量,降低成本。

② 既起增量作用又起改性作用,如聚乙烯、聚氯乙烯树脂中加入钙质填充剂后,便成为廉价的、具有足够刚性和耐热性的钙塑料;用玻璃纤维作填充剂,能大幅度改善塑料的力学性能;用石棉作填充剂,可改善塑料的耐热性;有的填充剂还可以使塑料具有树脂所没有的性能,如导电性、导磁性、导热性等。

填充剂分为有机填充剂和无机填充剂两类，从形状上分，有粉状填充剂（如木粉、大理石粉、滑石粉、云母粉、石棉粉、石墨粉等）、纤维状填充剂（如棉花、亚麻、石棉纤维、玻璃纤维、碳纤维、硼纤维、金属丝须等）和层（片）状填充剂（如纸张、棉布、玻璃布等）。填充剂应能与其他成分机械混合，不发生化学反应，具有与树脂牢固黏结的能力。

3. 增塑剂

增塑剂是能与树脂相容的高沸点液态或低熔点固态有机化合物，其作用是改善塑料的塑性、流动性和柔韧性，降低塑料的刚性和脆性，改善塑料的成形性。柔韧性差的树脂，如硝酸纤维、醋酸纤维、聚氯乙烯等，需要加入增塑剂。必须指出，增塑剂虽能改善塑料的工艺和使用性能，但也会降低塑料的硬度、抗拉强度等。

对增塑剂的要求还有不易挥发、化学稳定性好、耐热、无色、无毒、无臭、价廉等。常用的增塑剂有邻苯二甲酸二丁酯、邻苯二甲酸二辛酯、癸二酸二丁酯、癸二酸二辛酯等。

4. 润滑剂

润滑剂能防止塑料在成形过程中黏模，同时还能改善塑料的流动性，降低塑件的粗糙度。常用的润滑剂有硬脂酸、石蜡、金属皂类（硬脂酸钙、硬脂酸锌等）。常用的热塑性塑料，如聚乙烯、聚丙烯、聚氯乙烯、聚苯乙烯、聚酰胺、ABS 塑料等，往往都要加入润滑剂。

5. 稳定剂

稳定剂的作用是抑制和防止塑料在加工和使用过程中降解。所谓降解，就是聚合物在热、力、氧气、水、光、射线等作用下发生大分子链断裂或化学结构发生有害变化的现象。稳定剂根据其作用可分为以下三种。

（1）热稳定剂　热稳定剂的作用是抑制塑料受热降解，如聚氯乙烯在温度为 100 ℃以上时会降解，放出氯化氢气体，颜色变成黄色、棕色或黑色，脆性增强，导致产品丧失使用价值。加入稳定剂可防止上述现象发生。目前，使用稳定剂的塑料主要是聚氯乙烯，它常用的热稳定剂有很多，三盐基性硫酸铅是使用最普遍的一种。硬脂酸钡是聚氯乙烯的稳定剂兼润滑剂。

（2）光稳定剂　光稳定剂的作用是防止树脂因受光的作用而降解、变色和力学性能下降。聚乙烯、聚丙烯、聚苯乙烯、聚碳酸酯等塑料中常常加入光稳定剂。常用的光稳定剂有紫外线吸收剂、光屏蔽剂等。2-羟基-4 甲氧基二苯甲酮是普遍应用的紫外线吸收剂。

（3）抗氧化剂　抗氧化剂的作用是抑制塑料氧化。聚乙烯、聚丙烯、ABS 塑料等都是易氧化的塑料。2,6-二叔丁基对甲苯酚在高分子材料中是有效的抗氧化剂。

6. 着色剂

着色剂主要起装饰、美化塑料的作用，同时还能改善塑料的光稳定性、热稳定性、耐候性等。着色剂分为颜料和染料。颜料分为无机颜料和有机颜料。无机颜料是不溶性的固态有色物质,如钛白粉、铬黄、镉红、群青等。它们在塑料中分散成微粒,起表面遮盖作用而使塑料着色。与染料相比,其着色能力、透明性和鲜艳性较差,但耐光性、耐热性和化学稳定性较好。有机颜料(如联苯胺黄、钛青蓝等)的特性介于染料和无机颜料之间。染料(如分散红、士林黄、士林蓝等)可溶于水、油和树脂,有强烈的着色能力,色泽鲜艳,但耐光性、耐热性和化学稳定性较差。要使塑料具有特殊的光学性能,可在塑料中加入珠光色料、荧光色料等。

塑料的添加剂除以上几种外,还有阻燃剂、发泡剂、抗静电剂等。

15.1.2　塑料的工艺性能

1. 热固性塑料的工艺性能

1) 收缩性

与金属的铸造成形相似,热固性塑料加温后在熔融状态下充满模腔而成形,当冷却至室温后,塑料件的尺寸会发生收缩。影响收缩的因素如下。

(1) 化学结构变化　树脂分子化学结构从线型结构(其密度小)变为体型结构(其密度大)。

(2) 热收缩　塑料的膨胀系数比钢大,故塑件冷却的收缩率也比钢质模具的大,所以塑件的尺寸比模腔的尺寸要小。

(3) 弹性恢复　脱模时,塑件因压力降低而产生弹性膨胀,使总收缩率减小。

(4) 塑性变形　开模时,塑件所受的压力虽然降低,但模壁仍紧压着塑件,可能使塑件局部变形,造成局部收缩。

还必须注意,塑件的收缩往往具有方向性,这是因为在成形过程中,高分子的排列按其运动方向取向。所以,在与高分子流动方向平行和垂直的方向上,塑件的性能和收缩不相同。同时,因添加剂的分布不均匀,塑件各部位的密度也不均匀,所以,其收缩也不均匀,并由此而引起塑件的翘曲变形甚至开裂。

此外,塑件受成形压力和剪力的作用,受其性能的各向异性及添加剂分布、密度、模温、固化程度等不均匀的影响,成形后内部存在残余应力。塑件脱模后由于残余应力趋于平衡而引起的再收缩称为后收缩。有时,根据性能和工艺要求,塑件在成形后需进行热处理。热处理引起的塑件收缩称为后处理收缩。因此,为了得到合格的塑件,进行模具设计时必须考虑塑料的收缩及其复杂性。

2) 流动性

塑料在一定的温度和压力下充满模腔的能力称为流动性。流动性的大小是将一定质量的塑料预压成圆锭,再把圆锭放在标准压模中,在一定温度和压力下,测定塑料自压模孔中流出的长度来比较的。影响流动性的因素如下。

(1) 塑料性质　树脂的相对分子质量,填料的性质、颗粒的形状和大小,水含量,增塑剂与润滑剂的含量等,都影响塑料性质。一般,树脂相对分子质量小,填料颗粒细且呈球状,水、增塑剂、润滑剂含量高,则塑料的流动性好。

（2）模具结构　应根据塑件的结构、尺寸及模塑方法选择适当流动性的塑料。若塑件形状复杂，如表面积大、嵌件多、芯子及嵌件细弱、有狭窄深槽及壁薄等，应选择流动性好的塑料。若模腔表面粗糙度低，则有利于塑料的流动。

（3）预热及成形工艺条件　预热模具和适当提高塑料成形温度及压力，有利于塑料流动性的提高。流动性对塑件的品质、模具设计及成形工艺影响很大。流动性过大，易造成溢料，塑件内部易产生疏松和树脂与填料的分离现象，易黏模而造成脱模困难；流动性过小，则模腔填充不足，成形困难。

3）比容和压缩率

比容是单位质量塑料所占的体积。压缩率是塑料的体积和塑件体积之比，其值恒大于 1。比容和压缩率都表示塑料的疏密程度，都可作为确定加料腔大小的依据。比容和压缩率大的塑料要求加料腔大，而且，因塑料内部充气多而导致成形时排气困难，成形周期长，生产率低。

4）水分和挥发物的含量

塑料中的水分和挥发物是在塑料生产过程中遗留下来的，或是在运输、保管中吸收的，或是在成形过程中伴随化学反应而产生的。其含量过大，塑料的流动性将增大，由此易产生溢料现象，易使塑料产生气泡、组织疏松、翘曲变形、波纹等缺陷。而且，有的挥发物气体对模具有腐蚀作用，对人体有刺激作用。因此，在成形前应将塑料预热干燥，或采取在模具上开排气槽等工艺措施。

5）固化特性

热固化树脂在成形过程中发生交联反应，分子结构由线型变为体型，塑料由可熔、可溶状态变为不熔、不溶状态，这一过程称为固化或熟化。固化是因在一定温度、压力等成形条件下，高分子的分子链中自带的反应基团（如羟甲基等）或反应活点（如不饱和键等）与交联剂（固化剂）的作用而形成的。实践证明，固化反应很难完全。因此，如何根据热固性树脂的交联特性，通过控制成形工艺条件，达到所需要的交联程度，是热固性塑料成形中的重要问题。

2. 热塑性塑料的工艺性能

1）收缩性

影响热塑性塑料收缩性的因素与热固性塑料的基本相同。值得注意的是，塑料的相对分子质量的大小一般呈正态分布，其收缩率不是一个确定的值，而是在最大收缩率和最小收缩率之间波动。

2）塑料状态与加工性

随着加工温度的变化，热塑性塑料在恒定压力下存在三种状态，即玻璃态、高弹态和黏流态。热塑性塑料的聚集状态与加工温度的关系如图 15.1 所示。

处于玻璃态（结晶型树脂为结晶态）的树脂是坚硬的固体，在外力作用下有一定的变形，且变形是可逆的，不宜进行大变形量的加工，但可进行车、铣、钻、刨等切削加工。高弹态的树脂是类似橡胶状态的弹性体，其变形能显著增加，但变形仍具有可逆

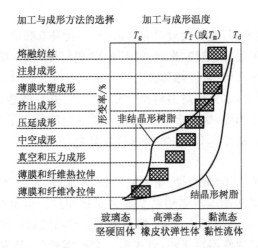

图 15.1　热塑性塑料的聚集状态与加工温度的关系

性。在这种状态下,可对其进行真空、压延、中空等成形加工。在成形时,必须充分考虑到塑料的可逆性,为了得到所需形状和尺寸的塑件,须将成形后的塑件迅速冷却到玻璃化转变温度 T_g 以下。T_g 是大多数聚合物成形加工的最低温度,也是选择和合理应用材料的重要参数。当成形温度高于非结晶塑料的黏流温度 T_f 或结晶塑料的熔点 T_m 时,塑料变为黏流态的熔体,具有成形加工的不可逆性,即一经成形和冷却后,其形状便保持下来。在这种状态下可进行注射、吹塑、挤出等成形加工。过高的温度将使熔体黏度大大降低,当温度高达塑料的热分解温度 T_d 附近时,聚合物会分解。因此 T_f(或 T_m)、T_d 是进行塑料成形加工的重要参数。

必须指出,完全结晶的高聚物无高弹性,即在高弹性状态不会有明显的弹性变形,只有在温度高于 T_m 时,才很快熔化成黏流态,产生突然增大的塑性变形。

3) 黏度与流动性

塑料熔体的黏度是其内部抵抗流动的阻力(黏度反应了塑料熔体流动的难易程度)。黏度越大,则流动性越低。影响塑料成形中黏度的因素与塑料本身的化学性质(如分子结构、相对分子质量分布和组成等)及工艺条件(如成形温度、压力、剪切应力和剪切速率等)有直接关系。常用塑料可根据流动性大致分为以下三类:①流动性好的有聚酰胺、聚乙烯、聚苯乙烯、聚丙烯、醋酸纤维素等;②流动性中等的有改性聚苯乙烯、ABS 塑料、聚甲基丙烯酸甲酯、聚甲醛、氯化聚醚等;③流动性差的有硬碳酸酯、硬聚氯乙烯、聚苯醚、氟塑料等。

此外,模具的浇注系统、冷却系统、排气系统、模腔的形状及表面粗糙度都直接影响熔体的实际流动情况。凡使熔体降温或增加流动阻力的因素都会降低流动性。增加成形压力,可提高熔体的充型能力,但在某些情况下,成形压力的增加会使熔体黏度增大很多,反而导致成形困难,且功率消耗过多和设备磨损增加。因此,塑料的流动性问题必须根据实际情况慎重考虑。

4）吸水性

根据其吸水性的不同，塑料大致可分为两类：一类是有吸附或黏附水分倾向的塑料，如聚甲基丙烯酸甲酯、聚酰胺、聚碳酸酯、ABS 塑料等；另一类是不易吸附也不易黏附水分的塑料，如聚乙烯、聚丙烯等。

在塑料成形过程中，水分在高温料筒中变为气体，并促使塑料水解、产生气泡且流动性下降，导致成形困难，塑件表面品质和力学性能降低。因此，成形前塑料应进行干燥处理，将水分控制在 0.2%～0.4%（质量分数）范围内。

5）结晶性

结晶型塑料（如聚乙烯、聚丙烯、聚四氟乙烯、聚酰胺、氯化聚醚等）冷凝后具有结晶特性，呈不透明或半透明态。非结晶型塑料是透明的。但也有例外，如 4-甲基戊烯-1 为结晶型塑料却有高透明性，ABS 塑料属于非结晶型却不透明。

一般，结晶型塑料的使用性能好，但成形工艺性能较差，易发生未熔塑料进入模腔或堵塞浇口的现象，因此，应注意成形设备的选用和冷却装置的设计。同时，结晶型塑料的收缩大，各向异性显著，内应力大，容易使成形塑件产生缩孔、气孔、翘曲变形等缺陷。

必须指出，结晶型塑料不大可能形成完全的结晶体，一般只能有一定程度的结晶，其结晶度随成形条件而异。如熔体温度和模具温度高、熔体冷却速度慢，则塑件的结晶度就大；反之，其结晶度就小。结晶度大的塑料其密度大，强度、硬度、刚度高，耐磨性、化学稳定性和电性能好；结晶度小的塑料其柔韧性和透明性较好，伸长率和抗冲击强度较大。因此，应通过控制成形条件来控制塑件的结晶度，以满足使用要求。

6）熔体破裂

一定熔体指数（热塑性塑料熔体在规定的温度压力下，从规定长度和直径的小孔中挤出的速率）的塑料熔体在恒温下通过喷嘴时，其流速超过一定值后，挤出的熔体表面会出现明显的横向凸凹不平或外形畸变、以致熔体支离或断裂的现象。这种现象称为熔体破裂。熔体破裂会影响塑件的外观和性能，故对熔体指数高的塑料，应增大注塑机的喷嘴、流道和浇口，以减小压力和注射速度。

此外，热塑性塑料的热敏性（塑料在温度高和受热时间长的条件下发生降解、变色的特性）、开裂性等也属于它的工艺性能范畴。为了改善这些性能，得到合格的塑件，除应在塑料中加入热稳定剂、增塑剂等外，还必须选择合适的成形设备，设计合理的成形工艺，如正确控制成形温度和成形周期，对塑料进行预热干燥，合理设计浇注系统和顶料装置，提高塑件的结构工艺性，并对塑件进行后处理等。

15.1.3　常用塑料

1. 聚苯乙烯及 ABS 塑料

聚苯乙烯（PS）是一种无色透明的塑料，其来源广泛，加工性能好，但强度低，有脆性，耐热性低，因而出现了一些改性聚苯乙烯，如高抗冲击聚苯乙烯（HIPS）及

ABS 塑料等。HIPS 与 ABS 塑料性能相近,在使用温度范围内具有良好的抗冲击强度、表面硬度、表面光泽度、尺寸稳定性、耐化学药品性和电绝缘性,且耐磨性较好。它的不足在于热变形温度比较低,低温抗冲击性能不够好,耐候性较差。ABS 塑料的使用温度范围为 −40～100 ℃。

HPIS 及 ABS 塑料主要采用注射成形,也可采用挤出成形、中空成形及真空成形,产品多为管、棒、板、片、型材及容器等。加工前应对塑料进行干燥,以去除水分。

HPIS 及 ABS 塑料应用范围广泛,机械工业中常用它来制造齿轮、泵叶轮、轴承等,电子工业中常用它制造电话机、电视机、收录机、洗衣机、电冰箱、吸尘器、电子计算机的外壳等,汽车工业中常用它制造挡泥板、扶手、空调导管等,另外还用它来制造纺织器材、仪表零件等。透明聚苯乙烯主要用于透明塑件。

2. 聚酰胺

聚酰胺通常称为尼龙(PA)。聚酰胺品种繁多,主要品种有尼龙 6、尼龙 66、尼龙 610、尼龙 1010、尼龙 12 以及用于浇注成形的 MC 尼龙等。尼龙具有较高的强度和冲击韧度,具有自润滑、耐磨耗、耐疲劳、耐油等特征。在尼龙材料中,尼龙 66 的强度最好,尼龙 6 的冲击韧度最好,尼龙 1010 是我国首创的产品,总体性能非常优越,耐磨性能最佳。尼龙能在无油润滑条件下使用,是优良的自润滑材料。尼龙在高湿度条件下也具有较好的绝缘性能。聚酰胺耐碱和大多数盐溶液的能力很强,但不能耐强酸和氧化剂的侵蚀,有一定耐候性和阻燃性。

聚酰胺的不足是吸水率大,这会影响产品的尺寸稳定性,加工前应进行干燥。聚酰胺的耐热温度不高,长期、连续使用的温度一般在 80 ℃ 左右。聚酰胺熔融时黏度低、流动性好,可用不同的方法成形,如:用注射成形可生产各种注塑件,用挤出成形可生产管、板、棒、型材等,用中空成形可生产容器,用浇注成形可生产各种浇注件。此外,聚酰胺还可用于烧结、涂敷、模压及反应注射成形,还可用选择性激光烧结快速成形(SLS)直接用尼龙粉末成形复杂尼龙件(详见 20.2.2 节)。

3. 聚碳酸酯

聚碳酸酯(PC)是产量仅次于聚酰胺的塑料。它透明,呈微黄色,具有特别高的强度和良好的尺寸稳定性、耐蠕变性、耐热性及电绝缘性。其缺点是内应力大,容易开裂,耐溶剂性差,高温易水解,摩擦系数大,无自润滑性。聚碳酸酯的使用温度范围在 −100～130 ℃。

聚碳酸酯有良好的成形加工性能,它主要采用注射成形,也可用挤塑成形加工成管、片、棒、型材等。聚碳酸酯在室温下具有延性,因此可对聚碳酸酯片材进行冲压及拉深。聚碳酸酯含有水分,在加工过程中会引起水解,因此在加工前应严格进行干燥,使水含量控制在 0.02%(质量分数)以下。聚碳酸酯塑件经 100 ℃ 以上温度退火处理后,可有效消除其内应力。

4. 聚四氟乙烯

聚四氟乙烯(PTFE)具有优良的化学稳定性、电绝缘性、自润滑性、耐大气老化性能,还具有较好的阻燃性和强度,是重要的工程塑料。聚四氟乙烯耐化学腐蚀性极强,能耐强酸、强碱和有机溶剂,被称为"塑料王"。它的使用温度范围广,在−200 ℃下仍能保持韧性,在 260 ℃下能长期连续使用。它的静摩擦系数在塑料中是最小的,自润滑性能特别优良。它的不足在于其强度较其他工程塑料低,成形性能较差。聚四氟乙烯的成形主要采用模压后烧结的方法,还可对已烧结成形的塑件进行切削加工。

聚四氟乙烯主要应用在耐化学腐蚀、耐磨、密封和电绝缘方面。在耐化学腐蚀方面,它可用来制造耐腐蚀泵、阀门、软管、隔膜等;在耐磨、密封方面,它可用来制造密封圈、垫圈、缓冲环等,加入填料后可用来制造活塞环;作为电绝缘材料,它可用在环境温度变化激烈的场合,如喷气式飞机、雷达上和高频绝缘等方面。

5. 聚丙烯

聚丙烯(PP)属于通用塑料,价格低廉,又具有较好的性能,在工程中得到广泛应用。聚丙烯密度仅为 $0.89\sim0.91$ g/cm³,耐热温度高于 100 ℃,耐化学腐蚀性和介电性能优异。聚丙烯的缺点是低温冲击韧度低,易老化,成形收缩大。

聚丙烯可通过注射成形、挤出成形、中空成形等工艺制成各种零部件,如法兰、接头、蓄电池匣、化工过滤板框、家用电器零件、汽车零件及管材、片材等。

6. 聚乙烯

聚乙烯(PE)主要有低密度和高密度聚乙烯两类,也是使用最广泛的塑料之一。低密度聚乙烯柔而韧;比较而言,高密度聚乙烯的耐热性、机械强度较高,而抗冲击性能较差。

聚乙烯几乎可使用所有的塑料成形方法进行加工,有良好的加工性能。低密度聚乙烯主要用于各种塑料薄膜、注塑件及中空塑件,高密度聚乙烯则可用挤出成形加工成管、片及丝材和打包带等,还可用注射成形、中空成形加工成日用品和工业用品,如周转箱、托盘、容器等。

7. 聚氯乙烯

聚氯乙烯(PVC)是一种多组分塑料,其中加入不同的添加剂可呈现不同的物理性能,从而具有不同的用途。例如,随增塑剂添加比例的提高可制成由硬质到软质的制品。PVC 在成形过程中热稳定性差,受热易降解,故成形前应先将聚氯乙烯树脂与各种添加剂按一定比例混合均匀,将混合料塑化后再进行成形加工。

硬质 PVC 主要采用挤出成形,产品有塑料门窗、型材及管材等。软质 PVC 制品主要采用挤出成形,产品有地板、电线、电缆、绝缘层等;也可采用注射成形,产品有玩具、运动器材等。

8. 环氧树脂

环氧树脂(EP)是一种热固性树脂,其种类很多,其中最主要的是双酚 A 环氧树脂,产量占环氧树脂的 90% 以上。它具有优良的黏结性、电绝缘性、耐热性(耐热温度达 200 ℃以上)和化学稳定性,收缩率和吸水率小,强度高,而且它还耐辐射。

　　环氧树脂一般为黏性的透明液体,加入固化剂后,在加热或室温条件下可以固化。为改善其性能,还可以加入增韧剂、稀释剂、填充剂等。环氧树脂主要用来生产塑件、环氧玻璃钢及密封材料,配制涂料和胶黏剂也是其主要用途。

　　生产环氧玻璃钢,首先要将环氧树脂配制成胶液,再将玻璃纤维或玻璃纤维织物浸透树脂,压制成形。固化剂可使用乙二胺、二乙烯三胺、三乙醇胺、间苯二胺及593、120 等商品化固化剂。聚酰胺树脂的相对分子质量较低,既是固化剂,又是增韧剂,可有效地改善环氧树脂的脆性及易开裂性等。环氧玻璃钢可用来制造轻型飞机的结构件,如机翼、升降舵等。它在汽车工业中可用来制造车门、车壳,在电子工业中可用来制造电气开关、仪表盘、印制电路板,在化工工业中可用来制造防腐蚀管道等。作为浇注材料,它可用来封装电子零件如电缆封头、线圈、控制电路板等。

　　9. 聚氨酯

　　聚氨酯(PUR)可以制取软质的热塑性树脂和硬质的热固性树脂,广泛应用于硬质、半硬质、软质泡沫塑料,合成皮革,涂料,胶黏剂等,以泡沫塑料应用最多。

　　聚氨酯一般由多异氰酸酯(如 TDI、PAPI、MDI 等)和多羟基化合物(聚酯多元醇、聚醚多元醇等)及催化剂、发泡剂、阻燃剂等添加剂合成,可采用浇注成形、反应注射成形、喷涂成形。硬质聚氨酯可用做设备、管道的绝热保温材料,如火车车厢、冷藏汽车的保温层,航天航空器机翼填充材料,机房隔音材料等;半硬质聚氨酯可用做汽车冲击吸收材料,仪表面板,设备的隔音、绝热、防震、电绝缘材料等;软质聚氨酯可用做汽车、火车坐垫,精密仪器抗震包装材料,过滤材料,隔音材料等。

15.2　塑件的成形技术

　　完整的塑件生产过程为:预处理→成形→机械加工→修饰→装配,如图 15.2 所示。塑件成形(或称为模塑)的种类很多,有各种模塑成形、层压及压延成形等,其中以塑料模塑成形种类较多,如挤出成形、压塑成形、传递成形、注射成形等。它们共同的特点是利用了塑料成形模具(简称塑料模)来成形具有一定形状和尺寸的塑件。

15.2.1　注射成形

　　注射成形又称为注塑成形或注射模塑,是热塑性塑件生产的一种重要方法。除少数热塑性塑料(如加布基填料的塑料等)外,几乎所有的热塑性塑料都可以采用注射成形技术。典型的注射成形产品是杯、容器、箱体、工具手柄、旋钮、电力及通信组件(如听筒)、玩具、管道设备配件。注射成形还成功地应用于热固性塑料和弹性体的成形。

　　融熔态的塑料注射到模腔中,并在那里发生聚合与交联,形成形状复杂、尺寸精度高的塑件。在模具上采用旋开式的移动心轴,可在塑件上形成空腔和内、外螺纹。

　　1. 注射机

　　注射成形是通过注射机来实现的。注射机的主要作用是:加热熔融塑料,使其达

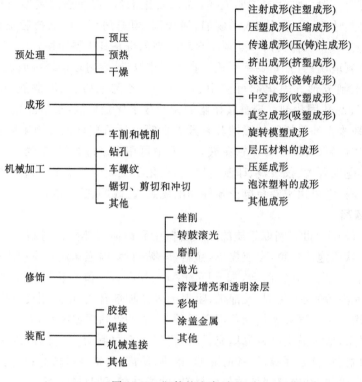

图 15.2　塑件的生产过程

到黏流状态；对黏流的塑料施加高压使其射入模腔。注射机有多种，目前最常用的是螺杆式注射机，其注射成形基本动作程序如下（图 15.3）。

（1）合模和锁模　模具首先以低压快速进行闭合，当动模与定模接近时转换为低压低速合模，然后切换为高压将模具锁紧。

（2）注射　合模动作完成以后，在移动油缸的作用下注射装置前移，使料筒前端的喷嘴与模具贴合，再由注射油缸推动螺杆向前直线移动（此时螺杆不转动），以高压（一般注射成形的压力为 $70\sim200$ MPa）、高速将螺杆前端的塑料熔体注入模腔，如图 15.3a 所示。

（3）保压　注入模腔的塑料熔体在模具的冷却作用下会产生收缩，未冷却的塑料熔体也会从浇口处倒流，因此在这一阶段，注射油缸仍需保持一定压力进行补缩，才能制造出饱满、致密的塑件，如图 15.3b 所示。

（4）冷却和预塑化　当模具浇口处的塑料熔体冷凝封闭后，保压阶段结束，塑件进入冷却阶段。此时，螺杆在液压马达（或电动机）的驱动下转动，使来自料斗的塑料颗粒向前输送，同时，塑料受加热器加热和螺杆转动产生的剪切摩擦热的作用，温度逐渐升高，直至熔融成黏流状态。当螺杆将塑料颗粒向前输送时，螺杆前端压力升高，迫使螺杆克服注射油缸的背压后退，螺杆的后退量反映了螺杆前端塑料熔体的体

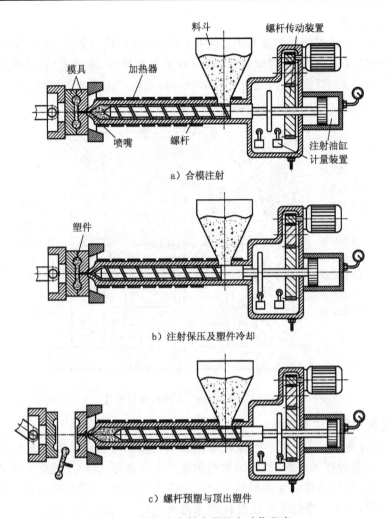

a) 合模注射

b) 注射保压及塑件冷却

c) 螺杆预塑与顶出塑件

图 15.3　螺杆式注射成形基本动作程序

积(即注射量)。螺杆退回到设定注射量位置时停止转动,准备下一次注射,如图
15.3c所示。

（5）脱模　冷却和预塑化完成后,为了不使注射机喷嘴长时间顶压模具,喷嘴处
不出现冷料,可以使注射装置后退,或卸去注射油缸前移压力。合模装置开启模具,
顶出装置动作,顶出模腔内的塑件(图 15.3c)。注射成形机的工作循环周期如图
15.4所示。

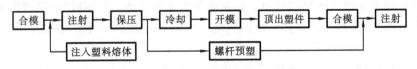

图 15.4　螺杆式注射模塑工作循环

2. 注射模具

塑料模具是注射成形的重要工艺装备,典型的注射模具如图 15.5 所示。注塑模具一般包括浇注系统、合模导向装置、侧向分型抽芯机构、脱模机构、排气机构、加热冷却装置等部分。更换模具,就可在注射成形机上生产出不同的塑件。

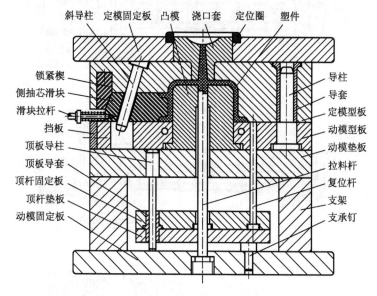

斜导柱　定模固定板　凸模　浇口套　定位圈　塑件

锁紧楔
侧抽芯滑块
滑块拉杆
挡板
顶板导柱
顶板导套
顶杆固定板
顶杆垫板
动模固定板

导柱
导套
定模型板
动模型板
动模垫板
拉料杆
复位杆
支架
支承钉

图 15.5　侧向抽芯的塑料注射模具

3. 注射成形的工艺参数

(1) 注射温度　注射成形时塑料熔体的温度高低对塑件性能的影响很大,一般说来,随着注射温度的提高,塑料熔体的黏度呈下降趋势,这对充填是有利的,也较容易得到表面光洁的塑件。但注射温度过高会使塑料降解,力学性能急剧下降。

(2) 模具温度　模具温度比塑料熔体温度对塑件的性能影响要小得多,但模具温度对充填过程、注射成形周期、塑件的内应力有较大的影响。模具温度过低时,塑料熔体遇到冷的模腔壁,黏度升高,很难充满整个模腔;模具温度过高时,塑料熔体在模具内冷却定形的时间就长,延长了成形周期。对结晶性塑料如聚丙烯、聚甲醛等来说,较高的模具温度能使其分子链松弛,塑件的内应力减小。

(3) 注射压力　注射压力主要影响塑料熔体的充填能力,注射压力高时较易充满模腔。

(4) 保压时间　保压时间要依据浇口尺寸的大小确定,浇口尺寸大时保压时间就长,浇口尺寸小时保压时间就短。如果保压时间短于浇口封冻时间,可能得不到饱满、致密的塑件,同时还会因塑料熔体从浇口倒流而引起分子链取向,增大塑件的内应力。

注射成形可制造质量大到数千克、小到数克的各种形状复杂、精度较高的塑件,其生产效率高,是塑料的主要成形方法。注射成形中容易产生的缺陷及其产生的原因如表 15.1 所示。

表 15.1　注射成形容易产生的缺陷及其产生的原因

缺　陷	缺陷产生的原因
充填不足	1.料筒及喷嘴温度太低；2.模具温度太低；3.加料量不够；4.塑件质量超过注射机最大注射量；5.注射压力太低；6.模腔排气不良；7.模具浇口太小；8.注射时间太短，注射螺杆退回太早；9.注塑机喷嘴被堵塞
塑件溢边	1.注射压力太大；2.模具闭合不严；3.塑料熔体温度过高；4.锁模压力不够
气泡	1.原料中水分或挥发物过多；2.塑料熔体温度过高或受热时间太长而引起塑料降解；3.注射压力太小；4.注射速度太快
凹陷、缩孔	1.塑件壁太厚或厚薄相差太大；2.浇口位置开设不当；3.注射保压时间太短；4.料筒温度太高；5.注射压力太小；6.加料量略显不足
熔接痕	1.原料干燥不够；2.模具温度太低；3.浇口太多；4.注射速度太慢；5.模腔形状不良
银丝、斑纹	1.原料干燥不够，水含量过高；2.模具浇口、流道太小；3.塑料熔体温度太高，开始分解
裂纹	1.模具温度太低；2.塑件在模具内冷却时间太长；3.塑件被顶出时受力不均匀；4.模腔没有足够的脱模斜度；5.有金属嵌件且没有预热
塑件脱模困难	1.模腔没有足够的脱模斜度；2.模具顶出装置结构不良；3.模腔有接缝且进料；4.成形周期太短或太长；5.壳体或深腔塑件的型芯无进气孔，造成负压
塑件尺寸不稳定	1.成形周期不一致；2.加料量不均；3.温度、压力、时间等工艺参数变化太快；4.模具温度失控；5.多腔模具流道尺寸不一致

15.2.2　压塑成形

压塑成形也称压缩成形或模压成形，主要用于热固性塑料如酚醛树脂、密胺树脂件的成形。压塑成形的设备为液压机，并配有专用的压塑成形模具。

1. 压塑成形原理

压塑成形如图 15.6 所示。成形时，将按塑件质量称量好的粉状、粒状、碎屑状或纤维状的塑料原料直接加入成形温度下的压塑模腔和加料室中(图 15.6a)，然后将模具闭合加热和加压(图 15.6b)。塑料原料在热和压力的作用下熔融流动，充满整个模腔。这时，树脂与固化剂在型腔中发生化学交联反应，固化、定形，最后打开模具，取出塑件(图 15.6c)。

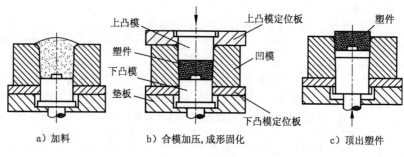

a) 加料　　　　b) 合模加压,成形固化　　　　c) 顶出塑件

图 15.6　压塑成形

2. 压塑成形的工艺参数

（1）成形压力　一般说来,压缩率高的塑料比压缩率低的塑料需要更大的成形压力,因此可将松散的塑料原料预压成块状,既方便加料,又可降低成形所需压力。经过预热的塑料比未预热的塑料所需的成形压力小,流动性较好。

（2）模压温度　模压温度是指成形时的模具温度,提高模压温度可缩短成形周期,但塑料是热的不良导体,太高的模压温度会使内部的塑料得不到应有的固化。

在一定范围内提高模压温度有利于成形压力的降低,但应防止模温过高使靠近模壁的材料提前固化而失去降低成形压力的可能性。不同的塑料所需的成形压力和模压温度不同,表 15.2 列出了部分热固性塑料成形时所需的成形压力和模压温度。

表 15.2　部分热固性塑料模压温度及成形压力

塑　　料	模压温度/℃	成形压力/MPa
苯酚甲醛树脂	145～180	7～42
三聚氰胺甲醛树脂	140～180	14～56
环氧树脂	145～200	0.7～14

3. 热塑性塑料的压塑成形

热塑性塑料也可用于压塑成形。它成形时同样要经历由固态变为黏流态而充满模腔的阶段(此时模具被加热),但不发生交联反应,因此在热塑性塑料熔体充满模腔后,需将模具冷却使其凝固,才能脱模而获得塑件。在热塑性塑料压缩成形时,模具需要交替加热和冷却,生产周期长,效率低。为解决这一问题,热塑性塑料常使用热挤冷压法,即将由挤出成形机挤出的熔融塑料放入压制成形模腔中定形,制得塑件。由此不难看出,热塑性塑料的成形采用注射成形比采用压塑成形更经济。一般,只有平面较大的热塑性塑件才采用压塑成形。

4. 压塑成形的特点及应用

（1）优点　没有浇注系统,耗材少;设备为通用压力机,模具结构较简单,可以压制平面较大的塑件,或利用多腔模一次压制多个塑件。由于塑料在模腔内直接受压成形,所以适合于压制成形流动性较差的,以布基、纤维为填料的塑料,而且塑件的收缩较小,变形小,各向性能比较均匀。

（2）缺点　生产周期长，效率低，不易压制形状复杂、壁厚相差大、尺寸精度高的塑件，而且不能压制带有精细的、易断裂的嵌件的塑件。

（3）应用　用于压塑成形的塑料有酚醛塑料、氨基塑料、不饱和聚酯塑料、聚酰亚胺塑料等，其中酚醛塑料和氨基塑料使用最广。

15.2.3　传递成形

传递成形又称为压铸（注）成形，它是在改进压塑成形的缺点并吸收注射成形的优点的基础上进一步发展起来的一种模塑成形技术。

1. 传递成形原理

传递成形如图 15.7 所示，先将塑料（最好是经预压成锭料和预热的塑料）加入模具的加料腔（图 a），使其受热成为黏流态，在柱塞的压力作用下，黏流态的塑料经浇注系统充满闭合的模腔，塑料在模腔内继续受热、受压，经过一定时间固化后（图 b），打开模具取出塑件（图 c）。

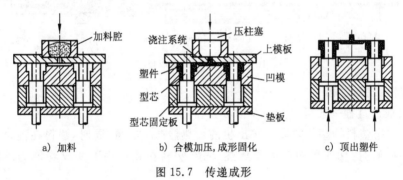

a）加料　　　　b）合模加压，成形固化　　　　c）顶出塑件

图 15.7　传递成形

2. 传递成形的特点及应用

热固性塑料传递成形与压塑成形的区别是：传递成形在加料前模具已完全闭合，塑料的受热、熔融是在加料腔内进行的。而在压塑成形开始时，压力机只施压于加料腔内的塑料，使之通过浇注系统而快速射入模腔；当塑料充满模腔后，模腔内与加料腔中的压力趋于平衡。传递成形使用的模具称为压铸（注）模、传递模或挤塑模。

（1）优点　可以成形带有深孔的及其他复杂形状的塑件，也可成形带有精细的、易碎的嵌件；塑件的飞边较小，尺寸准确，性能均匀，品质较高；模具的磨损较小。

（2）缺点　与压塑成形相比，其模具的制造成本较高，成形压力大，操作较复杂，料耗多，塑件的收缩率大（对于一般酚醛塑料，压塑成形时线收缩率为 0.8%，传递成形时线收缩率则为 0.9%～1%），而且塑件收缩的方向性也较明显（例如传递成形带有以纤维为填料的塑料时，会在塑件中引起纤维的定向分布，从而导致塑件性能的各向异性）。

（3）应用　传递成形用于热固性塑料的成形。它对塑料的要求是，在未达到硬化温度之前，即在加料腔熔融至充满模腔期间，应有较好的流动性；而在达到硬化温度后,即充满模腔后,必须具有较快的固化速率。能够符合这种要求的热固性塑料有酚醛、三聚氰氨甲醛和环氧树脂等。不饱和聚酯和脲醛塑料因在较低温度下就已具有较大的固化速率,所以不能用这种方法模塑成形较大的塑件。

15.2.4　挤出成形

挤出成形又称为挤塑成形,是一种用途广泛的成形技术,在工程材料的成形工艺中它所占的比重很大。挤出成形主要用来生产连续的塑料型材,如管、棒、丝板、薄膜、电线电缆的涂覆和涂层制品等,还可用来生产中空成形制品型坯、粒料等,也可用于酚醛、脲醛等不含矿物质,以石棉、碎布等为填料的热固性塑料的成形,但能用于挤出成形的热固性塑料的品种和挤出塑件的种类有限。管材挤出成形如图 15.8 所示。

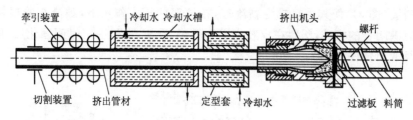

图 15.8　管材挤出成形

1. 挤出成形过程

挤出成形过程一般可分为三个阶段:

(1) 固态塑料的塑化阶段　挤出机的加热器产生热量,同时,塑料在混合过程中受螺杆、料筒的剪切作用而产生摩擦热,固态塑料在热作用下变成均匀的黏流态塑料。

(2) 成形阶段　黏流态塑料在螺杆的推动下,以一定的压力和速度连续地通过挤出机头,从而得到一定截面、形状的连续形体。

(3) 定形阶段　用冷却方法使已成形的形状固定下来,成为所需要的塑件。

2. 挤出机

挤出成形所用的设备为螺杆式挤出机,并有单螺杆和多螺杆挤出机之分。螺杆式挤出机的塑料挤出量、熔体温度、熔体均匀性、功率消耗等,主要取决于螺杆的结构、直径 D、长度 L。螺杆各段长度的比例及螺槽深度等几何参数对螺杆的工作特性及塑料的塑化过程均有很大影响,其中螺杆直径是基本参数,挤出机的规格常以螺杆直径表示。螺杆长径比(L/D)也是重要参数,长径比大,则塑化均匀。在目前常用的挤出机中,螺杆的长径比多为 25 左右。

螺杆工作部分可分为以下三段(图 15.9)。

(1) 加热段　加热段的作用是将从料斗加进的固体塑料加热并向前送至压缩段。设计时,这段螺槽应是等距离、等深度的,以保持截面不变。在这段距离中,塑料仍然是固体状态。为了使塑料有向前输送的最好条件,保证足够的挤出量,塑料与料

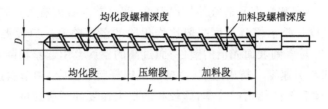

图 15.9　挤出机螺杆

筒的摩擦力必须大于塑料与螺杆的摩擦力。为此,可在料筒内表面开沟槽,在螺杆表面镀铬或将螺杆表面抛光。

（2）压缩段　压缩段又称为熔化段。在这段距离中,螺杆的螺槽应是逐渐缩小的,缩小的程度取决于塑料的压缩比。在压缩段中,塑料被料筒外加热器加热并受渐变螺槽的搅拌、剪切、压缩所产生的摩擦热作用,温度逐步上升,从固态逐渐熔融为黏流态的熔体,并被螺杆输送到均化段。

（3）均化段　均化段的作用是将压缩段送来的塑料熔体进一步均匀化,并使其定量、定压、定温地由机头挤出,故均化段又称为计量段。均化段螺槽截面和螺槽深度可以是恒定的,但比前两段小。

塑料经过这三段后,由玻璃态转化为挤出成形所需的黏流态。

3. 挤出机头

图 15.10 所示为挤出机头。从挤出机料筒中输送到机头的熔体首先要经过滤板,阻止未熔化的塑料或其他杂物进入机头。它的作用是将挤出机输送来的塑料熔体由螺旋运动变为直线运动,产生必要的成形压力,保证塑件致密。随后,塑料熔体沿分流器向前流动,并被加热器加热,使塑料进一步塑化,最后,通过口模成形,得到所需要截面形状的塑

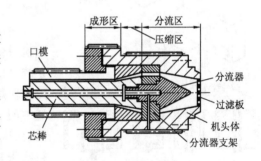

图 15.10　挤出机头

件。设计时应做到:内腔呈流线形,表面光洁,避免塑料滞留模内而引起塑料分解;模内流道逐步收缩,建立必要的压缩比。塑料熔体具有黏弹性,离开口模时会产生离模膨胀,所以应依其变化规律将口模修整成合适的形状。塑料熔体从口模挤出时还处于熔融状态,为了避免变形,获得所需要的形状和尺寸,必须立即由冷却定形装置冷却并成形。成形的产品经牵引装置引出,再由切割装置切割或由卷曲装置卷曲得到塑件。

4. 挤出成形的工艺参数

（1）料筒温度　料筒中的加热温度一般分为三段,均化段最高,压缩段次之,加料段最低。若加料段温度过高,则塑料在这段螺杆和料筒之间熔融,就不能有效地输

送到螺杆前端。不同塑料有其适宜的挤出温度,调试前应查阅有关资料。

（2）模具温度　挤出模具温度一般比均化段的温度略高。口模温度较高、塑料离模膨胀较小,容易得到表面光洁的塑件;而过高的温度会引起塑料降解甚至烧焦。

（3）挤出和牵引速度　挤出速度（由挤出机螺杆转速决定）和牵引速度也是十分重要的,一般希望有较高的生产效率,即较高的挤出速度和牵引速度。过高的挤出速度容易引起塑料熔体表面破碎。提高挤出速度的关键是挤出模腔应呈流线形,有合适的压缩比,以及适当的温度控制范围。生产中,牵引速度的提高会引起塑料熔体的拉伸,适合的拉伸比（口模与芯棒所形成的空间的截面积与塑件截面积之比）可缓解熔体的破裂。

15.2.5　中空成形

1. 中空成形原理

中空成形又称为吹塑成形,它源于古老的玻璃瓶吹制工艺。中空成形常用来成形轿车油箱、轿车暖风通道、化学品包装容器、便携式工具箱等。依塑料管状形坯制取的方法不同,中空成形可分为挤出吹塑中空成形和注射吹塑中空成形两大类,常用的是挤出中空吹塑成形。

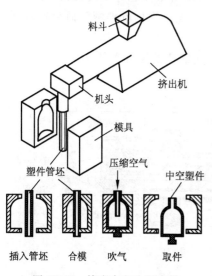

图 15.11　挤出中空吹塑成形

挤出中空吹塑成形（图 15.11）设备包括挤出机、挤出机头、合模机构、液压系统、压缩空气系统、电气控制系统等部分。成形时,挤出机挤出一段熔融状态的塑料管坯,挤出装置插入管坯中间,合模装置在液压系统的驱动下将模具闭合,这时吹气装置将压缩空气导入,塑料管坯被吹胀并贴合于模腔表面,冷却定形后开启模具,取出成形的中空塑件。对于小型挤出吹塑设备,塑料管坯是连续挤出的,在模具闭合后,气动割刀将型坯割断,由移模装置将模具移开。

对于大型挤出吹塑设备,挤出机先将塑料熔体挤入一个储料缸,再由液压油缸快速挤出塑料管状型坯,这样就可缓解因塑料熔体自重下垂造成的型坯上薄下厚现象。在较先进的设备上还配备有型坯壁厚调节装置（图15.12）。在管坯挤出过程中利用液压伺服装置上下调节挤出模具芯棒,即可改变型坯壁厚,使其符合塑件壁厚的要求。

中空吹塑模具一般为两瓣对合的模具。模具上下两端开设有夹坯口和余料槽,以切断和容纳多余的边

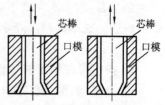

图 15.12　型坯壁厚的调节

料。模具闭合后模腔呈闭合状态,因此应考虑在管坯吹胀时模具内部原有空气的排除问题。排气槽可开设在分模面上,也可开设在模具的"死角"部位。中空塑件的口部形状及螺纹,是利用模具与吹气装置挤压成形的。

中空成形的优点是设备和模具结构简单,缺点是塑件壁厚不均匀。

2. 中空成形的工艺参数

（1）挤出温度　挤出温度过高,则塑料熔体黏度下降,型坯容易因自重下垂而上薄下厚,得不到壁厚均匀的塑件;挤出温度过低时,因熔体弹性太大,会发生离模膨胀,挤出的塑料管坯较短而其壁较厚,不利于成形。

（2）挤出速度　挤出速度应适合于成形周期,太快则塑料管坯长,边料多,造成浪费。

（3）吹塑压力　塑料管被吹胀时的空气压力一般为 0.4～1 MPa。

3. 挤出中空吹塑(薄膜)成形

聚合物薄膜及普通塑料袋是用挤出机生产的管状坯料(料泡)吹塑制造的,挤出的料泡不经冷却直接移入吹塑模具中,然后通过挤出模的中心向上吹空气,将料泡膨胀成气球形,一直达到所要求的薄膜厚度(图 15.13)。

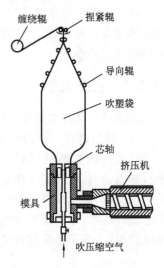

图 15.13　挤出吹塑薄膜成形

15.2.6　真空成形

真空成形又称为吸塑成形,如图 15.14 所示。成形时,将热塑性塑料板(片)材夹持起来,固定在模具上,用辐射加热器加热,加热到软化温度时,用真空泵抽去板(片)材和模具之间的空气,在大气压力作用下,板(片)材拉伸变形,贴合到模具表面,冷却后定形成为塑件,吹压缩空气顶出塑件。真空成形可用于成形包装塑件,如药品包装、钮扣电池等电子产品包装塑件,一次性餐盒等,较厚的板材还可成形壳罩类塑件如冰箱内胆、浴室镜盒等。真空成形常用的材料为聚乙烯、聚丙烯、聚氯乙烯、ABS塑料、聚碳酸酯等。

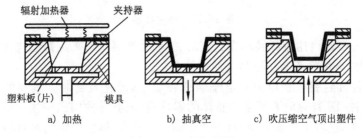

a) 加热　　　　b) 抽真空　　　c) 吹压缩空气顶出塑件

图 15.14　真空成形

真空成形的方法有凹模真空成形、凸模真空成形、凹模和凸模先后抽真空成形及吹泡真空成形等,应用最早也最简单的是凹模真空成形。

真空成形可使用金属和非金属模具,以铝合金模具较多。非金属模具可用木材、石膏、塑料等制造,其中以石膏应用最多。石膏模强度较差,可在石膏中混入 10%～30%(质量分数)的水泥,并加入铁丝、鬃毛等来增加强度。

真空成形中应注意板(片)材的加热均匀性,只有加热均匀才能生产出壁厚较为均匀的塑件。另外,抽真空速率、成形温度、模具温度、排料间距的大小等,都会影响塑件壁厚的分布。

15.2.7　浇注成形

浇注成形又称为浇铸成形或铸塑成形(图 15.15)。它有以下三种形式。

(1) **静态浇注**　将尚未聚合的原料单体如某些热塑性塑料(例如尼龙、聚丙烯树脂,等)或热固性塑料(例如环氧树脂、酚醛塑料、聚氨酯、聚酯,等)一般呈液状或浆状),与固化剂、填充剂等按比例混合均匀,注入模腔中(图 15.15a),使其在常压下完成聚合反应,固化后得到与模腔形状一致的塑件。静态浇注成形的典型塑件有齿轮、带轮、轴承、棒、厚板及要求耐摩擦磨损的零件等,形状复杂的塑件可采用柔性模(如硅橡胶模)。为了保证塑件的完好,必须考虑模具的排气。

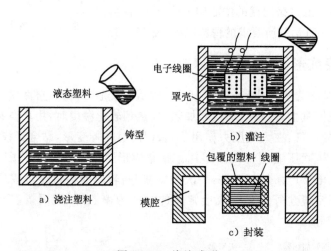

图 15.15　浇注成形

(2) **离心浇注**　用短纤维增强的塑料、热固性塑料等可采用离心浇注成形,所制造的典型塑件与用静态浇注法制造的塑件类似。

(3) **灌注和封装**　在电力和电子制造领域中,灌注及封装是重要的成形方法。在模具中灌注(图 15.15b),可生产整体的零件;在电器元件周围浇注一层塑料,使它被包覆塑料中,这种工艺称为封装(图 15.15c)。吊钩、螺栓的结构可进行局部封装。在灌注和封装中,塑料作为绝缘体。

静态浇注法使用的塑料主要有 MC 尼龙、环氧树脂、甲基丙烯酸甲酯(有机玻璃)等,其工艺过程包括模具的准备、原料的配制、浇注、固化和脱模几个步骤。静态浇注法因不施加或很少施加压力,所以对模具和设备的要求比较低,适合于大型塑件的生产,也适合于用机械切削加工的单件塑件的生产。模具可用钢、铝合金、玻璃、水泥、石膏等材料制造。对外形简单、还需进行后续切削加工的塑件,可用上部敞开的凹模。对直接成形的塑件,可用与金属铸造模具类似的模具,将上下模具闭合后密封,留出浇口和排气口。对流动性差的塑料,还可在排气口抽真空以排除气泡。成形前应将模具清洁、干燥,对难以脱模的塑料(如环氧树脂等)要在模腔内涂敷脱模剂。常用的脱模剂有凡士林、机油、有机硅油等。特性不同的塑料应采用不同的方法配制。下面以 MC 尼龙和环氧树脂为例分别加以介绍。

1. MC 尼龙的浇注成形

MC 尼龙的聚合原料是己内酰胺,常用的催化剂为氢氧化钠,助催化剂可选用乙酰基己内酰胺、甲苯二异氰酸酯(TDI)等。MC 尼龙的典型配方为:m(己内酰胺):m(氢氧化钠):m(TDI)= 1:0.106:0.462。

将配制好的原料浇注到涂好脱模剂并已预热的模具中,在 160 ℃温度下保温0.5 h,冷却后取出塑件即可。所得塑件应在 150~160 ℃机油中保温 2 h 后冷至室温,再在水中煮沸 24 h,以稳定尺寸,消除内应力。

MC 尼龙内应力小、质地均匀,一般浇注成棒材、管材等,再经切削加工成为阀门、法兰等塑件,也可直接浇注成齿轮、涡轮、机床导轨等。

2. 环氧树脂的浇注成形

环氧树脂原料的配制应从塑件性能和工艺性能两方面来考虑,不同的树脂和固化剂配比,可得到不同的物理、力学性能。环氧树脂可在室温或加热条件下固化。例如,制作大型塑件,可选择室温固化,这样可不用大型的加热设备;制作电子封装件,高温可能影响电子元件的品质,也应选择室温固化。不过室温固化速度慢。

常用的环氧树脂固化剂及其用量和固化条件如表 15.3 所示。

表 15.3 常用的环氧树脂固化剂及其用量和固化条件

固化剂	状 态	用量/%(质量分数)	固 化 条 件
乙二胺	无色有气味液体	7~8	25 ℃,2~4 d 80 ℃,3~5 h
二乙基三胺	无色有气味液体	8~11	25 ℃,4~7 d 150 ℃,2~4 h
593 固化剂	淡黄色黏性透明液体	23~25	25 ℃,1~2 h
三乙醇胺	油状液体	10~15	120~140 ℃,4~6 h
咪唑	白色固体,熔点 88~90 ℃	3~5	60~80 ℃,4~6 h

环氧树脂中可以加入铝粉、铁粉、钛白粉、玻璃纤维、碳酸钙、滑石粉等作为填充剂,以改善性能或降低成本;还可加入邻苯二甲酸二丁酯、环氧丙烷丙烯醚等作为稀释剂,以降低黏度,同时增加韧性。

3. 其他浇注成形技术

（1）静态铸塑法和离心浇注法　塑料的静态铸塑和离心浇注与相应的金属铸造相似。

（2）嵌铸　嵌铸又称为封入成形。它是将各种非塑料物件包封在塑料中的一种模塑方法，如用透明塑料包封各种生物标本、商品样本，将某些电气元件包封起来等，可起到绝缘、防腐的作用。

（3）流延注塑　流延注塑是将配制成一定黏度的塑料溶液，以一定的速度流布在连续回转的基材（一般为不锈钢）上，经加热脱除溶剂和固化，从而得到厚度很小的薄膜。此法多用来制造光学性能要求很高的塑料薄膜（如电影胶片）等。

（4）搪塑　搪塑又称为涂凝模塑或涂凝成形。其成形过程是：将糊状塑料倾倒于预先加热至一定温度的模腔中，此时，接触或接近模具的塑料因受热而形成凝胶，然后将剩余没有形成凝胶的塑料倒出，并对贴在模具上的塑料进行热处理（烘熔），再经冷却即可以从模具中取出中空塑件（如塑料玩具等）。

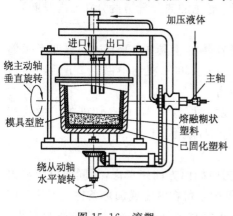

图 15.16　滚塑

（5）滚塑　滚塑又称为旋转成形（图15.16），其成形过程是：将定量的液状或糊状塑料加入模腔中，使模具加热并绕相互垂直的两轴旋转，此时，塑料熔融塑化（但不熔化），并借自身的重力作用均匀地布满模腔的整个表面，待冷却后脱模即可获得中空塑件。滚塑区别于离心浇注的特征是：模具转速不高，设备简单，既可生产大型中空塑件，也可生产玩具、皮球等小型塑件。

15.2.8　泡沫塑料的压制成形和低发泡塑料注射成形

泡沫塑件是一种带有许多均匀分散气孔的塑件。泡沫塑料按其气孔结构不同可分为开孔（孔与孔之间大多相通）塑料和闭孔（大多数孔不相通）塑料；按塑料软硬程度可分为软质塑料、半硬质塑料和硬质塑料；按其密度又可分为低发泡塑料、中发泡塑料和高发泡塑料。低发泡塑料的密度为 $0.4\ \text{g/cm}^3$ 以上，中发泡塑料的密度为 $0.1 \sim 0.4\ \text{g/cm}^3$，高发泡塑料的密度为 $0.1\ \text{g/cm}^3$ 以下。

泡沫塑料的模塑方法有压塑成形和注射成形（对于低发泡塑料）。

1. 泡沫塑料的压制成形

压制成形是将发泡剂、颗粒状塑料、增塑剂、溶剂和稳定剂等混合研磨成糊状，或经混合辊压成片状，硬质塑料也可以经球磨成为粉状混合物；然后将其加入压制模（图 15.17）内，再闭模、锁紧、加热和加压，使发泡剂分解、树脂胶凝和塑化；接着通入冷却水进行冷却，待冷透后开模脱出中间产品；再将中间产品放在 100 ℃ 的热空气循环烘箱或蒸汽室内,使中间产品内的微孔充分膨胀而获得泡沫塑件。这种模塑方法通常仅限于用化学法生产的闭孔泡沫塑料,如聚氯乙烯软(硬)泡沫塑料、聚苯乙烯泡沫塑料和聚烯烃泡沫塑料等。

2. 低发泡塑料的注射成形

低发泡塑料的注射成形采用特殊的注射机、模具和成形工艺来成形泡沫塑件。低发泡塑料又称为硬质发泡体、结构泡沫塑料或合成木材。这种成形方法可用来制造家具、汽车和电器零件、建材、仪表外壳、工艺品框架、包装箱等。

目前,几乎所有热固性塑料和热塑性塑料都能制成泡沫塑料,最常用的是聚苯乙烯、聚氨基甲酸酯、聚氯乙烯、脲醛等。

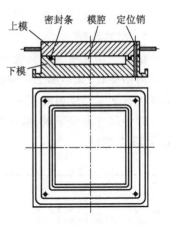

图 15.17 泡沫塑料的压制模

15.2.9 反应注射成形

反应注射成形是注射成形的一种,是成形中伴有化学反应的一些热固性塑料和弹性体的成形新技术。它适于成形聚氨酯、环氧树脂、聚酯和硅橡胶等热固性树脂塑件,目前,主要用于聚氨酯泡沫结构的塑件(如轿车仪表盘、飞机及轿车坐垫)以及聚酯的塑件(如仿大理石的浴缸等)。

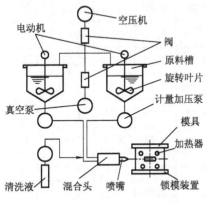

图 15.18 反应注射成形

聚氨酯的反应注射成形如图 15.18 所示。其工作过程是:利用精密计量泵把液状的多元醇和二异氰酸酯从容器送至液体混合头内,然后在一定的温度和压力下,借助混合头内的螺旋翼的旋转而混合及相互作用,趁其尚在反应时,以一定的压力将其注射入模腔并在模腔内发泡,最后得到表皮密度较大而内层密度较小的泡沫塑件。

反应注射成形的模具多用低熔点合金(如锌基合金)铸造而成。模具分模面的选择在很大程度上取决于塑件的形状,注入位置一般在分模面处或在塑件的最低处。在模具的最高处应开设排气槽,在注入的物料膨胀时,气体可以通过排气槽排出型腔。

15.3 塑件结构的工艺性

塑件结构设计应当满足使用性能和成形工艺两方面的要求。满足使用性能就是要考虑塑件的物理、力学性能,如强度、刚度、弹性、绝缘性能及尺寸精度、表面粗糙度等。满足成形工艺的要求则应使塑件易于成形,同时还应使模具的结构简化。工程中使用最多的是注射成形塑件的设计,其原则也适用于压制(塑)成形件的设计。

1. 尺寸精度

塑件的尺寸精度主要受三个因素的影响:①塑料成形收缩率的波动;②模腔机械加工的精度;③成形加工中模腔的磨损。对大型模具收缩率波动的影响较大,对小型模具机械加工精度影响较小。

塑件尺寸公差等级、数值和选用引用 SJ/T 10628—1995 标准,部分值如表 15.4 及表 15.5 所示。

表 15.4　塑件尺寸公差等级

基本尺寸	公　差　等　级									
	1	2	3	4	5	6	7	8	9	10
	公　差　数　值									
~3	0.02	0.03	0.04	0.06	0.08	0.12	0.16	0.24	0.32	0.48
>3~6	0.03	0.04	0.05	0.07	0.08	0.14	0.18	0.28	0.36	0.56
>6~10	0.03	0.04	0.06	0.08	0.10	0.16	0.20	0.32	0.40	0.64
>10~14	0.03	0.05	0.06	0.09	0.12	0.18	0.22	0.36	0.44	0.72
>14~18	0.04	0.05	0.07	0.10	0.12	0.20	0.24	0.40	0.48	0.80
>18~24	0.04	0.06	0.08	0.11	0.14	0.22	0.28	0.44	0.56	0.88
>24~30	0.05	0.06	0.09	0.12	0.16	0.24	0.32	0.48	0.64	0.96
>30~40	0.05	0.07	0.10	0.13	0.18	0.26	0.36	0.52	0.72	0.10
>40~50	0.06	0.08	0.11	0.14	0.20	0.28	0.40	0.56	0.80	1.2
>50~65	0.06	0.09	0.12	0.16	0.22	0.32	0.46	0.64	0.92	1.4
>65~80	0.07	0.10	0.14	0.19	0.26	0.38	0.52	0.76	1.0	1.6
>80~100	0.08	0.12	0.16	0.22	0.30	0.44	0.60	0.88	1.2	1.8
>100~120	0.09	0.13	0.18	0.25	0.34	0.50	0.68	1.0	1.4	2.0
>120~140	0.10	0.15	0.20	0.28	0.38	0.56	0.76	1.1	1.5	2.2
>140~160	0.12	0.16	0.22	0.31	0.42	0.62	0.84	1.2	1.7	2.4
>160~180	0.13	0.18	0.24	0.34	0.46	0.68	0.92	1.4	1.8	2.7
>180~200	0.14	0.20	0.26	0.37	0.50	0.74	1.0	1.5	2.0	3.0
>200~225	0.15	0.22	0.28	0.41	0.56	0.82	1.1	1.6	2.2	3.3
>225~250	0.16	0.24	0.30	0.45	0.62	0.90	1.2	1.8	2.4	3.6

续表

基本尺寸	公　差　等　级									
	1	2	3	4	5	6	7	8	9	10
	公　差　数　值									
>250～280	0.18	0.26	0.34	0.50	0.68	1.0	1.3	2.0	2.6	4.0
>280～315	0.20	0.28	0.38	0.55	0.74	1.1	1.4	2.2	2.8	4.4

表 15.5　塑件尺寸公差等级的选用

材　料		相应的公差等级		
收缩特性值	名　称　及　代　号	高精度	一般精度	低精度
0—1	苯乙烯-丁二烯-丙烯腈共聚物(ABS),丙烯腈-苯乙烯共聚物(AS),30％玻璃纤维增强塑料(GRD),高冲击强度聚苯乙烯(HIPS),氨基塑料(MF),聚对苯酸丁二(醇)酯(增强)(PBTP),聚对苯酸乙二(醇)酯(增强)(PETP),聚碳酸酯(PC),酚醛塑料(PF),聚甲基丙烯酸甲酯(PMMA),聚苯硫醚(增强)(PPE),聚苯醚(PPO),聚苯醚砜(PPS),聚苯乙烯(PS),聚砜(PSU)	3	4	5
1—2	聚酰胺 6、66、610、9、1010(PA),氯化聚醚(CPE),硬聚氯乙烯(PVC)	4	5	6
2—3	高密度聚乙烯(PE),聚甲醛(POM),聚丙烯(PP)	6	7	8
3—4	低密度聚乙烯(PE),软聚氯乙烯(PVC)	8	9	10

注　①公差等级的1、2级为精密级,只有特殊条件下采用,塑件自由尺寸公差按表中规定的7～10级选用;②表中收缩特性值表示料流方向(径向)和垂直方向(切向)的塑料综合收缩能力,以2倍径向收缩率减去切向收缩率的绝对值之差表示。

2. 表面粗糙度

塑件的表面粗糙度主要受模腔表面粗糙度的控制,一般模腔表面粗糙度比塑件小 1～2 级。对于不透明塑件,其外观表面有一定要求,而对于其内表面,只要不影响使用,比外表面粗糙度增大 1～2 级即可;对于透明塑件内外表面的粗糙度应相同,一般为 $Ra=0.05～0.08\ \mu m$(镜面)。

3. 形状

塑件的内外表面应设计得易于模塑,尽可能不采用复杂的拼合分模与侧向抽芯方式。这样,就可以简化模具的结构,降低制造成本,提高生产效率。图 15.19a 所示为一喷雾器喷头,塑件需要侧型芯,改进后的结构 (图 15.19b) 不必从侧面抽芯,模具结构大为简化。图 15.20a 所示的塑件结构需内侧抽芯,改进后(图 15.20b)可直接脱模。旋钮的防滑网纹滚花改为直纹滚花(图 15.21)后,使脱模容易。

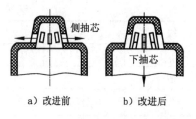

a) 改进前　　　b) 改进后

图 15.19　改变设计避免侧抽芯

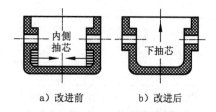

a) 改进前　　　b) 改进后

图 15.20　改变设计避免内侧抽芯

　　塑件上的文字、符号和花纹尽可能采用凸形，以使模具内表面为凹形，从而方便制造。如果塑件表面不允许有凸起时，可将凸起的文字或符号设在凹坑内（图15.22），既方便模具制造，又能避免碰坏凸起的文字或符号。

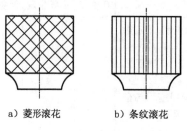

a) 菱形滚花　　　b) 条纹滚花

图 15.21　条纹滚花应考虑容易脱模

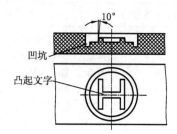

图 15.22　塑件上凸起的文字
或符号设在凹坑内

4. 壁厚

　　塑件的壁厚首先取决于塑件的使用要求，即强度、结构、质量、电性能、尺寸稳定性及装配要求等。从工艺性能方面考虑，应尽可能使塑件的壁厚均匀，因为壁厚不均匀，塑件在冷却过程中容易引起收缩不均匀，从而产生翘曲变形等缺陷。若壁厚太厚，塑件会因外部先冷却、内部后冷却而产生缩孔、凹陷等缺陷；若壁厚太薄，塑料熔体在流动时的阻力则会增大，可能导致充填困难。一般情况下，塑件的壁厚为 1～6 mm比较合适。

　　常用塑件的最小壁厚及常用壁厚推荐值如表 15.6 所示。

表 15.6　常用塑件的最小壁厚及常用壁厚推荐值　　　　　　　　　　mm

塑料材料	最小壁厚	小型塑件壁厚	中型塑件壁厚	大型塑件壁厚
尼龙	0.45	0.76	1.50	2.40～3.20
聚丙烯	0.85	1.45	1.75	2.40～3.20
聚碳酸酯	0.95	1.80	2.30	3.00～4.50

5. 脱模斜度

　　在塑件的外表面沿脱模方向设置脱模斜度，是为了便于将塑件从模腔中取出或将型芯从塑件中取出。脱模斜度的设置还可避免塑件与模腔壁之间的摩擦，保持塑件表面光洁。脱模斜度值一般取 $1°\sim1.5°$,当塑件精度要求高时可取得小一些,对形状复杂、不易脱模的塑件,可适当增大到 $4°\sim5°$。

6. 加强肋

加强肋的主要作用是增加塑件强度,避免塑件翘曲变形。为了确保塑件的强度和刚度,又不使塑件的壁厚过大,可以在塑件的适当部位设置加强肋。图 15.23、图 15.24 所示分别为用加强肋防止缩孔和防止翘曲的例子。沿塑料熔体流动方向的加强肋还能起到降低塑料充模阻力的作用。图 15.25 所示为容器底部或盖上加强肋的布置,其中图 a 因塑料局部集中易产生缩孔,所以不合理,而图 b 的结构形式较好。还需注意,加强肋不应设计得过厚,否则在其对应的壁上会产生凹陷;应有足够的斜度,肋的根部应呈圆弧过渡,肋的间距不得小于壁厚的两倍;应注意避免塑件壁厚的不均匀和局部集中,防止凹陷、缩孔的产生。为保证塑件基面的平整,加强肋应低于塑件端面(图 15.26)。

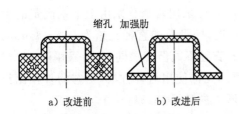

图 15.23　采用加强肋防止缩孔

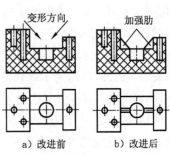

图 15.24　采用加强肋防止翘曲

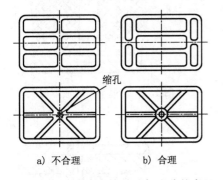

图 15.25　容器底部或盖上加强肋的布置

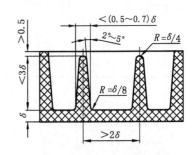

图 15.26　塑件底部加强肋的设计

7. 圆角

在塑件的内、外表面转角处,应采用圆角过渡,这样可以有效地避免塑件的应力集中,同时也避免了模具上的应力集中。若塑件产生应力集中,在受力或冲击振动时,甚至在脱模过程中受到顶出力时就会发生开裂。但是,只要采用圆弧 $R=0.5$ mm 的过渡就能使塑件强度大大增加。采用圆角过渡的另一个好处是有利于塑料熔

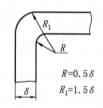

$R=0.5\delta$
$R_1=1.5\delta$

图 15.27　塑件圆角的设计

体的流动,圆角处的流动压力损失比直角要小得多。在设计塑件圆角时应注意保持壁厚的一致(图 15.27),内、外圆角半径分别为壁厚的 0.5 倍和 1.5 倍时,能保证壁厚的一致。

8. 孔

在设计塑件上孔的位置时,应注意不影响塑件的强度,并尽量不增加模具制造的复杂性。要在塑件上形成孔,模具上就必然有型芯。塑料熔体遇到型芯时被分成两股料流,绕过型芯后重新汇合,这就形成了熔接痕。熔接痕处的强度较低。为了保证塑件强度,孔与边壁之间、孔与孔之间应留有足够的距离。最小孔边距的常用值如表 15.7 所示。由于塑料熔体在高温高压下充填,细长的型芯容易被挤弯,所以盲孔的型芯应保持一定的长径比。在注射成形时,孔深一般应为孔径的 4 倍;压塑成形时,因材料流动性差,受力大,孔深应更浅一些,平行于压制方向的孔深一般不超过孔径的 2.5 倍,垂直于压制方向的孔深为孔径的 2 倍。通孔可用一端固定的型芯来成形(图 15.28),但孔的另一端容易出现飞边。孔深时型芯容易弯曲,这时可采用两个分别由上下端固定的型芯来成形(图 15.29),为了保证两型芯的同心度,两型芯的直径允差为 0.5~1 mm,这样,型芯长度缩短,稳定性增加。有时,通孔直径不同但要求同心,可采用图 15.30 所示的结构,型芯一端固定,另一端导向支撑。无论使用何种方法,型芯的长径比都不能太小,否则型芯会弯曲。异形孔腔的成形可参考图 15.31。

表 15.7　最小孔边距　　mm

孔　　径	最小孔边距
2	1.6
3.2	2.4
5.6	3.2
12.7	4.8

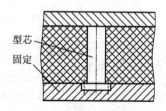

图 15.28　单个型芯成形通孔

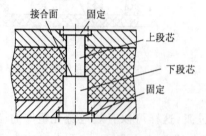

图 15.29　两端分别固定的对接
型芯成形通孔

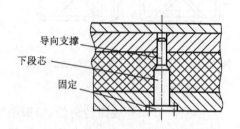

图 15.30　一端固定,另一端导向
支撑的型芯成形通孔

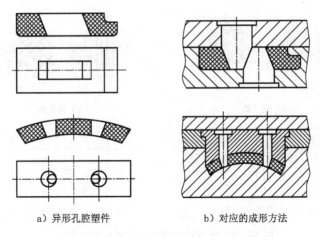

a) 异形孔腔塑件　　　　　　　　b) 对应的成形方法

图 15.31　异形孔腔塑件及其成形方法

9. 螺纹

塑件上的螺纹可在模塑时成形,也可用机械加工成形。模塑成形的螺纹直径不宜太小,外螺纹直径不宜小于 4 mm,内螺纹直径不宜小于 2 mm。螺牙规格一般选用米制标准,M6 以上才可选用 1 级细牙螺纹,M10 以上可选用 2 级细牙螺纹,M30以上可选用 4 级细牙螺纹。螺牙过细将会影响使用强度。由于塑件成形时的收缩,螺纹配合长度不能太长,一般不超过 7 牙,当螺纹配合长度小于螺纹直径的 2 倍时可不考虑塑件的收缩。为防止螺孔最外圈的螺纹崩裂或变形,也为了方便螺纹的拧入,螺孔始端应留有 0.2~0.8 mm 高的凹台(图 15.32)。同样,外螺纹上也应有相应的设计。

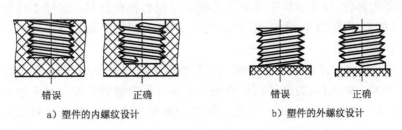

错误　　　　　正确　　　　　　　　　错误　　　　　正确

a) 塑件的内螺纹设计　　　　　　　　b) 塑件的外螺纹设计

图 15.32　塑件内、外螺纹的设计

10. 镶嵌零件

为了满足使用要求,有些塑件中需要镶嵌金属或非金属零件,以提高塑件的力学性能、导电性、导磁性及装饰性等,例如镶嵌紧固用的螺母、销及仪表壳透视面板等。常见的金属镶嵌件如图 15.33a、b、c 所示。设计时应注意,镶嵌零件与塑件材料的膨胀系数尽可能接近,嵌件周围的塑料层厚度不宜太薄,否则会因收缩而破裂。图15.33 d所示嵌件的推荐尺寸为:$H=D$,$h=0.3H$,$h_1=0.3H$,$d=0.7d$。特殊情况下 H 最大不能超过 $2D$。

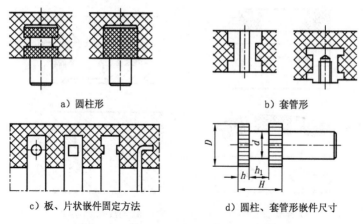

a) 圆柱形　　　　　　　　　　b) 套管形

c) 板、片状嵌件固定方法　　　　d) 圆柱、套管形嵌件尺寸

图 15.33　常见的金属镶嵌件的形式及尺寸

15.4　塑件的浇注系统

塑件的浇注系统是塑料熔体进入模腔的通道,可分为普通浇注系统和无流道浇注系统两大类型,前者使用得较多。浇注系统的设计对塑件的性能、外观、成形的难易程度有很大的影响。

15.4.1　塑件浇注系统的设计

1. 塑件浇注系统的影响因素

合理的浇注系统设计应能使塑料熔体平稳地进入模腔,同时能将注射压力传递到模腔的各个部位,冷却过程中又能适时凝固以控制补料时间。这样才能得到外观清晰、尺寸稳定、内应力小、无气泡、无缩孔、无凹陷的塑件。设计浇注系统时应综合考虑以下因素。

（1）塑料熔体的流动性　黏度较小的塑料熔体流动阻力小,充填性较好。但塑料熔体属于非牛顿流体,温度、压力、剪切速率都会影响熔体黏度。对多数热塑性塑料而言,当剪切速率增加时,熔体黏度会降低。聚苯乙烯、聚乙烯等塑料对剪切速率敏感,而聚碳酸酯等塑料则对剪切速率不甚敏感。提高温度可降低塑料熔体的黏度,但不同的塑料黏度变化的程度是有差异的。另外,压力的提高也会使塑料熔体的黏度上升。

（2）塑件的大小、形状及外观　一般尺寸较大、形状复杂的塑件,其浇注系统的总截面积也相应较大,以满足充填的需要。塑件的形状不同还会影响浇口的位置,例如厚壁塑件的浇口要避开模腔的宽大部位,以避免熔体产生喷射和破裂现象。设置浇注系统时还应考虑到去除、修整浇口冷料的方便,同时也不影响塑件的外观。

（3）成形设备和模具　塑料注射机的形式与浇注系统形式有关,卧式注射机和角式注射机的浇注系统形式各有不同。一模多腔时其浇注系统形式也会有所不同。

（4）成形效率　塑件充填流动阻力要小，冷却时间要短，浇口冷料要尽量少，以减少浇注系统损耗的原料。因此，在保证塑件品质的前提下减小浇口尺寸可以缩短成形周期，提高生产效率。

（5）冷料　在注射间隔时间，注射机喷嘴前端的熔体被冷却。当浇口较小时，塑料熔体前锋的冷料会影响充填流动，而且冷料进入模腔会影响塑件的品质。所以，在浇注系统中要采取储存冷料的措施。

2. 塑件浇注系统的组成

1）主流道

卧式注射机的浇注系统如图 15.34 所示。主流道是从注射机喷嘴起到分流道为止的一段流道，它与注射机喷嘴在同一轴线上。为减小流动阻力，便于将浇口冷料从主流道中脱出，主流道常设计成圆锥形，锥角 $\alpha = 2° \sim 4°$。对流动性差的塑料，α 还可取大些。主流道的长度 L 应尽可能短，一般不超过 60 mm，以减少压力损耗。主流道小端直径 d 为注射机喷嘴直径加 $0.5 \sim 1$ mm，以保证浇口冷料能顺利脱出。大端直径 D 可取近似于分流道宽度的值。

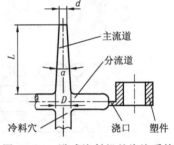

图 15.34　卧式注射机的浇注系统

2）分流道

在多模腔的模具中才会出现分流道。分流道将主流道中的塑料熔体分别引入各个模腔，塑料通过分流道时，温度降低应尽可能小，阻力应尽可能低；考虑到要减少浇口冷料的回料量，避免成形时冷却过快，分流道也不宜过大。分流道的截面形状常设计成梯形或 U 形，比表面积较小，热量散失和阻力也较小。比表面积最小的是圆形截面的流道，但圆形截面的流道要分开设在两个半模上，不易精确吻合，故不常用。如图 15.35 所示，梯形截面流道的尺寸比例为 $h = 2W/3, x = 3W/4$。U 形截面流道深 $h = 5R/4$。分流道的布置有平衡式和非平衡式两类（图 15.36）。平衡式分流道布置的特点是，从主流道到各个模腔分流道的长度、形状、截面尺寸都是对应相等的，因此各个模腔能均匀进料。非平衡式流道的特点是各分流道长度不相同，因而缩短了流道。但熔体充填流程不同，压力降各异，不能同时充满各个模腔。为了同时充满各个模腔，不同的浇口应具有不同的截面尺寸，同时，它们在冷却时的"封冻"时间也是不一致的。当塑件精密程度高时，应采用平衡式分流道，保证各个塑件的尺寸和性能一致。普通塑件则可采用非平衡式分流道，以缩短流道。

3）冷料穴

在注射的间隔时间内，注射机喷嘴端部的材料会冷却，而且塑料熔体进入浇注系统时，其前锋也会冷却。当浇口尺寸较小时，前锋的冷料可能堵塞浇口，从而不能顺利充填；前锋的冷料进入模腔还会影响塑件的品质。因此要开设冷料穴，容纳前锋冷料。冷料穴一般开设在主流道及分流道的末端（图 15.34）。

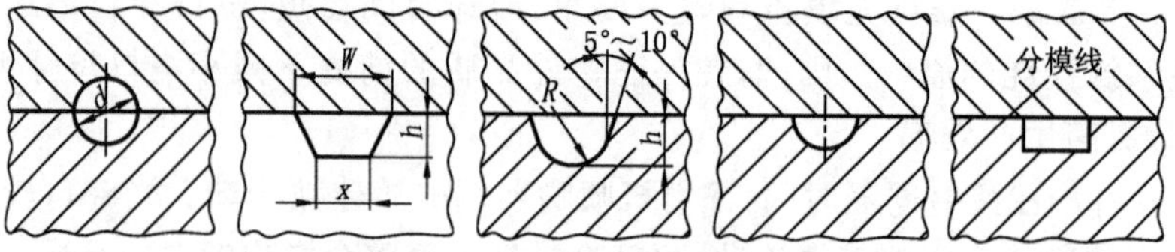

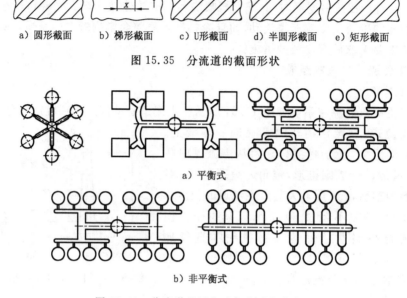

a) 圆形截面　　b) 梯形截面　　c) U形截面　　d) 半圆形截面　　e) 矩形截面

图 15.35　分流道的截面形状

a) 平衡式

b) 非平衡式

图 15.36　分流道的平衡式与非平衡式布置

4）浇口

浇口是浇注系统的关键部分。浇口形式的设计应综合考虑塑料熔体流动行为、塑件形状及模具结构等因素。如前所述，塑料熔体的黏度受到温度、剪切速率、压力的影响。通过理论计算与实践检验，浇口尺寸大多较小，是浇注系统中截面尺寸最小的部位。其原因如下。

① 较小的浇口可增加塑料熔体通过时的流速，使熔体的剪切速率增大，黏度降低，充填比较容易。

② 较小的浇口对熔体的摩擦阻力较大，熔体通过浇口时，一部分动能转变成热能，熔体的温度明显升高，黏度降低，流动性增加。

③ 较小的浇口可控制并缩短注射后的补料时间和成形周期。注射完成后保压补料的时间一直要延续到浇口"封冻"为止，否则模腔中的熔体会倒流，使塑件产生凹陷。最大的问题还在于，高黏度下的流动会使塑料的分子链沿流动方向拉伸，并在冷却过程中冻结下来，使塑件的内应力增大，发生翘曲变形。

④ 较小的浇口能平衡多腔模具中各个模腔的进料速度。浇注系统中流道的尺寸比浇口的大，熔体在浇口处的流动阻力比较大，当流道被充满并建立起足够压力后，熔体才在大致相同的时刻开始充填，这样就可避免因进料不平衡引起的塑件缺陷和塑件的不均匀性。

⑤ 较大的浇口有利于塑料熔体的流动,但是,它的凝料往往需要车削或锯割才能去除;而较小的浇口可以用手工迅速去除,或在脱模时自动切断,去除后留下的痕迹也较小。

⑥ 但较小的浇口并不适合高黏度的塑料熔体,也不适合黏度对剪切速率不敏感的塑料熔体。由此可见,浇口的设计应分析具体的情况来决定。

5) 塑件的浇口形式

(1) 针点浇口　针点浇口的特征是浇口截面很小,适用于对剪切速率敏感的塑料(如聚乙烯、聚苯乙烯等)熔体。针点浇口容易在开模时自动切除,可用于单腔模具,也可用于多腔模具。典型的针点浇口如图 15.37 所示。浇口的直径一般为 0.5~1.8 mm,长度一般为 0.5~2 mm。为防止去除浇口时损伤塑件,浇口与塑件连接处采用圆弧连接或倒角,大型塑件的浇口尺寸可适当加大。

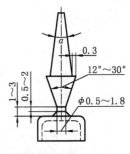

图 15.37　针点浇口

(2) 潜伏式浇口　潜伏式浇口(图 15.38)又称为隧道式浇口或剪切式浇口,是由针点式浇口演变而来的,其进料部分常选在塑件侧面较隐蔽的地方,浇口沿斜向潜入塑件侧面进入模腔。顶出塑件时,浇口被自动切断。潜伏式浇口不适合过于强韧的塑料。

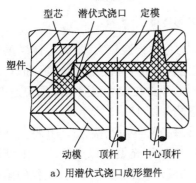

a) 用潜伏式浇口成形塑件

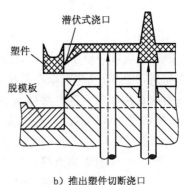

b) 推出塑件切断浇口

图 15.38　潜伏式浇口

(3) 侧浇口　侧浇口又称为边缘浇口,适合于各种形状的塑件,是最常用的浇口之一。浇口开在分型面上,截面呈矩形(图 15.39)。截面设计成矩形,是为了便于修改浇口的厚度,调整充填时的剪切速率和浇口封冻时间。对于中小型塑件,其典型尺寸为深 0.5~2 mm(通常取塑件壁厚的 1/3~2/3),宽 1.5~5 mm,长 1~2.5 mm。侧浇口有许多演变形式,如扇形浇口(图 15.40)、平缝式浇口(图 15.41)等,其共同特征是可依塑件宽度扩大侧浇口的宽度。采用这类浇口,塑料熔体进入模腔后容易铺展开来,从而有利于定向充填和排除气体,防止塑件翘曲变形,但去除浇口后的加工量大。这类浇口适用于薄壁、扁平状的塑件。

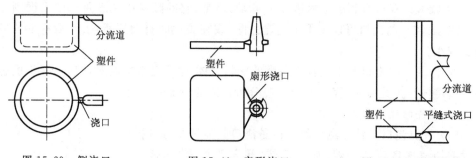

　图 15.39　侧浇口　　　　　图 15.40　扇形浇口　　　　　图 15.41　平缝式浇口

　　（4）圆环形浇口　圆环形浇口适用于成形圆筒形塑件及中间带有孔的塑件（图 15.42）。它的特点是在塑件的整个圆周上均匀进料，利于模腔内气体的排出。

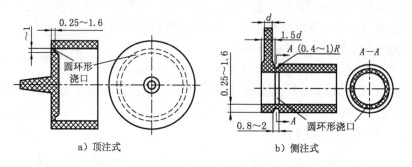

　　a）顶注式　　　　　　　　　　　　b）侧注式

图 15.42　圆环形浇口

　　（5）护耳式浇口　较小的浇口有许多优点，但在模腔较大、塑料熔体黏度较小时容易产生喷射，喷射时气体夹杂在其中，不能定向排出，造成塑件缺陷。护耳式浇口能较好地解决这类问题。塑料熔体从浇口进入，冲击在护耳壁上后降低了速度，改变了流向，能按顺序充满模腔。护耳式浇口的形式如图 15.43 所示。

　　（6）主流道式浇口　主流道式浇口（图 15.44）又称为直接浇口，其特点是浇口截面大，流动阻力小，注射压力直接作用在塑件上，便于充填和保压补缩。主流道式浇口经常用于聚碳酸酯等熔体黏度较高的塑料的成形，也用于大型、长流程的塑件的成形。这类浇口的缺点是固化时间长，影响模塑周期；浇口处残留应力大，塑件易翘曲变形；浇口去除较难。设计时还应注意，浇口根部直径不能太大，否则容易产生缩孔，一般浇口根部直径最大为塑件壁厚的两倍。

15.4.2　浇口位置对塑件品质的影响

　　浇口开设位置对塑件品质的影响也很大，不同的浇口位置会影响塑料熔体充填过程、充填顺序、排气、补料等过程。正确地确定浇口开设部位，是保证塑件品质的一个重要环节。在确定浇口位置或分析塑件缺陷时应考虑以下问题。

1. 利于塑料熔体充填及补料

　　浇口的位置应使熔体流程最短，流向变化最小，能量损失最小。浇口位置对充填

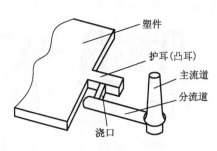
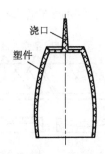

图 15.43　护耳式浇口　　　　　　　　　　图 15.44　主流道式浇口

的影响如图 15.45 所示。图 a 所示为侧浇口,其流程最长,流向变化多,气体不易排出,往往造成顶部缺料或产生气泡;图 b、c 所示均为中心进料,流程短,有利于排气,避免产生熔接痕。当塑件壁厚不同时,应将浇口位置设在壁厚较大处以利熔体充填和补料。浇口位置对收缩的影响如图 15.46 所示。图 a 所示浇口开在薄壁处,塑件收缩时得不到补料而产生凹痕或缩孔等缺陷;图 b 所示浇口开在厚壁处,浇口处冷却较慢,塑件内部容易得到补料,故不易出现凹痕等缺陷。

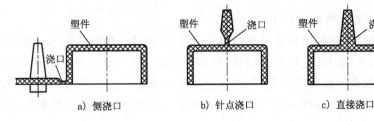

a) 侧浇口　　　　　　b) 针点浇口　　　　　　c) 直接浇口

图 15.45　浇口位置对充填的影响

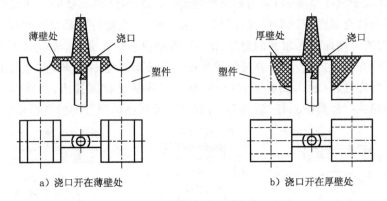

a) 浇口开在薄壁处　　　　　　　　b) 浇口开在厚壁处

图 15.46　浇口位置对塑件收缩的影响

2. 防止塑件翘曲变形

图 15.47 所示的薄壁塑件,单点进料流程长,难以充满模腔,即使充满也容易翘曲变形。改为多点进料后,变形情况可得到很大改善。当改变浇口位置不能解决问

题时,还可采用局部增大壁厚、增设加强肋等办法来改变充填顺序。

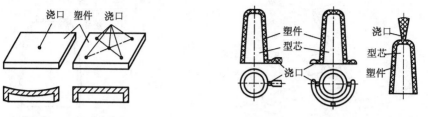

a) 单点浇口　　b) 多点浇口

图 15.47　采用多点浇口防止塑件翘曲

a) 单侧进料　b) 两侧进料　c) 顶部中心进料

图 15.48　改变浇口位置防止型芯变形

此外,浇口位置的设计还应注意防止料流挤压型芯或嵌件使之变形,特别是具有细长型芯的筒形塑件,应避免偏心进料。在图 15.48a 中采用的是单侧进料,熔体单边冲击型芯,型芯容易偏斜而导致塑件壁厚不均匀。在图 15.48b 中采用的是双侧进料,防止了型芯的偏斜。但是,不论是单侧进料还是双侧进料,都不利于模腔气体的排出。如果采用图 15.48c 所示的针点浇口从顶部进料,则既可以防止型芯偏斜,又利于排气。

3. 利于模腔内气体的排出

若进入模腔的塑料熔体过早地封闭排气系统,模腔内的气体就不能顺利排出,塑件就会产生气孔、疏松、充填不满、熔接不牢等缺陷。若气体在注射时因被压缩而产生高温,塑件就会出现局部碳化、烧焦现象。由于模腔各处的阻力不一致,塑料熔体会首先充满阻力最小部位,因此,最后充满的不一定是离浇口最远的部位,而往往是塑件的最薄处。最薄处若不设排气槽,会产生封闭的气囊。如图 15.49 所示的塑件,其侧壁厚度大于顶部厚度,如采用侧浇口进料(图 a),熔体在侧壁的流速显然比顶部快,侧壁很快被充满而在顶部形成封闭的气囊。最后,在塑件顶部留下明显的熔接痕或烧焦的痕迹。增加塑件顶部的壁厚(图 b),可使顶部最先充满,浇口对边的分模面处最后充满,有利于排气,减少或消除熔接痕。如不改变塑件壁厚,也可采用针点浇口、从顶部中心进料(图 c)的办法,这也有利于气体从分模面排出,消除熔接痕。此外,还可利用注射模具的顶杆、活动型芯的间隙、开在分模面上的排气槽排气,或在产

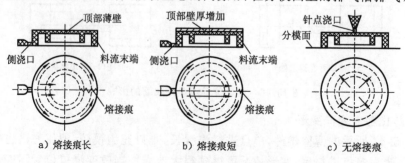

a) 熔接痕长　　　　　b) 熔接痕短　　　　　c) 无熔接痕

图 15.49　浇口位置对排气的影响

生气囊处镶嵌多孔的烧结金属块,借微孔的透气作用达到良好的排气效果。

4. 避免由喷射造成的塑件缺陷

对于黏度较低的塑料(如尼龙),当浇口尺寸较小,而模腔宽度和厚度较大时,容易产生因喷射和蠕动(蛇形流)所造成的熔体破裂现象(图 15.50)。这样,塑料熔体便不能定向充填,会在模腔内夹杂气体,形成气泡和焦痕。先期进入的熔体被冷却,与后进入的熔体不能很好熔合,在塑件表面留下缺陷或瑕疵。这时应选择适当的浇口位置,采用冲击型浇口(图 15.51b),使熔体冲击在模腔壁或型芯上而改变流向,降低流速,平稳地充满模腔,以消除熔体破裂现象。也可采用护耳式浇口,避免塑件缺陷。

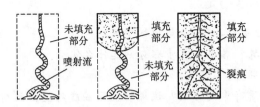

图 15.50　因喷射和蠕动所造成的熔体破裂现象　　　图 15.51　冲击型浇口与非冲击型浇口

5. 减少熔接痕数量、增加塑件的熔接强度

塑料熔体遇到型芯时,会分流绕过型芯,若重新汇合的情况不好,易形成如图 15.52 所示的熔接痕。塑件上熔接痕的数量与型芯数目有关,也与浇口数目有关。浇口数目多,熔接痕也多。当熔体在模腔内的流程不太长时,最好只开设一个浇口,以减少熔接痕数量。

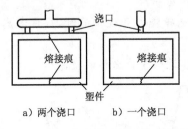

图 15.52　浇口数量对熔接痕数量的影响

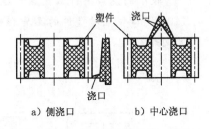

图 15.53　齿轮类塑件的浇口位置

浇口位置不当也易产生熔接痕,图 15.53 所示的齿轮塑件一般不允许有熔接痕,特别是在齿形部分。采用侧浇口(图 15.53a)时,在齿形上易产生熔接痕,且去除浇口时易损伤齿形。若采用中心浇口(图 15.53b),则能大大减少熔接痕数量。此外,进行模具结构设计时,在熔体熔接处的外侧开设溢流槽,以便料流前锋的冷料先进入溢流槽(图 15.54)。这也是避免塑件产生熔接痕的有效措施之一。同时,在确定浇口位置时,还应考虑熔接痕的方位。图 15.55a 所示的浇口位置使塑件的熔接痕在相同方向的一条直线上,会使塑件强度大大降低;而采用图 15.55 所示的中心浇口位置,则将塑件的熔接痕分散,利于保持塑件的强度。

上述浇口位置确定的原则在不同的情况下可能有不同的侧重点,应根据具体情况具体分析,灵活掌握和应用。

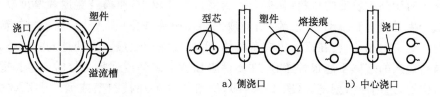

图 15.54　开设冷料槽以增加熔接强度　　　　图 15.55　浇口位置与熔接痕的位置

复习思考题

(1) 在常用的塑料中,哪些是热塑性塑料,哪些是热固性塑料?

(2) 注射成形一般有哪几个工艺步骤? 各个工艺步骤分别起什么作用?

(3) 塑料注射模具一般包括哪几个部分?

(4) 哪些因素对注射成形塑件的品质有重要影响? 试说明模具温度对塑件品质的影响。

(5) 聚四氟乙烯是热塑性塑料还是热固性塑料? 其塑件应选用什么成形工艺来生产?

(6) 热塑性塑料可否用于压塑成形? 有何弊病?

(7) 为什么挤出模具的内腔流道应呈流线形?

(8) 中空成形方法适于成形哪一类塑件?

(9) 较小的浇口有什么优点? 适于成形哪些塑件?

(10) 浇口位置对塑件的品质影响很大,在选择浇口开设位置时,应该考虑哪些方面的问题?

(11) 指出图 15.56 中各浇口的名称,它们各适合于什么样的塑件?

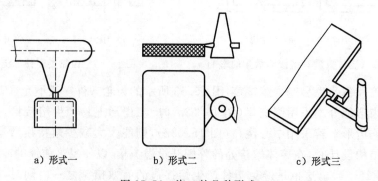

a) 形式一　　　　　b) 形式二　　　　　c) 形式三

图 15.56　浇口的几种形式

(12) 图 15.57 所示塑件中哪些部位的结构不符合成形工艺性的要求? 应如何改进?

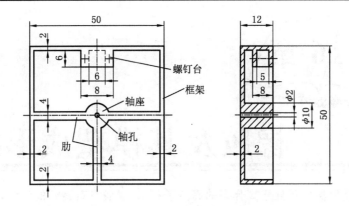

图 15.57　壳体塑件

(13) 如图 15.58 所示为框架塑件的三种浇注位置,请指出其熔接痕的可能位置。何种浇口位置较好?

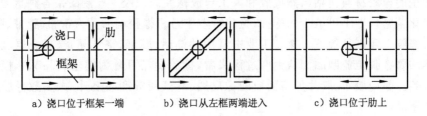

a) 浇口位于框架一端　　b) 浇口从左框两端进入　　c) 浇口位于肋上

图 15.58　框架塑件的三种浇口位置

第 16 章

橡胶及其模塑成形技术

橡胶是使用温度下处于高弹态的高分子材料,橡胶具有良好的弹性,其弹性模量仅为 10 MPa,伸长率可达 100%～1 000%,同时具有良好的耐磨性、隔音性、绝缘性等,是重要的弹性材料、密封材料、减振防振和传动材料,广泛应用于国防、交通运输、机械制造、医疗卫生、农业和日常生活等各个方面。

常用的橡胶材料包括天然橡胶和人工合成橡胶。橡胶工业制品是各种重要设备和现代化精密仪器不可缺少的配件,橡胶行业中常将橡胶制品分为轮胎、胶带、胶管、胶鞋及橡胶工业制品等五大类。工业中常用的油封、胶辊、空气弹簧、离合器、胶布、胶板等均属橡胶工业制品。从生产过程来看,橡胶制品可分为模塑制品和非模塑制品两大类。除由胶布、胶片加工而成的橡皮船、氧气袋等产品之外,大多数橡胶制品为模塑制品。

16.1　常用橡胶材料的添加剂

橡胶材料在通常情况下都是多组分的,其主要成分是生胶,即天然橡胶或合成橡胶。除生胶以外的其他组分统称为添加剂(或称配合剂、助剂等)。橡胶材料的添加剂种类较多,加工工艺也相当复杂。这是因为虽然生胶具有很强的高弹性和其他一些优良性能,但这些添加剂的加入,起到了改变或改善生胶的物理性能、力学性能、加工工艺性能或降低成本的作用。添加剂的品种繁多,作用复杂,下面分类进行介绍。

16.1.1　硫化剂

未经硫化的橡胶称为生胶。生胶是线型高分子聚合物,其永久变形量随着温度的升高显著增大,并且强度低,耐磨性和抗撕裂性差,对溶剂的作用不够稳定以及弹性不足。经硫化后,生胶的线型结构发生交联,成为比较稀疏的三维网状结构。这种结构变化导致橡胶性能的显著改变,其抗拉强度、定伸强度(伸长值为定值时的抗拉强度)、弹性、抗永久变形性、对溶剂的稳定性等一系列性能都会大大改善。在一定条件下能使橡胶发生交联的添加剂统称为硫化剂。常用的硫化剂如下。

1. 硫黄及含硫化合物

硫黄是工业中用量最大的硫化剂之一,但只适用于天然橡胶、丁苯橡胶、丁腈橡胶等的硫化。橡胶工业中使用的硫黄有硫黄粉、不溶性硫黄、胶体硫黄、沉淀硫黄等。

硫黄粉因其价廉而使用最为广泛。硫黄粉系由硫铁矿煅烧、熔融、冷却、结晶而制成硫黄块,再经粉碎、过筛而得。为防止未硫化的胶料喷硫,硫黄粉应在低温下加入。所谓喷硫,是指当硫黄量超过了在橡胶中的溶解度时,硫黄开始结晶并向橡胶表面迁移而结晶析出的现象。喷硫的胶料黏合与融接困难,采用不溶性硫能避免胶料喷硫,也不易产生早期硫化,使胶料保持较好的黏性。沉淀硫黄的粒度细,在胶料中分散性好,适用于高级橡胶制品的制造。

在用做硫化剂的含硫化合物中,具有代表性的物质有二硫化四甲基秋兰姆、四硫化四甲基秋兰姆、四硫化双五甲撑秋兰姆及二硫化吗啡啉等,它们可用做天然橡胶、合成橡胶的硫化剂和促进剂,具有不喷硫、不变色、不污染、易分散的特点。

2. 非硫类硫化剂

非硫类硫化剂品种很多,使用较多的有金属氧化物、有机过氧化物及树脂等。

金属氧化物一般是指氧化锌和氧化镁,它们可用来硫化氯丁橡胶,也可用来硫化羧基丁苯橡胶和羧基丁腈橡胶。

有机过氧化物主要是指过氧化二异丙苯和过氧化苯甲酰。过氧化二异丙苯的商品名为硫化剂 DCP,它常用于白色、透明、压缩变形低、耐热的制品。它不能硫化丁基橡胶,其硫化后的分解产物不易挥发,从而使胶料带有强烈的气味。过氧化苯甲酰能硫化硅橡胶,同时还具有硫化过程中不受酸性物质影响,硫化时所需温度较低的优点;其缺点是不能配用炭黑,否则会干扰硫化。过氧化物可硫化除丁基橡胶和氯磺化橡胶以外的大部分橡胶,透明制品和要求低压缩永久变形的制品,采用过氧化物硫化颇为优越。但是,过氧化物在受热、受冲击或摩擦时会爆炸,加之价格较高,故其使用并不普遍。

树脂类硫化剂主要是指一些热固性的烷基酚醛树脂和环氧树脂等。例如,用叔丁基苯酚甲醛树脂硫化天然橡胶和丁基橡胶,可显著提高硫化胶的耐热性能;环氧树脂对羧基橡胶和氯丁橡胶均有较好的硫化效果,其硫化胶的耐屈挠性好,与黄铜的黏附力大。

16.1.2　硫化促进剂

硫化促进剂是指那些能加快硫化反应速度、缩短硫化时间、降低硫化反应温度、减少硫化剂用量并能改善硫化胶物理性能和力学性能的添加剂。硫化促进剂有两类:无机硫化促进剂和有机硫化促进剂。无机硫化促进剂效果不好,在绝大多数场合已被有机硫化促进剂所取代。常用硫化促进剂及其应用特点如表 16.1 所示。

表 16.1　常用硫化促进剂及其应用特点

商 品 名	应 用 特 点
促进剂 M(硫醇基苯并噻唑)	通用促进剂。硫化临界温度 125 ℃,混炼时有烧焦的可能;不适合用于与食品有接触的橡胶制品;用做第一促进剂时用量为 1%~2%(质量分数),用做第二促进剂时用量为 0.2%~0.5%(质量分数);可用做天然生胶等的塑解剂

续表

商 品 名	应 用 特 点
促进剂 DM（二硫化二丙苯噻唑）	特性与促进剂 M 相似，硫化临界温度为 130 ℃，140 ℃以上硫化活性增大；常与其他促进剂并用以提高活性；可用做天然生胶等的塑解剂
促进剂 TMTD（二硫化四甲基秋兰姆）	超速促进剂。既用做无硫黄硫化的硫化剂，也用做促进剂，一般用做第二促进剂；可配合噻唑类、次磺酰胺类促进剂使用，以提高硫化速度；与次磺酰胺类促进剂并用时能延迟硫化反应开始的时间，硫化开始后硫化速度快，硫化程度高，是重要的低硫硫化体系；用做促进剂时用量为 0.2%～0.3%（质量分数）
促进剂 CZ（N-环己基-2-苯并噻唑次磺酰胺）	迟效性促进剂。呈酸性；抗烧焦性优良，硫化速度快；临界硫化温度为 138 ℃；硫化胶耐老化性能优良，不喷霜；一般用量为 0.5%～2%（质量分数）
促进剂 NS（N-叔丁基-2-苯并噻唑次磺酰胺）	性能和用途与促进剂 CZ 类似，但在天然橡胶中的迟效性更大，变色与污染轻微
促进剂 D（二苯胍）	碱性、中速硫化剂。烧焦时间短；硫化临界温度 141 ℃，无毒，但与皮肤接触时有刺激性；用做第一促进剂时用量为 1%～2%（质量分数），与噻唑类促进剂一起用做第二促进剂时用量为 0.1%～0.5%（质量分数）
促进剂 PZ（二甲基二硫代氨基甲酸锌）	超速促进剂。白色粉末，无味，无毒，但接触皮肤时会引起炎症；硫化临界温度约为 100 ℃；硫化速度快，烧焦时间短，容易产生早期硫化、欠硫、过硫现象；掌握适当则硫化胶的物理、力学性能优越；主要用于乳胶制品、浅色及彩色制品、食用橡胶制品；在乳胶中的用量一般为 0.3%～1.5%（质量分数）
促进剂 H（六次甲基四胺）	醛胺类促进剂。呈碱性；所得硫化胶耐老化性能优良；硫化临界温度为 140 ℃，硫化温度低时不太活泼，烧焦危险性小；多用做第二促进剂，主要用于透明及厚壁制品
促进剂 ZBX（正丁基黄原酸锌）	黄原酸盐类超速促进剂。促进作用比促进剂 PZ 还快；一般用于胶乳及低温硫化胶浆；有特殊气味，无毒，不污染；须低温（10 ℃以下）储藏
促进剂 NA-22（乙撑硫脲）	硫脲类。抗烧焦性能差，促进效果小；系氯丁橡胶专用配合剂；在胶料中易分散，不污染，不变色；一般制品中用量为 0.25%～1.5%（质量分数）

16.1.3　填充剂

为了提高品质和降低成本，橡胶制品中常加入填充剂（又称填料）。能改善制品性能（如耐磨性、抗撕裂强度、抗拉强度、抗挠曲疲劳性能等）的填充剂称为补强剂或增强填料，无补强作用或补强作用甚小的则视为一般填充剂。

1. 炭黑

炭黑是应用广泛的增强填料。在橡胶工业中，炭黑的用量仅次于橡胶。炭黑不仅能改善橡胶的使用性能，而且能改善橡胶的加工工艺性能。炭黑的品种繁多，目前常用的有四十多种,按生产方法不同,炭黑可分为以下四大类。

(1)槽法炭黑 它是用一长排天然气小火焰接触于槽钢面上形成的炭黑,其 pH 值通常较低,纯度也较差,目前已较少使用。

(2)炉法炭黑 它是以天然气或石油加工产品为原料经气化后配以定量空气喷入炉中燃烧,收集激冷尾气而得到的产品,其 pH 值为 7 左右,其中以石油为原料的炭黑比较适用。

(3)热裂炭黑 热裂炭黑的生产与炉法炭黑略有不同,是在缺氧的环境下由热裂烃类气体制成的。热裂炭黑的价格便宜,补强性能差,只用做一般填充剂。

(4)乙炔炭黑 乙炔炭黑采用乙炔作为原料,与热裂炭黑生产方法相同,乙炔炭黑的特点是具有较高的导电性能。

炭黑对橡胶的补强作用与橡胶分子在炭黑表面的吸附有关。现代放射性同位素研究表明,炭黑通过吸附橡胶分子和化学键参与硫化网点结构,使橡胶得以增强。在有些合成橡胶(如硅橡胶)中,炭黑并无明显的补强作用,另外,在许多浅色的橡胶制品中,炭黑显然不能适用。

2. 白炭黑

白炭黑是优良的白色增强剂,其补强效果仅次于炭黑。白炭黑的组成为水合二氧化硅,它广泛用于各种橡胶制品,特别是硅橡胶制品及浅色和白色橡胶制品中。

另外,橡胶工业中还常使用碳酸钙、膨润土、碳酸镁等作为填充剂,但补强效果较差。有些填充剂经过表面活性处理后,补强效果得到提高。

16.1.4 防老剂

生胶和硫化胶在储存和使用过程中,由于受到热、氧、臭氧、变价金属离子、应力、光、高能辐射及化学物质和霉菌等的作用,其主要的物理、力学性能和使用性能逐渐变差,出现脆、软、黏、龟裂等现象,这种现象称为老化。因此,常在橡胶及其制品中加入某些化学物质,延缓或抑制老化现象,这类物质称为防老剂。防老剂的品种较多,常用的防老剂有以下几类。

1. 胺类防老剂

胺类防老剂有防老剂 D、A、4010NA、KD 及 AW 等多种,其中防老剂 D 是天然橡胶、合成橡胶及乳胶的通用防老剂,对热老化、氧化、屈挠龟裂及一般老化均有突出的防护作用,效果较防老剂 A 稍好;对有害金属离子亦有抑制作用,但较防老剂 A 稍差,若与防老剂 4010NA 并用,抗老化性能则有显著增加;其用量超过 2%(质量分数)时会喷霜,但与防老剂 A 并用则不会。防老剂 D 有污染性,不适用于浅色制品,用量一般为 0.52%(质量分数)。

2. 酚类防老剂

酚类防老剂主要用于抗氧化老化,其防护能力不如胺类防老剂好,但具有突出的不变色、不污染性能。防老剂 SP 是酚类防老剂中较优良的品种之一,其效能接近于防老剂 A、防老剂 D,可应用于浅色或彩色制品中,其用量一般为 0.5%～1.5%(质量分数)。

3. 有机硫化物防老剂

有机硫化物防老剂主要起抑制氧化的辅助作用,常与其他防老剂并用,常用品种(如防老剂 MB)用量为 1%～2%(质量分数)。另外还有防老剂 MBZ、NBC 等。

防老剂的品种远非上述几种,使用时可查阅有关手册。

16.1.5 软化剂

软化剂的作用在于改善橡胶的加工性能,使橡胶在加工时具有一定的塑性,降低加工时橡胶的黏度,同时还可改善橡胶制品的耐寒性能。软化剂的加入会降低硫化胶的强度和硬度。软化剂根据其来源可分为以下几种。

(1) 石油系软化剂 它是石油加工产品,主要有操作油、机械油、重油、柴油、凡士林、石蜡、沥青等。

(2) 煤焦油类软化剂 它是煤加工产品,主要有煤焦油、古马隆树脂及煤沥青等。

(3) 植物油类软化剂 它来自林业化工产品,主要有植物油、脂肪酸、松焦油、松节油、松香及硫化油膏等。

(4) 合成软化剂(也称增塑剂) 它主要是邻苯二甲酸酯类、磷酸酯类以及一些液体状低分子聚合物等。

16.1.6 其他添加剂

在橡胶加工中,为了改善加工工艺性能及制品的物理、力学性能,还常常加入一些其他添加剂,如硫化活性剂、防焦剂等。

硫化活性剂又称为助促进剂,其作用是提高促进剂的活性,提高硫化反应速度,缩短硫化周期,同时也提高橡胶的交联程度,改善硫化胶的物理、力学性能。在生产中常将氧化锌与硬脂酸并用。

防焦剂又称为硫化迟缓剂,其作用是防止胶料在加工过程中过早硫化,提高加工操作过程中的安全性。常用的防焦剂有水杨酸、邻苯二甲酸酐、N-亚硝基二苯胺等。防焦剂的加入会影响硫化胶的物理、力学性能,应尽可能避免使用。

此外,添加剂还有着色剂、发泡剂、隔离剂、脱模剂、塑解剂及乳胶专用助剂,使用时可查阅有关手册。

16.2 橡胶材料的主要品种

16.2.1 天然橡胶

天然橡胶是从三叶橡胶树等植物中采集的高弹性物质。用于橡胶工业的生胶品种很多,传统的品种有烟片胶和绉片胶两大类,绉片胶又分为白绉片和褐绉片。烟片胶为棕黄色胶片。白绉片与烟片胶品质相近,但颜色洁白,可制造浅色透明制品;褐绉片的品质相差很大,一般较白绉片品质要差。

　　天然橡胶在常温下具有高弹性,加热时会慢慢软化,在 130～140 ℃时呈流动状态,在 160 ℃以上则可变成黏性很大的黏流体,温度达 200 ℃时开始分解,在 270 ℃时急剧分解。天然橡胶在 0 ℃时弹性大大降低,在 −72 ℃以下时变为像玻璃一样既硬又脆的固体。天然橡胶的物理、力学性能较好,具有优异的弹性、耐寒性及加工工艺性能,常用来制造轮胎、减震零件、密封件等。

16.2.2　合成橡胶

1. 丁苯橡胶

　　丁苯橡胶是早期应用较多的合成橡胶,是由丁二烯、苯乙烯在乳液中聚合而得的共聚物,为浅黄色弹性体,有苯乙烯气味。与天然橡胶相比,丁苯橡胶具有较好的耐热、耐老化性能,但在弹性、耐寒性、耐屈挠龟裂性、耐撕裂性和黏结性以及加工工艺性能等方面均不如天然橡胶,其加工工艺性能的不足可通过调整配方和工艺条件得到改善。

　　丁苯橡胶中的丁苯-30、丁苯-10 等,可部分或全部替代天然橡胶来制造胶管、胶带、电缆、胶鞋、绝缘件及模塑件等,目前应用已逐渐减少。由于丁苯橡胶不耐油,所以不适合制造与矿物油接触的零件。

2. 丁腈橡胶

　　丁腈橡胶由丁二烯、丙烯腈共聚而成,为浅黄色略带香味的弹性体。国产丁腈橡胶依丙烯腈含量不同有丁腈-40、丁腈-26、丁腈-18 三类,丙烯腈含量不同,丁腈橡胶的性能也有所变化。丁腈橡胶具有良好的耐油和耐非极性溶剂的性能,其耐油性仅次于聚硫橡胶、氟橡胶、聚丙烯酸酯橡胶。耐热性比天然橡胶、丁苯橡胶好。此外,它还具有良好的耐磨性、耐老化性、气密性,但耐臭氧老化、电绝缘及耐寒性能较差。丁腈橡胶适合制作各种耐油制品如油封、垫圈、印刷胶辊、输油胶管等。

3. 氯丁橡胶

　　氯丁橡胶是指 2-氯-1,3-丁二烯的聚合物,为浅黄色或暗褐色弹性体。氯丁橡胶的特点是综合性能较好,其物理、力学性能接近天然橡胶,耐燃、耐热、耐腐蚀、耐油等性能都较好,耐燃烧性在通用橡胶中是最好的,耐油性仅次于丁腈橡胶。它常用来制造汽车和拖拉机配件、运输带、电线、电缆、密封胶条、耐油及耐腐蚀胶管等。

4. 氟橡胶

　　氟橡胶是含氟单体聚合物,属特种橡胶,其品种较多,常用的品种有 23 型、26 型等。氟橡胶对无机酸、脂肪族溶剂、燃油、大多数润滑油及液压油有良好的耐油性,但低分子酮类、酯类、磷酸酯类液压油能使其溶胀。它耐热性好,如 26 型氟橡胶能在 250 ℃条件下长期工作,还有极好的耐臭氧老化及耐天候老化性。氟橡胶的缺点是耐低温性能、介电性能及气密性较差。

　　氟橡胶可制造各种耐高温、耐油、耐特种介质的制品和密封件、密封剂，以及耐高真空制品和防护制品，因而它在航天航空、导弹等领域里得到应用。

5. 硅橡胶

　　硅橡胶具有极好的耐热性、耐寒性、耐臭氧老化性、耐天候老化性及介电性能。硅橡胶抗拉强度、抗撕裂性能较差，除腈硅橡胶、氟硅橡胶外，一般的硅橡胶耐油、耐溶剂性能欠佳。所以，硅橡胶不宜使用于普通场合，但却非常适用于许多特定的场合，如用做航天航空工业中的密封、减振、绝缘材料以及医疗器械、人工器官材料及快速成形模具等。

6. 乙丙橡胶

　　乙丙橡胶是乙烯与丙烯为主要单体共聚制得的聚合物，未引入第三单体的称为二元乙丙橡胶，引入第三单体的称为三元乙丙橡胶。乙丙橡胶耐老化性能优异，电绝缘性能良好，耐化学腐蚀、冲击弹性较好。其缺点是硫化速度慢，加工性能较差，黏结困难，自黏性及互黏性都很差，加工性能不好。乙丙橡胶大多用来制造耐热运输带、蒸汽胶管、耐化学腐蚀的密封件以及电线、电缆、汽车零件（如垫片、玻璃密封条、散热器胶管及轮胎侧胎）等。

7. 聚氨基甲酸酯橡胶

　　聚氨基甲酸酯橡胶即聚氨酯橡胶，有卓越的耐磨性，良好的强度、耐油性和耐臭氧性，耐辐射性能、低温性能也很好；缺点是耐热老化性能较差，在湿热条件下容易发生水解反应。聚氨酯橡胶常用来制造耐磨的橡胶轮胎、强度和弹性较好的胀形软胶模及低温下工作的橡胶零件。

16.3　橡胶模塑制品的成形

　　一般说来，橡胶模塑制品的成形加工都要经过生胶的塑炼、胶体的混炼，然后再经过模压成形或注射成形的全过程。

16.3.1　生胶的塑炼

　　生胶的高弹性使其具有极高的使用价值，然而，生胶的这种性质给生产带来极大的困难。如果不降低生胶的弹性，大部分的机械能将被消耗在弹性变形上，而且很难获得所需的制品形状。这就是说，必须使橡胶具有一定的可塑性。在一定条件下对生胶进行机械加工，使其由强韧的弹性状态转变为柔软的、可塑的状态，这种使生胶由弹性状态转变为可塑状态的加工工艺称为塑炼。

　　塑炼的方法主要是机械塑炼法，即通过开放式炼胶机、密闭式炼胶机、螺杆塑炼机（也称压出机）的机械破坏作用，使橡胶分子链断裂，弹性、黏度降低，可塑性、黏结性提高，并且获得适当的流动性，可满足混炼、压延、压出、模压成形等工艺过程的要求。有时，机械塑炼中还辅以化学塑炼，即在机械塑炼时加入塑解剂促使橡胶大分子降解，增加塑炼效果。

生胶在常温下黏度很高,难以切割和进一步加工,在冬季,生胶还会硬化和结晶。所以,在切胶和塑炼之前,应将生胶放在烘胶房中烘烤。烘胶温度一般为 50~70 ℃,烘胶时间随季节温度变化和生胶种类的不同而定。天然生胶的烘胶时间在夏季为 24~36 h,在冬季为 36~72 h。经过烘胶工序的生胶从烘胶房取出后,用切胶机切成 1 kg 左右的小块,切胶前应清除表面的杂质。切好的生胶要用破胶机进行破胶。破胶时辊距一般为 2~3 mm,温度为 45 ℃以下,破胶后卷成 25 kg 左右的胶卷,以方便塑炼。

1. 用开放式炼胶机塑炼

开放式炼胶机(也称开炼机)如图 16.1 所示。它主要由挡料板、一对空心辊筒、机架、底座、调距装置、紧急刹车装置、传动装置和加热冷却装置组成。调距装置可调整辊筒间的距离,电动机通过减速器和速比齿轮及大齿轮带动两个辊筒以不同速度旋转。冷却水或蒸汽通过旋转接头进入辊筒内腔,将辊筒冷却或加热,以调节混炼时的辊筒温度。用刹车装置可进行紧急刹车。

1) 开炼机塑炼原理

在开炼机上塑炼时,胶料在与辊筒表面之间摩擦力的作用下被带入两辊的间隙之中,因为两个辊筒的转速不同而产生的速度梯度作用,胶料受到强烈的摩擦剪切,橡胶的分子链断

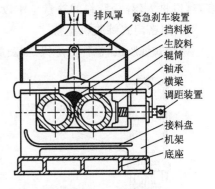

图 16.1　开炼机

裂,在周围氧气或塑解剂的作用下生成相对分子质量较小的稳定分子,橡胶的可塑性得到提高。

2) 开炼机上塑炼的方法

(1) 薄通塑炼　薄通塑炼方法的特点是辊距很小,通常为 0.5~1 mm。胶料通过两辊间隙后不包辊而直接落在料盘上,这样反复多次,直至可塑性达到要求为止。薄通塑炼效果好,是经常使用的塑炼方法。

(2) 一次塑炼　一次塑炼是将胶料加到开炼机上,使胶料在包辊后连续塑炼,直至达到可塑性要求为止。这种方法塑炼时间长,塑炼效果较差,所得到的胶料可塑性较差,塑炼中常加入化学塑解剂。加入塑解剂时,辊温应适当提高,以充分发挥塑解剂的化学增塑作用,强化塑炼效果。

(3) 分段塑炼　分段塑炼是将生胶塑炼一段时间(约 15 min)后冷却 4~8 h,然后再进行塑炼,反复 2~3 次,直至达到可塑性要求为止。

3) 开炼机塑炼的工艺因素

(1) 塑炼温度(辊温)　开炼机塑炼温度一般在 55 ℃以下,温度越低,塑炼效果越好。采用薄通塑炼和分段塑炼的目的之一就是降低温度。

(2) 塑炼时间　开炼机塑炼在开始后的 10~15 min 内,胶料的可塑性迅速提

高,随后趋于平稳。这是由于随塑炼时间的延长,胶料温度升高、剪切摩擦作用降低、塑炼效果下降所致。

（3）辊筒的速比和距离　当辊筒速比一定时,两个辊筒之间的距离愈小,胶料在辊筒之间受到的摩擦剪切作用就愈大。同时,从两辊间流出的胶片较薄,易于冷却,也进一步加强了塑炼效果。辊筒之间的速比越大,胶料通过辊缝时所受到的剪切作用也越大。用于塑炼加工的开炼机两个辊筒之间的速比一般为 1:(1.25~1.27)。速比不能过大,速比过大时胶料的剪切热会使温度升高,反而减弱塑炼效果。

（4）化学塑解剂　使用化学塑解剂能加强塑炼效果,缩短塑炼时间,提高生产效率,减少弹性复原现象,但应适当提高塑炼温度。

（5）装胶量　装胶量应视设备大小而定。过大的装胶量会使辊筒上面的积胶过多,难以进入辊隙,胶料的热量也难以散发,从而减弱塑炼效果,也增加了劳动强度。

2. 用密闭式炼胶机塑炼

密闭式炼胶机(也称密炼机)如图 16.2 所示,是生胶塑炼和混炼的主要设备之一。

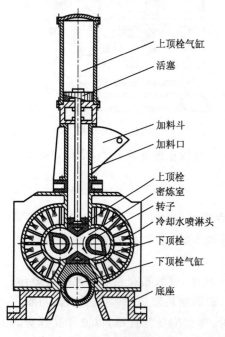

图 16.2　密炼机

（标注：上顶栓气缸、活塞、加料斗、加料口、上顶栓、密炼室、转子、冷却水喷淋头、下顶栓、下顶栓气缸、底座）

1）密炼机的特点

与开炼机塑炼比较,密炼机塑炼具有许多优点,如工作密封性好、胶料品质好,混炼周期短,生产效率高,安全性好,粉尘污染小,劳动强度低,能量消耗少,适用于耗胶量大、胶种少的生产部门。但密炼机是在密闭条件下工作,散热条件差,工作温度比开炼机高出许多,即使在冷却条件下,一般也为 120~140 ℃,甚至高达 160 ℃。生胶在密炼机中受到高温和强烈的剪切作用,产生剧烈氧化,短时间内即可获得所需要的可塑性。

2）密炼机的结构原理

密炼机的主要部件是一对转子和一个密炼室。转子的横截面呈梨形,并以螺旋的方式沿着轴向排列,两个转子的转动方向相反,转速也略有差别。转子转动时,生胶不仅绕着转子转动,而且沿着轴向移动。两个转子的顶尖之间和顶尖与密炼室内壁之间的距离都很小,转子在这些地方扫过时都会对物料施加强大的剪切力。密炼室的顶部设有由压缩空气或液压油操纵的气缸及活塞,以压紧物料,使其更有利于塑炼。密炼室的外部和转子的内部都有加热和冷却介质的循环通道,对密炼室和转子进行加热和冷却。

将生胶加入密炼机的密炼室,在一定的温度和压力下塑炼一定时间,直至胶料达到所要求的可塑性为止。

　3）塑炼过程中主要的控制因素

　（1）塑炼温度和时间　在密炼机中塑炼时，由于生胶受到强烈的剪切作用，所产生的热量不能及时散失，所以塑炼温度迅速上升，并保持在较高的温度范围内。而随着温度的升高，胶料的可塑性成比例地提高。因此，必须严格控制塑炼温度的升高，否则生胶会因过度氧化而裂解，导致物理、力学性能的降低。

　（2）化学塑解剂　在密炼机塑炼中使用化学塑解剂，其增塑效果比在开炼机中使用时要好，塑炼温度也可适当降低。

　（3）转子转速　转子转速对塑炼效果的影响很大。在同样的温度条件下，转子转速越快，所需要的塑炼时间越短。

　（4）装胶量　装胶量必须按设备规定的填装系数合理装料。装胶量太少，物料在密炼室中得不到充分的剪切作用，塑炼效果会减弱；装胶量太大，会使塑炼不均匀，设备还有因超负荷运转而损坏的危险。

　（5）上顶栓压力　塑炼过程中，上顶栓必须施加压力以保证获得良好的塑炼效果。在一定范围内，塑炼效果随上顶栓压力增大而加强。

　3. 用螺杆塑炼机塑炼

　螺杆塑炼机塑炼的特点是可在高温下连续塑炼。螺杆塑炼机因负荷较大而需要较大的驱动功率，其工作原理与塑料挤出机类似。螺距由大到小，以保证吃料、送料、初步加热和塑炼的需要。螺杆塑炼机适合于机械化、自动化生产，但由于生胶塑炼后品质较差、可塑性不够稳定等问题，其应用受到一定的限制，远不如开炼机、密炼机应用广泛。

　有的合成橡胶如氯丁橡胶、丁腈橡胶等的塑炼比天然橡胶困难；有的合成橡胶如软丁苯橡胶、丁基橡胶等却可不经塑炼而直接混炼。合成橡胶塑炼后停放一段时间，弹性复原现象比天然橡胶大，塑炼后应即行混炼。

　塑炼胶料的可塑性可用威廉姆斯（Williams）塑性计法、华莱士（Wallace）快速可塑度测定法、德弗（Defo）硬度法和门尼（Mooney）黏度法测定，详细资料可查阅有关标准。

16.3.2　胶体的混炼

　胶体的混炼就是将各种添加剂混入生胶中、制成成分分散均匀的混炼胶的过程。对混炼的基本要求，一是保证制品具有良好的物理、力学性能，二是胶料本身要具有良好的加工工艺性能。也就是说，要求胶料中的添加剂应达到保证制品物理、力学性能的最低分散程度；同时还应使胶料具有后续加工所需要的最低可塑性。

　混炼前，应做好添加剂的加工：对块状或粗粒状的添加剂应进行粉碎，以保证其在胶料中的分散；对水含量过大的添加剂应进行干燥，防止其结团，同时避免水分在制品中产生气泡；对熔点较低的添加剂如软化剂等应熔化、过滤、脱水；粉状材料还应过筛，去除块状物及机械杂质；有些粉状物可同液体添加剂搅拌后，用三辊研磨机研磨成膏状,以降低污染;还可将添加剂加入橡胶中经塑炼、混炼、切粒制成母胶料备用。

混炼加工使用最多的是密炼机,也有的采用压出机(橡胶挤出机),开炼机在小型橡胶工厂中仍占有一定比例。

1. 在开炼机上混炼

在开炼机上的混炼加工与塑炼加工类似,可采用一段混炼和两段混炼的方法。通常的加料顺序为:生胶→固体软化剂→促进剂、活性剂、防老剂→补强填充剂→液体软化剂→硫黄及超促进剂。加料顺序不当,会影响添加剂分散的均匀性,有时甚至会造成胶料烧焦、脱辊、过炼等现象,使操作难以进行,胶料性能下降。例如,天然橡胶中液体软化剂应在粉状添加剂基本混合均匀后加入,以免粉剂结团和胶料柔软打滑;硫黄应最后加入,以免发生早期硫化(烧焦)现象。

混炼时,辊筒的间距一般为 4～8 mm。辊距不能过小,否则胶料不能及时通过辊隙,使混炼效率降低。混炼时辊温一般为 50～60 ℃,合成橡胶辊温适当要低些,一般在 40 ℃以下。混炼时间一般为 20～30 min,合成橡胶混炼时间较长。用于混炼的开炼机辊筒速比一般为 1∶(1.1～1.2)。

2. 在密炼机上混炼

1) 一段混炼法

一段混炼法适用于天然橡胶或掺用合成橡胶质量分数不超过 50% 的胶料。一段混炼操作中常采用分批逐步加料的方法。通常的加料顺序为:生胶→固体软化剂→防老剂、促进剂、活性剂→补强填充剂→液体软化剂→从密炼机中排出胶料到压片机上再加硫黄和促进剂。

2) 分段混炼法

分段混炼即胶料的混炼分为几次进行。在两次混炼之间,胶料必须经过压片冷却和停放。通常经过两次混炼即可制得合格的胶料。第一次混炼像一段混炼一样,只是不加硫黄和活性大的促进剂,制得第一段混炼胶后,将胶料由密炼机排出到压片机上,出片、冷却、停放 8 h 以上,再进行第二段混炼加工。混炼均匀后排料到压片机上,加入硫化剂,翻炼均匀后下片。分段混炼法每次混炼时间短,混炼温度较低,添加剂分散较均匀,胶料品质较高。密炼机混炼温度一般为 120～130 ℃。

无论是开炼机混炼还是密炼机混炼,经出片或造粒的胶料均应立即进行强制冷却,以防止出现烧焦或冷后喷霜。通常的冷却方法是将胶片浸入液体隔离剂(如膨润土悬浮液)中,也可将隔离剂喷洒在胶片或粒料上然后用冷风吹干。液体隔离剂既起冷却作用,又能防止胶料互相黏结。混炼好的胶料冷却后还需停放 8 h 以上,让添加剂继续扩散均匀,使橡胶与炭黑进一步结合,提高炭黑的补强效果;同时也能使胶料松弛混炼时产生的应力。

16.3.3　橡胶的模压成形

所谓模压成形,就是将准备好的橡胶半成品置于模具中,在加热、加压的条件下,使胶料呈现塑性流动而充满模腔,经一定的持续加热时间后完成硫化,再经脱模和修边使制品成形的工艺。这种工艺主要使用的设备是成本较低的平板硫化机,适宜制作各种橡胶制品、橡胶与金属或与织物的复合制品,制品的致密性好。

1. 模压成形前的准备工作

用模压法生产橡胶制品的工艺流程如图 16.3 所示。生胶经过塑炼、混炼后再经过 24 h 的停放,被送去制备胶料半成品。胶料半成品的制备常使用压延机、开炼机、压出机等。胶料可在压延机或开炼机上被压制成所要求尺寸的胶片,然后用圆盘刀或冲床裁切成半成品;也可用螺杆压出机压制成一定规格的胶管,再横切成一定质量的胶圈,用于较小规格的密封圈、垫片、油封等的生产。胶料半成品的大小和形状应根据模腔而定。半成品量应超出成品量的 5%～10%(质量分数)。一定的过量不仅可以保证胶料充满模腔,而且可以在成形中排除模腔内的气体和保持足够的压力。

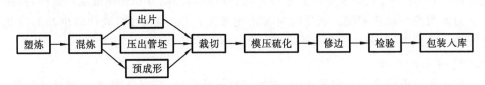

图 16.3　橡胶模压成形工艺流程

2. 橡胶制品的模压成形

橡胶制品的模压成形过程包括加料、合模、硫化、脱模及模具清理等步骤,其中最重要的是硫化。硫化过程的实质是橡胶分子链之间的化学交联。随着交联度的增大,橡胶的定伸强度、硬度也会增大。抗拉强度先是随着交联度的上升而逐渐升高,当达到一定值后会急剧降低。伸长率随交联度的提高而降低并逐渐趋于很小的值。在一定交联范围内,硫化胶的弹性增大,当交联度过大时,橡胶分子的活动受到影响,弹性反而降低。所有这些说明,要想获得最佳的综合性能,必须控制交联程度(即硫化程度)。这样的硫化过程称为正硫化。硫化过程的主要控制因素如下。

1) 硫化温度

模压成形所需的热量是由硫化机的热板传给模具,再由模具传给硫化制品的。温度控制的精确程度以及升温速度对硫化过程将产生较大的影响。因此热板各部位的温差以不大于 2 ℃为宜,热板的加压面应是平面,以便于传热。

模压成形必须在适当的温度下进行。硫化温度是橡胶硫化交联的基本条件,没有适当的温度,胶料不能呈现塑性流动,不易充满模腔。当温度升高时,硫化速度加快,硫化时间缩短,从而生产效率提高。但硫化温度不宜过高,以免使橡胶分子链裂解,从而降低橡胶的强度和韧性。硫化温度的提高也会受到各种因素的限制。模具温度过高时,由于胶料的导热性能差,会形成制品内外层硫化程度的不均匀。橡胶的硫化温度主要取决于其热稳定性,橡胶的热稳定性愈高则允许的硫化温度也愈高。表 16.2 所示为常见胶料最适宜的硫化温度。

表 16.2　常见胶料最适宜的硫化温度

胶料类型	最适宜硫化温度 /℃	胶料类型	最适宜硫化温度 /℃
天然橡胶	143	丁基橡胶	170
丁苯橡胶	150	三元乙丙橡胶	160～180
异戊橡胶	151	丁腈橡胶	180
顺丁橡胶	151	硅橡胶	160
氯丁橡胶	151	氟橡胶	160

2）硫化时间

硫化过程需要一定的时间才能完成。硫化时间与硫化温度紧密相关，在一定温度范围内，一定的硫化温度对应着一定的硫化时间。当配方和硫化温度一定时，控制硫化时间可控制硫化程度。硫化时间与硫化温度是相互制约的，硫化温度高时硫化时间短。实践表明：硫化温度每增高 10 ℃，硫化时间约缩短 1/2。

3）硫化压力

在模压成形时施加一定的压力，迫使胶料排除空气、充满模腔，提高制品致密度。成形所需的压力与胶料的可塑性、制品形状、模具结构及硫化温度有关，一般天然橡胶制品压力多为 2～8 MPa，在 100～140 ℃范围压模时，必须施加 2.5～5.0 MPa 的压力，才能获得清晰复杂的轮廓。假如在 40～50 ℃下模压则压力要提高到 55～80 MPa 但过高的压力会加速某些聚合物分子的降解作用，反而降低橡胶的性能。过高的硫化压力还会增加工厂设备及维修费用。

硫化压力应根据胶料的配方、可塑性及制品结构等决定，一般原则是：制品的塑性大，所需硫化压力小；制品厚，层数多，结构复杂，所需硫化压力大；制品薄，所需硫化压力小。

3. 橡胶制品的模压成形模具

1）橡胶垫圈的压制成形

橡胶圈一般用压制模成形（图 16.4），橡胶压制模与塑料的压塑模结构相同，但橡胶模有自身的特殊要求：①在模腔附近 5～10 mm 处须设计测温孔，以便控制硫化温度误差在 ±2 ℃范围内；②由于加料时一般有 5％～10％的余量，为获得较好的制品精度，在模腔周围设置流胶槽，流胶槽的横截面为 $R＝1.5～2$ mm 深的半圆形，在流胶槽与模腔之间开设一些小沟，以排出多余的胶料。

2）橡胶轮胎的成形

汽车轮胎结构（图 16.5）复杂，其胎面及侧面用橡胶模压成形，其内部依次由斜纹纤维胶层。内衬、填充物及胎圈组成，各层间均用钢丝加强，其口部用钢丝卷加固收口。橡胶轮胎的组装成形如图 16.6 所示。首先将轮线、胎圈固定在可扩充膨胀胶囊的开合式模具上，然后通气胀形、硫化压制成形轮胎。经过硫化的橡胶制品脱模后

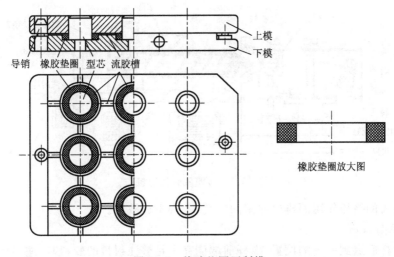

图 16.4　橡胶垫圈压制模

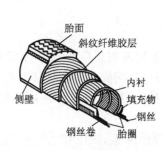

图 16.5　橡胶轮胎的结构

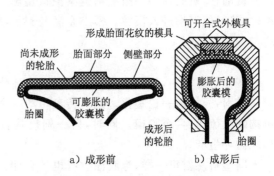

图 16.6　橡胶轮胎的组装成形

还需修整模压过程中溢出的飞边,检验合格,才能成为最终的制品。

模压成形时橡胶对金属的黏附性较大,往往不能自动脱模,模具的开启常需人工操作,存在着劳动量大、生产效率低的缺点。

16.3.4　橡胶的注射成形

橡胶注射成形与塑料注射成形类似,是一种将胶料直接从机筒注入模具硫化的生产工艺。多模胶鞋注射机如图 16.7 所示。

1. 橡胶注射成形的主要步骤

1)喂料塑化

先将预先混炼好的胶料(通常加工成带状或粒状)从料斗喂入机筒,在螺杆的旋转作用下,胶料沿螺槽被推向机筒前端,在螺杆前端建立压力,迫使螺杆后退,而胶料在沿螺槽前进时,受到激烈的搅拌和变形,加上机筒外部的加热,温度很快升高,可塑性增加。由于螺杆受到来自注射油缸背压的作用,且螺杆本身具有一定的压缩比,胶

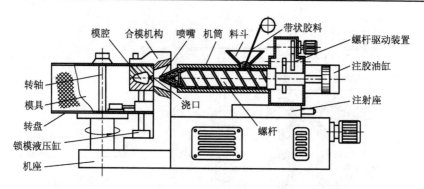

图 16.7　多模胶鞋注射机

料受到强大的挤压作用而排出残留的空气,变得十分致密。

2)注射保压

当螺杆后退到一定的位置、螺杆前端储存了足够注射量的胶料时,注射座带动注射机构前移,机筒前端的喷嘴与模具浇口接触,在注射油缸的推动下,螺杆前移进行注射,胶料经喷嘴进入模腔。模腔充满胶料后继续保压一段时间,以保证胶料密实、均匀。

3)硫化、脱模

在保压过程中,胶料在高温下渐渐转入硫化阶段。这时注射座后移,螺杆又开始旋转进料,开始新一轮塑化。此时转盘转动一个工位,将已注满胶料的模具移出夹紧机构继续硫化,直至脱模。同时,另一副模具转入夹紧机构,准备进行另一次注射。如此循环生产。

同塑料注射机一样,橡胶注射机也具有注射装置、合模装置、液压和电气控制系统。注射模具的结构也十分相似。但橡胶注射与塑料注射也有很大的不同,橡胶注射时首先考虑的不是加温流动,而是防止胶料因温度过高而烧焦。

2. 橡胶注射成形的重要工艺参数

1)料筒温度

料筒温度的控制在橡胶注射成形中十分重要。胶料在料筒内受热、塑化而具有流动性。胶料的黏度下降,流动性增强后注射过程才易进行。因此,在一定温度范围内提高料筒温度,可使注射温度提高,缩短注射时间和硫化时间,提高硫化胶的硬度或定伸强度。但过高的温度会使胶料硫化速度加快并烧焦。一旦出现烧焦现象,胶料黏度会大大增加并堵塞喷嘴,迫使注射过程中断。所以,应该在不致烧焦的前提下,尽可能提高料筒温度。一般柱塞式注射机料筒温度为 70~80 ℃,往复螺杆式注射机料筒温度为 80~100 ℃,有的可达 115 ℃。料筒温度的控制还应考虑以下几个方面:①橡胶种类不同,其流动性有差异;②同一配方,因塑炼效果不同,流动性也不同;③加入软化剂能大大改善胶料的流动性能;④填充剂的加入会使胶料流动性变差。

2)注射温度

注射温度是指胶料通过注射机喷嘴后的温度。使胶料温度升高的热源主要有两个：①料筒加热传递的温度；②胶料通过窄小喷嘴时的剪切摩擦热。所以，提高螺杆转速、背压、注射压力以及缩小喷嘴直径，都可提高注射温度。另外，不同的橡胶，通过喷嘴后的温升情况不同。

3）模具温度

模具温度也就是硫化温度。模具温度高，硫化时间就短。在模压成形时，由于胶料加入模具时处于较低的温度，且胶料是热的不良导体，模具温度高会使制品外部过硫化，而内部欠硫化，模具温度的提高受到限制。

在注射成形中，由于胶料本身已具有较高温度，因此模具温度可以提高。注射天然橡胶时，模具温度一般为 170～190 ℃；注射丁腈橡胶时，模具温度一般为 180～205 ℃；注射三元乙丙橡胶时，模具温度一般为 190～220 ℃。

4）注射压力

注射压力是指注射时螺杆或柱塞施于胶料单位面积上的力。注射压力大，有利于胶料克服流动阻力，充满模腔，还可使胶料通过喷嘴时的速度提高，增加剪切摩擦所产生的热量，对充填和加快硫化都有好处。采用螺杆式注射机，注射压力一般取 80～110 MPa。

另外，螺杆的转速和背压对胶料的塑化及其在料筒前端建立压力有一定影响。随着螺杆转速的提高，胶料受到的剪切、摩擦作用增强，产生的热量增大，塑化效果亦提高。当螺杆转速超过一定范围，由于螺杆的推进，胶料在料筒内受热塑化时间变短，塑化效果反而下降。所以，螺杆转速一般不超过 100 r/min。

塑化时，螺杆将胶料向料筒前端推进，在料筒前端建立压力，反推螺杆后退。此时，可通过注射油缸溢流阀调节回油压力，阻碍螺杆后退，使胶料中的气体、挥发分得以排除，致密度增大。背压越大，螺杆旋转时消耗的功率大，剪切摩擦热越大。背压一般设定在 22 MPa 以下。

在成形过程中，除上述工艺控制因素之外，还应合理掌握硫化时间，以得到高品质的硫化橡胶制品。完成硫化以后，开启模具，取出的制品要经过修边工序修整注射时产生的飞边，并经质检合格后，方可包装、入库。

16.3.5　橡胶的浸渍成形

一次性橡胶医用手套很薄，且形状复杂，不适合用模具压制或注射成形，目前最适宜的成形方法是浸渍成形。其成形原理是：首先按手的形状制成手形模（图16.8），和其他乳胶产品模样一样，手形模常由陶瓷、铝合金等材料制成；然后将其浸入乳胶配合液中，待其手套乳胶膜的厚度达到要求时，即提起模样；再对成形的凝胶体进行洗涤、干燥并硫化后，即可从模样上脱离，经整理而获得成品手

图 16.8　乳胶手套模型

套。乳胶配合液的成形可用化学或加热凝固的方法,家用手套多用化学凝固法,即首先将模样浸于凝固剂槽中,然后再将带有凝固剂的模样浸入胶乳配合液中,使其凝固得到手套。

图 16.9 所示为乳胶手套成形过程:将模样安放在链式输送设备上,经三次浸胶以保证制品厚度并转入烘箱 A 中凝固,通过卷边装置后,再进入烘箱 B 凝固定形,转出烘箱后顺序进入氨水槽、防黏剂槽。然后进入脱模工位,脱模后送入硫化机进一步硫化为成品手套。手套模则沿生产线先后进入酸槽、脱模工位进行清洗,然后进入热水槽以保持一定的模温并进入下一工作循环。此种输送链设计简便,易操作,能耗低,可控性好,易于机械化,生产率高可达 660 双/h,悬挂在输送链上的模样不仅可以控制移动速度,还可以摆动及绕自身转动,流畅的操作步骤使模样没有非生产性停顿,保证每个产品品质可靠。

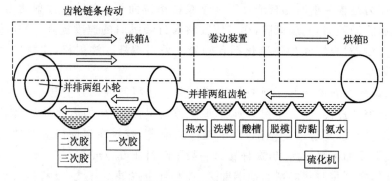

图 16.9　乳胶手套的浸渍成形生产过程

生产中应控制模样移动速度与最佳停留时间的配合,还需正确选择凝固剂和胶乳混合液(胶乳配合液和胶黏剂混合液)的组分(表 16.3),保证凝固剂浴对模样充分润湿,并使胶乳容易凝结成无裂缝的薄膜。胶乳配合液的选择应保证在凝固剂润湿条件下,胶乳可均匀沉积,容易凝胶而无裂缝或过分皱缩;还必须允许硫化可在宽的温度和时间范围内进行。此外,胶黏剂对胶乳层和细绒应有良好的黏结性能。

表 16.3　胶乳混合液、凝固剂的组分

底层胶乳混合液的组分		凝固剂浴液的组分	
组分名称	干物计量(质量比)	组分名称	干物计量(质量比)
天然胶乳如 LATZ	100.0	水合硝酸钾	30～40
硫化稳定剂 LW	0.06	醋酸	60～70
辛酸钾	0.4	蒸馏水	5
氢氧化钾	0.35	表面活性剂③	0.1
胶体硫	1.25		
EPC 促进剂①	1.62		

续表

底层胶乳混合液的组分		凝固剂浴液的组分
LDA 硫化促进剂[②]	0.31	
氧化锌（Ⅱ级）	1	
蒸馏水	加到黏度为 15~17 s[④]	

注　① 乙基苯基二硫代氨基甲酸锌(Zarov 化工厂产品);
　　② 二乙基二硫代氨基甲酸锌(拜耳公司产品);
　　③ 非离子表面活性剂环氧乙烷与醇的缩合物,如 Vulkastab LW(Vlnax 产品);
　　④ 根据 PN-81/C81508 黏度(黏度杯流孔直径最小为 φ4 mm)。

16.3.6　弹性体的成形

天然橡胶是优良的弹性材料,同时也是极佳的电绝缘体,其缺点是无法在高温下或长期在阳光下使用,因此人造弹性体被开发出来用以弥补天然橡胶的缺陷。人造弹性体可分为两类:合成弹性体材料及共混改性弹性体材料。SBS 及聚氨酯弹性体是前者的代表,由合成方法得到;而美国孟山都公司的 Santoprene 材料是后者的代表,是由聚烯烃塑料与橡胶共混改性得到的,常称为 TPE、TPO、TPV 等。人造弹性体的典型产品有油管、O 形圈、油封、电绝缘体、管子、鞋子、内胎等。

绝大多数弹性体材料可采用热塑性塑料的成形技术,如挤出成形、注射成形、模压成形等,也可采用热固性塑料的成形技术,如传递成形(转移模压制法)。

复习思考题

(1) 橡胶材料的最大特点是什么?

(2) 常用橡胶添加剂有哪些? 它们起什么作用?

(3) 为什么橡胶在成形前要进行塑炼?

(4) 混炼有什么作用?

(5) 硫化过程的实质是什么? 为什么先要塑炼而后又要硫化?

(6) 试为下列零件选择橡胶材料:

　　① 复制人造关节用的橡胶模;

　　② 生产三通管接头用的软胶胀形模;

　　③ 散热器上的胶管;

　　④ 自动化铸造车间铸件落砂后运送热砂的传送胶带;

　　⑤ 医用橡胶手套;

　　⑥ 电镀车间工人穿的劳保胶鞋;

　　⑦ 油压机上的管道密封胶圈;

　　⑧ 真空泵中耐油自润滑的密封圈。

第 17 章

粉末冶金成形技术

粉末冶金成形是以粉末材料为原料,通过成形、烧结和必要的后续处理而获得制品的成形技术,因其在形式上与陶瓷成形技术类似,故又称为金属陶瓷成形技术。

在成形技术(包括铸造成形技术、塑性成形技术、机械加工成形技术等)领域,粉末冶金已成为具有很强竞争力的技术之一。它能够制造许多用其他技术难以制造的材料和制品。例如,许多难熔材料制品,至今还是用粉末冶金技术来生产;由互不溶解的金属或金属与非金属组成的伪合金(如铜-钨、银-钨、铜-石墨等),具有高的导电性能和抗电蚀稳定性,是制造电器触头不可缺少的材料,这种特殊性能的材料就是由粉末冶金技术制造的;粉末冶金多孔材料,能够通过控制其孔隙度、孔径大小获得优良的使用特性;等等。现代技术已可获得各种成分的粉末,粉末冶金成形技术可生产净近形零件,经济性好,在许多应用领域具有吸引力。

粉末冶金技术加工的典型产品可以从圆珠笔上细小的圆珠到齿轮、凸轮和衬套,从切削工具、多孔制品(如过滤器和含油轴承)到各种汽车零件(如活塞环、滑块、连杆和液压活塞),等等。目前,粉末冶金制品中汽车零件约占 70%。

现代粉末冶金成形技术的发展已经远远超出传统范畴而日趋多样化。例如,在成形方面出现了同时实现粉末压制和烧结的热压及热等静压法、放电等离子烧结及粉末轧制法、粉末锻造法等,在后处理方面出现了多孔烧结制品的浸渍处理、熔渗处理、精整或少量切削加工处理、热处理等。

17.1 粉末冶金成形工艺过程

粉末冶金成形工艺过程包括粉料制备、成形、烧结以及烧结后的处理等工序。其工艺流程如图 17.1 所示。制粉、成形、烧结是最基本的、同样重要的三道工序,缺一不成其为粉末冶金。

17.1.1 粉末材料的制取

粉末是粉末冶金成形最基本的原料,它可以是纯金属、非金属或化合物,其性能及制造过程与粉末冶金制品的性能密切相关。

1. 粉末的制造方法

制取粉末的方法可以分为机械法和物理化学法两大类,最近还发展了机械合金

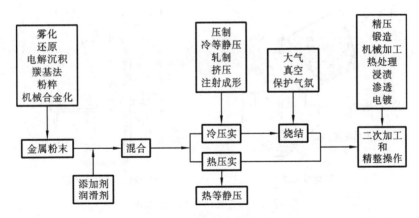

图 17.1　粉末冶金工艺流程

化法。机械法制取粉末是将原材料机械地粉碎而化学成分基本上不发生变化,物理化学法制取粉末则是借助化学的或者物理的作用来改变原材料的化学成分或者聚集状态。

　　选择哪种方法,主要取决于材料的特殊性能和该方法的成本。机械法和物理化学法是相互补充的。例如,用机械法可研磨还原法所制得的成块海绵状金属,用还原退火法可对旋涡研磨或雾化所得粉末进行消除应力、脱碳及减少氧化物的处理。

　　从生产规模来说,应用最广泛的是还原法、雾化法和电解法,气相沉积法和液相沉淀法在特殊情况下的用途也很重要。

　　1) 还原法

　　还原法是用多种方法还原金属化合物的一种方法。一般通过将金属氧化物或氧化物矿石在高温下与还原剂反应来制造金属粉末。铁、镍、钴、铜、钨、钼等的粉末都可用这种方法制造,其中生产量最大的是铁粉。

　　例如,使用氢气和一氧化碳气体作为还原剂可还原金属氧化物,制得的粉末颗粒为多面体,像海绵一样柔软、多孔而有弹性,品质均匀,成形性和烧结性好。粉末的粒度可根据原料的粒度和还原条件任意调整。但是,当缺少必要的精制处理工艺时,粉末中往往含有未被还原的氧化物。

　　2) 雾化法

　　(1) 熔化雾化法(图 17.2a)　它是利用特别设计的喷嘴喷出的气流(惰性气体或空气)或水流的能量,粉碎经坩埚漏嘴流出的金属液,使其雾化成细小粉末颗粒的方法。熔化雾化法成形颗粒的尺寸取决于金属的温度、流动的速度,喷嘴的大小及喷射特性。

　　(2) 旋转自耗电极雾化法(图 17.2b)　它是利用自耗电极在充满氦气的空间内迅速旋转,靠离心力破碎自耗电极熔化的尖顶,并雾化成为金属颗粒的方法。

　　雾化法生产粉末的效率较高、成本较低和易于制得高纯度粉末。该法很早就被用来制造铅、锡、锌、铝、青铜、黄铜等低熔点金属与合金的粉末。近年来,随着雾化技

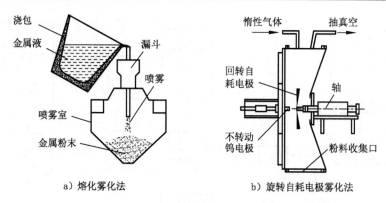

a) 熔化雾化法　　　　　　　　b) 旋转自耗电极雾化法

图 17.2　用雾化法生产金属粉末

术的进展,对于像 18-8 不锈钢、低合金钢、镍合金等的粉末,也已采用雾化法制造。雾化粉末的颗粒形状因雾化条件而异。金属液的温度越高,颗粒球化的倾向越显著,加入微量的磷、硫、氧等元素来改变金属液滴的表面张力,也可以制成球形颗粒粉。

雾化法的缺点是合金粉末易产生成分偏析,难以制得粒度小于 300 目(粒径约 0.044 mm)的细粉。

3) 电解法

铁、镍、铬、铜、锌等的粉末都可用电解法制造。粉末冶金成形用的粉末主要是铁粉和铜粉。电解粉末纯度高,颗粒呈树枝状或针状,其压制性和烧结性都很好,但生产率低,成本高。电解铁粉价格高,仅用于纯度要求高的场合,或用来制造高密度零件。

4) 机械粉碎法

固体材料的机械粉碎法既是一种独立的制粉方法,又常作为某些制粉方法不可缺少的补充工序。例如,用它研磨粉料,然后电解,可制得的硬而脆的阴极沉积物,研磨用还原法制得的海绵状金属块等。机械粉碎法在粉末生产中占有重要的地位。

机械粉碎是靠压碎、击碎和磨削等作用,将块状金属或合金机械地粉碎成粉末,图 17.3 所示为粉料的机械粉碎方法。根据粉碎的作用机理,以压碎作用为主的有碾碎、辊轧以及颚式破碎等,以击碎作用为主的有锤磨等,属于击碎和磨削等多方面作用的有球磨、棒磨等。

所有的金属和合金都可以机械粉碎,而实践证明,机械研磨比较适用于脆性材

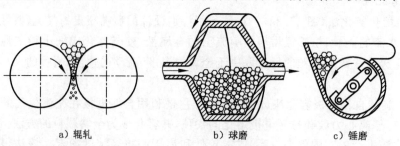

a) 辊轧　　　　　　　　b) 球磨　　　　　　　　c) 锤磨

图 17.3　粉料的机械粉碎方法

料,研磨塑性金属和合金制取粉末的有旋涡研磨、冷气流粉碎等。

　　5)机械合金化

　　机械合金化是在 20 世纪 60 年代末为研制氧化物弥散强化镍基高温合金而发展起来的一种制备合金粉末的新方法。它是一种高能球磨技术,将两种或多种纯金属放入高能球磨机球磨罐中球磨,通过磨球、粉和球磨罐之间的强烈相互作用,粉末颗粒不断发生变形、断裂和焊合,并被不断细化,未反应的表面不断地暴露出来,这样明显增加了反应的接触面积,缩短了原子的扩散距离,促使不同成分之间发生扩散和固态反应,混合粉末在原子量级水平上实现合金化。

2. 粉末的性能

　　粉末性能主要包括颗粒形状、粒度、粒度分布、比表面积、压制性、成形性、流动性及化学成分等。粉末的性能强烈地影响着粉末的行为,并最终影响粉末冶金制品的性能。例如,与不规则形状的粉末相比,球形粉末难以压制成高强度的压坯。如果所有粉末颗粒的尺寸相同,则压坯总是存在多孔性(理论上至少占体积的 24%)。例如,用网球填满一个盒子,在球之间总存在着空间,然而在较大的球之间导入较小尺寸的球,则可以产生更高的紧实密度。紧实密度越高,则零件的强度和弹性模量越高。在烧结过程中,与粗粉压制的压坯相比,细粉压制的压坯在相同的烧结条件下烧结时更容易收缩。

　　1)颗粒形状

　　颗粒形状是指粉末颗粒的外观几何形状。使用颗粒的维数和颗粒的表面轮廓可以定性地描述和区分颗粒形状。图 17.4 所示为几种基本类型的常见颗粒形状。常采用显微镜(光学显微镜、电子显微镜)观察粉末的颗粒形状。

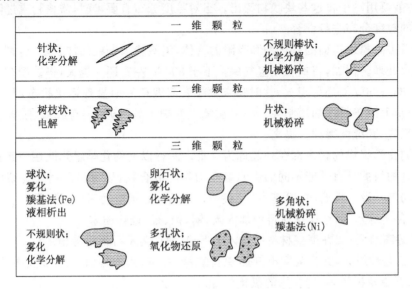

图 17.4　粉末颗粒形状及相应的生产方法

2）粉末粒度与粒度分布

粒度是指用适当的方法测得的单个粉末颗粒的线性尺寸。组成粉末的无数颗粒大小不一，用不同大小的颗粒占全部粉末颗粒的百分含量表征粉末颗粒大小的分布状况，称为粒度分布或粒度组成。测量粒度分布使用最广泛的方法是筛分法，这种方法已经标准化。筛分使用一套标准筛，通常以目数表示筛网的孔径和粉末的粒度。所谓目数是指每英寸长度上的网孔数量。对于金属粉末，选用的套筛系列如表 17.1 所示。

表 17.1　筛分金属粉末用的套筛

筛网目数	60	80	100	140	200	230	270	325
网孔尺寸/μm	250	180	150	106	75	63	53	45

除筛分法以外，测量粒度分布的方法还有显微镜观察法、沉降法、光散射法等。

3）粉末的比表面积

粉末的比表面积是指单位质量粉末的表面积，单位为 m^2/g；有时也表示为单位体积的表面积，它等于单位质量的表面积乘以材料的密度。由于与铸锭冶金生产的金属相比，金属粉末具有较大的比表面积，所以与气体、液体和固体反应的倾向性很大。粉末越细，比表面积越大，具有的表面能越高。表面能是解释烧结机理的基本概念。

3. 粉末的预处理与混合

即使在同一条件下制造的同一种粉末，其纯度和粒度分布也是有差别的，因此，在使用之前必须将其混合均匀。另外，原料粉末在运输和储存中会结块或生成大量锈块，一般要用筛子将这些块状物筛出。当对粒度分布有要求时，需将粉末过筛后按所要求的粒度分布进行混合。

为了去除粉末表面的氧化物和吸附的气体，消除粉末颗粒的加工硬化，必须进行还原退火处理。例如，将铜粉在氢气保护下于 300 ℃ 左右还原退火，将铁粉在氢气保护下于 600～900 ℃ 还原退火，这时粉末颗粒表面因还原而呈现活化状态，并使细颗粒变粗，从而改善粉末的压制性。粉末在氢气保护下处理时，还有脱氧、脱碳、脱磷、脱硫等反应，其纯度得到了提高。

相同化学组成的粉末混在一起称为合批。两种以上的化学组元混在一起称为混合。混合的目的是将性能不同的组元组成均匀的混合物，以保证压制和烧结后制品状态的均匀一致。混合时，除基本原料粉末外，其他添加组元有以下三类：

① 合金组元，如在铁基材料中加入碳、铜、钼、锰、硅等粉末；

② 游离组元，如在摩擦材料中加入的 SiO_2、Al_2O_3 及石棉粉等粉末；

③ 工艺性组元，如作为润滑剂的硬脂酸锌、石蜡、机油等，作为黏结剂的汽油橡胶溶液、石蜡及树脂等，造孔用的氯化铵等。

混合好的粉末通常需要过筛，除去较大的夹杂物和润滑剂的块状凝聚物。粉料应尽可能及时使用,否则应密封储存起来,运输时应减少震动,防止混合料发生偏析。

17.1.2　粉末成形

将处理过的粉末经过成形工序,得到的具有既定形
状与强度的粉末体,称为压坯。粉末成形技术包括普通
模压成形和特殊成形。普通模压是将金属粉末或混合
粉末装在压模内(图 17.5),通过压力机使其成形的技
术。特殊成形是指各种非模压成形技术。应用最广泛
的是普通模压成形。

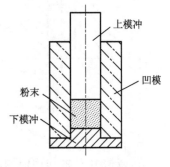

图 17.5　普通压模

1. 普通模压成形

模压成形是指粉料在常温下、在封闭的刚性模(多
为钢模)中、按规定的压力(一般为 $150\sim600$ MPa),在
普通机械式压力机或自动液压机(吨位为 $500\sim5\ 000$
kN)上将粉料制成压坯的方法。图 17.6 是金属粉末模压成形步骤及模压齿轮的模
具示意图,这种成形过程通常由下列工步组成:称粉、装粉、压制、保压及脱模。

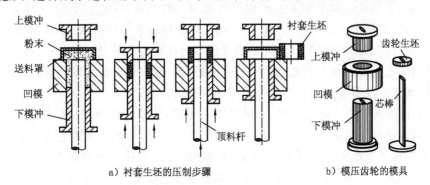

a) 衬套生坯的压制步骤　　　　　　　b) 模压齿轮的模具

图 17.6　金属粉末模压成形步骤及模压齿轮的模具

1) 定量装粉

定量装粉的方法分为质量法和容积法两种。用称取一个压坯所需粉料质量来定
量的方法叫做质量法,用量取一个压坯所需粉料容积来定量的方法叫做容积法。采
用非自动压模和小批量生产时,多用质量法;大量生产和自动化压制成形时,一般采
用容积法,且是用压模腔来进行定量。但是,在生产贵金属制品时,称量的精度很重
要,大量生产时往往也采用质量法。

2) 压制

压制是按一定的压力,将装在模腔中的粉料,集聚成达到一定密度、形状和尺寸
要求的压坯的工序。在封闭钢模中冷压成形时,最基本的压制方式有三种,如图17.7
所示。其他压制方式或是基本方式的组合,或是用不同结构来实现。

(1) 单向压制　单向压制时,凹模和下模冲不动,由上模冲单向加压。在这种情

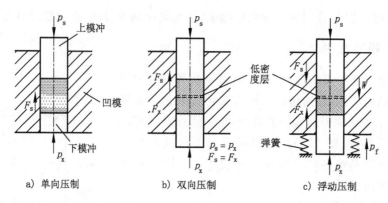

图 17.7　三种基本压制方式

况下,摩擦力 F_s 的作用使制品上下两端密度不均匀,压坯高度 H 越大或直径 D 越小,压坯的密度差就越大。单向压制的优点是模具简单,操作方便,生产效率高,缺点是只适于 $H/D \leqslant 1$、H/δ(压坯厚度)$\leqslant 3$ 的情况。

（2）双向压制　当 $H/D > 1$、$H/\delta > 3$ 时,采用双向压制。双向压制时,凹模固定不动,上、下模冲以大小相等方向相反的压力同时加压。当上、下模冲的压力 p_s、p_x 相等时,其分别产生的摩擦力 F_s、F_x 亦相等。这种压坯中间密度低,两端密度高而且相等。所以,双向压制的压坯,允许高度比单向压坯高一倍,适于压制较高的制品。

双向压制的另一种方式是,在单向压制结束后,在密度低的一端再进行一次单向压制,以改善压坯密度的均匀性。这种方式又称为后压。

（3）浮动压制　浮动压制时,下模冲固定不动,凹模用弹簧、气缸、油缸等支撑,受力后可以浮动。当上模冲加压时,由于侧压力而使粉末与凹模壁之间产生摩擦力 F_s,当凹模所受摩擦力大于浮动压力 p_f 时,弹簧压缩,凹模与下冲模产生相对运动,等于下冲模反向压制。此时,上模冲与凹模没有相对运动。当凹模下降、压坯下部进一步压缩时,在压坯外径处产生阻止凹模下降的摩擦力 F_x。当 $F_x = F_s$ 时,凹模浮动停止。上模冲又单向加压,与凹模产生相对运动。如此循环,直到上模冲不再增加压力时为止。此时,低密度层在压坯的中部,其密度分布与双向压制相同。浮动压制是最常用的一种方式。

采用不同的压制方式,压坯密度不均匀程度有差别。但无论采用哪一种方式,压坯密度不仅沿高度分布不均匀,而且沿压坯截面的分布也是不均匀的。造成压坯密度分布不均匀的原因是粉末颗粒与模腔壁在压制过程中产生摩擦。

压坯密度的均匀性是衡量其品质的重要指标,烧结后制品的强度、硬度及各部分性能的同一性,皆取决于密度分布的均匀程度。此外,压坯密度分布不均匀,在烧结时,将使制品产生很大的应力,从而导致收缩的不均匀、翘曲,甚至产生裂纹。因此,压制成形时,应力求使压坯密度分布均匀。影响压坯密度分布均匀程度的因素较多,其中,压坯侧面积与正面积的比值、压制方式和摩擦系数是起决定性作用的。图17.8

所示为在使用单动压力机(图 a、c)和双动压力机(图 b、d)中,不同模具压实金属粉末的密度变化,这种变化可通过合理的模具设计和摩擦的控制来减到最小。例如,为了保证整个零件的密度更均匀,应用单独运动的多个模冲是必需的。注意,与图 c 相比,图 d 带有分别单独运动的两个模冲,压实的密度最均匀。

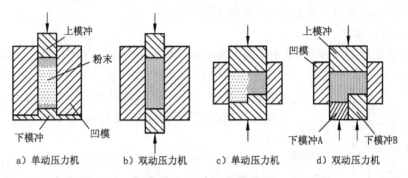

a) 单动压力机   b) 双动压力机   c) 单动压力机   d) 双动压力机

图 17.8   在不同模具中压实金属粉末的密度变化

3) 压制过程

粉末装在模腔中,形成许多大小不一的拱洞。加压时,粉末颗粒产生移动,拱洞被破坏,孔隙减少,随之粉粒从弹性变形转为塑性变形,颗粒间从点接触转为面接触。由于颗粒间的机械啮合和接触面增加,原子间的引力使粉末形成具有一定强度的压坯。压制过程大体上可分为四个阶段。

① 粉末颗粒移动,拱洞破坏,颗粒相互挤紧。这时,压制压力大部分耗费于颗粒间的摩擦。

② 粉末挤紧,小颗粒填入大颗粒间隙中,颗粒开始有变形,粉粒移动速度减慢。这时,压制压力主要耗费于颗粒与模壁之间的摩擦。

③ 粉末颗粒表面的凹凸部分被压紧且啮合成牢固接触状态。这时,压制压力主要耗费于粉末颗粒的变形,其中大部分用于粉粒的塑性变形上。

④ 粉末颗粒加工硬化到了极限状态,进一步增大压力时,粉末颗粒被破坏和结晶细化。这时,压制压力主要消耗于颗粒的变形与破坏(包括模具的变形)。

实际上,这四个阶段并无严格的界限,而且依据粉末的性能、压制方式及其他条件的不同而有差异。

压制压力达到规定值后若予以保压,可以提高压坯的密度,但较长时间的保压将使生产效率大大降低。对于一般小型压坯不予保压;对于大型致密压坯可适当考虑保压,例如保压 30 s 以内。

4) 脱模

压坯从模腔中脱出是压制工序中重要的一步。压坯从模腔中脱出后,会产生弹性恢复而胀大,这种胀大现象叫做回弹或弹性后效。压坯胀大的程度可用回弹率来表示,回弹率的大小与模具尺寸计算有直接的关系。

2. 特殊成形

随着科学技术的发展,人们对粉末冶金材料的性能以及制品的形状和尺寸都提出了更高的要求。所以,近年来,人们广泛研究了各种非钢模成形。这些成形方法与陶瓷成形方法大致相似,可分为等静压成形、金属注射成形、放电等离子体烧结、金属粉末轧制成形及喷雾沉积成形等,统称为特殊成形。

1) 等静压成形

等静压成形的原理是,借助于高压泵的作用把流体介质(气体或液体)压入耐高

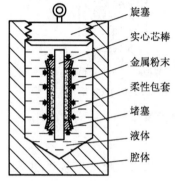

旋塞
实心芯棒
金属粉末
柔性包套
堵塞
液体
腔体

图 17.9　冷等静压成形

压的钢质密封容器内,高压流体的静压力直接作用在弹性模套内的粉末上,粉末体在同一时间内、在各个方向上均衡地受压而获得密度分布均匀和强度较高的压坯。

通常,等静压成形按其特性分为冷等静压成形和热等静压(HIP)成形两类,分别如图 17.9 和图 17.10 所示。前者常用水或油作压力介质,故有液静压、水静压或油水静压之称;后者常用气体(如氩气)作压力介质,故有气体热等静压之称。等静压制成形过程中,由于粉末体与弹性模具的相对移动很小,摩擦损耗很小,所以压坯任意截面上的密度大体上是相同的。

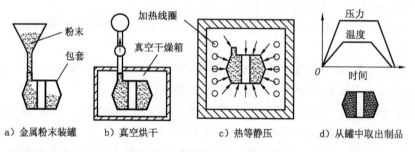

加热线圈
真空干燥箱
粉末
包套
压力
温度
时间

a) 金属粉末装罐　　b) 真空烘干　　c) 热等静压　　d) 从罐中取出制品

图 17.10　热等静压(HIP)成形

2) 金属注射成形

不能用其他粉末冶金方法生产的、几何形状很复杂的制品可以采用金属注射成形。金属粉末注射成形是从塑料注射成形演变来的,其生产工艺流程如图 17.11 所示。其原理是:将金属粉末与黏结剂的混合料于一定温度下加热到所需黏度与流动性能后,在压力下注射到冷模具中;成形制品生坯从模具中脱出后,可保持其形状。模腔内部的形状与制品形状一致,但成形生坯的尺寸略大于成品,以弥补生坯在烧结时的收缩。黏结剂一般为聚合物与蜡的混合物。将黏结剂脱除后,再对制品生坯进行烧结,以获得所需要的力学性能。

3) 放电等离子体烧结

放电等离子体烧结(SPS)是指在粉末颗粒间直接通入脉冲电流进行的加热烧

结,也称为等离子体活化烧结或等离子体辅助
烧结。它是制备材料的一种全新技术,具有升
温速度快、烧结时间短、组织结构可控、节能、
环保等鲜明特点,可用来制备金属材料、陶瓷
材料、复合材料,也可用来制备纳米块体材料、
梯度材料等。

　　放电等离子体烧结原理如图 17.12 所示,
它是利用通-断式直流脉冲电流直接通电烧结
的一种加压烧结法。通-断式直流脉冲电流的
主要作用是产生放电等离子体、放电冲击压
力、焦耳热和电场扩散作用。烧结时,脉冲电
流通过粉末颗粒时瞬间产生的放电等离子体
使烧结体内部各个颗粒自身均匀地产生焦耳
热并使颗粒表面活化(图 17.13)。这种放电直
接加热法热效率极高,放电点的弥散分布能够
实现均匀加热,因而容易制备出均质、致密、高
质量的烧结体。放电等离子烧结法工艺的优
点十分明显:加热均匀,升温速度快,烧结温度
低,烧结时间短,生产效率高,产品组织细小均

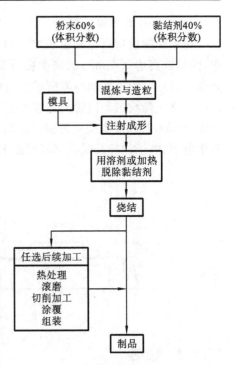

图 17.11　金属粉末注射成形
生产工艺流程

匀,能保持原材料的自然状态,可以得到高致密度的材料,可以烧结梯度材料以及复
杂形状工件等。与热压和热等静压相比,放电等离子烧结装置操作简单,不需要专门
技术。据文献报道,生产一块直径 100 mm、厚 17 mm 的 ZrO_2(3Y)不锈钢梯度材料
用的总时间是 58 min,其中升温时间 28 min,保温时间 5 min,降温时间 25 min。 与
热等静压相比,放电等离子体烧结的烧结温度可降低 100~200 ℃。

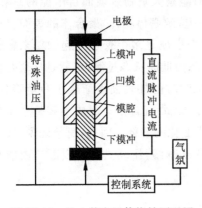

图 17.12　放电等离子体烧结原理图

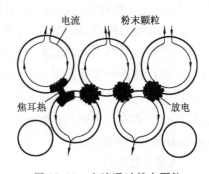

图 17.13　电流通过粉末颗粒

4）金属粉末轧制成形

粉末轧制成形也称轧制压实。粉末被送到两个高速回转压榨机的轧辊口间隙中,同时以高达 0.5 m/s 的速度被压实成连续带(图 17.14)。轧制工艺可在室温或高温下进行。粉末轧制与模压成形相比,优点是制件的长度原则上不受限制,轧制制品的密度比较均匀。但粉末轧制法生产的带材厚度需受轧辊直径的限制(一般不超过 10 mm),其宽度也受轧辊宽度的限制。该法一般制造形状较简单的板材或带材,对于电力、电子构件及线圈也可用此工艺制造。

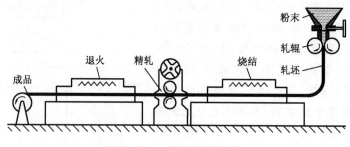

图 17.14　粉末轧制成形

17.1.3　烧结

在低于基体材料熔点的温度对粉末压坯进行加热,粉末颗粒之间产生原子扩散、固溶、化合和熔接,致使压坯收缩并强化的过程,叫做烧结。

粉末压坯在烧结过程中会发生体积收缩,是一个压坯致密化的过程,也是烧结最重要的特征之一。

1. 烧结驱动力

粉末颗粒的表面称为自由表面,每个粉末颗粒都有它的表面自由能。由粉末组成的压坯是一个聚合体,其中充满了孔隙,其表面能是大量粉末表面自由能的总和,这里指的是固-气表面能的总和。与体积相同的一块致密体相比,聚合体的表面自由能要大得多,处于高能状态。压坯中孔隙的内表面也就是多个聚在一起的粉末颗粒的外表面。烧结过程中,粉末压坯力图从高能状态向低能状态过渡,也就是从聚合体向致密体转变。高温下颗粒的融合使得一些粉末颗粒的外表面逐渐减小乃至消失,也就是压坯孔隙逐渐收缩乃至消失,从而导致粉末的固-气自由表面减小和整个压坯的表面能降低。这是对烧结过程不断进行的能量变化的解释。因此,简单地说,烧结过程的基本驱动力是表面自由能的减小,而且,粉末越细,压坯具有的表面自由能越大,烧结的驱动力就越大。

2. 物质迁移机理

所谓物质迁移,指的是原子或空位的迁移。研究烧结过程的物质迁移,也就是研究原子或空位如何在颈部表面、颗粒内部及孔隙之间的运动。原子或空位的这些运动使得颗粒形貌改变,孔隙圆化和收缩,烧结颈长大,最终使得压坯致密化。

原子迁移主要有四种情况:①扩散流动;②蒸发-凝聚;③黏性流动;④塑性流动。对于绝大多数烧结过程,原子的扩散流动是最主要的物质迁移。由物理冶金学可知,原子的扩散过程通常以空位的运动来描述。原子占据着晶格的每一节点,当受到热和其他干扰时,原子可能脱离其节点,该节点即成为空位。空位从一个节点运动到另一个节点,相当于原子反方向从这个节点运动到初始空位的那个节点。这是能量择优的一种扩散机理。空位总是由高浓度区迁移到低浓度区,颗粒内部存在着空位浓度梯度,空位或原子就会在颗粒内部扩散流动,这叫做体积扩散或晶格扩散;扩散也可以沿自由表面,即固体的固-气表面(这里相当于颗粒表面)或孔隙内表面进行,这叫做表面扩散;沿晶粒间界的扩散叫做晶界扩散。这三种扩散进行的程度都取决于烧结温度,这是最重要的影响因素。

影响烧结的工艺因素有加热速度、烧结温度、烧结时间、冷却速度和烧结气氛等。为了使制品达到所要求的性能和尺寸精度,需要烧结炉能调节并控制上述工艺因素。烧结炉种类较多,按照加热方式,可分为燃料加热炉和电加热炉。根据作业的连续性,可分为间歇式和连续式两类烧结炉。

间歇式炉包括坩埚炉、箱式炉、高频或中频感应炉等。连续式烧结炉一般是由压坯的预热带、烧结带和冷却带三部分组成的横长形管状炉,适用于大量生产。图17.15、图 17.16 所示分别是高频真空烧结炉和网带传送式烧结炉。

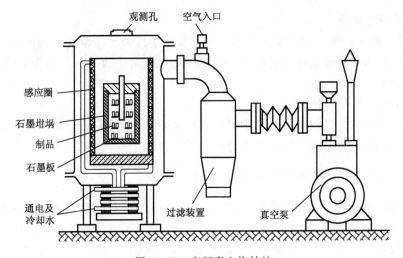

图 17.15　高频真空烧结炉

烧结时,通入炉内的保护气氛是影响烧结制品品质的一个重要因素。如为了控制铁及铁基制品的渗碳和脱碳和防止粉末氧化,无氧气氛是必需的。烧结难熔金属和不锈钢制品时常用真空气氛,烧结其他金属制品最常用的保护性气体是氢气、分解氨、不完全燃烧的一氧化碳和氮气。

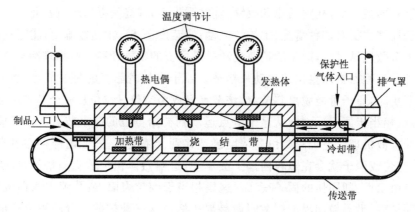

图 17.16　网带传送式烧结炉

17.1.4　后处理

金属粉末压坯经烧结后的处理称为后处理。后处理种类很多,依产品要求来定。

1. 浸渍

利用烧结制品孔隙的毛细现象、在制品中浸入各种液体的过程称为浸渍。例如,对于一个制品,为了提高它的润滑性能,可浸入润滑油、聚四氟乙烯溶液、铅溶液;为了提高它的强度和防腐能力,可浸入铜溶液;为了提高它的表面保护能力,可浸入树脂或清漆等。

2. 表面冷挤压

表面冷挤压处理的方法很多,例如,为了提高制品的尺寸精度和表面品质,可采用整形方法;为了提高制品的密度,可采用复压方法;为了改变制品的形状或表面状况,可采用精压方法。

3. 切削加工及热处理

对于制品上的横槽、横孔以及轴向尺寸精度较高的面,需进行切削加工后处理;为提高铁基制品的强度和硬度,可进行热处理等。

17.2　粉末冶金成形的应用

近年来,粉末冶金材料的应用很广,在普通机器制造业中常用做减摩材料、结构材料、摩擦材料等,在其他工业部门中,例如航空航天工业中,常用来制造难熔金属材料(如高温合金、钨丝等)、特殊电磁性能材料(如电器触头、硬磁材料、软磁材料等)和过滤材料(如空气的过滤材料、水的净化材料、液体燃料和润滑油的过滤材料以及细菌的过滤材料等)。

1. 结构零件

粉末冶金铁基结构零件的开发始于 20 世纪 30 年代,它们的应用很快就扩大到由其他金属与合金粉末制造的零件。粉末冶金结构零件生产是一种节材、省能的制造工艺,粉末冶金结构零件现已广泛应用于汽车、摩托车、家用电器、农机、办公设备、电动工具等行业。诸如凸轮、齿轮、链轮及杆件之类的零件都可经济地用粉末冶金技术制造。

　　冷压制与烧结制品的材料一般具有多孔性,其材料密度比铸锭冶金制作的材料密度低,力学性能也较低。因此,在用粉末冶金零件取代常规零件时,必须考虑到粉末冶金结构零件材料性能的适应性。即使用复压、再烧结或熔渗提高结构零件的材料密度,其韧性、冲击强度及抗疲劳强度通常仍比常规零件低。为消除粉末冶金结构零件材料中的孔隙,可将由金属粉末制作的预成形坯进行热压或热锻。热压与热锻的费用比其他工艺都高。粉末热锻已用于汽车发动机连杆的大量生产。

2. 烧结金属含油轴承

　　用常规压制-烧结工艺生产的零件,其多孔性会导致零件材料的力学性能降低,这是它不利的一面;但多孔性也有有利的一面,其最成功的应用是烧结金属含油轴承。

　　烧结青铜自润滑含油轴承是 20 世纪 20 年代中期开发的,它是由 90%(体积分数,下同)铜粉与 10% 锡粉(有时添加石墨粉)的混合粉,用常规压制-烧结工艺生产的。烧结时,铜与锡形成青铜合金。之后,将轴承清洗干净,浸渗所需润滑油。一般,将烧结金属含油轴承的孔隙度控制在 15%～30%,此时孔隙较小,相互间以及与轴承表面均连通,可以储存润滑油。将含油轴承安装于轴承座中,轴运转时因摩擦产生热量,轴承温度升高,致使润滑油从孔隙中溢出,并在轴承与轴之间形成润滑油膜。当轴停止运转时,轴承温度降低,润滑油又被重新吸入轴承材料中的孔隙内。烧结金属含油轴承的用量非常大,特别是在家用电器与微型电动机中,用量数以亿计。储存于轴承中的润滑油,足够轴承整个寿命期间使用。

3. 粉末冶金摩擦材料

　　摩擦材料广泛应用于制动器(图 17.17)与离合器(图 17.18)。它们都是利用材料相互间的摩擦力来传递能量的。制动器在制动时要吸收大量的动能,使摩擦表面温度急剧上升(可达 1 000 ℃左右),故摩擦材料极易磨损。因此,对摩擦材料性能的要求是:较大的摩擦系数、较好的耐磨性、足够的强度、良好的磨合性、抗咬合性。

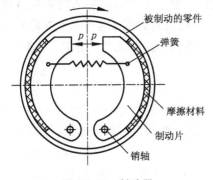

图 17.17　制动器

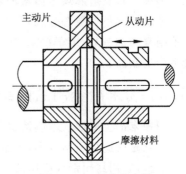

图 17.18　摩擦离合器

过去,干式(无油条件下工作)摩擦材料大多采用石棉橡胶制品,其许用载荷与速度较小,并容易磨损。将中小型金属切削机床采用的弹簧钢或渗碳钢淬硬后作为摩擦材料,并浸入油中工作(湿式),可使许用压力提高,摩擦系数降低。由于现代机器的制动速度及工作压力越来越高,近年来使用了粉末冶金摩擦材料以适应这一要求。

粉末冶金摩擦材料通常由强度高、导热性好、熔点高的金属组元(如铁、铜)作为基体,并加入能提高摩擦系数的摩擦组元(如 Al_2O_3、SiO_2 及石棉)以及能抗咬合、提高减摩性的润滑组元(如铅、锡、石墨、MoS_2)。因此,它能较好地满足摩擦材料性能的要求。其中,铜基粉末冶金摩擦材料常用于汽车、拖拉机、锻压机床的离合器与制动器,而铁基的多用于各种高速重载机器的制动器。与粉末冶金摩擦材料相互摩擦的对偶件,一般用淬火钢或铸铁。

4. 硬质合金

硬质合金是 20 世纪 20 年代开发的一类重要粉末冶金产品。它们是由金属碳化物与含量为 3%～20%(质量分数)的金属黏结剂组成的。碳化钨与钴都是最初用得较多、现在仍在广泛使用的组分之一。由于含有碳化物相,合金才具有高的硬度与耐磨性,对于需要承受冲击载荷的情况,合金也具有足够高的韧性。硬质合金最初是作为拉拔钨丝的模具材料开发的,现在,它们最重要的应用是切削工具。用球磨或碾磨机(搅动球磨机)将碳化钨粉与钴粉充分混合,然后压制成形,并在氢气中于 1 400 ℃左右进行烧结。后来,人们又新开发了含碳化钛与碳化钽的硬质合金。硬质合金除用做金属切削与采矿的切削工具外,还用于许多需要高耐磨性的工况,如用做冲压模、粉末冶金压制模具以及轧辊等。

5. 磁性材料

用粉末冶金生产的软磁材料与永磁材料,大量用于直流电器方面。用粉末冶金生产的磁体大多具有最终成品形状,并可达到所要求的磁性能,只留有极小的后续切削加工量与磨削加工量。

粉末冶金成形技术的应用有一些局限:普通粉末制品的强度比同样成分的锻件或铸件的强度低 20%～30%;粉末冶金制品压制成形所需的压力高,由于压力机吨位不够和模具制造麻烦等因素的限制,制品的质量一般小于 10 kg;粉末在成形过程中的流动性远不如液态金属,因此,粉末冶金成形目前还只能用来生产尺寸有限和形状不很复杂的制品;用于粉末冶金成形的模具费用高,因此,该技术只适用于成批、大量生产的制品。

17.3　粉末冶金制品的结构工艺性

用粉末冶金成形技术制造机器零件时,除必须满足机械设计的要求外,还应考虑压坯形状是否适合压制成形,即制品的结构必须适合粉末冶金生产的工艺要求。例如,轴套可以用封闭钢模冷压法生产,但它的油槽需用切削加工完成,所以,压坯应设计成没有油槽的套筒形。进行压坯形状设计时要注意以下一些方面。

1. 避免模具出现脆弱的尖角

压制模具工作时要承受较高的压力,它的各个零件都具有很高的硬度,若压坯形状不合理,则极易折断。所以,设计压坯时,应避免在压模结构上出现脆弱尖角,延长模具的使用寿命。避免模具出现脆弱尖角的修改事项和修改原因如表 17.2 所示。

表 17.2　　避免模具出现脆弱尖角的修改事项和修改原因

修 改 事 项	原设计形状	推 荐 形 状	修 改 原 因
倒角 $C \times 45°$ 处加一平台,宽度 $0.1 \sim 0.2$ mm			避免上、下冲模出现脆弱的尖角
圆角处加一平台,宽度 $0.1 \sim 0.2$ mm			避免上、下冲模出现脆弱的尖角
尖角改为圆角,$R \geqslant 0.5$ mm			避免压坯出现薄弱的尖边,并增强凹模和冲模;减轻模具应力集中,并利于粉末移动,减少裂纹
压制规则球形侧面时,冲模末端为尖角锐边,上、下冲模易碰坏			把球面做成带平台(宽 0.3 mm)的凸带,可消除冲模末端的尖角锐边,并以凸带外圆作为成品规则球形表面的基面
避免圆弧相切			利于冲模加工和强度提高

注:表中箭头为压制方向。

2. 避免模具和压坯局部出现薄壁

压制时,粉末在受压的情况下实际上几乎不发生横向流动。为了保证压坯密度均匀,必须使粉末能均匀充填模腔的各个部位,薄壁和截面有变化的压坯尤其如此。由于薄壁部位粉末难以充填,压坯易产生密度不均匀、掉角、变形和开裂等现象。所以,压坯设计时,应避免模具和压坯局部出现薄壁,一般,壁厚应不小于 1.5 mm。避免模具和压坯出现局部薄壁的修改事项和修改原因如表 17.3 所示。

表 17.3　避免模具和压坯出现局部薄壁的修改事项和修改原因

修 改 事 项	原设计形状	推 荐 形 状	修 改 原 因
增大最小壁厚	<1.5	≥2　外不动改内　内不动改外	利于装粉均匀、压坯密度均匀和增强冲模及压坯
避免局部薄壁	<1.5	≥2	利于装粉均匀、增强压坯和烧结收缩均匀
增厚薄板处	1.5	≥2	利于压坯密度均匀、减小烧结变形
键槽改为凸键	<1.5		利于装粉均匀、增强压坯及冲模

3. 锥面和斜面需有一小段平直带

表 17.4 所示为在锥面和斜面增加一小段平直带的修改事项和修改原因。压坯的原设计形状不太合理,压制时模具易损坏。为避免损坏模具,同时,为避免在冲模和凹模或芯杆之间陷入粉末,改进后的压坯形状在锥面或斜面上加平台,增加一小段平直带。

表 17.4　在锥面和斜面增加一小段平直带的修改事项和修改原因

修 改 事 项	原设计形状	推 荐 形 状	修 改 原 因
在斜面的一端增加 0.5 mm 的平直带		0.5　0.5　0.5　0.5	避免模具损坏

4. 需要有脱模斜度或圆角

为简化模具结构,利于脱模,与压制方向一致的内孔、外凸台等要有一定斜度或圆角。表 17.5 所示为增加脱模斜度或圆角的修改事项和修改原因。

表 17.5 增加脱模斜度或圆角的修改事项和修改原因

修 改 事 项	原设计形状	推 荐 形 状	修 改 原 因
外圆柱改为圆台,斜角>5°,或改为圆角,$R=H$	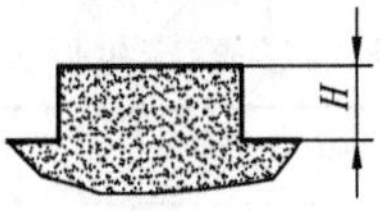	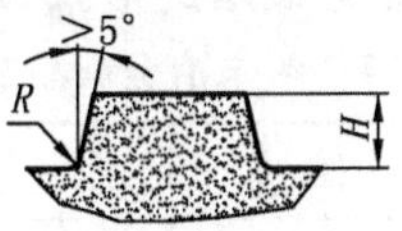	简化冲模结构,利于脱模
把与压制方向平行的内孔做成一定的斜度	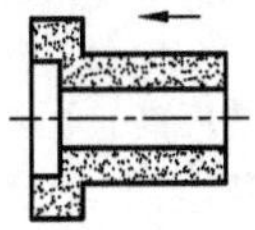	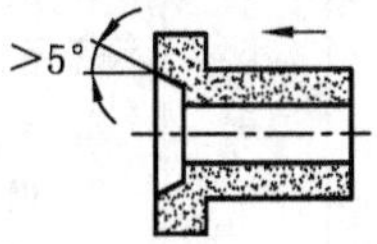	简化冲模结构,利于脱模

注:表中箭头为压制方向。

5. 压坯形状要适应压制方向的需要

制品中的径向孔、径向槽、螺纹和倒圆锥等,一般是不能压制的,需要在烧结后切削加工。为适应压制方向需要所做的修改事项和修改原因如表 17.6 所示。例如,设计人员因习惯于切削加工,常将压坯法兰和主体结合处的退刀槽设计成与压制方向垂直的,这样的径向槽不能压制成形,应改为轴向槽或留待后续切削加工成形。

表 17.6 适应压制方向需要的修改事项和修改原因

原设计形状	修 改 事 项	推 荐 形 状	修 改 原 因
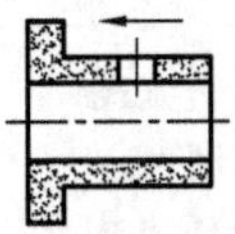	径向孔一般是不可压制成形的,也不便于脱模	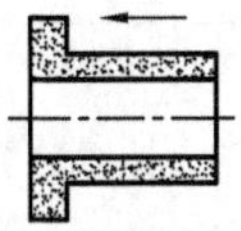	把径向孔填补起来,烧结后用机加工方法形成径向孔
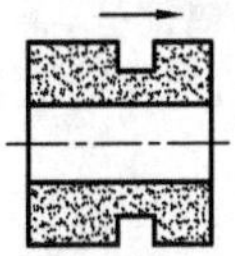	径向槽一般是不可压制成形的,也不便于脱模	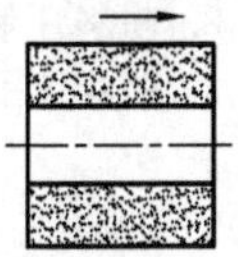	把径向槽填补起来,烧结后用机加工方法形成径向槽
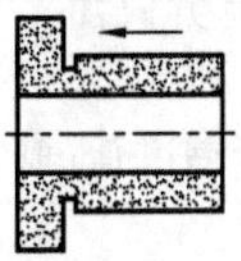	径向退刀槽是不可压制成形的,也不便于脱模	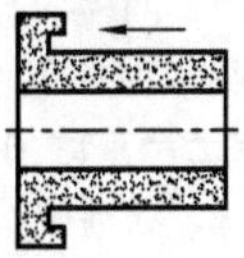	如果需要退刀槽,可形成与压制方向一致的凹槽,或留待切削加工
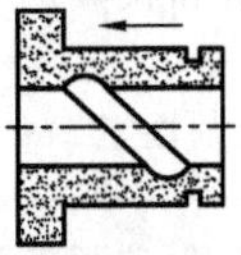	与压制方向不一致的油槽是不可压制成形的,也不便于脱模	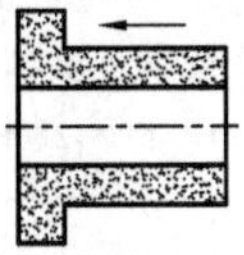	如果需要,烧结后可用机加工方法形成油槽
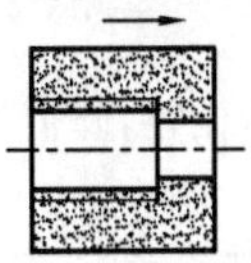	内螺纹是不可压制成形的,也不便于脱模	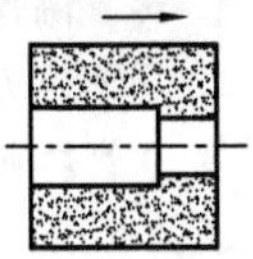	让孔的内径等于螺纹内径,烧结后用机加工方法形成内螺纹

注:表中箭头为压制方向。

17.4 常见缺陷分析

粉末冶金制品常见缺陷的形式、产生原因及改进措施如表 17.7 所示。

表 17.7 粉末冶金制品常见缺陷的形成、产生原因及改进措施

缺陷形式		简　图	产生原因	改进措施
局部密度超差	中间密度过低	低密度层	1. 侧面积过大，双向压制仍不适用； 2. 模壁表面粗糙度高； 3. 模壁润滑性差； 4. 粉料压制性差	1. 大孔薄壁件可改用双向摩擦压制； 2. 降低模壁表面粗糙度； 3. 在模壁或粉料中加润滑剂； 4. 粉料还原退火
	一端密度过低	低密度层	1. 长径比或长厚比过大，单向压制不适用； 2. 模壁表面粗糙度高； 3. 模壁润滑性差； 4. 粉料压制性差	1. 改用双向压、双向摩擦压及后压等； 2. 降低模壁表面粗糙度； 3. 在模壁或粉料中加润滑剂； 4. 粉料还原退火
	薄壁处密度过小	密度小	局部长厚比过大，单向压不适用	1. 采用双向压或薄壁处局部双向摩擦压制； 2. 降低模壁表面粗糙度； 3. 模壁局部加强润滑
裂纹	拐角处裂纹	裂纹	1. 补偿装粉不当，密度差过大； 2. 粉料压制性能差； 3. 脱模方式不对	1. 调整补偿装粉方式； 2. 改善粉料压制性； 3. 采用正确脱模方式：带内台产品应先脱薄壁部分，带外台产品应带压套，用压套先脱凸缘
	侧面龟裂		1. 凹模内孔沿脱模方向尺寸变小，如加工中的倒锥，成形部位已严重磨损，出口处有毛刺； 2. 粉料中石墨粉偏析分层； 3. 压力机上下台面不平，或模具垂直度和平行度超差； 4. 粉末压制性差	1. 凹模沿脱模方向加工出脱模斜度； 2. 粉料中加些润滑油，避免石墨偏析； 3. 改善压力机和模具的平直度； 4. 改善粉料压制性能
	对角裂纹	裂纹	1. 模具刚性差； 2. 压制压力过大； 3. 粉料压制性能差	1. 增大凹模壁厚，改用圆形模套； 2. 改善粉料压制性，降低压制压力

续表

缺陷形式		简　图	产生原因	改进措施
皱纹（即轻度重皮）	内台拐角皱纹		大孔芯棒过早压下，端台先已成形，薄壁套继续压制时，已成形部位被粉末流冲破后，又重新成形，多次反复则出现皱纹	1. 加大大孔芯棒最终压下量，适当降低薄壁部位的密度； 2. 适当减小拐角处的圆角
	外球面皱纹		压制过程中，已成形的球面，不断地被粉末流冲破，又不断重新成形	1. 适当降低压坯密度； 2. 采用松装密度较大的粉末； 3. 最终滚压消除； 4. 改用弹性模压制
	过压皱纹		局部压力过大，已成形处表面被压碎，失去塑性，进一步压制时不能重新成形	1. 合理补偿装粉，避免局部过压； 2. 改善粉末压制性能
缺角掉边	掉棱角		1. 密度不均，局部密度过低； 2. 脱模不当，如脱模时不平直，模具结构不合理，或脱模时有弹跳； 3. 存放、搬运时被碰伤	1. 改进压制方式，避免局部密度过低； 2. 改善脱模条件； 3. 操作时细心
	侧面局部剥落		1. 镶拼凹模接缝处离缝； 2. 镶拼凹模接缝处有倒台阶，压坯脱模时必然局部剥落	1. 拼模时应无缝； 2. 拼缝处只许有不影响脱模的台阶
表面划伤			1. 模腔表面粗糙度高，或硬度在使用中变差； 2. 模壁产生模瘤； 3. 模腔表面局部被啃或划伤	1. 提高模壁硬度和降低模壁表面粗糙度； 2. 加强润滑，消除模瘤
尺寸超差		—	1. 模具磨损过大； 2. 工艺参数选择不合适	1. 采用硬质合金模； 2. 调整工艺参数
同轴度超差		—	1. 模具安装调中不精确； 2. 装粉不均； 3. 模具间隙过大； 4. 冲模导向段短	1. 调模对中要好； 2. 采用振动或吸入式装粉； 3. 合理选择间隙； 4. 增长冲模导向部分

复习思考题

（1）简要地叙述粉末冶金制品的生产步骤。

（2）试述粉末的工艺性能。

（3）解释粉末冶金中使用细粉和粗粉的影响。

（4）冷压成形时，为什么沿压坯高度其密度分布不均匀？

（5）为什么松散粉末经压制成形后会具有一定的强度？

（6）压坯成形前需做哪些准备工作？其作用如何？

（7）为改善压坯的密度分布，需要采取哪些措施？

（8）为什么烧结时需要保护性气氛？如果不用此气氛，对粉末冶金制品的性能有什么影响？

（9）造成制品氧化和脱碳的原因是什么？怎样防止制品氧化和脱碳？

（10）生坯应该快速还是缓慢地抵达烧结温度？解释你的理由。

（11）试述铜基粉末冶金含油轴承的工作原理。

（12）粉末冶金摩擦材料主要应用在哪些地方？它有哪些优点？

（13）粉末冶金摩擦材料基本成分是什么？这些成分主要起什么作用？

（14）应用互联网查找金属粉末的供应商，并且比较五种不同粉末与材料铸锭的成本。

（15）利用互联网搜索建立一个用粉末冶金技术制造汽车零件的表格。

第 18 章

陶瓷及玻璃材料的成形技术

陶瓷(Ceramic)和玻璃均属于无机非金属材料,其组成与金属材料有很大的不同。陶瓷是由金属和非金属元素以结晶构造所组成的,原子间以离子键及共价键为主要结合键,其显微结构一般包括晶体相、玻璃相及气孔。各相的组成、数量、形状及分布的不同,使得陶瓷在性能上的差别极大。

根据化学组成、显微结构及性能的不同,陶瓷可分为普通陶瓷(传统陶瓷)和工程陶瓷。普通陶瓷是以黏土、长石和硅石等天然原料,经粉碎、成形及烧结而成的,应用历史很悠久,主要用来制造日用品,建筑和卫生用品,以及电器元件,耐酸器皿、过滤器皿等。工程陶瓷是以人工化合物为原料(如氧化物、氮化物、碳化物、硼化物及氟化物等)制成的,它具有特殊的性能,如较高的强度、硬度,较好的耐蚀性、导电性、绝缘性、磁性、透光性,以及压电、铁电、光电、电光、声光、磁光、超导、生物相容性等,主要用在机械、电子、航空航天、医学工程等方面及某些高温环境中,成为近代尖端科学技术的重要组成部分,常被用来制造汽车零件、飞机的涡轮机、热交换器、半导体、密封环、喷嘴、切削刀具等。

陶瓷比金属的高温强度和高温硬度高、弹性系数大、脆性高、韧性低、密度低、热膨胀系数低、热传导性低和导电性低。陶瓷材料的成分及晶粒大小的变化范围极为广泛,故其性质的变化范围也相当大,例如陶瓷的导电性可从近乎绝缘到非常优秀,利用此特性可制成半导体陶瓷。

陶瓷零件的制造工艺步骤如图 18.1 所示。

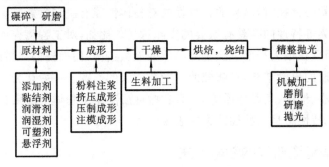

图 18.1　陶瓷零件的制造工艺步骤

　　玻璃(Glass)是无确定熔点或凝固点的材料。玻璃的组成元素和陶瓷类似,但不具有结晶组织,属于非晶体。玻璃因具有多变的光学特性、耐化学腐蚀性、相对高的强度等,被广泛用来制造窗户、眼镜、烧杯、烹饪器具和光纤等产品。玻璃陶瓷(Glass Ceramic)是由许多高度结晶成分所组成的玻璃,制作过程是先以玻璃状态加工成形后,经热处理产生再结晶作用而得,其颜色大都为白色或灰色,不再是透明状态。它具有比一般玻璃更好的性能,如良好的抗热冲击能力,极低的膨胀系数和优良的强度特性,应用于烹饪器具、涡轮引擎、电器和电子元件等。

18.1　工程陶瓷粉体的性能及制备

18.1.1　工程陶瓷粉体的基本物理性能

　　所谓粉体是大量固体粒子的集合系,其性质既不同于气体、液体,也不完全同于固体。它与固体最直观的区别在于:当用手轻轻触及它时,它会表现出固体所不具备的流动性和变形性。工程陶瓷粉体的基本物理性能包括粒度与粒度分布、颗粒的形态、表面特性(表面能、吸附与凝聚性能)及充填特性等。

　　组成粉体的固体颗粒的粒径对粉体系统的性质有很大的影响,其中最敏感的有粉体的比表面积、可压缩性和流动性等。同时,固体颗粒粒径也决定了粉体的应用范围。如土木、水利等行业所用的粉体,其粒径一般大于 $1\ \mu m$;冶金、火药、食品等行业,则用粒径 $1\sim40\ \mu m$ 的粉体;最近开发出来的纳米相材料,其组成颗粒的粒径在几纳米至几十纳米之间。

　　还必须注意,在实际应用中的粉体原料往往都是在一定程度上聚集成团的颗粒,即所谓二次颗粒。工程陶瓷粉体一般较细,表面活性较大,因受范德瓦耳斯力、颗粒间的静电引力、吸附水分的毛细作用力、颗粒间的磁引力及颗粒间表面不平滑而引起的机械纠缠力等的影响,更易发生一次颗粒间的聚集,这必将影响粉体的成形特性,如填充特性等。

　　粉体的填充特性及其集合组织是工程陶瓷粉体成形的基础。当粉体颗粒在介质中以充分分散状态存在时,颗粒的种种性质对粉体性能有决定性影响。然而,粉体的堆积、压缩、聚集等特性同样具有重要的实际意义。比如,对工程陶瓷而言,它不仅影响生坯结构,而且在很大程度上决定烧结体的显微结构,而陶瓷的显微结构尤其是在烧结过程中形成的显微结构,对陶瓷的性能有很大的影响。一般认为,粉体的结构取决于颗粒的大小、形状、表面性质等,并且这些性质决定了粉体的凝聚性、流动性及填充性等,而填充特性又是诸特性的集中表现。

18.1.2　工程陶瓷粉体的制备方法

　　利用机械作用或化学作用来制备粉体时所消耗的机械能或化学能,部分将作为表面能而储存在粉体中；此外，在粉体的制备过程中，又会引起粉粒表面及其内部出现各种晶格缺陷，使晶格活化。粉体具有较高的表面自由能，粉体的这种表面能是其烧结的内在动力。因此，粉体的颗粒越细，活化程度越高，粉体就越容易烧结，烧结温度就越低，因而粉体制备技术成为陶瓷低温烧结技术中一个重要的基础环节。

1. 粉碎法

粉碎法是将团块或粗颗粒陶瓷原料用机械法或气流法粉碎而获得细粉的一种陶瓷粉体的制备方法。

1）机械法

将物料置于轧辊、球磨机或锤击磨等粉碎机械（图 17.2）中，将物料在相互撞击中被粉碎。这种方法粉碎的粉体，颗粒形态一般不规则，且不易获得粒径小于 1 μm 的微粉，同时，粉碎过程中难免混入杂质。

2）喷射气流法

（1）导向式气流磨 导向式气流磨如图 18.2 所示。原料从进料斗投入，经汾丘里喷嘴加速后达到超声速，导入粉碎机内部，再在研磨喷嘴喷出的介质所形成的粉碎带内互相碰撞、互相摩擦而被粉碎；粉碎的微粉经导向器导入分级部位，从而获得超微粉；粗粉经下导向器再与投入原料会合，再开始下一轮过程的粉碎。

（2）单轨道气流磨 单轨道气流磨的原理如图 18.3 所示。原料经汾丘里喷嘴加速后达到超声速，导入粉碎机内部；再在研磨喷嘴喷出的流体形成的粉碎带内互相碰撞、互相摩擦而被粉碎。粉碎微粒中的超微粉离心力小，被导入粉碎机的中心；而粗粉离心力大，在粉带中继续循环粉碎。

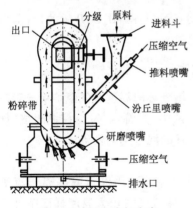

图 18.2 导向式气流磨

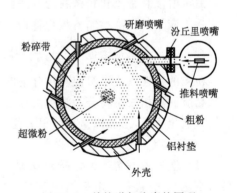

图 18.3 单轨道气流磨的原理

喷射气流法的主要特点是：能制得用其他粉碎机所不能制得的超微粉（粉碎到亚微米级，即 0.1～0.5 μm），而且微粉粒度分布均匀；微粉可在瞬间取得；粉碎主要由粉料之间互相碰撞来完成，几乎不会发生主体的磨损和异物的混入；维护和清扫容易；粉料可以在 N_2、CO_2 及惰性气体中粉碎。

2. 合成法

由离子、原子、分子通过反应、成核和成长、收集、后处理而获得微细颗粒的方法称为合成法。该法的特点是微粉纯度、粒度可控，均匀性好，颗粒微细，并且可实现颗粒在分子级水平上的复合、均化。合成法通常包括以下几种。

1）固相法

（1）化合反应法　两种或两种以上的固态粉末，经混合后在一定热力学条件和气氛下反应而成为复合粉末，有时也伴随着一些气体逸出。

例如，等摩尔比的钡盐 $BaCO_3$ 和 TiO_2 混合物粉末在空气中加热，将发生如下反应：

$$BaCO_3 + TiO_2 \rightarrow BaTiO_3 + CO_2 \uparrow$$

只需控制温度在 1 100～1 150 ℃之间就可得到性能良好的钛酸钡（$BaTiO_3$）复合粉末。

（2）热分解法　用高纯度硫酸铝铵[$Al_2(NH_4)_2(SO_4)_4 \cdot 24H_2O$]在空气中进行热分解，就可获得粒度小于 1.0 μm、性能良好的 Al_2O_3 粉末。

（3）氧化物还原法　工程陶瓷 SiC、Si_3N_4 的原料粉，在工业上多用氧化物还原方法（或者还原碳化、或者还原氮化）制备。

例如，制备 SiC 粉末，就是将 SiO_2 与炭粉混合，在温度为 1 460～1 600 ℃的加热条件下，逐步还原碳化。其过程大致为：当温度达到 1 460 ℃时 SiO_2 颗粒表面开始蒸发和分解；SiO_2 及 SiO_2 蒸气穿过颗粒间气孔扩散至炭粒表面，形成 SiC 和 CO；进一步还原后产生硅蒸气，硅蒸气与碳反应生成 SiC。这时制得的 SiC 是无定形的，需经 1 900 ℃左右的高温处理才能获得结晶态 SiC。

2）液相法

由水溶液制备氧化物微粉的方法首先是从制备 SiO_2 和 Al_2O_3 开始的，目前已得到广泛的应用。由液相制备氧化物粉末的基本过程为

$$金属盐溶液 \xrightarrow[\text{溶剂蒸发}]{\text{添加沉淀剂}} 盐或氢氧化物 \xrightarrow{\text{热分解}} 氧化物粉末$$

粉末的特性取决于沉淀和热分解两个过程。热分解的温度和气氛均明显影响粉末的品质。液相法制粉分为沉淀法和溶剂蒸发法两类，其特点是：易控制组成，能合成复合氧化物粉，添加微量成分很方便，可获得良好的混合均匀性等。

3）气相法

（1）蒸发-凝聚法　蒸发-凝聚法是将原料加热至高温（用电弧或等离子流等加热），使之气化，接着在电弧焰和等离子焰与冷却环境造成的较大温度梯度条件下激冷，凝聚成微粒状物料的方法。

该法可制得颗粒直径在 5～100 nm 范围内的微粉，它适合制备单一氧化物、复合氧化物、碳化物或金属的微粉。

（2）气相化学反应法　气相化学反应法是挥发性化合物的蒸气通过化学反应合成所需物质的方法。它又分为以下两种情况。

① 单一化合物的热分解法,其反应过程是

$$A(g) \longrightarrow B(s) + C(g)$$

如　　　　　　　　　$CH_3SiCl_3 \rightarrow SiC + 3HCl$

使用该法的前提是必须具备含有全部所需元素的适当的化合物。

② 两种以上化学物质之间的反应法,其反应过程是

$$A(g) + B(g) \longrightarrow C(s) + D(g)$$

与单一化合物的热分解法相比,两种以上化学物质之间的反应法的优越性在于,可以由很多种化学物质组合来得到所需的化合物,具有通融性。

气相化学反应法的特点是:金属化合物原料有挥发性,容易精制(提纯),且生成的微粉不需要进行粉碎,纯度高,分散性良好;只要控制反应条件,就能很容易得到粒度均匀的微细粉末;容易控制气氛。

气相法除适用于氧化物的制备外,还适用于液相法难以直接合成的氮化物、碳化物、硼化物等非氧化物的制备。制备容易、蒸气压高、反应性较强的金属氯化物常用做气相化学反应的原料。目前,炭黑、ZnO、TiO_2、SiO_2、Sb_2O_3、Al_2O_3 等微粉的制备已达到工业生产水平。高熔点的氮化物和碳化物微粉的合成不久也即将达到工业生产水平。

18.1.3　配料及制备中的技术问题

根据所需陶瓷的组成进行配料计算后,应进行制粉。若对微粉要求不高,制粉可在球磨机中进行,要求高的微粉则需用上节所述方法制备。此外,还应考虑以下问题。

1. 混合

(1) 加料的次序　工程陶瓷中常加入微量的添加物,达到改性的目的。加料时,应先加入一种含量较多的原料,然后加含量较少的原料,最后再把另一种含量较多的原料加在上面。这样,含量较少的原料就夹在含量较多的原料中间,可防止含量较少的原料黏附在球磨筒的壁上或研磨体上,造成坯料不均匀而影响微粉的性能。

(2) 加料的方法　当含量少的原料不是简单化合物而是多元化合物时,应将多种化合物事先合成后,再加进混合坯料中,而不应不经预先合成就一种一种地加入,防止因混合不匀和称量误差而导致化学成分的偏差。

(3) 湿法混合时的分层　采用湿磨混合配料,其分散性、均匀性都较好,但当密度差别大、浆料黏度又较小时,易产生分层现象。对于这种情况,应在烘干后仔细地进行混合,然后过筛。

(4) 球磨筒的使用　球磨筒(或混合容器)最好能够专用,或者至少同一类型的坯料用同一个球磨筒。否则,前后不同配方的原料将黏到球磨筒或研磨体上,影响配方的准确性。

2. 塑化

普通陶瓷中含有可塑性黏土成分,只需加入一定量水分,它就具有良好的成形性。而工程陶瓷中,除少数品种含有少量黏土外,坯料用的原料几乎都是没有可塑性的化工原料。因此,成形之前坯料应进行塑化。所谓塑化,就是利用塑化剂使原来无塑性的坯料具有可塑性的过程。

塑化剂有无机塑化剂和有机塑化剂两类,在普通陶瓷中,无机塑化剂主要指黏土,工程陶瓷一般采用有机塑化剂。

塑化剂通常由三种物质组成:①黏结剂,能黏结粉料,通常有聚乙烯醇、聚醋酸乙烯酯、羧甲基纤维素等;②增塑剂,溶于黏结剂中使其易于流动,通常有甘油等;③溶剂,能溶解黏结剂、增加塑性,并能和坯料组成胶状物质,通常有水、无水酒精、丙酮、苯等。

有机塑化剂一般是水溶性的,同时又是有极性的。它们在水溶液中能生成水化膜,对坯料表面有活性作用,能被坯料的粒子表面所吸附。因而,在瘠性粒子的表面上,既有一层水化膜,又有一层黏性很强的有机高分子。而且,这种高分子是卷曲的线型分子,既能把松散的瘠性粒子黏结在一起,又因为有水化膜的存在而使其具有流动性,从而使坯料具有可塑性。

塑化剂的选择是根据成形方法,坯料的性质,制品性能的要求以及塑化剂的性质、价格和其对制品性能(如电性能、力学性能)的影响等来确定的。同时,还应考虑塑化剂在烧结时是否能完全排除掉以及其挥发时温度范围的宽窄。一般,在保证坯料致密、不会分层的情况下,塑化剂的用量越少越好。

3. 造粒

对工程陶瓷的粉料,一般希望越细越好,较细的粉料有利于高温烧结,降低烧成温度。但在成形时却不然,尤其对于采用干压成形工艺来说,粉料的伪颗粒度细,流动性反而不好,不能充满模腔,易产生空洞,致密度不高。因此在成形之前要进行造粒。所谓造粒,就是在很细的粉料中加入一定的塑化剂,制成粒度较粗、具有一定伪颗粒度级配、流动性好的粒子,粒径为 20～80 目(0.85～0.19 mm),这种粒子又叫做团粒。造粒方法有如下几种。

(1) 一般造粒法　在坯料中加入塑化剂后,经混合、过筛,得到一定大小的团粒。这种方法称为一般造粒法。该法工艺简单,但团粒品质较差,团粒大小不一,体积密度小。

(2) 加压造粒法　将加入塑化剂后的坯料压制成块,然后破碎、过筛而成团粒。这种方法称为加压造粒法。该法形成的团粒体积密度较大。

(3) 喷雾造粒法　将坯料与塑化剂(一般用水)混合好形成浆料,再用喷雾器喷入造粒塔进行雾化、干燥,得到流动性较好的球状团粒。这种方法称为喷雾造粒法。该法产量大,可以连续生产。

(4) 冻结干燥法　将金属盐水溶液喷雾到低温有机液体中,液体立即冻结,冻结物在低温减压条件下升华、脱水后热分解,从而形成所需的成形粉料。这种方法称为冻结干燥法。这种粉料成球状颗粒聚集体,组成均匀,反应性与烧结性良好。该法不需大型喷雾塔,主要用于实验室。

成形坯体品质与团粒品质的关系密切。团粒品质用团粒的体积密度、堆集密度和形状来衡量。体积密度大,成形后坯体品质好。球状团粒易流动,且堆集密度大。在上述造粒方法中,以喷雾造粒的品质最好。

4. 瘠性物料的悬浮

工程陶瓷一般为瘠性物料,不易悬浮。当需用注浆成形制坯时,为了使浆料悬浮,必须采取一定措施。

① 与酸不起作用的瘠料,如 Al_2O_3(不溶于酸)用盐酸处理后,在 Al_2O_3 粒子表面生成 $AlCl_3$,并立即水解形成 $AlCl(OH)_2$ 大分子胶团悬浮在悬浮液 HCl 中。当悬浮液的 pH 值在 3.5 左右时,其悬浮性最好。

② 与酸起反应的瘠料,需要通过有机表面活性物质(一般用烷基苯磺酸钠)的吸附,使其悬浮。烷基苯磺酸钠加入量为 0.3%~0.6%(质量分数)。

18.2　工程陶瓷的成形技术

18.2.1　注浆成形

注浆成形(也称浇注成形)适用于制造大型的、形状复杂的、薄壁的陶瓷制品,如厨卫用品、艺术品及整套的餐具等,其尺寸控制难度大、生产率低,且模具及设备费较低。

1. 对浆料性能的要求

① 流动性好,黏度小,能充满模腔的各个角落;

② 稳定性好,能长期保持稳定,不易沉淀和分层;

③ 触变性小,即浆料浇注一段时间后,黏度变化不大,脱模后的坯体不会受轻微外力的影响而变软,保持坯体形状;

④ 在保证流动性的情况下,水含量尽可能小,以减少成形时间,降低干燥收缩量,减少坯体的变形和开裂现象;

⑤ 渗透性好,即浆料中的水分容易通过形成的坯层,不断被模壁吸收,使泥层不断加厚;

⑥ 脱模性好,即形成的坯体易从模壁上脱离,且不与模壁发生反应;

⑦ 尽可能不含气泡,必要时可用真空处理。

2. 注浆工艺

最普通的注浆工艺是粉浆浇注(图 18.4),也称空心注浆或单面注浆。粉浆是在不能混合(不能融合)的液体(通常是水)中含有胶状的(不沉淀的小颗粒)陶瓷颗粒的浆料。粉浆必须有足够好的流动性和足够低的黏度,在倒入石膏制造的多孔渗水模具后,容易流动并很快充满模腔。在模具吸收一些粉浆外层的水分后,将其倒转,倒

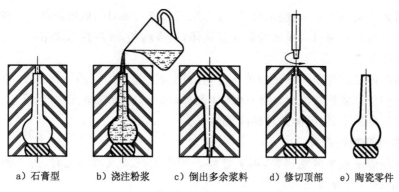

a) 石膏型　　b) 浇注粉浆　　c) 倒出多余浆料　　d) 修切顶部　　e) 陶瓷零件

图 18.4　粉浆浇注陶瓷制品的操作顺序

出剩余的粉浆,然后修切制品的顶部,打开模具,取出制品。

　　在某些应用中,生产的某些制品(如茶杯和大水罐的手把)是分开制造然后用粉浆作为胶黏剂连接起来的。模具也可以用多个部件组合。粉浆中的铁粒和其他磁性材料可用线性磁选机(磁力分离器)分离出来。

　　当制造实心陶瓷制品时,要连续地向模具中注入粉浆,以补充被模具吸收的水分而形成的收缩,粉浆的浓度越高,被吸收的水分就越少。最后得到的制品是软实心或半刚性的(半硬式的),称之为生坯。生坯要经过烘焙以后才能定形。

　　对生坯进行加工应特别小心,常常只能用手工或简单的工具加工,因为生坯处于湿态,易碎。例如,粉浆浇注中的防水板要轻轻地取出,然后用细丝刷或钻孔。攻螺纹等精细加工一般不能在生坯上进行,因为由烘焙引起的热变形(翘曲、扭曲)会丧失加工精度。粉浆浇注中最重要的问题之一是滞留在制品中的气泡。

　　为了提高注浆速度和坯体品质,可采用压力注浆、离心注浆(图 18.5)和真空注浆(图 18.6)等方法。

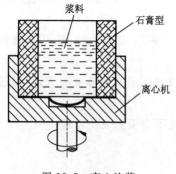

图 18.5　离心注浆

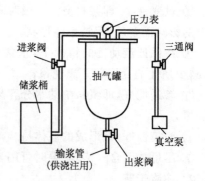

图 18.6　真空注浆

18.2.2　热压铸成形

　　热压铸成形也是注浆成形的一种,其不同之处在于,它是利用坯料中混入的石蜡的热流特性,使用金属模具在压力下进行成形、冷凝后获得坯体的方法。该法在特种陶瓷成形中被普遍采用。

1. 蜡浆料的制备

将定量(一般为 12.5%～13.5%(质量分数))石蜡加热熔化成蜡液,然后将陶瓷粉料烘干至水含量为 0.2%(质量分数)。水含量>1%(质量分数)时,水分会阻碍粉料与石蜡液完全润湿,使石蜡液黏度增大,难以成形。在粉料中加入少量(一般为 0.4%～0.8%(质量分数))表面活性剂(如蜂蜡等),可以减少石蜡含量,改善成形性能。

将粉料倒入石蜡液,在和蜡机(图 18.7、图 18.8)中制备成蜡浆,然后将蜡浆倒入容器中,凝固后制成蜡板,以备成形之用。

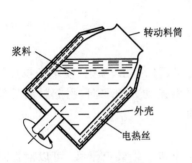

图 18.7　快速和蜡机

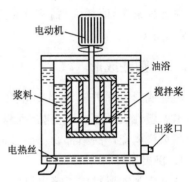

图 18.8　慢速和蜡机

具体混料方式有两种:一种是先将石蜡加热熔化,然后将粉料倒入,一边加料,一边搅拌;另一种是先将粉料加热,再倒入石蜡液中,也需边加料、边搅拌。

2. 热压铸成形的工作原理

热压铸机如图 18.9 所示。将配好的浆料蜡板置于热压铸机筒内加热,使之熔化成浆料,用压缩空气将筒内浆料通过吸注口压入模腔,并保压一定时间(视制品的形状和大小而定),然后去掉压力,浆料在模腔内冷却成形,最后脱模,取出坯体。有的坯体还可进行加工处理,或车削,或打孔等。

3. 高温排蜡

热压铸成形的坯体在烧结之前,要先经排蜡处理。否则,由于石蜡在高温下熔化流失、挥发、燃烧,坯体将失去黏结力而解体,不

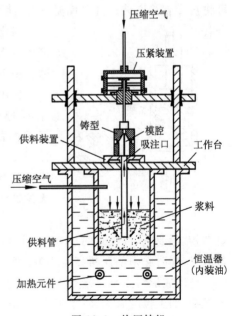

图 18.9　热压铸机

能保持其形状。

将坯体埋入疏松的惰性粉料(也称为吸附剂,一般采用煅烧的工业 Al_2O_3 粉)中,在升温过程中,坯体不易与吸附剂黏结,其中的石蜡则熔化、扩散,坯体靠吸附剂支撑。当温度升到 $900\sim1\,100\,℃$(视坯体情况而定)时,石蜡完全挥发、燃烧,坯体产生一定强度。这时的温度称为最适宜排蜡温度。

清理排蜡后坯体表面的吸附剂后,才能进行烧结。

4. 热压铸成形的优缺点

热压铸成形工艺适合形状复杂、精度要求高的中小型产品的生产。它所需设备简单,操作方便,劳动强度不大,生产率较高,模具磨损小、寿命长,因此在工程陶瓷生产中被经常采用,如飞机喷气涡轮叶片的陶瓷芯就是用热压铸成形制造的。但该法的工序比较复杂,能耗大(需多次烧成);对于壁薄、尺寸大而长的制品,不易充满模腔,因而不太适宜。

18.2.3　塑性成形

塑性成形也称柔软、湿态或液压塑性成形,可采用如挤出、喷射、模塑和拉坯等多种技术。塑性成形倾向于使黏土层状结构沿着材料流动方向取向,引起材料后续加工中和最终陶瓷产品中都表现出各向异性的倾向。

1. 挤出成形

真空炼制的泥料放入挤出机内挤压成形。挤出机一端装有活塞,可以对泥料施加压力,另一端装有挤嘴(即成形模具),通过更换挤嘴,能挤出各种形状的坯体。也可将挤嘴直接安装在真空炼泥机上,使之成为真空炼泥挤出机。

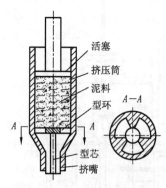

图 18.10　立式挤出机

挤出的坯体晾干后可以切割成所需长度的制品。挤出机有立式和卧式两类,可依产品大小等加以选择。图 18.10 为立式挤出机示意图。

挤出成形常用来制造直径为 $1\sim30\,mm$ 的管、棒等,壁厚可小至 $0.2\,mm$ 左右。随着粉料品质和泥料可塑性的提高,也可用来制造长 $100\sim200\,mm$、厚 $0.2\sim3\,mm$ 的片状坯体,半干后再冲制成不同形状的片状制品;或用来挤制具有 $100\sim200$ 孔$/cm^2$ 的蜂窝状或筛格式穿孔瓷制品。

挤出成形对坯料的要求较高,例如:①粉料颗粒要细,粒形要圆,以长时间、小磨球球磨的粉料为好;②溶剂、增塑剂、黏结剂等的用量要适当,同时必须使泥料高度均匀,否则挤出的坯体品质不好。

挤出成形污染小,操作易于自动化,可连续生产,模具费用低,生产率高;挤嘴结构复杂,加工精度要求高;由于溶剂和黏结剂较多(黏土含有质量分数 20%～30%的水分),因此坯体在干燥和烧结时收缩较大,性能受到影响;挤出工艺中通过由螺杆装置挤出制品的横截面是恒定的,并且对于空心挤出制品的厚度有限制。

2. 挤出和拉坯联合成形

挤出和拉坯联合成形如图 18.11 所示。图 a 所示的是真空挤出机挤出的黏土坯;图 b 所示的是成形工艺过程:将黏土坯置于石膏模上→用凹模压制成蝙蝠状初坯→旋转石膏模,一边喷水到坯料上,一边用刮板模和滚筒绕垂直轴回转,使刮板模往复摆动刮制,进行拉坯→在石膏模上拉坯成形陶瓷制品→从石膏模上取下成形的陶瓷制品生坯。

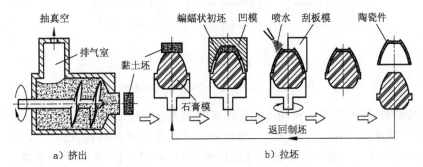

图 18.11 挤出和拉坯联合成形

拉坯成形可实现自动化,生产率高,模具费低;但它只限于制造回转体形状的陶瓷制品,并且陶瓷制品的尺寸精度有限制。

3. 轧膜成形

将准备好的坯料拌以一定量的有机黏结剂(一般为聚乙烯醇)置于轧膜机的两辊轴之间进行多次辊轧,通过调整轧辊间距,最后达到所要求的厚度。轧膜成形如图 18.12 所示。轧好的坯片,需经冲切工序制成所需的坯件。

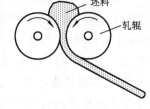

图 18.12 轧膜成形

轧膜成形时,坯料只是在厚度和前进方向受到辗压,在宽度方向受力较小,因此,坯料和黏结剂不可避免地会出现定向排列。干燥和烧结时,横向收缩大,易出现变形和开裂,坯体也会出现各向异性。轧膜成形适宜生产厚度为 1 mm 以下薄片状制品。但对厚度小于0.08 mm的超薄片,用轧膜成形就难以轧制,制品品质也不易控制。

18.2.4 模压成形

1. 干压成形

粉料中的水含量一般小于 4%(质量分数,下同),但也可高达 12%;向其中加入7%~8%的有机和无机黏结剂(同时也可作为润滑剂),如硬脂酸、石蜡、淀粉和聚乙烯醇等,形成坯料;然后将坯料置于用碳化物和淬火钢制造的钢模中,在压力机上以35~200 MPa 的压力制成一定形状的坯体。

干压成形的加压方式、加压速度与保压时间对坯体的密度有不同的影响(图18.13)。单面加压时坯体上下密度差别大,而双面加压坯体时上下密度均匀(但中心部位的密度较低)。在模壁涂覆润滑剂后,坯体密度的均匀性会显著增加。

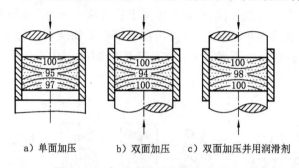

　　a) 单面加压　　　b) 双面加压　　c) 双面加压并用润滑剂

图 18.13　加压方式对坯体密度的影响

实践证明,压力的传递和气体的排除有很大关系。如加压速度过快,保压时间过短,气体不易排除;同样,当压力还未传递到应有的深度时,外力就已卸掉,显然也难以得到理想的坯体。然而如果加压速度过慢,保压时间过长,使得生产率降低,也是没有必要的。因此应根据坯体大小、厚度和形状来调整加压速度和保压时间。一般,对于大型、厚壁、高度大、形状较为复杂的制品,加压过程开始宜慢,中期宜快,后期宜慢,并有一定的保压时间,这样利于排气和传递压力。如果压力足够大时,保压时间可短些。不然,加压速度不当,气体不易排出,坯体会出现鼓泡、夹层和裂纹等缺陷。对于小型薄片坯体,加压速度可适当加快,以提高生产率。

干压成形有些缺点:①因为在粉料颗粒间和型壁处存在摩擦,所以坯体密度变化可能很大,生产大型坯体时模具磨损大;②模具加工复杂,成本高;③只能在竖直方向加压,压力分布,坯体致密度、收缩率不均匀;④坯体在烘焙中会因密度的变化而出现翘曲变形、开裂、分层等现象。长径比大的制品翘曲变形特别严重,推荐的最大长径比为 2∶1。通过改进模具设计、采用振动压制、冲击成形和等静压压制等新工艺,可以克服干压成形的以上缺点。

干压成形是工程陶瓷生产中常用的技术,其特点是:黏结剂含量低(质量分数只有百分之几);坯体可不经干燥直接焙烧;坯体收缩率小,密度大,尺寸精确,强度高,电性能好;工艺简单,操作方便,生产周期短,效率高,便于自动化。

2. 湿压成形

湿压成形也是指坯体在压力机的高压下成形,与干压成形不同之处是,粉料水含量一般为 10%~15%(质量分数)。制造复杂形状制品一般采用湿压成形,其生产率高,但制品尺寸有限制。湿压坯体干燥时的收缩较大,制品尺寸精度控制困难,且模具费用较高。

3. 热压成形

热压成形也称为压力烧结,成形过程中施压与加热同时进行,使得坯体的孔隙率更低,陶瓷制品的强度、致密度更高。热压成形常常采用保护性气氛,石墨是凸、凹模常用的材料。

18.2.5　等静压成形

1. 等静压成形原理

等静压成形又称为静水压成形,是利用液体介质的不可压缩和均匀传递压力的特性来成形的一种方法。所谓等静压,即处于高压容器中的试样所受到的压力与处于同一深度的静水中所受到的压力相同。

2. 等静压成形的类型

等静压成形有冷等静压成形和热等静压成形两种,冷等静压成形又分为湿式等静压成形和干式等静压成形。

(1) 湿式等静压成形　湿式等静压成形(图 18.14)是将预压好的坯料包封在弹性的橡胶模或塑料模具内,然后置于高压容器中施以高压液体(如水、甘油或刹车油等,压力通常在 100 MPa 以上)来成形坯体。因为坯体处在高压液体中,所以它在各个方向上都受到相等的静压力。湿式等静压成形主要用来生产多品种、小批量、形状较复杂的大型制品。

(2) 干式等静压成形　干式等静压成形(图 18.15)的模具是半固定式的,坯料的添加和制品的取出都是在干燥状态下操作的。干式等静压成形更适合于生产形状简单的长形、薄壁、管状制品,如稍作改进,就可用于连续自动化生产。

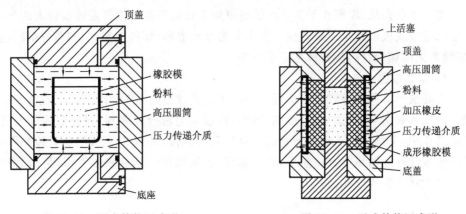

图 18.14　湿式等静压成形　　　　　图 18.15　干式等静压成形

(3) 热等静压成形　热等静压烧结成形(图 17.10)也称为热等静压成形(HIP),一般是用 1 100 ℃高温和 100 MPa 高压下的气体进行压力传递,同时对粉料各向均匀受热进行压制。HIP 的主要优点是它压实后粉料的紧实度几乎能达到 100%,获得良好黏结颗粒及力学性能的压制品,很适合形状复杂制品的烧结。由于结构均匀,其材料性能比冷压烧结提高 30%～50%,比一般热压烧结提高 10%～15%。因此,HIP 目前常用来制造一些高附加值氧化铝陶瓷产品或国防军工需用的特殊零部件,例如汽车火花塞绝缘体(绝热器)、轴承、反射镜、核燃料及枪管等。HIP 可提高成形精度,特别适用于碳化硅、氮化硅等高技术陶瓷制品(如高温应用的氮化硅叶片)的制造。

3. 等静压成形的特点

等静压成形的特点有:①可以成形一般方法不能成形的、形状复杂的大型制品及细长制品,而且制品的品质较好;②可以不增加操作难度而较方便地提高成形压力,而且效果比普通干压法好;③坯体各个方向受压均匀,其密度高而且均匀,烧结收缩小,因而不易变形;④模具制作方便,成本较低,寿命长;⑤可以少用或不用黏结剂。

18.2.6　注射成形

大量用于金属粉末冶金和塑料的注射成形技术,目前也广泛用于高技术含量的精密陶瓷的成形。陶瓷粉料与热塑性聚合物黏结剂(如聚丙烯、低密度聚乙烯、乙二醇醋酸乙烯酯)或石蜡混合,然后将成形坯体置于焙烧炉中,首先在低温阶段进行脱脂(黏结剂被分解脱除),随后在高温下进行烧结。

注射成形技术用于大多数工程陶瓷,例如铝、锆、氮化硅、碳化硅及(耐火的)硅铝氧氮聚合材料的成形,可生产厚度小于 10 mm 的薄壁制品。厚壁制品要求仔细控制所用的材料和工艺参数,以避免内部空洞和裂纹,特别是由于收缩引起的缺陷。

18.2.7　流延成形

要求表面光洁、厚度小于 1 mm 的超薄陶瓷制品不能用模压或轧膜技术成形,因而出现了带式成形技术。带式成形技术分为流延成形(坯料为浆状)和薄片挤压成形(坯料为泥团状)两种,流延成形应用较多。

1. 工艺过程

流延成形又称为带式浇注法、刮刀法,其工艺过程如图 18.16 所示。在制备好的粉料内加入黏结剂、增塑剂、分散剂、溶剂,然后均匀混合成浆料;再把浆料放入流延机的料斗中,浆料从料斗下部流至流延机的薄膜载体(传送带)上,用刮刀控制厚度;然后经过红外线加热等方法烘干,得到膜坯,连同载体一起卷在轴上待用;最后按所需要的形状切割或开孔。

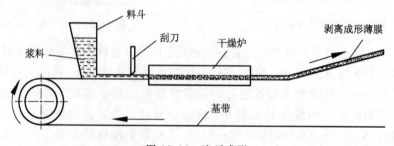

图 18.16　流延成形

2. 浆料要求

流延成形对坯料细度、粒形的要求比较高。粉料的颗粒愈细,粒形越圆,浆料的流动性就越好,在厚度方向堆集的颗粒数就越多,薄坯的品质就越高。例如,沿 40 μm 厚的薄坯厚度方向上的堆积颗粒数一般要求 20 个以上,那么,粉料中粒径 2 μm 以下的颗粒要占 90% 以上,才能保证薄坯的品质。因此流延成形通常采用微米级的颗粒。此外,为保证在相同厚度方向上的堆积密度,粉料的颗粒级配也是很重要的。

同时也应重视制备浆料的添加剂与用量,尤其对超薄坯而言,浆料品质的好坏或浆料有无气泡,对制品的品质有较大影响。因此,有的浆料在浇注前要经过真空脱气处理。

3. 流延成形的特点

流延成形设备并不复杂,工艺稳定,可连续操作,便于生产自动化,生产效率高,适合制造厚度小于 0.2 mm、表面光洁的超薄型制品。但流延成形法黏结剂含量高,因而收缩率高达 20%~21%。对流延成形的这一缺点应予以注意。

18.3 工程陶瓷的烧结及修整

18.3.1 工程陶瓷的烧结

1. 烧结的一般概念

多晶陶瓷材料的性能不仅与它的化学组成有关,还与它的显微结构有密切关系。当配料、混合、成形等工序完成后,烧结就是使材料获得预期显微结构、赋予材料各种性能的关键工序。陶瓷烧结过程中主要发生的是晶粒和空隙尺寸及其形状的变化,如图 18.17 所示。陶瓷生坯中一般含有百分之几十的空隙,颗粒之间只有点接触。随表面能的减小,物质向颗粒间的颈部和空隙部位填充,颈部渐渐长大,空隙逐步减少,两颗粒间的晶界与相邻晶界相遇,形成晶界网络。随着温度的上升和时间的延长,固体颗粒相互键联,晶粒长大,空隙和晶界渐趋减少。通过物质的传递,其总体积收缩,密度增加,颗粒之间结合增强,强度提高,最后成为坚硬的、具有某种显微结构的多晶烧结体。

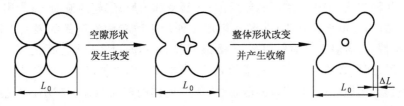

图 18.17 烧结过程

2. 干燥

各种成形工艺制造的陶瓷生坯都含有水分,因水分的散失,生坯从原潮湿状态到干燥状态,尺寸要收缩 15%~20%。因此干燥是防止陶瓷制品翘曲变形的关键步骤。一般,控制大气的湿度是很重要的。

3. 烧结

陶瓷的烧结,就是将颗粒状陶瓷坯体致密化,形成固体材料。烧结过程中将坯体内颗粒间空洞排除,将少量气体及杂质有机物排除,使颗粒之间相互生长结合,形成新的固体物质。

烧结使用最广泛的加热装置是电炉。正确选择烧结方法是获得理想结构和性能的陶瓷制品的关键。常用的方法是在大气条件(无特殊气氛、常压)下烧结。但为了获得高品质的、不同种类的工程陶瓷,也经常采用下列方法。

(1) 低温烧结　低温烧结的目的是降低能耗,常用的方法有引入添加剂、在压力下烧结、采用易于烧结的粉料等。

(2) 热压烧结　热压烧结是在加热的同时进行加压,这样,坯体的烧结主要取决于制品塑性流动而不是扩散。对同一材料而言,热压烧结可大大降低烧结温度,而且制品的孔隙率低。较低的烧结温度抑制了晶粒成长,因此所得到的制品致密、晶粒小、强度高。

热压烧结的缺点是必须采用特种材料制成的模具,成本高,生产率低,只能生产形状不太复杂的制品,如强度很高的陶瓷车刀等(其抗弯强度为 700 MPa 左右)。

连续热压烧结虽然可以提高产量,但设备和模具费用太高,此外,连续热压烧结属轴向受热,因此制品长度受到限制。要求高的陶瓷制品多采用热等静压烧结的方法。

(3) 气氛烧结　对于在大气条件下很难烧结的制品(如 Si_3N、SiC 等透光体或非氧化物制品),为防止其氧化,需往炉膛内通入一定的保护性气体,在所要求的气氛下进行烧结。

此外,微波烧结、电弧等离子烧结、自蔓延烧结等技术也已出现。

18.3.2　工程陶瓷的修整

因为干燥及烧结会引起坯体尺寸变化,所以常采用附加工序来得到陶瓷制品的最终形状,改善其表面粗糙度,提高其尺寸精度,除去表面裂纹。修整可以采用以下的一种或几种方法:①用金刚石砂轮磨削;②研磨和珩磨;③超声波加工;④用金刚石涂层钻头钻削;⑤电火花加工;⑥激光束加工处理来改善陶瓷制品的表面性能和摩擦、磨损特性;⑦研磨水流喷射切割;⑧翻滚、删除锋利的边缘和研磨标记。

选择工艺时,必须考虑多数陶瓷的脆性、修整加工的附加成本和修整操作对产品性能的影响。例如,由于对凹痕的敏感性,所以坯体的表面粗糙度越小,陶瓷制品的强度就越高。

陶瓷产品常常涂覆一层釉料,以改善其形貌,提高其强度,并使其具有不渗透性。釉料在烘烤后形成玻璃涂层。

科学技术的发展,特别是能源、空间技术的发展,使得材料的工作条件往往比较苛刻。如航天器的喷嘴、燃烧室的内衬、喷气发动机的叶片等，都需要既能耐高温，又能经受高速气流的冲刷和腐蚀，因此，高温结构陶瓷得到了迅速发展。高温结构陶瓷具有金属等材料所不具备的优点，即耐高温、耐磨损、耐磨蚀，硬度高、膨胀系数低、热导率高和密度小等。高温结构陶瓷主要包括氧化物陶瓷（如氧化铝、氧化镁、氧化铍、氧化锆陶瓷等）、非氧化物陶瓷（如碳化物、氮化物陶瓷等）、复合材料（如陶瓷纤维、金属陶瓷等）。

此外，还有一类功能陶瓷，它们通常具有一种或多种功能，如电、磁、光、热、化学生物等功能，或具有耦合功能，如压电、压磁、热电、电光、声光、磁光等功能。这类陶瓷包括电介质陶瓷、铁电陶瓷、敏感陶瓷、导电陶瓷、超导陶瓷、磁性陶瓷等，它们已在能源开发技术、空间技术、电子技术、传感技术、激光技术、光电子技术、红外技术、生物技术、环境科学等领域得到广泛应用。

正在开发的细晶复相陶瓷，如 ZrO_2-Al_2O_3、莫来石、Si_3N_4 和 Si_3N_4-SiC 复合材料等，具有不同程度的超塑性特性，并且其超塑性变形方式也由简单的拉伸发展到拉深、压缩、锻造、挤压、胀形等；零件的形状也由简单的棒状或圆片发展到较复杂的形状。例如国内某重点实验室以高纯度三氧化二铝（Al_2O_3）和氧化锆（3Y-ZrO_2）纳米粉末为原料，在 1 450 ℃下通过真空热压烧结，制备 3Y-ZrO_2增韧 Al_2O_3细晶复相陶瓷致密坯料（图 18.18），随后在 1 500～1 650 ℃温度范围内，用高强石墨模具（图 18.19），像制造超塑性金属零件那样，对形状复杂的十几瓣叶片的高性能陶瓷涡轮盘模拟件（图 18.20），成功地进行了超塑性挤压成形，并且提高了陶瓷制品的断裂韧度。陶瓷制品性能的不断提高，必将促进陶瓷成形新技术的不断发展。

图 18.18 烧结的陶瓷坯料

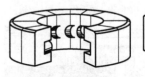

图 18.19 涡轮盘模拟件挤压模具

a）12瓣叶片

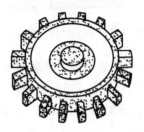

b）18瓣叶片

图 18.20 超塑性挤压的陶瓷涡轮盘模拟件

18.4　玻璃的成形技术

制造玻璃的主要原料有硅石、石灰石、长石、纯碱、硼酸等,辅助原料有澄清剂、助熔剂、着色剂等。玻璃的成形过程是:将原料破碎成 0.25～0.5 mm 的颗粒,按比例混合均匀后,置入 1 300～1 600 ℃的池窑或坩埚窑中进行高温熔化,然后得到成分均匀、黏度符合成形要求且无气泡的玻璃液,最后将玻璃液转变成具有一定形状的固体制品。玻璃制品有不同的形状,不同形状的玻璃制品需采用不同的成形技术。另外,采用热处理和化学处理,可以消除或减小玻璃的热应力,提高玻璃的强度。

18.4.1　拉引成形

拉引成形是玻璃制造技术中用得最多的一种,用以制造窗片与平板玻璃以及玻璃管、棒、纤维等。

1. 平板玻璃的拉引成形

平板玻璃一般厚度为 0.8～10 mm,如经常见到的门窗玻璃、幕墙玻璃等。平板玻璃的成形一般有平拉成形、压延成形、浮法成形。

(1) 平拉成形(图 18.21)　玻璃液流经水冷挡板后,冷却到适合平拉成形黏度的温度,使熔融态的玻璃通过机器上的成形辊,将正在凝固状态的玻璃被轧制和挤压,并拉引成玻璃平板,再经导向辊使其由竖直方向转为水平托引,向前输送。

(2) 压延成形(图 18.22)　压延机有上下成对的压延辊。玻璃液冷却到适合压延成形黏度的温度后,经溢流口进入压延辊之间压制成平板。压延辊表面上若刻有花纹则可制成压花玻璃板,若在压延辊间夹入金属丝则可制成夹丝玻璃。

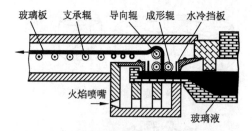

图 18.21　平板玻璃的平拉成形

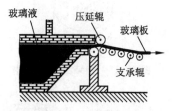

图 18.22　平板玻璃的压延成形

平拉成形和压延成形的平板玻璃表面比较粗糙,还需要进行研磨抛光。

(3) 浮法成形(图 18.23)　玻璃液经流道进入充满氮、氢保护气体并可控制气氛的锡槽中,漂浮在熔融的锡液表面上,完成摊平、辗薄、抛光、冷却后,由支承辊托引至韧化炉中进行退火。

浮法成形的平板玻璃表面光滑,不需另行研磨抛光。

2. 玻璃管、棒的拉引成形

玻璃管和玻璃棒,如化学实验用的试管和试棒、霓虹灯管等,是用图 18.24 所示

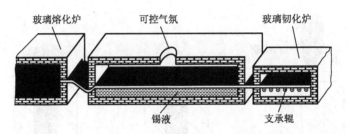

图 18.23　平板玻璃的浮法成形

的拉引成形工艺制造的。玻璃液流入拉管池后，包裹（卷、缠绕）在有耐热合金或耐火材料制成的空心圆筒或锥形芯轴上，通过向空心芯轴吹入空气形成管根，由牵引辊连续拉引成管。玻璃棒为实心的，同样采用拉引成形，但不需要向空心芯轴吹入空气。

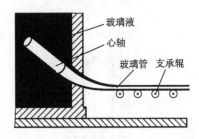

图 18.24　玻璃管的拉引成形

与平板玻璃的成形一样，玻璃管和玻璃棒的拉引成形也可以分为水平拉引和竖直拉引。

3. 玻璃纤维的拉引成形

连续的玻璃纤维也是通过拉引成形。在拉丝坩埚中控制玻璃液的温度，坩埚底部的白金（铂）板上的许多漏口（200～400 个），高速旋转的拉丝机构以 500 m/s 的速度拉出连续不断的纤维，缠绕在筒上。用此方法可以生产直径小到 2 μm 的纤维。为了保护纤维表面，随后应在纤维表面涂覆一层化学物质。用来制造隔热或隔音材料的短玻璃纤维（玻璃绒、玻璃丝），是用离心式喷雾工艺制造的。

18.4.2　吹制成形

吹制成形类似热塑性塑料的吹塑成形，可用机械吹制，也可用人工吹制，用来制造中空薄壁的玻璃制品，如水杯、瓶、罐、灯泡等。机械吹制普通玻璃瓶的步骤如图 18.25 所示。玻璃液经供料机形成设定重量和形状的料团，被剪断后落入坯模，吹入压缩空气使料团形成中空料泡，使玻璃料泡被吹大鼓胀并贴在模壁上成形。模壁上常涂覆油或乳液做分型剂，以防止玻璃黏附在模壁上。

吹制成形的玻璃制品表面光洁，生产率高（例如生产率为 1 000 个/min 白炽灯泡的自动化生产线已很常见），但制品的壁厚控制较困难。

18.4.3　压制成形、槽沉成形和离心浇注成形

1. 压制成形

压制成形用来制造敞口的和实心的玻璃制品，如碗、盘、缸、镜片等。玻璃液经供料机制成设定重量和形状的料团，它被剪断后落入坯模，用模芯（冲头）将其压制成

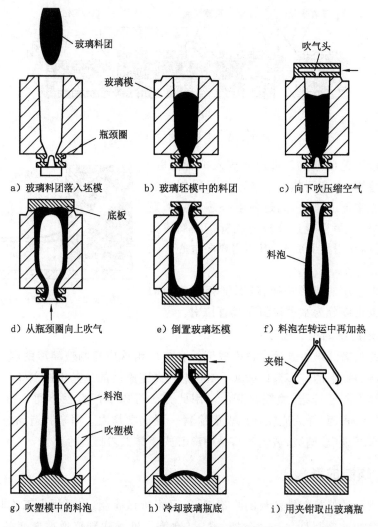

a) 玻璃料团落入坯模　　　b) 玻璃坯模中的料团　　　c) 向下吹压缩空气

d) 从瓶颈圈向上吹气　　　e) 倒置玻璃坯模　　　f) 料泡在转运中再加热

g) 吹塑模中的料泡　　　h) 冷却玻璃瓶底　　　i) 用夹钳取出玻璃瓶

图 18.25　吹制普通玻璃瓶的步骤

形。玻璃模可以是水平分模(图 18.26),也可以是垂直分模(图 18.27)。压制成形的玻璃制品比吹制成形的玻璃制品尺寸精度更高,但薄壁制品不宜使用压制成形,缩口瓶之类的制品也不能用压制成形,因为其形状妨碍芯子缩回。

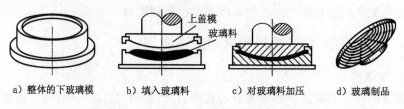

a) 整体的下玻璃模　　　b) 填入玻璃料　　　c) 对玻璃料加压　　　d) 玻璃制品

图 18.26　用水平分模压制成形的玻璃制品

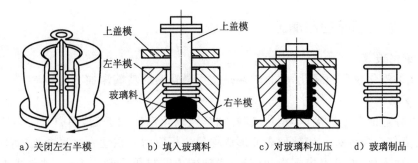

a) 关闭左右半模　　　b) 填入玻璃料　　　c) 对玻璃料加压　　　d) 玻璃制品

图 18.27　用垂直分模压制成形的玻璃制品

2. 槽沉成形

浅碟形的玻璃制品,碟子,太阳镜(墨镜)、望远镜的镜片,照明控制板等,可用槽沉成形(又称下垂沉陷成形)。其过程是将玻璃薄板根据模具切割成一定形状,平稳的放置在模具的支撑边缘上,送进加热炉中均匀加热,玻璃熔融后因自重而下垂沉陷,同时充满模腔。此工艺与热塑性塑料的热成形(15.2.6 节真空成形)类似,它是在无压力或真空状态下成形。

3. 离心浇注成形

玻璃的离心浇注(图 18.28)与金属的离心铸造类似,用来制造大直径的玻璃管、大容量的反应锅等,典型的产品是电视机显像管和导弹或火箭的鼻锥体。用于离心浇注的玻璃液黏度较小,玻璃液注入高速旋转的模腔中,离心力使玻璃液紧贴到模壁上,直到玻璃液凝固。

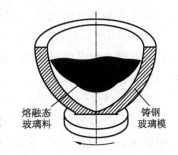

图 18.28　用玻璃旋压成形的漏斗状电视机显像管

18.4.4　退火及修整

玻璃在成形过程中经受了激烈的温度和形状变化,这种变化在玻璃中产生了热应力。这种热应力会降低玻璃制品的强度和热稳定性。如果直接冷却,很可能在冷却过程中或以后的存放、运输和使用过程中自行破裂(俗称玻璃的冷爆)。

为了消除玻璃制品的残余应力,玻璃制品在成形后必须进行类似金属消除应力一样的退火处理。退火就是在某一温度范围内保温或缓慢降温一段时间以消除或减少玻璃中热应力到允许值的工艺。根据玻璃的尺寸、厚度和类型不同,退火时间范围可短到几分钟,长到数个月(如 $\phi600$ mm 的望远镜镜片就需 10 个月的退火处理)。

玻璃经成形和退火以后,还要经受进一步的加工,如切割、钻空、研磨和抛光等,尖锐边缘和拐角可用磨削磨光或火焰抛光(使玻璃局部化变软和使表面受拉),最后才能得到精度更高和表面性能更好的制品。

18.4.5　玻璃制品的深加工

1. 钢化玻璃

玻璃的钢化也称为强化,钢化玻璃是使用最普遍的玻璃深加工制品。

1）物理钢化

将磨好边的普通玻璃(非钢化玻璃)加热至软化温度附近后,用空气均匀地快速冷却(有点像金属淬火),使玻璃表面形成均匀的压应力。在这一过程中,玻璃外部因迅速冷却而固化,而玻璃内部冷却较慢,当玻璃内部材质冷却收缩时,玻璃表面产生压应力,内部产生张应力,从而使玻璃的性能大大改善:强度是普通玻璃的 3～5 倍,抗冲击强度是普通玻璃的 5～10 倍,并具有良好的热稳定性,耐温能力是普通玻璃是4 倍以上,表面抗擦伤、划伤的能力有明显提高。

物理钢化玻璃破碎后,碎片会破成均匀的小颗粒状,并且没有普通玻璃的刀状尖角,不会对人造成大的伤害,因而被称为安全玻璃,广泛应用于对机械强度和安全性要求较高的场所,如汽车、火车等交通工具的挡风玻璃、窗玻璃,高级宾馆的玻璃大门及隔断,玻璃桌面及玻璃幕墙,显示器、手机的保护屏等。钢化后的玻璃不能再切裁加工,否则会炸得粉碎。

2）化学钢化

化学钢化是通过离子交换形成玻璃的表面压应力。离子交换工艺的简单原理是,根据玻璃的形式不同,可选择在熔融的 KNO_3、K_2SO_4 或 $NaNO_3$ 盐浴池中进行加热,在玻璃表面发生离子交换,用碱盐溶液中较大的原子(如钠离子)置换玻璃中较小的原子(如锂离子),利用碱离子体积上的差别在玻璃表面产生表层压应力。化学钢化对厚玻璃的增强效果不甚明显,但特别适合增强 2～4 mm 厚的薄片玻璃。

化学钢化玻璃的优点是,它可在不同的温度下完成,因其未经转变温度以上的高温过程,所以不会像物理钢化玻璃那样存在翘曲,表面平整度与原片玻璃一样,因此可以处理复杂形状的零件;同时,在强度和耐温度变化的性能有一定提高,并可适当作切裁处理。化学钢化的缺点是随时间的延长易产生应力松弛现象,但目前已有保护性工艺措施,在应用上化学钢化玻璃具有其他强化玻璃品种不可替代的优点。

2. 夹层玻璃

夹层玻璃是另外一种安全玻璃。它的结构像"三明治",两层玻璃中间有透明的有机材料,把玻璃牢固地黏在一起。透明中间膜具有良好的强度和韧性,起到很好的安全作用,即使夹层玻璃被打破,也不会有碎片飞溅伤人。例如,在发生剧烈撞车时,汽车夹层风挡玻璃可阻止司机和乘客被抛出,柔软的有机材料还可以减轻人头部的撞击。此外,增加玻璃的厚度和层数可使夹层玻璃具有防弹、防爆及防盗等性能,成为特殊场合用的特种玻璃。夹层玻璃还具有良好的隔音效果,有效地降低噪声(一般可降低噪声 35～40 dB),因此被广泛地应用于机场办公室、候机大厅等需要隔音的场合。

3. 中空玻璃

在两片玻璃中间垫上铝制的隔离柜,再用黏结材料把它们黏在一起,两片玻璃间形成 6～12 mm 厚的空隙,这就是中空玻璃。中空玻璃的隔热性很好,12 mm 厚的中空玻璃的保温性可与 100 mm 厚的混凝土墙相比拟。所以,建筑物的玻璃幕墙、较大的玻璃窗都应使用中空玻璃,以减少取暖能耗。中空玻璃还有良好的隔音效果。除用平板玻璃为原片制造中空玻璃外,还可以用钢化玻璃、夹层玻璃、镀热反射膜玻璃、吸热玻璃等为原片制成具有多种功能的高级中空玻璃,用于超高层建筑物的观光厅等重要部位。此外,列车的空调车厢和地铁车窗玻璃都是钢化中空玻璃,以提高隔热、隔音效果。

4. 镀膜玻璃

镀膜玻璃是在玻璃的一个或两个表面上,用物理或化学的方法镀上金属、金属氧化物等的薄膜而制成的玻璃深加工制品。不同的膜层颜色和对光线的反射率不同,使得用镀膜玻璃装饰的建筑物晶莹辉煌。热反射镀膜玻璃可以控制阳光的入射,减少空调能耗,而低辐射镀膜玻璃可限制室内热量向外辐射散失,在寒冷地区有显著的节能效果。

除上述的几种玻璃深加工制品外,电热玻璃、电磁屏蔽玻璃、防火夹层玻璃、磨花彩绘玻璃、冰花玻璃等,都是适应不同需要而开发的深加工玻璃。随着社会的发展,它的品种会越来越多,适用的范围也会越来越广。

18.5　超导体的成形技术

超导体在生产、储存和分配电能方面有很大的节能潜力,但是把它们加工成具有确定形状和尺寸的实际零件还有相当大的困难。

超导体(Superconductor)有两种基本类型:①金属低温超导体(LTSC),它包含铌、锡和钛的化合物;②陶瓷高温超导体(HTSC),它包含各种铜的氧化物。这里所说的"高温",意味着更接近周围环境的温度。陶瓷超导体材料是以粉末形式供应,HTSC 的颗粒较大。制造它们最基本的困难是它们固有的脆性和各向异性,它使颗粒在合理的方向高效率排列困难,颗粒的尺寸越小,其合理排列就越困难。

超导体成形的基本步骤是:①制备粉末,将它们混合并在球磨机里磨到 0.5～10 μm;②将粉末成形为制品;③对粉末制品进行热处理。

超导体成形最常用的工艺是,将氧化粉末(OPIT)装入银管中(因为银有最好的导电性)并在两端密封,然后经过模锻、拉拔、挤压、等静压和轧制等塑性成形技术加工这种管子,使之变成最终的线材、带材、盘卷或坯的形状。

超导体的其他成形技术主要有:①用超导材料涂覆银线;②通过激光消融来沉积超导体膜;③刮粉刀工艺;④爆炸包覆;⑤化学喷涂。

超导体成形件还需进行热处理,其目的是为了改善超导体成形件晶粒的排列。

复习思考题

(1) 陶瓷是一种以什么键结合的材料？其显微结构由哪几部分组成？

(2) 何谓陶瓷的粉体？它与固体最直观的区别是什么？粉体对陶瓷成形有何影响？

(3) 制备工程陶瓷粉体有哪几种方法？各有何优缺点？

(4) 试举出三种制造微粉的方法，并说明其生产原理。

(5) 何谓塑化？为什么工程陶瓷在成形之前要进行塑化？采用什么塑化剂？

(6) 试分析陶瓷粉料的粒度对烧结及成形的影响。

(7) 何谓造粒？有哪几种造粒方法？哪种造粒方法最好？

(8) 工程陶瓷有哪几种成形方法？各适用于什么样的陶瓷制品？

(9) 试述热压铸成形的原理及其优缺点。

(10) 何谓等静压成形？它有何特点？应用在什么方面？

(11) 什么叫烧结？它对陶瓷的品质有什么影响？

(12) 陶瓷成形包含哪些步骤？

(13) 扼要说明平板玻璃的制造方法。

(14) 玻璃管和玻璃棒是如何生产的？

(15) 试介绍玻璃的吹制工艺。

(16) 什么是玻璃的物理钢化和化学钢化？

(17) 当用一大块石头戳它时，在下列玻璃中的哪一种会被破坏：

　　① 普通平板玻璃；

　　② 钢化玻璃；

　　③ 层压玻璃。

(18) 玻璃纤维是如何制造的？

(19) 什么类型的材料可用于超导体？

复合材料的成形技术

19.1 复合材料的分类

国际标准化组织对复合材料的定义是:"由两种或两种以上在物理和化学性质上不同的物质组合起来而得到的一种多相固体材料。"广义地讲,凡是两种以上不同化学性质或不同组织结构的材料以微观或宏观形式组合而成的材料,均可称为复合材料。人类很久以前就采取在黏土中掺入麦秸、稻草的方法来增强土坯的强度,这就是最早的复合材料。钢筋混凝土、金属陶瓷、三合板等,也都可以看成复合材料。不同的非金属材料之间、金属材料之间及非金属材料和金属材料之间均可以相互组合,制成复合材料。

近代复合材料的兴起,是从1932年玻璃钢(玻璃纤维增强塑料)的面世开始的,现在已形成了独立的学科和发展方向,各种各样的复合材料及其制品相继被开发出来,并很快在工业领域得到广泛的应用。复合材料最大的特点是,它可以按照构件的结构和受力要求预先给出合理的性能分布,预先进行材料的最佳设计。由于可以根据不同性能要求选择适当的基体和增强材料,复合材料的各组成材料既可保持各自的最佳性能,又可互相取长补短,甚至可以产生原组成材料所不具备的特殊性能。

复合材料的种类及组合范围很广,其分类方法至今尚无定论。有按增强材料的种类来分类的,也有按被增强的基体材料(Matrix)来分类的。但从材料加工及成形的角度考虑,按被增强的基体材料来分类可能更方便些。基于此,我们把复合材料主要分为三类:树脂基复合材料、陶瓷基复合材料和金属基复合材料。

19.1.1 树脂基复合材料

树脂基复合材料也称为纤维增强塑料,其基体主要为热塑性树脂和热固性树脂,主要有如下几种。

(1) 不饱和聚酯 不饱和聚酯树脂是玻璃纤维增强塑料用量最多的一种树脂,其性能均衡,成本低廉。

(2) 环氧树脂 碳纤维增强塑料主要使用环氧树脂,固化时间较长,在做成预浸料时,需低温保存,材料成本也较高。环氧树脂是高性能纤维增强塑料的主要基体,品种繁多,通常以液态或预浸料的形式使用,其耐疲劳性、黏结性优于聚酯树脂。

(3)聚酯树脂　使用加入邻苯二甲酸二烯丙酯(DAP)单体的聚酯树脂,几乎不降低力学性能就能提高固化速度和降低材料成本。

(4)乙烯基树脂(环氧丙烯酸酯)　乙烯基树脂也主要用于玻璃纤维增强塑料,其使用方法和条件几乎与聚酯树脂相同。它比聚酯树脂伸长率大,耐冲击性、耐疲劳性、黏结性、耐蚀性等性能优异,但材料成本高,是一种高性能玻璃纤维增强塑料的基体材料。

(5)酚醛树脂　酚醛树脂耐热性和阻燃性优异,材料成本也低,其固化是一个综合反应过程,成形时需加压。

(6)硅酮树脂　硅酮树脂是电气耐热树脂。

(7)聚酰亚胺树脂　聚酰亚胺是较新实用化的耐热性优异的树脂,与特种纤维配合起来作为先进复合材料,其应用前景是很广阔的,但其固化条件复杂,成本也相当高。

(8)纳米改性树脂　最新纳米技术的问世,为树脂基复合材料的合成、改性及成形开辟了新的途径。纳米改性树脂属于聚合物纳米复合材料,它是各种形态的纳米无机材料在树脂基体中充分分散的复合材料。为使粒子能在树脂基体中均匀分散,一般将纳米粒子直接加入树脂溶液(或乳化液或熔融体)中进行充分搅拌;或将纳米材料溶入聚合物单体或原料中,形成均匀相后再进行聚合。不论采用哪种方法,由于纳米粒子的直径小(1~100 nm),利用其表面与界面效应、小尺寸效应和量子尺寸效应,都可得到强度、韧性及耐热性显著提高的纳米改性树脂。

树脂基复合材料应用广泛,其制造技术也比较成熟,能用来制造所有耐腐蚀、耐温、耐压、真空、防爆、减摩、耐磨等零件,此外,它在飞机、导弹、卫星等许多方面的应用也相当广泛。作为结构件(如壳体、风扇叶片、肋板等)材料,比较适合在常温或较低温度下使用。与金属相比,它密度小,对缺口敏感性小,抗疲劳性能好,预期在今后的材料市场中会有较强的竞争能力。

19.1.2　陶瓷基复合材料

陶瓷基复合材料有耐高温、耐腐蚀、超硬度等优点,是目前备受重视的新型耐高温结构材料。近年来相继开展了陶瓷汽车发动机、柴油机和航空发动机等大规模高温陶瓷热机的研究。由于常规结构陶瓷存在的主要问题是材料呈脆性、可靠性不高等,应用于陶瓷发动机结构还有一些技术问题亟待研究解决。而陶瓷基复合材料可改善陶瓷基体材料的力学性能,特别是脆性。主要的陶瓷基复合材料有以下两种:

(1)纤维增韧陶瓷　这类复合材料的发展主要取决于其制备、成形技术和高性能纤维增强体的发展。

(2)晶须、颗粒增韧陶瓷　这类复合材料的制备技术相对较成熟,利用这种陶瓷复合材料进行陶瓷热机结构应用是可行的,进一步的问题是怎样完善其制备、成形或二次加工技术,以稳定和提高其力学性能。

19.1.3　金属基复合材料

金属基复合材料主要有以下三种。

(1)连续纤维增强的金属基复合材料　美国国家航空航天局已采用硼连续纤维增强的铝基复合材料制成的管材做航天飞机机舱的结构桁条,其比强度和比刚度特别高。但金属基复合材料的研究远没有塑料(树脂)基复合材料成熟,还很少用于普通工业产品,在民用产品中则用得更少,这是因为连续纤维增强的金属基复合材料的制造过程和工艺太复杂,成本太高。

(2)不连续增强物增强的金属基复合材料　20 世纪 80 年代以来,以不连续增强物(即颗粒、晶须或短纤维)增强的金属基复合材料成为研究的重点,这类材料可用粉末冶金法制造,用此法成功试制了用 SiC 颗粒增强的铝基复合材料。但由于粉末冶金中的部分原材料(如铝合金粉等)比较昂贵,制造过程和所用设备比较复杂,而且不宜制作过大和过于复杂的零件,所以,SiC 颗粒增强的铝基复合材料还不能较大规模地生产。

(3)铸造金属基复合材料　采用铸造技术生产金属基复合材料,其工艺操作都比较简单,设备也不太复杂,成本可大幅度降低,还可生产出形状复杂的零件,既可整体复合又可局部复合。目前,国外已用铸造技术生产出短纤维铝基复合材料局部增强的活塞及颗粒增强复合材料的铸件。

19.2　纤维增强塑料的成形

19.2.1　增强塑料用纤维

通常选择纤维作为树脂基复合材料的增强物。为了制造合乎要求的纤维增强塑料,选择适当的纤维材料,如剁碎的或连续的纤维、织物(帆布)、席子(垫子)、纱线等。

纤维增强塑料的特点是其强度的各向异性。施加到材料上的力被传递到比树脂基体更强更韧的纤维上。当纤维在所有取向上都是一个方向时,复合材料在纤维方向上的强度非常大,这个性质常常在设计纤维增强塑料结构时被用到。

为了获得两个主要方向上的强度,层与层之间的布置通常互相交错成一定的角度。如果要求第三方向(厚度方向)的强度,则可采用形"三明治"式的结构。

应考虑的因素有力学性能、期望的增强效果(与使用的基体种类、特性有关)、工艺性能、材料成本等。

表 19.1 所示的是纤维增强塑料的主要纤维材料的物理性能及制品举例。

表 19.1　增强塑料用纤维的物理性能及制品举例

物理性能	玻璃纤维	多晶质纤维	多层(复合)纤维	金属纤维	晶　须	化 学 纤 维	
直径/μm	10～127	8～25	37～127	38～127	0.13～25	—	—
抗拉强度/MPa	28～70	14～35	7～42	14～42	56～210	35～10	37
弹性模量/MPa	700～1 270	1 410～4 220	1 410～4 220	1 690～4 150	3 160～4 290	20～200	1 340
密度/(g/cm³)	2.19～2.60	1.49～2.52	2.21～2.71	1.85～19.20	1.66～3.96	0.19～1.39	1.45
最高使用温度/℃	760	1 650	1 650	1 090	2 200		
制品举例	E 玻璃、C 玻璃、S 玻璃、D 玻璃、高弹性模量玻璃、熔融石英、化学处理高硅氧玻璃、熔融耐火材料	氧化铝、氧化锆、石墨、氮化硼、石棉	硼/钨、硼/熔融石英、碳化硼/硼/钨、碳化硅/钨	钨、钼、耐热镍合金、钢、铍	氧化铝、氧化铍、碳化硼、碳化硅、氮化硅、铬、铜、铁、镍	聚丙烯、聚乙烯、维尼纶、聚丙烯腈、尼龙	芳纶(凯夫拉-49)

注：E 为普通玻璃，C、S、D 为高强度玻璃。

19.2.2　纤维增强塑料的成形技术

表 19.2 列出了玻璃纤维增强塑料(FRP,Fiberglass-Reinforced Plastics)的主要成形技术。随着玻璃纤维以外的高性能增强材料的实用化,纤维增强塑料复合材料有了更广义的解释。用其他纤维增强塑料的成形方法及其原理与玻璃纤维增强塑料的成形方法类似。

表 19.2　玻璃纤维增强塑料成形技术简述

成 形 技 术	成形技术简述	成 形 技 术	成形技术简述
手糊成形	在模具内腔表面,用手工把玻璃纤维和树脂层合起来	预浸纱压力成形,毡压力成形,玻璃布压力成形	把粗纱切断,大致做成制品形状的预浸纱、毡、布等与树脂同时加到金属模内,加压、加热
真空袋成形	在层合的玻璃纤维和树脂上面盖上薄膜,密封住与模具的结合部位,抽出内部空气		
加压袋成形	在层合玻璃纤维和树脂上放置加压袋,并把空气送进袋中加压	预浸布压力成形	预先用树脂浸渍玻璃布,把做成的预浸布放到金属模内、加压、加热
高压釜成形	层合物在高压釜内加压、加热	片状模型成形	片状模型加压成形
喷射成形	把玻璃纤维切断,与树脂同时喷到模具里	团状模型成形	团状模型加压成形
固态冲压成形	在常温的模具内装入纤维和树脂,一边加低压,一边固化	热压成形	把已预热的塑料板放在常温的金属模内,短时间加压成形

续表

成形技术	成形技术简述	成形技术	成形技术简述
丙烯酸板/纤维增强塑料复合成形	把真空成形的丙烯酸酯板用手糊、喷射成形增强	传递模型成形	把模塑料等加到模具的加料腔内，用柱塞压到加热的金属模具内成形
树脂注入成形	在装入玻璃纤维的封闭模具内，压入树脂，在常温下固化	注射成形	用模塑料粒注射成形
连续层合成形	把已浸渍了树脂的毡夹在两张脱模用薄膜之间并通过模具，一边连续贴模，一边加热固化	离心成形	把树脂和玻璃纤维加到圆筒状模型的内侧，以高速进行旋转，在模具内，由于离心力的作用，一边压实，一边使其固化
连续挤拉成形	把已浸渍了树脂的玻璃纤维导入有一定形状截面的模具内，一边连续固化，一边拉出	回转成形	把材料加到密闭的模具内，模具沿着双轴作两向回转，由于离心力的作用，材料以一定的厚度贴覆在模具的内腔表面，然后使它固化
纤维缠绕成形	把已浸渍了树脂的纤维缠绕到芯模上，形成圆筒状		

　　为了在增强纤维与聚合物母体间形成良好的黏结，并方便后续的加工，不同形态的纤维应采用不同的成形方法（第 15 章），例如，短纤维通常加到热塑性塑料中进行注射成形，粉碎的纤维用于反应注射成形（15.2.9 节），较长段的纤维用于压缩成形（15.2.2 节）。

1. 增强塑料坯料的成形

1）预浸

　　预浸是制造增强塑料的典型工艺。图 19.1 所示是聚合物-母体复合纤维预浸坯料的成形，其过程是：首先将增强纤维连续地排列起来，并进行表面处理，以增强与聚合物母体的黏结性；再将它们浸入树脂缸中，表面涂覆树脂，然后制成薄板或带材；最后将单张的薄板或带材装配成层合结构。用预浸法制造的典型产品是建筑上用的平滑或波状镶板（嵌板）、建筑物和电器上用的绝缘面板、在热或潮湿条件下要求良好保持力和抗疲劳强度的飞机结构件等。

2）板料成形混合物

　　图 19.2 所示是纤维增强塑料板的成形，其过程是：首先将连续的增强纤维线（绳）切成短纤维，并将它随机地沉积在一层树脂浆（通常是包含多种矿物粉末类填料的混合聚合物）上，树脂浆又载于聚合物薄膜（如聚乙烯薄膜）上；随后照此再沉积第二层树脂浆；最后在辊子之间将它压制成板料（此阶段的料板仍有黏性）。将板料收集成卷，或以层状置于箱体类容器中进行熟化，直至达到所要求的成形黏度。熟化过程应在控制温度和湿度下进行，熟化时间通常为 1 d。

　　成形的复合物应在一定的时间段内（通常是 30 d），在足够低的温度下储存，以防

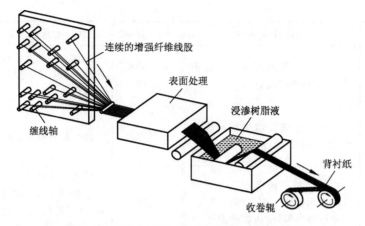

图 19.1　聚合物-母体复合纤维预浸坯料的成形

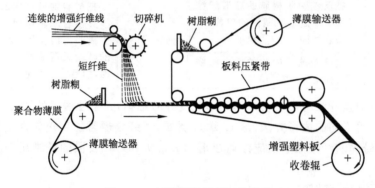

图 19.2　纤维增强塑料板的成形

止其固化交联。

3）松散料成形复合物

松散料成形复合物一般是短坯形状（因此称为散料），其制造方法与板料成形混合物相同，使用的是挤出工艺。当加工成产品时，这种混合物具有流动性，与生面团类似，所以它也称为捏塑（揉面）成形复合物。

4）厚片状模压料（稠密）成形复合物（TMC）

厚片状模压料成形复合物结合了松散料成形复合物的低成本和板料成形混合物的高强度的特点，它采用不同长度的剁碎纤维注射成形。用厚片状模压料成形复合物可制成电器构件。

用纤维增强树脂基复合材料制造的产品之一是网球拍。为了满足某些性能要求，如重量轻、硬度低，球拍中加入了石墨、玻璃纤维、硼、陶瓷（碳化硅）和凯夫拉纤维（一种质地牢固、重量轻的合成纤维）等增强材料。硬度最低的网球拍中玻璃纤维的体积分数为80%，硬度最高的网球拍中石墨和硼的体积分数分别为95%和5%。此外，汽车、摩托车部件，如拨叉、摇摆臂、轮子及刹车盘等，也是稠密成形复合物制造的典型产品。

2. 增强塑料制品的成形

1) 手糊成形

手糊成形(图 19.3)使所生产制品的结构形状、尺寸等有很大的自由度,至今仍然是玻璃纤维增强塑料(树脂)的基本成形方法之一。玻璃纤维增强塑料(树脂)制品母型的成形大多用这种方法,但制品的壁厚精度不够,若在树脂里加入的填料过多,甚至难以成形,因此在片状模塑料和块状模塑料制品中大量使用填料是困难的。提高手糊成形效率的手段之一是喷射成形。喷射成形是一边把玻璃纤维纱切断,一边把加了引发剂和促进剂的聚酯树脂和被切断的纤维同时喷涂到模具的成形面上的成形技术。

图 19.3 手糊成形

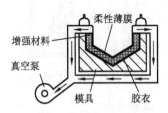

图 19.4 真空袋成形

2) 真空袋成形、加压袋成形、高压釜成形

真空袋成形(图 19.4)、加压袋成形(图 19.5)和高压釜成形(图 19.6)是指在树脂的固化过程中,从制品两面加压的成形技术,所得到的制品壁厚精度高,性能好,增强材料含量高。加压袋成形、高压釜成形通常可以加热使树脂的固化时间缩短,这些方法已用于高性能玻璃纤维增强塑料以及先进复合材料的成形。玻璃纤维增强塑料的成形,往往是把玻璃纤维增强材料和液态树脂用手糊或喷射进行加压成形,而先进复合材料的成形往往使用预浸纱(预浸纱即浸上环氧树脂的纤维增强材料),使之成为不发黏的半固化状态。大多数由先进复合材料制造的飞机零件都是使用特种纤维和环氧树脂的预浸纱,并用真空袋成形、高压釜成形或缠绕成形。

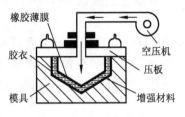

图 19.5 加压袋成形

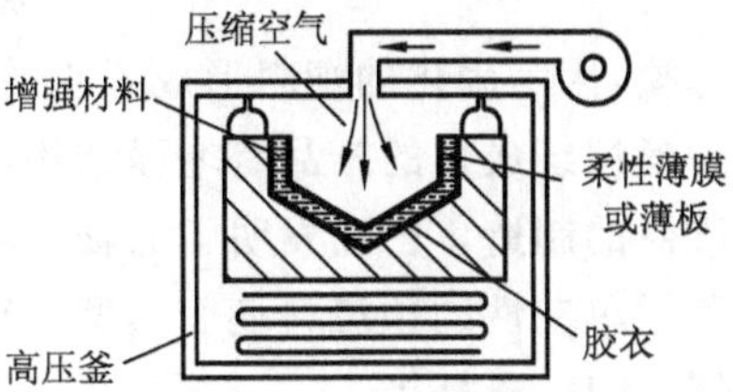

图 19.6 高压釜加压成形

3) 湿压成形

湿压成形是把玻璃纤维毡或预成形坯等与树脂混合物一起填入已加热的金属模具内,加压、加热的成形技术。图 19.7 所示为预成形件的成形,即把玻璃粗纱切断,与黏结剂一起喷到做成制品形状的挡板上,然后进行干燥、固化。湿压成形法所用模

具的材质为铸铁、碳素钢或合金钢等。

　　4）树脂基复合材料板的冲压成形

　　树脂基复合材料板的冲压成形可分为热压成形和固态冷压成形。前者是将热塑性树脂板在适当的温度下预热后，装到温度在树脂的固化温度以下的属模具内快速加压。图 19.8 所示的尼龙板是纤维增强热塑性塑料（树脂）冲压板的实例。它是由含有短切玻璃纤维和无机填料的树脂糊与玻璃毡层合而成的，其表面性能好。

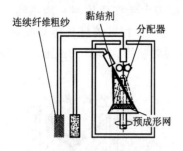

图 19.7　预成形件的成形

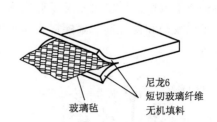

图 19.8　尼龙板的构造

　　5）缠绕成形

　　缠绕成形的过程是：将连续性的长纤维束（或织物）在液态聚合物或树脂中浸泡后，在相当于制品形状的芯模上作有规律的缠绕，液态树脂储槽可左右移动，经一层层缠绕到所需厚度后，再加热使聚合物固化，形成固化塑料（图 19.9），移除芯模后即获得制品。缠绕成形是一种机械化生产玻璃钢制品的成形技术，所用树脂大多是不饱和聚酯、环氧树脂等，所用纤维大多是玻璃纤维。这种成形技术适合制造轴对称零件，如大型储罐、耐腐蚀化工管道、耐压容器等，甚至在回转芯轴上生产轴对称件，也可以制造飞机上的整流罩和各种箱体、火箭壳体等。若芯模是铝或钛合金的，则不必

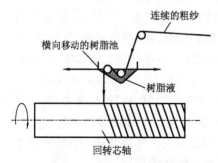

图 19.9　细丝缠绕成形

移除芯模，因为固化的塑料形成了它的保护层。

　　细丝缠绕成形的产品有增强结构，故强度、硬度均很高，可直接用于火箭固体燃料推进器的制造。已经发明了七轴计算机控制的制造对称零件的机器，它能自动地分配若干单向性的预浸料坯。典型的轴对称零件是飞机发动机的排泄管、机身、螺旋推进器、叶片、压杆等。

　　（1）缠绕机　缠绕机是进行纤维缠绕的设备，一般由芯模和绕丝头两部分组成，有卧式和立式两种形式。图 19.10 所示为卧式缠绕机，圆筒形或管形制品常使用这种缠绕机。工作时电动机通过减速器使芯模及链轮作回转运动，并通过丝杠、链条带动螺母、小车作平行于缠绕制品的往复直线运动，绕丝头设在小车上，实现螺旋缠绕。

图 19.11 所示为立式缠绕机,它由芯模传动、绕臂和丝杠三部分组成,主要适用于短粗筒形、球形、椭圆形及大尺寸制品的成形。缠绕时芯模竖直放置,并作缓慢连续转动。绕臂每旋转一周,缠绕件转动一个纱片的宽度,绕臂可沿纵向及环向缠绕。用于纵向缠绕时,绕臂的旋转平面与主轴轴线间的夹角(即缠绕角)一般不大,当夹角调到 90°时,即可进行环向缠绕。丝杠用来带动芯模作往复运动,配合绕臂的旋转作环向缠绕。这种缠绕机只适合干法缠绕,有一定的局限性。

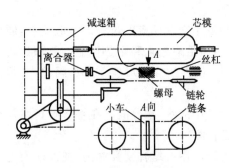

图 19.10　卧式缠绕机

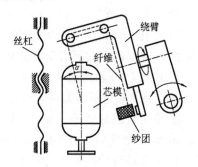

图 19.11　立式缠绕机

（2）芯模　玻璃钢(玻纤增强塑料)是非气密性材料,制造压力容器使用时会出现渗漏现象,因此,必须使用气密性好的材料(如铝、橡胶或塑料等)做内衬。有些无内衬的制品,要选用芯模才能进行缠绕。用刚性较高的材料做内衬时,内衬即可兼做芯模。

芯模材料可以是金属、石膏、橡胶等。使用金属芯模时,需将芯模做成由多块零件拼合而成的形式,内部用肋板支撑,肋板与芯模零件之间用螺钉连接起来。待缠绕完成、制品固化后,卸去肋板,将芯模零件从制品顶端的极孔中抽出。芯模大多用石膏、石蜡、膨润土等材料制成,制品成形后将芯模敲碎,从顶端的极孔中倒出。对于直径不大的制品,还可用橡胶袋充气做芯模,制品成形后放掉空气,从壳体极孔中抽出橡胶袋。

（3）缠绕用玻璃纤维　玻璃纤维是玻璃钢的主要承力材料,制品的强度主要取决于它的强度。对玻璃纤维的要求是:①具有高的强度和弹性模量;②易被树脂浸润,一般应选用经表面活性处理的纤维;③具有良好的加工性能,在缠绕过程中不起毛,不断头。

（4）缠绕成形的种类

① 干法成形。干法成形是将纤维浸润树脂后进行干燥,树脂发生固化反应直到部分不溶不熔、但依然具有可塑性的阶段,再用这样的纤维进行缠绕成形。用这种工艺成形,树脂含量容易控制,缠绕时不易打滑,但工艺控制严格,预浸料不能长期储存,生产成本高。

② 湿法成形。湿法成形是将浸润树脂的纤维直接缠绕在芯模上的成形工艺,它简单、方便,适用范围广,易实现自动化。但树脂含量不易控制,陡坡处易打滑,由于

未经干燥,树脂中含有的溶剂在固化时容易形成气泡,影响制品品质。

(5) 缠绕成形工艺参数

① 缠绕张力。缠绕张力对缠绕制品的强度有较大的影响。张力过小时,内衬所受的压力小,充压时变形大,制品强度偏低;张力过大时,纤维间摩擦大,强度损失大,制品强度也会下降。由于张力的作用,先缠上的纤维常会产生压缩变形,出现内松外紧的现象,所以设备上应采用从内到外逐渐减小张力的系统。缠绕张力一般为纤维强度的 5%～10%。

② 硬化速度。制品硬化的过程就是树脂发生交联反应的过程。一般说来,硬化程度达到 85% 即可满足力学性能要求,但不能满足耐老化和耐热性能的要求。若再提高硬化程度,可能满足耐老化和耐热的要求,但力学性能可能下降。因此,必须根据具体的制品确定不同的硬化程度要求。

③ 浸胶纤维的烘干。玻璃纤维会吸附大气中的水,水分的存在将影响树脂与纤维的黏结,因此成形前必须在 60～80 ℃温度下烘 24 h。

④ 浸胶纤维的热处理。有的玻璃纤维生产时用石蜡乳型浸润剂,在使用前这些浸润剂必须用热处理方法去除干净,否则会影响树脂与纤维的黏结强度。热处理的温度为 350 ℃,时间为 6 s。有的纤维在出厂前进行过表面活性处理,就不必进行热处理了。

6) 挤拉成形

挤拉成形(Pultrusion,图 19.12)又称挤出成形,发明于 1950 年。具有均匀横截面的长形件,如杆、齿形及管件(类似金属拉拔件的形式)均可用挤拉成形制造,其成形过程是:连续增强物(粗纱、织物等)在拉力作用下进入一个热固性聚合物浴槽,然后通过一个长形的加热钢制模具,并在模具内使复合材料交联固化而形成产品,最后将其切成所要求的长度。通常采用较高的注入压力(2 800 kPa)以提高树脂基复合材料制品的密度和强度。

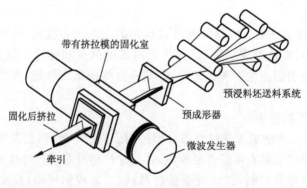

图 19.12　挤拉成形

挤拉成形最常用的材料是用玻璃增强的聚酯,典型的产品有高尔夫球杆、传动轴以及梯子、走道、栏杆和扶手等。

7）牵引成形

牵引成形（Pulforming）也称拉伸成形，其成形过程是：首先将强化纤维在拉力作用下进入聚酯浴槽进行浸渍；然后将此复合物送入两半模具之间夹紧，并硬化成形光洁的半成品；再通过后续模具继续成形，最终获得制品。牵引成形典型的制品有玻璃纤维增强的锤柄、弯曲的汽车板簧等。

19.3　陶瓷基复合材料的成形

19.3.1　增韧陶瓷基复合材料

1. 碳化物陶瓷

最早出现的韧化碳化硅材料是颗粒增强碳化硅材料"Norce-33"，用来制造电火花机床的刀具。其他碳化物复合材料还有：碳化硅化学气相沉积（CVD，Chemical Vapour Deposition）纤维增强材料，碳/碳化硅混合材料和碳/碳化钛复合材料。碳化钛颗粒增强碳化硅可以提高断裂韧度和强度，碳化钛与陶瓷相混合还可以改进抗氧化性能；氧化铍/碳化硅也是颗粒增强材料，它可用来制作微电路基片。

2. 氮化物和硼化物陶瓷

碳化硅纤维和晶须增强 Si_3N_4 陶瓷可以使断裂韧度提高，加入添加剂（如 CeO_2、BN 等）还可以改进抗热冲击性能和热性能。氧化锆颗粒增强氮化硅也获得一定的成功。Sialon（$Si_3Al_3O_3N_5$）是一种氮化物、氧化铝的混合体，可用做气体透平发动机结构材料。

3. 氧化物陶瓷

增韧氧化铝、氧化锆陶瓷是氧化物陶瓷材料中最令人感兴趣的材料。增韧氧化铝有碳化硅晶须/氧化铝和碳化硅纤维/氧化铝复合材料；氧化锆颗粒增强氧化铝的高温性能比相变增韧氧化锆更好，因而成为无冷却柴油发动机结构件最有发展前途的材料之一。

增韧氧化锆有多晶四方相氧化锆陶瓷，它是在氧化锆基体中加入适量稳定剂（如 CaO、Y_2O_3 等）而形成的材料；部分稳定氧化锆陶瓷基本上是一种氧化锆颗粒相变增韧陶瓷材料。相变增韧陶瓷复合材料也是一类重要的韧化陶瓷材料，其增韧效果主要因为其中的不稳定四方相氧化锆颗粒由应力激发而发生相变，抑制了裂纹的扩展。但这种相变增韧在高温下基本消失，这一缺陷可望通过晶须强化而得到改善，这也是国内外增韧陶瓷的研究动向之一。

4. 玻璃基材料

玻璃和玻璃/陶瓷基材料可以与纤维复合，其原因在于它易于热压加工成形。Nicalon 纤维增强玻璃/陶瓷基材料的力学性能很好，加工制备成本还可以降低，很可能在陶瓷发动机结构中得到应用。

19.3.2　陶瓷基复合材料的成形技术

1. 陶瓷浆料浸渍成形

传统的陶瓷浆料浸渍成形如图 19.13 所示。这种方法目前在制造长纤维增强玻璃和玻璃/陶瓷及低熔点陶瓷基复合材料上应用较多,且效果良好。在热压烧结时,温度应接近或略高于玻璃的软化点,这样有助于黏性流动的发生,以促进致密化过程的进行。

但是,此方法对一些非氧化物陶瓷却并不十分有效,因为这类陶瓷材料在烧结过程中很少出现液相,很难产生黏性流动。为了获得致密的烧结体就势必要提高烧结温度,但烧结温度的提高又会导致纤维性能的下降及纤维与基体间界面化学反应的发生等问题。此外,这种方法只能制作一维或二维纤维补强的复合材料,再加上热压烧结等工艺的限制,只能制作一些形状简单的结构件。

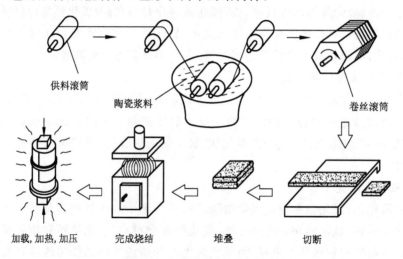

供料滚筒　　陶瓷浆料　　　　　　　　　　卷丝滚筒

加载,加热,加压　　完成烧结　　堆叠　　切断

图 19.13　陶瓷浆料浸渍成形

2. 纤维定向排列成形

为了弥补陶瓷浆料浸渍成形的不足,又发展了短纤维定向排列增强陶瓷基复合材料的成形技术(图 19.14)。对无定向排列的纤维,一般就利用机械混合的方法使纤维分散在基体粉料中。但纤维在混合过程中易聚积成束,因此,要达到很均匀的分散程度十分困难,这样会影响到烧结体性能的提高。利用定向排列的碳化硅晶须补强 Si_3N_4 陶瓷结构件的 K_{1c} 达到很高的值,与定向凝固同类材料相似。

3. 熔体浸渗成形

熔体浸渗成形如图 19.15 所示,它与短纤维增强的金属基复合材料制品的成形技术有些相似,其成形过程是:将陶瓷粉末熔融成陶瓷熔体浸渗物,并将其置于加压容器中,用活塞加压使熔体浸渗到纤维预制件中,形成陶瓷基复合材料。

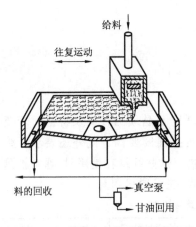

图 19.14　短纤维定向排列增强陶瓷基
复合材料的成形

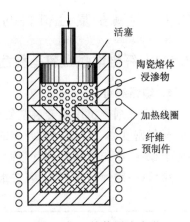

图 19.15　熔体浸渗成形

这种技术多用于碳化硅等晶须或颗粒增强的陶瓷基复合材料的成形,其主要特点如下:①只需通过一步浸渗处理即可获得完全致密和没有裂纹的基体;②从预制件到成品的处理过程中,其尺寸基本不发生变化;③适合制作任何形状复杂的结构件;④陶瓷材料熔点一般很高,因此在浸渗过程中易使纤维性能受损或在纤维与基体的界面上发生化学反应;⑤陶瓷熔体的黏度要比金属的黏度大得多,会大大降低浸渗速度,因此加压浸渗势在必行,并且压力愈大,纤维间距愈小,试样尺寸愈大,浸渗速度愈慢;⑥在熔体凝固过程中,会因膨胀系数的变化而产生体积变化,易导致复合体系中产生残余应力。

浸渗过程的关键在于纤维与陶瓷基体的润湿性。为改善其润湿性,可采用真空-加压浸渗等成形工艺对纤维表面进行涂层处理。

4. 化学气相浸渗成形

在化学气相沉积成形的基础上,现又发展了化学气相浸渗(CVI,Chemical Vapour Immerse)成形,如图 19.16 所示。涂覆的气体经水冷底座下部进入纤维预制件的间隙中,由加热装置所产生的上高、下低的温度梯度和涂覆气体的气压梯度使混合气体在热端发生反应并沉积下来,形成浸渗的复合材料。整个试件的成形是由下而上进行的,所得试样的密度可达理论密度的 93%~94%;化学气相浸渗成形的另一大优点是复合材料成分均匀,并可制得多相、均匀和形状复杂的制品。其缺点是沉积速度慢,生产率较低。

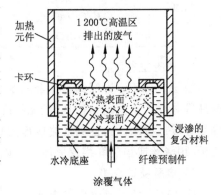

图 19.16　化学气相浸渗成形

19.4　金属基复合材料的成形

19.4.1　纤维增强金属基复合材料的成形

1. 增强纤维

表 19.3 列出了用于金属基复合材料的无机纤维及晶须的种类及特性。若要使复合材料密度小、强度高,则纤维的密度要小,且抗拉强度要高。此外还要求纤维在高温下稳定,不与金属基体反应而形成脆性化合物。这些纤维在使用时,通常被预成形为束状(一维增强用)、毡状(二维增强用)或块状(三维增强用)。

表 19.3　无机纤维的种类与特性

纤　　维		抗拉强度 /MPa	弹性模量 /MPa	密度 /(g/cm³)	直径 /μm
硼纤维	B(13 μm W 丝芯)	40	4 000	2.46	100,142
	B(30 μm CF 芯)	33	3 700	2.23	100,142
	B₄C(13 μm W 丝芯)	38	3 700	2.27	142
碳化硅纤维	CVD SiC(13 μm W 丝芯)	31.5	4 300	3.16	100,142
	CVD SiC(30 μm CF 芯)	28	4 000	3.07	142
	烧结 SiC	27.5	1 900	2.55	10～15
碳纤维	高强型 CF	45	2 600	1.74	7
	高弹型 CF	25	4 000	1.84	7
	沥青型高弹 CF	21	7 000	2.10	11
	人造丝型高强 CF	30	2 500	1.75	7
氧化铝纤维	多结晶氧化铝纤维 FP	15	3 900	3.90	20
	(V(Al₂O₃):V(SiO₂)=85:15)	19	2 100	3.20	9
晶须	Si₃N₄	138	3 790	3.18	0.2～0.5
	SiC	138	5 510	3.17	0.1～1.0
	K₂O · 6TiO₂	69	2 740	3.58	0.2～0.3
	Al₂O₃	20	3 000	3.30	3

2. 成形工艺

图 19.17 所示为纤维增强金属基复合材料的成形工艺分类。从中可看出,要制取纤维与金属基的黏结性良好、无纤维损伤及无空隙的致密制品,可采用固态和液态的复合成形技术。为达到最终成形的目的,需采用物理、化学及机械方法预先制作预浸带、预浸丝或预浸纤维成形体等。以下仅介绍液态铸造成形。

1) 熔融浸透成形

图 19.18 所示是熔融浸透成形。纤维与基体金属在真空状态封入金属壳里,在高温下金属熔融后,对金属与壳同时加压,可得到致密的复合材料制品。用这种方

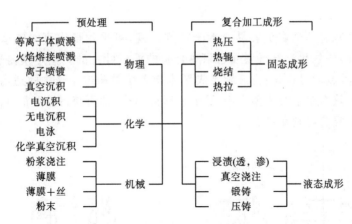

图 19.17　纤维增强金属基复合材料的成形工艺分类

法,当纤维和基体金属的密度不同时,纤维容易集中在上部或下部,因此很难制成纤维体积分数在 30% 以上的制品。这种浸透成形适用于碳铝合金、碳镁合金等低熔点金属系复合材料。

熔融浸透成形的另一成形工艺是纤维束预制浸渗成形(图 19.19),其过程是:将碳纤维表面化学镀镍和化学气相沉积 SiC,并将其纤维束布设于熔模铸造型壳内,然后把型壳置于浸渗设备内,并预热至 600 ℃,液态铝硅合金过热至 750 ℃,在压力作用下使铝液浸渗型壳,从而获得纤维增强的金属基复合材料铸件。

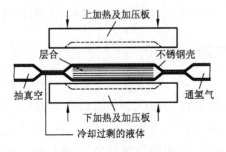

图 19.18　熔融浸透成形

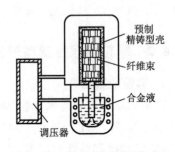

图 19.19　纤维束预制浸渗成形

2) 预成形体加压铸造成形

在液态成形工艺中,为了容易地在纤维之间充填基体金属,也可采用加压铸造成形(图 19.20),即先用黏结剂将纤维制成相应形状的预成形体,然后放在金属型中的适当位置,接着浇注金属液,压机活塞下降,压射冲头对预制成形体施压,使金属液渗入预成形体的间隙,凝固后就得到所要求的金属基复合材料制品。该法的特点是,可排除对纤维与金属液结合有重要影响的润湿性、反应性、密度差等因素的影响。如果预成形体制造得很好,浸渗时温度、压力等参数控制得当,便可成功地制取纤维分布均匀、含有率高的金属基复合材料。国外已用此法制造了陶瓷纤维增强金属基复合材料的轿车和卡车发动机活塞,其强度和抗热疲劳性能显著提高。

3）真空铸造成形

为了使液态基体金属更容易充填于纤维之间，可采用熔模真空铸造成形，含钨
2%（质量分数）的氧化钍纤维增强超耐热合金的涡轮叶片的真空熔模铸造成形如图
19.21所示。其成形过程是：将纤维预成形体置入熔模铸造型壳中的适当位置，在真
空状态下将耐热合金液浇入型壳中，冷凝后敲碎型壳，即可获得性能很好的纤维增强
的超耐热合金复合材料制品。

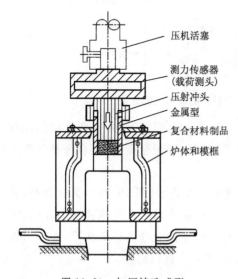

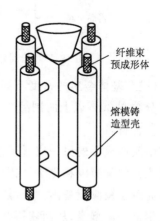

压机活塞

测力传感器
（载荷测头）

压射冲头

金属型

复合材料制品

炉体和模框

纤维束
预成形体

熔模铸
造型壳

图 19.20　加压铸造成形　　　　图 19.21　涡轮叶片的熔模真空铸造成形

19.4.2　颗粒增强金属基复合材料的成形

1. 颗粒增强物

常用的增强颗粒为氧化物、碳化物、氮化物等，如 Al_2O_3、ZrO_2、CaO、MgO、SiO_2、
TiO_2、CeO_2、SiC、TiC、Cr_7C_3、WC 及 Si_3N_4。颗粒应具有高热稳定性、高熔点和高硬
度，一定的粒度和较低的成本。由于颗粒的存在，凝固时的温度分布，晶体生长的热
力学、动力学过程都发生了变化，相应的凝固特性、溶质再分配等规律也发生了变化。
与颗粒在母相中的分布有关的因素如表 19.4 所示，这些因素对复合材料的结构和性
能都会产生影响。

表 19.4　影响颗粒在母相分布的因素

颗　　粒	液　　相	颗粒-液相	分　散　法
种类	种类	密度差	分散条件
尺寸	黏度	润湿性	铸造方法
形状	温度	—	铸型
是否经过表面处理	是否经过热处理	—	—

颗粒分散相存在于金属相中而构成复合材料,其复合材料应比原金属基体具有更好的耐热性、耐磨性、减振性等。无论采用何种工艺制取和成形,最终都应达到如下目的:颗粒均匀地分布于金属相中,能够制成粒子体积分数和粒子尺寸可调的复合材料,材料无铸造缺陷,可在铸件的各个部位制取含有颗粒的复合层等。

2. 成形工艺

有关颗粒增强金属基复合材料的制取及成形的方法较多,有一定实际应用的主要有以下几种技术。

1) 液态搅拌铸造成形

液态搅拌铸造成形是由液态搅拌制取复合材料和将液态复合材料浇入铸型而形成复合材料制品两个阶段组成(图19.22)。该工艺的重点和难点在于复合材料的制取。

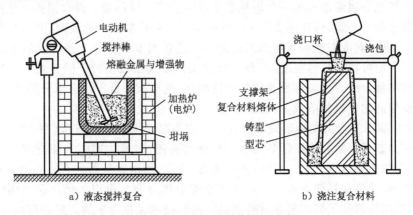

a) 液态搅拌复合　　　　　　　　　　b) 浇注复合材料

图 19.22　液态搅拌复合铸造成形

通过高速旋转的搅拌棒使金属液产生旋涡,然后向旋涡中逐步投入增强颗粒,待增强颗粒充分润湿、均匀分散后浇入金属型,用挤压铸造或压力铸造等工艺成形。在搅拌过程中,为防止金属液中卷入气体和混入夹杂物,可对上述方法进行改进,即整个复合材料的制造过程,从金属的熔化、增强物的加入和搅拌直到浇注成形均在真空容器内进行。此外,改用多级倾斜叶片组成的搅拌棒,并提高其转速至 2 500 r/min,使它具有最大剪力,但不形成旋涡,不产生气泡。改进后的工艺使复合材料及其制品的性能得到了明显提高,如含 SiO_2 或 Al_2O_3 颗粒 15%～20%(体积分数)的铝基复合材料,屈服强度和抗拉强度都比基体合金提高 15% 以上,弹性模量提高 25%～35%,而成本增加不多。

此外,为提高增强颗粒与金属液之间的润湿性,可利用某些与金属液有较好润湿性的金属来包覆增强颗粒,以提高固体表面能,使金属与增强颗粒的接触变为金属与金属的接触,如对铝合金液而言,可采用镍、铜等金属包覆石墨、TiO_2 等增强颗粒等。还有在基体合金液中加入有利于浸润的合金元素,也能提高增强颗粒与金属液的润湿性。对增强颗粒施以热处理可去除其表面吸附物,也能提高增强物颗粒与金属液间的润湿性。通过外加压力方法(如挤铸、压铸)可使复合材料在铸型中快速凝固,也能得到增强颗粒分布均匀的制品。

2) 半固态复合铸造成形

将温度控制在液相线与固相线之间对金属液进行搅拌,同时将增强颗粒徐徐加入含有一定固相粒子(固相质量分数通常为 $40\%\sim60\%$)的金属液中。金属液中存在的大量固相初晶,可有效防止增强颗粒的浮沉或凝聚,并使之分散较均匀。此外,由于半固态金属的温度较液态金属的低,因而吸气量也相对较少。研究及应用的结果表明,对任何增强颗粒,半固态均比液态的润湿及分散性好,如能精确控制半固态浆液温度,则半固态复合铸造法可以比普通液态搅拌法更易获得合格的颗粒增强复合材料。

(1) 半固态复合浆料的制备　图 19.23 所示为半固态复合浆液连续制备器。它包括一个液态金属熔池和由一个坩埚组成的混合室及冷却室。混合搅拌器是用高纯度矾土制成的空心管,转速达 1 000 r/min,均采用感应加热。旋转时,混合搅拌器能升降,用升降的高度来控制浆料流出的速率。通过调节半固态金属连续制备器的浆料流出速率即可控制浆料温度、固态组分的比例以及增强物粒子的含量等。提高浆料流出速率就会减少合金在混合室的停留时间,这样就降低了固态组分的比例,因而增强物颗粒的比例就相应减少,反之亦然。

(2) 半固态复合流变铸造成形过程　半固态复合流变铸造成形(图 19.24)装置由一台半固态复合浆料连续制备器和一台压铸机组成,所生产的半固态浆料直接压铸成形,称为流变压铸成形。另外,还可将图 19.23 所示制备器生产的半固态复合浆料制成锭料,并将锭料切割成一定尺寸的小锭料作为商品出售。用户在使用时先将其加热,再用压铸机压铸成复合材料制品。这种技术又称为半固态复合搅熔压铸(也称触变铸造)成形,如图 19.25 所示。整个半固态复合搅熔铸造成形系统包括压铸机、感应炉和软度指示器。软度指示器用来直接测定被加热锭料的软度,取代了控制再加热工序的热电偶,其操作简单,且能控制锭料的品质。经过再加热的锭料具有搅熔性,以它原来的锭料形状进入压射室,而不是流入压射室内,但在压射中,锭料在剪

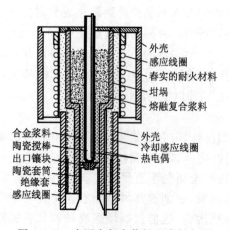

图 19.23　半固态复合浆料连续制备器

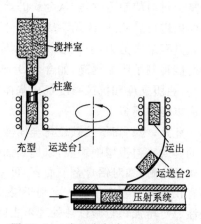

图 19.24　半固态复合流变铸造成形

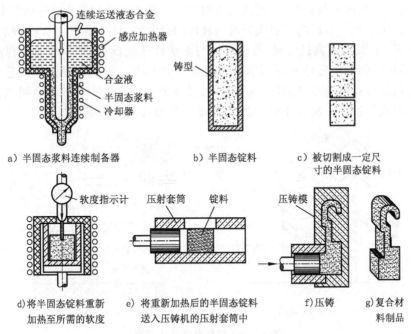

a) 半固态浆料连续制备器　　　b) 半固态锭料　　　c) 被切割成一定尺寸的半固态锭料

d) 将半固态锭料重新加热至所需的软度　　　e) 将重新加热后的半固态锭料送入压铸机的压射套筒中　　　f) 压铸　　　g) 复合材料制品

图 19.25　半固态复合搅熔压铸成形

力的作用下又获得了流动性。

　　(3) 半固态复合铸造成形新技术　半固态复合流变铸造及半固态复合搅熔铸造均需先预制成半固态复合浆料,然后再压铸成复合材料制品。其能耗大,工艺过程复杂,成本高,半固态复合浆料的保持与输送难度较大,要求十分严格。因此,半固态复合铸造成形技术的工业应用受到了限制。

　　近年来,利用塑料注射成形原理开发了触变注射成形和流变注射成形的新技术。其成形过程与图 15.3 所示的塑料注射成形相似,成形过程为:被制成粒状、屑状或细块状的原料从料斗中加入,螺杆将原料向前推进;受螺杆的剪切作用,原料被加热至半固态,形成半固态金属复合浆料并在螺杆前端累积;在注射缸的作用下,半固态浆料被注入模腔成形;冷却后开模,即可取出铸件。

　　该技术集半固态金属浆料的制备、输送、成形于一体,较好地解决了半固态金属浆料的保存、输送、成形及控制等问题,所得复合产品的孔隙率较低(小于 0.1%),尺寸精度高,重复性好(制品质量误差为 ±0.2%),因此,半固态金属基复合材料的工业应用方面有着光明的前景。其缺点是:原料需预加工成粒状、屑状及细块状,成本增加;机器内螺杆及内衬磨损严重,寿命短。

　　3) 喷射复合铸造成形

　　以氩气、氮气等非活性气体作为载体,把增强颗粒喷射于浇注的金属液流上,随着液流的翻动而使颗粒分散,这种有增强颗粒的金属液进入金属铸型,冷却凝固后形成铸件,这种工艺称为喷射复合分散法(图 19.26a)。这种工艺不仅适用于以铝、镁等非铁金属为基体的复合材料,而且还可用于高熔点合金等钢铁为基体的复合材料。

另外,为了进一步提高增强颗粒与金属液的分散均匀性,还开发了一种喷射复合沉积法(图 19.26b)。其过程是,将金属液与非活性气流混合,喷射在置入保护气氛密闭容器内的铸型或底板上,在那里沉积成所要求的复合材料制品。该工艺生产率高,制得的复合材料制品性能好(晶粒细小,没有偏析),且由于颗粒与金属液接触时间特别短(仅几秒钟),没有任何界面反应,是一种很有前途的成形技术。

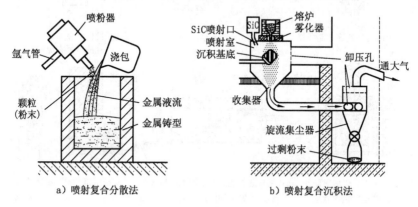

a) 喷射复合分散法　　　　　　　b) 喷射复合沉积法

图 19.26　喷射复合铸造成形

4) 石墨/铝复合材料的离心铸造成形

石墨是一种具有低剪切模量的软材料,它具有排列松散的原子平面,能起良好的

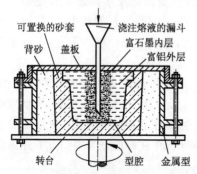

图 19.27　石墨/铝复合材料的离心铸造

固体润滑剂的作用。用石墨/铝复合材料作为贵重的铜、锡和铅基合金的代用品来制造轴承,十分引人注目。石墨/铝轴承在使用时,希望其内表面含有较多的石墨颗粒,以提高轴承的润滑性。石墨与铝合金的密度不同,前者为 $1.80\sim2.08$ g/cm³,后者为 2.7 g/cm³,使用离心铸造方法,可使密度较大的铝液以较快的速度远离液体圆筒的内表面,最后石墨颗粒富集在内表面上。因此,制品完全凝固后具有富石墨的内层和无石墨的外层。图 19.27 所示为石墨/铝复合材料的离心铸造,其过程是:首先将石墨颗粒加入正在搅拌的铝液中,待均匀分散后,再将石墨/铝液浇入正在旋转的离心铸造机的砂型中,待冷却凝固后即得到石墨/铝复合材料轴承。

3. 原位反应增强颗粒的制取

以上所介绍的颗粒增强金属基复合材料的成形,均为外加颗粒复合。其不足之处是:外加颗粒不可避免地有表面污染和附着物,与基体相容性差,界面结合不良;外加颗粒尺寸较大且一般为尖角形,对基体有割裂作用,使得颗粒的增强效果未得到理想的发挥。于是在 20 世纪 80 年代中后期,一种新的复合材料——原位反应颗粒增强复合材料应运而生,其成形工艺与外加颗粒增强金属基复合材料的成形工艺相似。以下仅介绍几种较成熟的原位反应颗粒的制取方法。

① 向含钛的铝液中通入 CH_4 及 NH_3 气体,这些气体分解,并与金属液中的钛、铝反应,在铝液中就生成了含 TiC、AlN、TiN 等增强颗粒。

② 让高温金属液(如铝、钛、锆液等)暴露于空气中,使其表面首先形成一层氧化膜(如 Al_2O_3、TiO_2、ZrO_2 膜等),里层金属再通过氧化层逐渐向表层扩散,暴露在空气中后又被氧化,如此反复,最终形成金属氧化物增强物。

③ 利用一个特殊的液体喷射分散装置,在氧化性气氛中将铝液分散成大量细小的液滴,使其表面氧化,生成 Al_2O_3 膜。这些带有 Al_2O_3 膜的液滴在沉积过程中相互碰撞,使表层 Al_2O_3 膜破碎分散,从而在铝液中形具有弥散分布的 Al_2O_3 颗粒增强物。

④ 将含有增强颗粒形成元素的固体物质(纯净的元素粉末或化合物)在一定温度下加入金属液中,使其与金属液的合金元素发生充分的化学反应,从而制出原位颗粒增强物。如将炭粉加入铜钛合金液中,制取 TiC 颗粒增强物,将 Al_4C_3 粉末加入铝钛合金液中,也可在铝液中得到原位 TiC 颗粒。

复习思考题

(1) 复合材料的定义是什么?按被增强的基体来分类,常用的复合材料有哪几类?

(2) 用于树脂基复合材料的基体有哪些?它们对复合材料的成形技术及制品性能有何影响?

(3) 陶瓷基复合材料的主要用途是什么?要使陶瓷基复合材料能获得工业应用还应做哪些工作?

(4) 常用于纤维增强塑料(树脂)的纤维有哪些?其物理、力学性能有何差异?

(5) 玻璃纤维增强树脂基复合材料的湿法成形技术包括哪些成形方法?其基本原理是什么?

(6) 陶瓷基复合材料通常分为哪几种?其性能特点是什么?

(7) 陶瓷基复合材料的制备及成形技术主要有哪几种?试述其成形原理和特点。

(8) 常用于金属基复合材料的纤维及颗粒增强物有哪些?对其性能有何要求?

(9) 简述纤维增强和颗粒增强金属基复合材料制品的成形技术及其特点。

第 20 章

快速成形与快速制模技术

当前,科技进步日新月异,市场竞争日趋激烈,对新产品的需求与日俱增,产品的更新周期越来越短。在试制新产品中,用传统工艺制作样件,需要采用多种加工机床以及工具和模具,成本高,周期长,难以满足市场竞争的需要。面对这种形势,制造领域出现了许多重大的变革。为了更快、更好地向市场提供新产品,最大限度地满足用户需求,一系列先进制造技术应运而生。快速成形与快速制模就是其中的主要技术之一。

20.1 快速成形原理与快速成形过程

快速成形也称快速原型制造(RP,Rapid Prototyping),是 20 世纪 80 年代末开始商品化的一种先进制造技术。快速成形技术集中体现了 CAD、CAM、CNC、激光、新材料和精密伺服驱动等先进技术的精粹,采用了全新的添加成形法,与传统的去除成形法有本质的区别。

20.1.1 快速成形原理

传统的材料成形方法是基于去除成形原理的,即从较大的毛坯上切除部分材料而形成工件,例如车、铣、刨、钻、磨、电火花成形与激光切割等都属于去除成形。去除成形的工件精度高,表面品质好,但是,它采用的毛坯通常必须由铸造或锻造而成,并且往往还需要模具,因此,加工周期较长,材料利用率低,成本高,此外,还受刀具、模具的限制,无法成形一些形状很复杂的工件。

添加成形是利用机械、物理或化学手段,通过有序地添加材料来成形工件的一种新技术。快速成形是添加成形的典型,它依据在计算机上建立的工件三维设计模型(图 20.1a),对其进行分层切片,得到各层截面的二维轮廓(图 20.1b)。按照这些轮廓,一层层选择性地添加材料,制成一片片的截面层(图 20.1c),并将这些截面层逐步顺序叠加成工件的三维实体(图 20.1d)。这种成形技术将复杂的三维加工分解成简单的二维加工的组合,因此,不用采用传统的加工机床和工模具就能直接成形工件。其中分层制片是由数控成形头选择性地固化一层层液态树脂,或烧结一层层粉末材料、喷涂一层层热熔材料或黏结剂等来完成的。

添加成形不需要模具,因此又称为实体自由形式制造(Solid Freeform Fabrica-

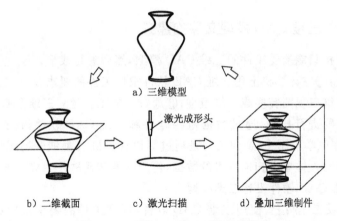

图 20.1　三维—二维—三维的转换

tion),简称自由成形。它可成形任意复杂的工件,材料利用率高,制造周期短,成本低(一般只需传统加工方法的 10%~30% 的工时和 20%~35% 的成本),但是与去除成形相比,添加成形工件的精度与表面品质目前还不够好。

快速成形的全过程(图 20.2)可以归纳为以下三个步骤。

(1)前处理　它包括工件的三维 CAD 模型的建立、三维模型的近似处理与切片处理。

(2)添加成形　它是快速成形工艺的核心,包括逐层成形工件截面与叠合成三维工件。

(3)后处理　它是成形后必须进行的修整工作,包括从工件上剥离支撑结构、工件的强化(如后固化、后烧结)、表面处理(如打磨、抛光、修补和表面强化)等。

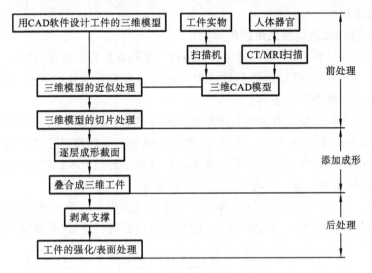

图 20.2　快速成形的全过程

20.1.2　工件三维 CAD 模型文件的建立

快速成形机只能接受工件的三维 CAD 模型，然后进行成形。建立三维 CAD 模型有两种方法：①在计算机上用三维 CAD 软件根据工件的要求设计三维模型，或将已有工件的二维三视图转换成三维模型；②通过逆向工程建立三维模型，即用扫描机对已有工件实物进行扫描，通过数据重构软件和三维 CAD 软件，得到工件的三维 CAD 模型。在医学应用中，逆向工程是通过 CT（计算机 X 射线断层照相术）或 MRI（磁共振成像）对人体器官扫描所得的数据，再用图像转换软件生成三维 CAD 模型。

1. 用三维 CAD 软件设计三维模型

在 PC 机或工作站上，使用三维 CAD 软件，根据工件的要求，可以设计其三维 CAD 模型，或将已有工件的二维三视图转换成三维 CAD 模型。用于构造模型的 CAD 软件应有较强的三维造型功能，主要是实体造型（Solid Modeling）和表面造型（Surface Modeling）功能，后者对构造复杂的自由曲面有重要作用。这类软件有 Unigraphics、Pro/Engineer、Solid Works、AutoCAD、I-DEAS、CATIA、CAXA 等。其中，Pro/Engineer 是一个参数化、基于特征的造型系统，有较强的实体造型和表面造型功能，可以构造非常复杂的模型，因此受到很多用户的好评，但其价格较高，系统比较庞大，使用界面还不够友好，新用户常常要有一段熟悉和积累经验的过程。近年推出的 Solid Works、CAXA 图形软件价格比较便宜，能基本满足三维造型的要求，并且使用界面比较友好，用户比较容易掌握，使用者日渐增多。

三维 CAD 软件产生的输出格式有多种，其中常见的有 IGES、STEP、DXF、HPGL 和 STL（Stereo Lithography Interface Specification）等，其中 STL 格式是快速成形机最常用的一种。

2. 通过逆向工程建立三维模型

用扫描机对已有工件实物进行扫描，得到一系列离散点的坐标，然后用相关软件处理这些点，得到所扫描工件的三维模型。这个过程常称为逆向工程（RE，Reverse Engineering），又称为反求工程。

工业中采用的扫描机有传统的接触式三坐标测量机、非接触式光学（激光或普通光）扫描机和零件断层扫描机。其中，光学扫描机的扫描精度虽不如三坐标测量机好，但扫描速度快，能满足逆向工程的需要。零件断层扫描机不仅能采集工件外表结构的几何信息，还能采集工件内部结构的几何信息。

在逆向工程中，由实物到 CAD 模型的数字化包括以下三个步骤（图 20.3）：①对三维实物进行数据采集，生成数据点云；②对数据点云进行滤波（去除噪声）或拼合等

图 20.3　由实物到 CAD 模型的步骤

数据处理；③采用曲面重构技术，对数据点云进行曲面拟合，借助三维 CAD 软件构造三维 CAD 模型。

目前，常用的逆向工程软件有 Geomegic Studio 和 Image Ware 等。医学中通常采用的扫描机有 CT 和 MRI，这两种扫描设备所得数据需经以下处理才可转换成三维 CAD 模型：①特征区域分割，即采用门限设定值对图像进行过滤，使组织结构的边缘更清晰，从而能准确地区分彼此相连的不同组织结构（如骨骼与肌肉）；②在扫描截面层之间插补数据。进行 CT/MRI 扫描时，每个扫描截面之间的间隔比较大（通常为 1~3 mm），不利于构成光滑的三维轮廓，因此，必须在扫描截面层之间进行插补计算，按照连续、光滑的原则添加必要的数据。

目前，市场上有专门转换 CT/MRI 扫描数据的软件，例如 Mimics 和 3D-Doctor 等，借助这些软件可以完成上述图像处理，并能比较方便地将扫描数据转换为三维 CAD 模型文件。

20.1.3　三维模型的近似处理与切片处理

建立三维 CAD 模型文件之后，还需要对模型进行近似处理，修复近似处理可能产生的缺陷，再对模型进行切片处理，才能获得快速成形机所能接受的模型文件。

1. 三维模型的近似处理

由于工件的三维模型上往往有一些不规则的自由曲面，成形前必须对其进行近似处理。在目前的快速成形机上，最常见的近似处理方法是将工件的三维 CAD 模型文件转换成 STL 格式模型文件，即用一系列的小三角形平面来逼近自由曲面。三角形的大小是可以选择的，从而能得到不同的曲面近似精度。经过上述近似处理的三维模型称为 STL 格式模型，它由一系列相连的平面三角形组成（图 20.4）。典型的 CAD 软件都有转换和输出 STL 格式文件的接口，但是，有时输出的三角形会有少量错误，需要进行局部的修改。

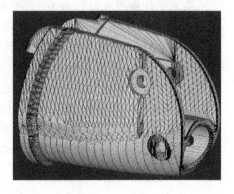

图 20.4　STL 格式模型

2. 三维模型的切片处理

快速成形是按一层层截面轮廓来制作工件的，因此，成形前必须在三维模型上，用切片软件沿成形的高度方向，每隔一定的间隔（即切片层高）进行切片处理，提取截面的轮廓。间隔的大小根据被成形件精度和生产率的要求选定。间隔愈小，精度愈高，但成形时间愈长。间隔一般为 0.05~0.5 mm，常用 0.1 mm 左右，在此取值下，能得到相当光滑的成形曲面。切片间隔选定之后，成形时每层叠加的材料厚度应与其相适应。显然，切片间隔不得小于每层叠加的最小材料厚度。

20.2 快速成形技术

快速成形机是自由成形的核心设备,它具有截面轮廓成形和截面轮廓叠合两个功能。

所谓截面轮廓成形是指快速成形机根据切片处理得到的工件截面轮廓,在计算机的控制下,成形头(激光头、喷头或挤压头)在 X-Y 平面内,自动按截面轮廓运动,成形介质(固化液态树脂、烧结粉末材料、涂覆熔融材料、切割纸、喷涂黏结剂等),得到工件的一层层截面轮廓。

所谓截面轮廓叠合是指每层截面轮廓成形之后,快速成形机将下一层材料叠合到已成形的轮廓面上,然后进行新一层截面轮廓的成形,从而将一层层的截面轮廓逐步叠合在一起,最终形成三维工件。

目前,常用的快速成形技术有激光固化(SLA)、激光烧结(SLS)、熔融挤压(FDM)、激光切纸(LOM)和三维打印(TDP)等五种,尽管这些快速成形机的结构和采用的原材料有所不同,但都是基于添加成形法原理,即用一层层的小薄片轮廓逐步叠合成三维工件。其差别主要在于薄片采用的原材料类型、由原材料构成截面轮廓的方法,以及截面层之间的结合方式。

20.2.1 激光固化快速成形

激光固化快速成形如图 20.5 所示。激光固化快速成形机(SLA,Stereo Lithography Apparatus,直译为"立体平板印刷设备")是最早出现的一种商品化快速成形机。它由液槽、可升降工作台、激光器与扫描系统、计算机数控系统等组成。液槽中盛满液态光敏树脂,带有许多小孔洞的工作台浸没在液槽中,并在步进电动机的驱动下能沿高度 Z 方向作往复运动。激光器为紫外(UV)激光器,如固体 Nd:YVO$_4$(半导体泵浦)激光器、氦-镉激光器和氩离子激光器,激光的波长为 320~370 nm(处

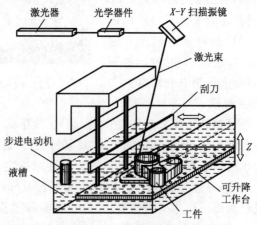

图 20.5 激光固化快速成形

于中紫外至近紫外波段)。扫描系统为一组 *X-Y* 扫描振镜,它能根据控制系统的指令,按照成形件截面轮廓的要求作高速往复摆动,从而使激光器发出的激光束反射并聚焦于液槽中光敏树脂的上表面,并沿此作 *X-Y* 方向的扫描运动。在这一层受到紫外激光束照射的部位,液态光敏树脂发生聚合反应而快速固化,形成相应的一层固态成形件截面轮廓和支撑结构。

激光固化成形(图 20.6)的过程如下:开始时,工作台的上表面处于液面下一个截面层厚的高度(例如 0.1 mm),该层液态光敏树脂被激光束扫描而固化,并形成第一层所需固态截面轮廓(图 a);工作台下降一层,液槽中的液态光敏树脂流过已固化的截面轮廓层(图 b),刮刀按照设定的层高作往复运动,刮去多余的液态树脂,再对新铺上的这层液态树脂进行扫描固化,形成第二层所需固态截面轮廓;如此重复,新固化的一层能牢固地黏结在前一层上,直到整个工件成形完毕(图 c)。

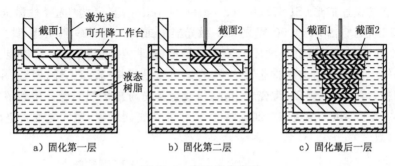

a) 固化第一层　　　　b) 固化第二层　　　　c) 固化最后一层

图 20.6　激光固化成形

激光固化快速成形机能特别适合制作中小型塑料件,它用聚焦的激光束成形工件,光斑直径小(一般为 0.06～0.1 mm),分辨率高,因此能成形较高精度的细小、复杂特征结构。也可用激光固化成形树脂模来代替熔模铸造的蜡模,这种树脂模为内腔有网格支撑的薄壁中空熔模,表皮的厚度约为 1 mm,对其进行涂料、结壳、焙烧后,能去除树脂模得到中空陶瓷型壳,用于浇注精密金属铸件。

激光固化快速成形也有一些不足之处,例如:①对于工件截面上的孤立轮廓和悬臂结构,一般需要设计并在成形过程中制作专门的支撑结构(图 20.7)。这是因为成形过程中尚未被激光束照射的部分材料仍为液态,无法使刚刚成形的孤立轮廓和悬臂定位。在工件的底部往往也需设置支撑结构,以便从工作台上取下工件而不使其

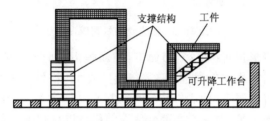

图 20.7　支撑结构

损坏。支撑结构一般为细柱状或肋状,便于成形后与工件分离。支撑结构也有助于减小工件的翘曲变形。制作支撑结构需花费时间,会降低成形效率,也会增加后处理的麻烦。②工件一般需经后固化处理。用激光固化快速成形机制作工件时,为了减少翘曲变形和提高成形效率,通常仅用激光束固化靠近工件表面的一部分液态树脂,而工件的内腔为网格支撑和未固化的树脂液,成形的工件只是半成品,须将其需置于大功率紫外光固化炉中作进一步的内腔固化处理。③固化过程中会产生刺激性气体,有污染,对皮肤有刺激,因此机器运行时成形腔室应密闭。④紫外激光器的价格较高,使用寿命不太长,原材料(光敏树脂)的价格较高,因此使激光固化快速成形机的购置费用与运行成本有所增加。

20.2.2　激光烧结快速成形

激光烧结快速成形(SLS,Selected Laser Sintering,直译为"选择性激光烧结")如图 20.8 所示,它由 50~200 W 的 CO_2 激光器（或 Nd∶YAG 激光器,激光的波长一般为 10.6 μm,处于近红外波段）、X-Y 扫描振镜、料斗、定量闸门、铺粉辊、加热罩和工作台等组成。采用的粉材非常广泛,它们可以是塑料(聚苯乙烯、聚碳酸酯、尼龙等)粉、蜡粉、铸造用覆膜砂、陶瓷粉、金属粉或金属粉与黏结剂的混合粉等,粉粒直径一般为 50~125 μm。在烧结金属粉材时,成形室为密闭腔室,室内先抽真空,然后充保护气体(氮气)。

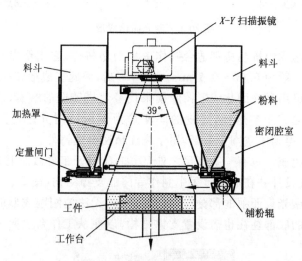

图 20.8　激光烧结快速成形

激光烧结快速成形过程(图 20.9)如下:铺粉辊由左向右沿水平方向运动,将左料斗中通过定量闸门漏出的粉材铺在工作台上(图 a),粉材上方的辐射加热罩使粉材预热至低于烧结点的温度,然后,激光束通过 X-Y 扫描振镜,在计算机的控制下,按照工件截面轮廓的信息,对其实心部分所在的粉材进行扫描(图 b),使粉材的温度升至熔点,于是粉材颗粒交界处熔化,相互黏结,逐步烧结成一层轮廓。在非烧结区的粉材仍呈松散状,作为成形件和下一层粉材的支撑。一层截面成形完成后,工作台下降一截面层的高度,铺粉辊由右向左沿水平方向运动,将右料斗中通过定量闸门漏出的粉材铺在工作台上(图 c),激光束再扫描、烧结(图 d),如此循环,最终形成三维工件。显然,用这种快速成形机制作工件时,不必另外设计成形支撑结构。

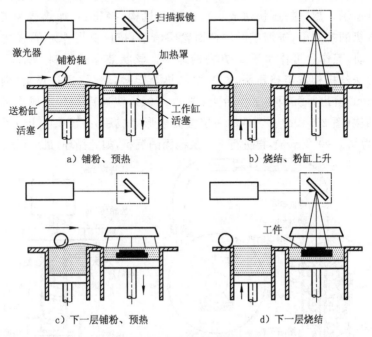

图 20.9 激光烧结成形过程

激光烧结成形又可分为直接烧结成形和间接烧结成形两种。所谓直接烧结成形是指用 CO_2 激光束烧结塑料粉、蜡粉,或用 150 W 以上的大功率 Nd：YAG 固体激光器或光纤激光器烧结金属粉,直接得到塑料件、蜡件或金属件。间接烧结成形用的材料是复合粉材,例如黏结剂与金属或陶瓷粉末的混合体。复合粉材含有低温易熔组分或黏结剂,可采用低功率激光在较低的温度下使它们熔化,得到生坯(Green Part),然后将生坯置于加热炉内进行后处理,烧除易熔组分或黏结剂后,将剩余的高熔点及化学性能稳定的粉材烧结成金属件或陶瓷件,得到最终的成形件(Brown Part)。为降低孔隙率,还可在其中掺入其他金属(如铜等),获得金属或陶瓷-金属复合工件。

激光烧结快速成形使用的材料十分广泛,不仅可使用有机高分子材料(如塑料、橡胶、尼龙等),而且可使用无机材料(如金属、陶瓷、砂子等),这是其他快速成形技术所不及的。它特别适合成形熔模铸造蜡模、聚碳酸酯模、聚苯乙烯模,尼龙结构功能件及覆膜砂型(芯)等。

激光烧结快速成形也有一些不足之处,如激光器费用高、使用寿命有限等,而且未经后处理的工件的强度不够高,表面有疏松小孔,所得塑料件一般需要进行表面强化(如浸熔化蜡等)。

20.2.3　熔融挤压快速成形

熔融挤压快速成形(FDM,Fused Deposition Modeling,直译为"熔融沉积成形")如图 20.10 所示。熔融挤压快速成形机由送丝机构、挤压头、加热器和工作台等组成。在计算机的控制下,根据成形件截面轮廓信息,挤压头可作水平 X 方向和竖直 Z 方向的运动,工作台可作水平 Y 方向的运动。丝状热塑性材料(如 ABS 塑料、尼龙、蜡等)由送丝机构送至挤压头,在其中加热至熔融,然后,通过喷嘴(内径一般为 $0.2 \sim 0.5$ mm)挤出并沉积在工作台上(图 20.10c),快速冷却后形成成形件截面轮廓和支撑结构(图 20.10d)。工件的一层截面成形完成后,挤压头上升一个截面层的高度(一般为 $0.1 \sim 0.2$ mm),再进行下一层截面的沉积,如此循环,最终形成三维工件。

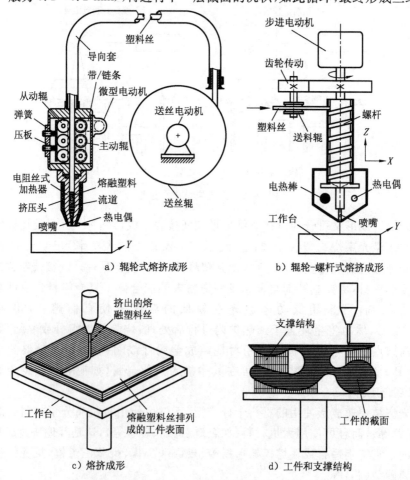

图 20.10　熔融挤压快速成形

　　熔融挤压快速成形比较适合制作中小型塑料件,它不用激光器,购置费和运行费较低,成形时工件完全凸现在工作台的上方,其外侧无包围物,只在下表面有少许支撑,因此,操作者可以清楚地观察正在由二维逐步形成三维的工件,能及时发现工件的缺陷并能采取改善措施,很适合教学培训。采用螺旋挤压头的熔融挤压快速成形机的挤压力大,工件的表面品质好,组织致密,力学性能优良。

　　熔融挤压快速成形的不足之处是:①对于工件截面上的孤立轮廓和较平缓的悬臂结构,也需要设计并在成形过程中制作专门的支撑结构。②工件截面的扫描运动由挤压头和工作台的 X-Y 方向的机械运动实现,从动惯量较大,因此不如光学振镜扫描快速,不宜成形大型件。

20.2.4　激光切纸快速成形

　　激光切纸快速成形(LOM,Laminated Object Manufacturing,直译为"叠层实体制造")如图 20.11 所示。激光切纸快速成形机由原材料存储及送进机构、热黏压机构、激光切割系统、可升降工作台等组成。其中,成形材料(底面涂覆热熔胶的纸)由送纸辊、导向辊及收纸辊等送进机构,将其逐步送至工作台的上方。热压辊滚过纸面时,使纸底面的热熔胶被加热融化,并借助辊子的压力实现每一层纸的黏合。激光切割系统按照计算机提取的工件横截面轮廓线,逐一在工作台上方的材料上切割出轮廓线,并将轮廓线外的废料区切割成小网格,以利在成形之后能方便地剔除废料。网格的大小根据被成形工件的形状复杂程度选定,网格愈小,愈容易剔除废料,但花费的成形时间较长。可升降工作台支承正在成形的工件,并在每层成形之后,降低一层纸的厚度(通常为 0.1～0.2 mm),以便送进、黏合和切割新的一层纸,最终形成三维工件。用这种快速成形机制作工件时,只需切割工件截面的轮廓线就可成形工件的整个截面,因此比较省时,适合制作中大型厚实的工件(特别是用做铸造木模的替代模)。

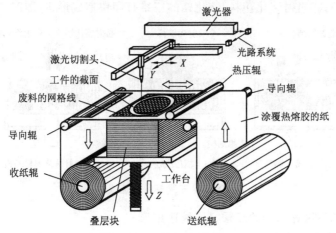

图 20.11　激光切纸快速成形

激光切纸快速成形过程如图 20.12 所示,成形结束后得到包含成形件和废料的叠层块,成形件被废料小网格包围,剔除这些小网格之后形成三维工件。显然,这种快速成形机工作时不必另外设计与制作支撑结构,废料小网格本身就能起支撑的作用。

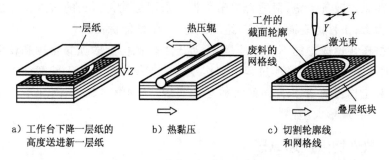

a) 工作台下降一层纸的高度送进新一层纸　　b) 热黏压　　c) 切割轮廓线和网格线

图 20.12　激光切纸快速成形过程

激光切纸快速成形也有一些不足之处,如激光器费用高、使用寿命有限等,而且剔除废料小网格比较费时、麻烦,成形的薄壁结构的抗拉强度和弹性不够好,工件易吸湿膨胀,因此对工件应尽快进行表面防潮处理。

20.2.5　三维打印快速成形

三维打印快速成形(TDP,Three-Dimensional Printing)以某种喷头作成形头,其喷头如同打印机的喷头(打印头),不同点仅在于不仅喷头能作 X-Y 水平运动,工作台还能作 Z 方向的竖直运动,而且,喷头喷射的材料不是墨水,而是黏结剂、光敏树脂、熔化塑料和熔化蜡等,因此可制作三维工件。

按照喷头喷射的材料不同,可将三维打印快速成形机分为以下三种:①铺粉和喷射黏结剂的三维打印快速成形机(图 20.13a);②喷射光敏树脂的三维打印快速成形机(图 20.13b);③喷射熔化塑料、熔化蜡的三维打印快速成形机(图20.13c)。

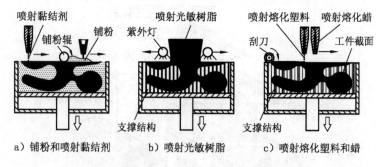

a) 铺粉和喷射黏结剂　　b) 喷射光敏树脂　　c) 喷射熔化塑料和蜡

图 20.13　三维打印快速成形

1. 铺粉和喷射黏结剂的三维打印快速成形

铺粉和喷射黏结剂的三维打印快速成形过程如图 20.14 所示。首先,铺粉装置在工作台上铺设一层粉材(图 a),喷头按照所需成形工件的截面轮廓的信息,在水平

面上沿 X 方向和 Y 方向运动,并在铺好的一层层粉料上,有选择性地喷射黏结剂(图 b),黏结剂渗入部分粉材的微孔中并使其黏结,形成工件的截面轮廓。一层成形完成后工作台下降(图 c),再进行下一层的铺粉与黏结(图 d),如此循环,直到完成最后一层的铺粉与黏结(图 e),形成三维工件(图 f)。在上述成形过程中,未黏结的粉材自然构成支撑,因此,不必另外设计和制作支撑结构,成形完成后也可免除剥离支撑结构的麻烦。此外,喷头还可喷射多种颜色的黏结剂,以便成形彩色工件。

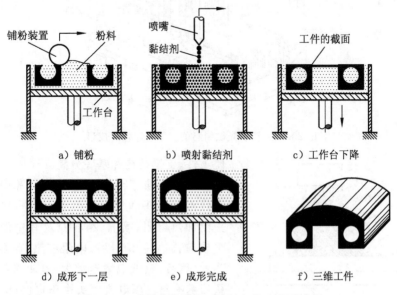

图 20.14　喷射黏结剂的三维打印快速成形过程

喷射黏结剂的三维打印快速成形常用的粉材有石膏粉、淀粉和陶瓷粉。陶瓷粉黏结成形后构成半成品,再将此半成品置于加热炉中,可使其烧结成用于精密铸造的陶瓷壳型。采用的黏结剂最好是水溶性的,例如水溶性聚合物、碳水化合物等。

2. 喷射光敏树脂的三维打印快速成形

喷射光敏树脂的三维打印快速成形的喷头有许多喷嘴(图 20.15)以及相应的供料装置,这些装置供应成形材料(加热成较低黏度的液态光敏树脂)或支撑材料(例如可加热成较低黏度的凝胶状聚合物)。喷头喷射的光敏树脂在紫外灯发出的紫外光照射下立即固化,形成工件的一层截面片。构成的凝胶状支撑结构可以在成形完成后,容易地用手清除或用喷水冲洗掉。

3. 喷射熔化塑料、熔化蜡的三维打印快速成形

喷射熔化塑料、熔化蜡的三维打印快速成形机(图 20.16)的喷头上有 2~3 个喷嘴,其中 1~2 个喷嘴喷射熔化的热塑性塑料(熔点为 90~113 ℃),用来成形工件的轮廓;另一个喷嘴喷射熔化的合成蜡(熔点为 54~76 ℃),用来支撑正在成形的工件。熔化后的热塑性塑料和蜡被喷射至工作台后能迅速固化,形成工件的轮廓层,然后用铣刀铣去高于该轮廓的部分,确保每一轮廓层的高度准确。成形完成后,可用溶液来

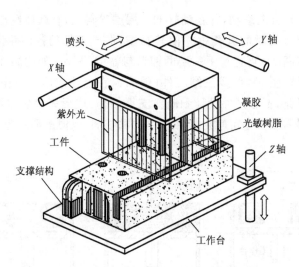

图 20.15　喷射光敏树脂的三维打印快速成形

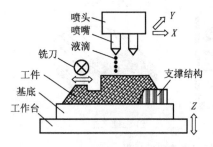

图 20.16　喷射熔化塑料、熔化蜡的
三维打印快速成形

使工件、支撑结构和基底分离。

上述三维打印快速成形机中常用的喷头有热泡式喷头和压电式喷头,其中,热泡式喷头由加热电阻、喷嘴、小容腔及其中的喷射液组成,施加喷射信号后,电阻加热,喷射液立即蒸发,然后,蒸汽泡增至最大,迫使喷射液迅速从喷嘴喷出。压电式喷头由压电晶体、喷嘴和储存喷射液的小容腔组成,需要喷射时,在压电晶体上施加一个脉冲电压,压电晶体立即发生变形,使容腔的容积迅速小,迫使喷射液喷出。

三维打印快速成形的优点是:①不用激光器,因此购置费与运行费较低;②可利用现有先进的打印机喷头,获得很高的打印分辨率,因此适合制作精细的中小件。其不足之处是,喷嘴会因喷射液中所含微粒过大或杂质沉积而发生堵塞,造成维护困难。

在上述五种快速成形技术中,工件每层截面轮廓的成形是通过成形头选择性地工作来逐步实现的,例如激光束选择性扫描、挤压头选择性挤出或喷头选择性喷射。当工件截面轮廓比较复杂时,这种成形方式比较费时。为克服这个缺陷,有些快速成形机改用掩模曝光来使整个截面轮廓层一次成形,以便提高成形效率。对应工件的每个截面层有一片光学掩模,掩模上的图形是对应截面的轮廓。掩模的制备循环(图20.17 左半部)如下:①根据工件的三维 CAD 模型,由计算机用切片软件顺序产生工件每个截面的图形(步骤 A);②使掩模的玻璃底板上图形对应部位充电(步骤 B);③将色粉转移至底板已充电的部位,图形显影(步骤 C),构成掩模;④掩模被移至曝光工位,用紫外光照射(步骤 D);⑤擦除掩模的玻璃底板上原有的图形,为下一次充电作准备(步骤 E)。重复上述步骤可以顺序得到工件各截面层对应的掩模。

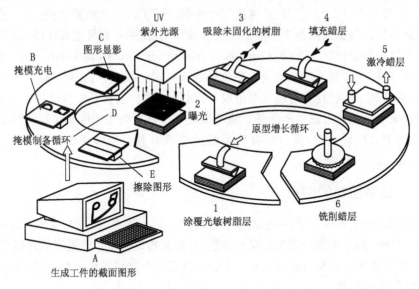

图 20.17　掩模的制备及掩模曝光快速成形过程

　　掩模曝光快速成形过程(图 20.17 右半部)如下:①在工作台上涂覆光敏树脂层(过程 1);②将第一片掩模移至曝光工位,紫外光通过掩模投射至涂覆的光敏树脂层上,使相应工件截面轮廓的部分迅速固化(过程 2);③用清除器产生的真空吸除工件上未曝光固化的树脂(过程 3),使这些区域成为凹腔;④用水溶性液态石蜡填充上述凹腔(过程 4);⑤激冷填充的蜡层,使其固化(过程 5);⑥铣削已固化的蜡层,使其具有平整一致的层厚(过程 6);⑦重复上述过程,顺序用第二片、第三片……掩模曝光,使一层层树脂层相应工件截面轮廓的部分迅速固化,直到工件成形完成,然后,从快速成形机上取下带填充蜡的工件,用溶解法清除填充蜡,得到所需的工件。

20.3　快速制模技术

　　模具的开发是制约新产品开发的瓶颈,要缩短新产品的开发周期、降低新产品的成本,必须首先缩短模具的开发周期,降低模具的成本,使模具更结实、耐用。传统的机械加工是制作模具的常见方法,但不能完全适应快速开发新产品的需要,突出的问题是周期长、费用高,因此,近十几年来出现了快速模具及其制造新工艺——快速制模,它不同于过去所说的"简易模",是一种全新的概念、全新的方法。

　　快速制模(RT,Rapid Tooling)是指用快速成形(RP)工艺或用快速成形件与相应的后续工艺来快速制作模具,它与 RP 有密切的联系,RT 技术的出现在很大程度上取决于 RP 技术与新材料的发展。目前,用上述方法制作的模具可按其能生产的工件数量(即使用寿命)分为试制用模(快速软模,Soft Tooling)、快速批量生产模,以及介于两者之间的快速过渡模(Bridge Tooling)。

其中,快速软模最常见的是室温硫化硅橡胶模,这种模具可用来浇注反应塑料件,使用寿命为 10～20 件左右(具体使用寿命取决于工件形状的复杂程度)。过渡模能在试制用软模与正式批量生产模之间起过渡作用,使用寿命可达几百件,其中最常见的是铝填充环氧树脂(CAFE,Composite Aluminum-Filled Epoxy)模,它是利用快速成形的母模,在室温下浇注铝填充环氧树脂而构成的模具。这种铝填充环氧树脂由铝粉、黏结剂(环氧树脂)与固化剂组成,可制作浇注反应成形塑料件的模具,也可制作注射成形机的注射成形的模具。快速批量生产模导热性比传统钢质注射成形模更好,能用于大批量生产,其中最有代表性的是具有共形冷却道的镍壳-铜层-背衬模,即 Express Tool 模。

20.3.1　硅橡胶模的结构

硅橡胶模的结构较简单,一般由上下(或左右)两个半模、浇道与排气孔组成(图 20.18)。其中,两个半模分别为凸模和凹模,并由其构成模腔。分模面的外侧面为波浪形,以便两个半模合模时能彼此良好定位。浇道用于浇注成形材料,排气孔用于排除浇注材料中的气体。

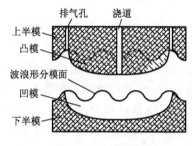

图 20.18　硅橡胶模

对于浇注复杂形状塑料件的硅橡胶模,为便于浇注后脱模,有时需将硅橡胶模分成两个主要的半模,外加若干小模块,为便于充满成形材料,除了主浇道之外,有时还需设置辅助浇道与横浇道。

硅橡胶模能用于室温下聚氨酯件的浇注反应成形。反应成形聚氨酯又称为反应成形塑料,它的原材料通常是液态双组分材料,其中一个组分是树脂(如多元醇),另一个组分是固化剂(如异氰酸酯),在多元醇组分中还包含有催化剂、扩链剂及其他助剂。将这两个组分按一定的比例加以混合,并在室温下浇注到成形模具内,能迅速(几十秒至几分钟内)完成固化反应,10～40 min 内能脱模,然后在 80 ℃下经几小时保温,可完全固化成高性能的塑料件。

20.3.2　制作硅橡胶模的材料

制作硅橡胶模的材料有室温硫化硅橡胶(RTV)与高温硫化硅橡胶(HTV)两种,常用的是室温硫化硅橡胶。

按照使用工艺,室温硫化硅橡胶可分为单组分和双组分两种,一般多用双组分室温硫化硅橡胶制作模样。制作时将有机硅生胶和交联剂或催化剂分开包装,使用时按一定配比混合后,因催化剂的作用发生交联反应而固化,所以固化与环境无关。双组分室温硫化硅橡胶的优点是固化时不放热,收缩率很小,无内应力,固化可在内部和表面同时进行,能深部固化。

　　按硅橡胶的硫化机理,室温硫化硅橡胶又可分为缩合型和加成型。双组分缩合型室温硫化硅橡胶是最常见的室温硫化硅橡胶之一,它在室温下要达到完全固化需要 24 h 的时间,但在 150 ℃的温度下只需要 1 h。通常两个组分有不同的颜色,因此,可直接观察到两种组分的混合情况。加成型硅橡胶具有固化速度较快、能在任意深层固化的特点,可以室温固化,也可以高温固化,并可以表层和深层同时固化,使用广泛。

　　高温硫化硅橡胶由相对分子质量较大的有机硅生胶加入补强填料和其他添加剂组成,采用有机过氧化物为硫化剂,再经高温加压固化成形。这种硅橡胶比室温硫化硅橡胶有更好的性能,其硬度可达 55～75 HSA,抗压强度可达 12～62 MPa,工作温度可达 150～500 ℃,可以用做锌合金的离心铸造模具。

20.3.3　硅橡胶模制作工艺

　　快速制作硅橡胶模的主要步骤包括母模成形、浇注装配体的制备、硅橡胶浇注、后固化和切割分模处理等。其中,母模应考虑所浇注材料的收缩率,母模可用快速成形或 CNC 机床切削而成。浇注装配体由定位于其中的母模、浇道棒与模框等构成(图 20.19),浇道棒的上下两端分别用快干胶水黏结在定位条与母模上,并使母模下表面与模框底板的上表面之间有足够的间距。浇道棒用于产生随后浇注塑料件的浇道。

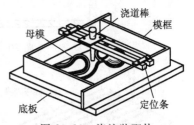

图 20.19　浇注装配体

　　浇注硅橡胶模的设备通常是真空浇注机,它由真空室、浇注系统和控制系统等构成。其中,浇注系统(图 20.20)包括 A 杯与 B 杯。B 杯中有混合器,它由搅拌叶片及其驱动电动机构成。真空浇注机有两个主要用途:其一是在制作硅橡胶模时,在浇注硅橡胶之前,将预先混合的液态材料(硅橡胶生胶与固化剂)置于真空浇注机的真空室中,排除液态材料中混入的空气或湿气,避免在浇注件中出现气泡,并且在浇注之后,排除已浇注成形的硅橡胶模中的空气;其二是在用硅橡胶模制作反应塑料件时,真空浇注机的 A 杯与 B 杯分别用于加入液态固化剂和树脂(图 20.20a)。A 杯可以转动一定的角度,以便将其中的一种液态材料注入 B 杯中。混合器用于搅拌 B 杯中的两种液态材料,充分搅拌后,B 杯可以转动一定的角度(图 20.20b),以便在真空环境下,将其中已混合的液态材料通过漏斗注入下部的模具中,形成反应塑料件。

　　由于真空浇注机的真空室的内腔空间尺寸有限,而且多数浇注装配体的尺寸又较大,因此在制作硅橡胶模时,通常在真空浇注机之外浇注已预混并排气的液态材料(硅橡胶生胶与固化剂),然后,立即将已注入液态材料的浇注模置于真空浇注机中排气。

　　为使已浇注的硅橡胶模中的液态材料完全固化,还需将其置于烘箱中进行后固化。烘箱的温度通常设置为 40～45 ℃,后固化时间通常为 4～12 h。

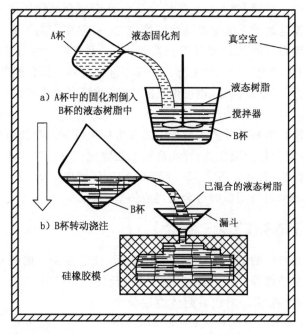

图 20.20　硅橡胶模的浇注系统

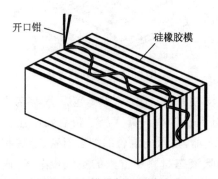

图 20.21　描绘与切割波浪线

从烘箱中取出已固化硅橡胶模,进行切割分模处理,使其成为两个半模。为此拆除浇注模的模框,去除硅橡胶模四周的毛边。用记号笔在模具表面沿分模面描绘一条波浪线(图 20.21),用手术刀沿波浪线切开硅橡胶模,然后取出母模和浇道棒,便可得到两个半模。

切开硅橡胶模后,对于浇注反应塑料件时可能出现气泡的模具,在其相应部位需设置排气孔或排气槽,以便使浇注的塑料填满整个模腔。在成形件的薄、高和柱状部位,特别需要设置排气孔,排气孔应平行于浇道。通常,排气槽开在分模面处。

20.3.4　硅橡胶模的特点

1. 硅橡胶模的优点

(1)结构较简单,制作周期短　通常,能根据工件的 CAD 文件,在几天内提供硅橡胶模以及用硅橡胶模制作的塑料件,与传统金属模注射成形工艺相比,能缩短试制周期 90% 以上。

(2)成本低　与 CNC 机床加工的金属模相比,硅橡胶模的制作费用低得多,一般只有金属模的几分之一。

（3）弹性好，工件易于脱模　在传统的金属模中，通常需要设置脱模斜度。用硅橡胶模制作工件时，由于模具有足够的弹性，不必设置脱模斜度往往就能顺利脱模，从而可大大简化模具的设计。

（4）复印性能好　硅橡胶有优良的复印性能，可良好地再现母模上的细小特征，基本不会损失尺寸精度。

（5）能用于在室温下浇注高性能的聚氨酯塑料件　不必采用金属模和热注成形机，利用硅橡胶模就能在室温下反应成形高性能聚氨酯塑料件。这种成形的聚氨酯材料有 ABS、PP/PE、橡胶、透明材料等四大类，其性能已达到工程塑料的性能。

2. 硅橡胶模的不足之处

（1）不能用于注射成形　注射成形时有较高的注射压力，而一般的室温硫化硅橡胶模较软，注射时会有明显的变形。

（2）导热性较差　硅橡胶的导热性较差，因此，用这种材料制作的模具加热升温缓慢，如果模具达不到所要求的温度，往往会使浇注的反应成形塑料件品质低劣。

（3）使用寿命不长　对于无尖锐边缘、无薄壁、无高宽比较大的凸台的简单形体，用硅橡胶模可浇注 30~50 件；对于有一些尖锐边缘的、比较复杂的形体，用硅橡胶模可浇注 15~30 件；对于有许多尖锐边缘、伸展薄壁，以及高宽比较大的销柱或凸台的高复杂形体，用硅橡胶模通常仅能浇注 10~15 件。浇注件数超过一定量后，硅橡胶模的某些部分可能有撕裂或局部损伤，因此，一般的室温硫化硅橡胶软模最好浇注 10~20 件。

硅橡胶模很适合于塑料件的试制，在家电、汽车、摩托车、仪器仪表、玩具等制造行业获得了广泛的应用。此外，在真空浇注机上，还可将其普通的塑料 B 杯（即其中安装混合器的杯子）更换为金属电热杯，用于熔化和浇注熔模铸造用蜡。借助调节真空浇注机控制面板上的温控器的温度设定值，可以根据加入电热杯中蜡块（蜡粒）的熔点，选择电热杯的加热温度（一般为 90 ℃）。蜡块（蜡粒）熔化后，使电热杯旋转，熔化蜡可注入真空室下部的硅橡胶压型中，构成熔模铸造用蜡模。

20.4　快速成形技术的应用与发展

快速成形技术是近 20 年来制造领域的一项突破性进展，它在成形原理上与传统方法迥然不同，可以显著缩短产品开发周期，降低成本，提高企业的竞争力，因此在许多领域中获得了广泛的应用（图 20.22）。

20.4.1　快速成形技术在工业中的应用与发展

1. 应用

1）产品的外观评价

新产品的研发往往是从外形设计开始的，外形是否美观实用，是现代产品极为重要的一个评价指标。为此，设计师必须首先进行概念设计，画出产品的二维或三维草

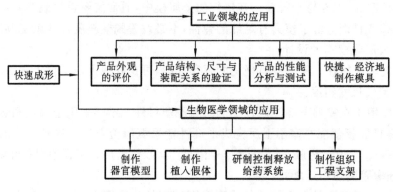

图 20.22　快速成形技术的主要应用

图,再通过 CNC 机床和手工加工制作原型件(即样品,俗称手板或首板),并根据这种原型件来评价产品的外观。有些急于投放市场的产品由于时间仓促,或形状太复杂、缺乏原型件制作手段等原因,甚至只好直接根据初始设计进行批量生产,而无法预先评价外观并进行修改。

采用快速成形技术能及时、方便地制作原型件,特别是形状复杂的原型件,与 CNC 机床和手工加工相比,原型件的形状愈复杂,快速成形的优势愈明显,从而为新产品的外观评价能提供十分优越的条件。

2) 产品结构、尺寸与装配关系的验证

通常,一个产品是由若干个零部件构成的,决定产品性能的因素不仅仅是零部件本身的结构与尺寸,而且还包括它们之间的配合关系,因此,设计者迫切希望在产品正式生产之前,尽早地发现并纠正零部件的结构、尺寸和装配关系上的错误。

用快速成形机制作原型件不需要传统的机床与工模具,这些原型件既可用来检验零部件本身的结构与尺寸,也可用来检验彼此的装配关系,从而能在设计初期及时发现与纠正错误,显著缩短研发周期,减少或避免返工,提高产品性能。

3) 产品的性能分析与测试

快速成形件可用于产品的性能分析与测试,如有限元分析、应力测试、空气动力学测试等。

4) 快捷、经济地制作模具

利用快速成形技术可以制作试制用模(快速软模)、快速过渡模和快速批量生产模,这些模具在铸造生产与塑料成形中得到了众多的应用,例如:在铸造生产中,制造木模的替代模、熔模铸造用的蜡模,直接烧结覆膜砂得到砂型等;在浇注反应成形中制作硅橡胶模塑料件,在注射成形中制作镍壳-铜层-背衬模等。镍壳-铜层-背衬模是先在快速成形的母模表面电铸镍壳,然后设置共形冷却道,再电镀铜层,并浇注背衬而构成(图 20.23)。

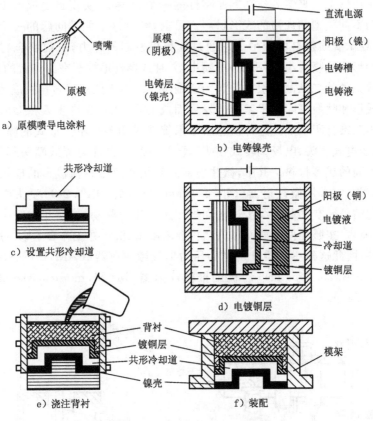

图 20.23　制作镍壳-铜层-背衬模

2. 发展

1）功能原型件的直接自由成形

　　经过多年的持续努力,实现自由成形工艺的机器已有激光固化（SLA）、激光烧结（SLS）、熔融挤压（FDM）、激光切纸（LOM）和三维打印（TDP）等多种商品化的快速成形机。在这一时期,快速成形机的研制者主要致力于提高成形件的精度。从结果来看,工件精度确实有了长足的进步,但是还难以达到切削加工的水平,特别是所能适用的材料类型和规格有限。现有快速成形机直接制作的原型件大多数还只能用做形体观测的样品,其力学性能、电气性能等与真实产品的要求相比还有很大的差距,只有少数成形件(如激光烧结的蜡模、覆膜砂型(芯)等)的功能可替代相应的真实产品。

　　为克服上述局限性,一些高等院校及研究机构在近几年为此进行了全新的探索,它们的研究方向不再局限于提高自由成形原型件的精度,而是使直接成形的原型件不仅形体结构与真实产品相似,而且机械、电气、光学等物理性能也相似。虽然其尺寸精度尚不能完全达到真实产品的要求,但是可用于产品功能的测试。

　　用自由成形工艺直接制作功能原型件的一个关键是:实现自由成形工艺的机器必须能采用不同类型和规格的成形材料。目前,解决这个关键问题的一个有效途径是,采用三维微滴喷射自由成形。它通过计算机控制的外力,迫使流态材料以微滴(或液流)的形式从喷头小孔(喷嘴)中喷出,并且选择性地沉积在工作台的基材上,从而逐步构成工件的二维截面层并叠加为三维实体。由于微滴喷射自由成形是在三维打印快速成形和喷墨打印技术基础上发展而成的,因此现在许多人将微滴喷射自由成形统称为三维打印成形。这种快速成形系统能采用多个不同形式的喷头,例如热泡式喷头、压电式喷头、电场偏转式喷头、阀控式喷头、微注射器式喷头等,并用这些喷头喷射不同的成形材料。其中,微注射器式喷头在三维自由成形的应用方面有十分诱人的前景,它采用微注射器(Microsyringe)作喷头(图20.24),喷头中的活塞由计算机控制的压缩空气或直线步进电动机产生的压力驱动,迫使注射筒中的流态材料由针头(喷嘴)按照工件薄截面层的结构要求喷出、沉积在工作台上,并逐层叠加为三维成形件,因此这种注射器分别称为压力助推微注射器(PAM,Pressure Assisted Microsyringe,图 20.24a)和电动机助推微注射器(MAM,motor assisted microsyringe,图 20.24b)。

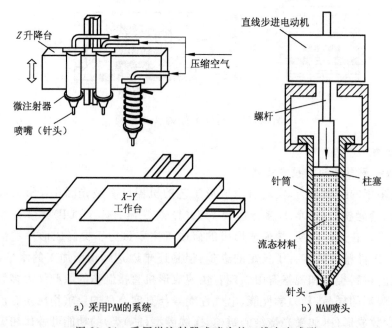

a) 采用PAM的系统　　　　　　　　　　　　b) MAM喷头

图 20.24　采用微注射器式喷头的三维自由成形

　　采用微注射器式喷头的优点如下。①喷射力大。与热泡式喷头和压电式喷头相比,这种微注射器的喷射力大得多,因此,对相同的喷嘴内径而言,能喷射黏度更大的材料。②适用材料广泛。可采用多个喷头同时喷射有机或无机流态材料如溶液(水溶液、溶剂溶液)、胶体、悬浮液、浆料、熔融体等,并无须将材料预制成特定的形式和规格。③流态材料中可含大量的固相微粒而不易堵塞。通常,采用热泡式喷头和压电式喷头时,流态材料中所含固相材料的容积不能超过 5％;采用微注射器时,所含固相材料的容积可达 40％～55％。④可方便地改变助推气压或步进电动机的转速,从而改变喷射的材料流量,获得变化的材料含量与微孔。

由于微注射器式喷头有上述优点,因此采用这种喷头的三维自由成形系统已成功地用于多个方面。①电子功能器件的试制,例如印制电路板、场效应晶体管(FET)、固态继电器、微型电感线圈、射频识别(RFID)电子标签、有机电致发光显示器(OLED)、电子定时器、锌空气电池和制动器等的成形。②功能梯度材料结构的研制。③要求多微孔的三维结构件的成形,例如生物医学中的组织工程用支架的成形。功能梯度材料是一种新型非均质复合材料,它由多种材料组成,其构成的局域要素(组分的组成与分布、微结构、孔隙率、物性参数)可控,并且由一侧向另一侧呈连续梯度变化,导致材料的性质和功能也相应呈梯度变化,从而能充分满足成形件各部位不同的特性要求,并使多种材料结合界面不明显,缩小或避免因结合部位的性能不匹配因素造成的不利影响(如热应力过大、弹性模量差别过大使应力过大并产生破裂和失效)。由于功能梯度材料有上述优良性能,所以在航空航天器件和医疗植入体制作等方面,采用微注射器式喷头的三维自由成形系统有非常重要的应用前景。

2) 低价位、普及型自由成形系统

随着三维自由成形的优点日益显现,人们已不满足于将其仅用于工业领域,而希望能像普通打印机那样进入办公室和家庭。实现这个目标的一个主要障碍是,快速成形机的售价目前仍然太高(一般为十几万或几十万元人民币)。因此不少制造公司正致力于发展低价位普及型自由成形系统。可以预言,普及型自由成形系统的大量出现将是必然的趋势。

20.4.2　快速成形技术在生物医学中的应用

快速成形技术的应用起始于工业领域,但是随着技术的发展,它在生物医学领域的应用日益扩展,这主要表现在以下几个方面。

1. 与 CT/MRI 扫描构成配套的医用影像设备

利用 CT/MRI 扫描的图像信息,快速成形成形机可以直接制作人体器官的实体模型,十分有利于医生准确判断病人的病情和确定医治方案(特别是外科手术),因此,快速成形机很可能成为与 CT/MRI 扫描设备配套的必备医用影像设备。

目前,我国的 CT/MRI 扫描设备拥有量十分可观,甚至县级医院都配置了这些扫描设备,因此即将配套的快速成形机也必然有很大的市场需求。

2. 广泛制作个性化植入假体

自由成形工艺适合制作形状复杂而且不规则的物件,因此,非常适用于植入假体的制作,特别是个性化植入假体,这种假体与标准系列产品相比有明显的优势,随着其成本的降低和制作效率的提高,势必会愈来愈多地得到推广。预计可能率先采用这项技术的是义齿（假牙）的制作——用三维微滴喷射成形工艺直接成形个性化蜡模、陶瓷模，从而精密铸造特定病人所需的金属修复体（如钛金属基托、支架、冠桥等），免除传统用磷酸盐包埋材料铸造所需的烦琐工序。

3. 为危重疾病研制、生产控制释放给药系统

控制释放给药系统能控制药物释放的时间、位置和速率，改善药物在体内的释放、吸收、分布代谢和排泄过程，从而延长药物作用，减少药物不良反应，这对于危重疾病（如癌症、心血管疾病、哮喘等）有很重要的意义。有关研究证明，借助快速成形机能方便、有效地制作具有药物成分呈梯度分布的控制释放给药系统，可以预见，随着研究工作的进一步深入，采用三维微滴喷射自由成形工艺，为危重疾病的医治正式生产控制释放给药系统的日子即将来临。

4. 成为制作组织工程用支架的重要手段

组织工程可直接制作生物活性植入体，例如活性骨，它可用于置换因疾病造成的骨骼缺损或畸形，因此已成为一项极为重要的研究方向，其中一个技术关键是如何制作具有复杂微孔结构的三维支架。从目前情况看，虽然有很多种制作支架的方法，但是研究证明，用快速成形机制作支架有独到的优势，必将成为支架制作的一种重要手段。

复习思考题

（1）快速成形的基本原理是什么？它与传统的切削加工有何根本区别？

（2）快速成形集中体现了哪些先进技术？

（3）工件的三维计算机模型文件的建立有哪些方法？

（4）为何需要对三维模型文件进行近似处理？在快速成形中最常用的近似处理方法是哪种？

（5）为何需要对三维模型文件进行切片处理？

（6）试述激光固化快速成形和三维打印快速成形的基本原理。

（7）快速制模指的是什么？它是传统的简易模吗？

（8）试述硅橡胶模的制作步骤与特点。

（9）快速成形技术在工业中有哪些主要应用？

（10）快速成形技术在生物医学中有哪些主要应用？

（11）你认为快速成形技术的发展前景如何？

第 5 篇
材料成形技术的选择

第 21 章

常用材料成形技术分析

21.1 材料成形技术的确定程序及选择原则

每个零件从设计到制造一般需要经历的流程如图 21.1 所示。

对成形技术及材料进行经济性分析比较，并最后选定具体的成形技术	按设计的技术要求进行检验、验收
⇓	⇑
对零件进行工艺设计，绘制相应的成形工艺图或施工结构图，制订详细的工艺文件	按所选材料及成形技术进行制造
⇓	⇑
根据零件的材料、尺寸、结构及批量等，选择零件的成形技术	根据零件的工况及性能要求选择零件的材料，并进行力学性能校核计算，确定零件的尺寸
⇓	⇑
对产品进行结构工艺性分析，对材料的工艺性能进行可行性分析 ⇒	根据用户对零件提出的使用(或功能)要求、产品的工作条件及失效方式等，设计零件结构草图

图 21.1 零件从设计到制造所经历的流程

材料成形技术的选择原则是高效、优质、低成本，即应在规定的完成期限内，经济地生产出符合技术要求的产品，其核心是产品品质。必须指出，设计者所要求实现的成本预算是以生产合格产品为基础的，如果所选择的成形工艺方法虽然很经济，但导致了更多废品的出现，那么，原来所估算的经济效益和完成期限也就无法实现了。为了避免出现这种情况，选择合适的成形技术，设计者应深入生产实际，多与现场工艺及施工人员配合，综合考虑各方面的因素。

21.2 材料成形技术的选择依据

21.2.1 产品材料的性能

一般而言,当产品的材料选定以后,其成形技术的类型就已大致确定了。例如,产品为铸铁件,应选用铸造成形;产品为金属薄板件,应选用冲压成形;产品为 ABS 塑料件,应选用注射成形;产品为陶瓷件,应选用相应的陶瓷成形技术;等等。然而,在选择成形技术中还必须考虑材料的各种性能,如力学性能、使用性能、工艺性能及某些特殊性能。

1. 材料的力学性能

例如,材料为钢的齿轮零件,当其力学性能要求不高时,齿轮坯件的制造可采用铸造成形,而力学性能要求高时则应选用塑性成形。

2. 材料的使用性能

例如,若选用钢材模锻成形技术制造小轿车、汽车发动机中的飞轮零件,由于轿车转速高,要求行驶平稳,在使用中不允许飞轮锻件有纤维外露,以免产生腐蚀,影响其使用性能,故不宜采用开式模锻成形,而应采用闭式模锻成形。这是因为,开式模锻只能制造出带有飞边的飞轮锻件,在随后进行的切除飞边修整工序中,锻件的纤维组织会被切断而外露;而闭式模锻制造的锻件没有飞边,可克服此缺点。

3. 材料的工艺性能

材料的工艺性能包括铸造性能、锻造性能、焊接性能、热处理性能及机械加工性能等。例如易氧化和吸气的非铁金属材料的焊接性差,宜选用氩弧焊,而不宜选用普通的手弧焊。又如聚四氟乙烯塑料,尽管它也属于热塑性塑料,但因其流动性差,故不宜采用注射成形,而只宜采用压制加烧结成形。

4. 材料的特殊性能

材料的特殊性能包括材料的耐腐蚀、耐磨、耐热、导电或绝缘性能等。如耐酸泵的叶轮、壳体等零件,若选用不锈钢制造,则只能用铸造成形;如选用塑料制造,则可用注射成形;如要求其既耐蚀又耐热,那么就应选用陶瓷制造,并相应地用注浆成形。

21.2.2 产品的生产类型

对于成批、大量生产的产品,可选用精度和生产率都比较高的成形技术。虽然这些成形技术的工艺装备制造费用较高,但这个投资可以由单个产品成本的降低来补偿。如大量生产锻件,应选用模锻、冷轧、冷拔及冷挤压成形等;大量生产非铁合金铸件,应选用金属型铸造、压力铸造及低压铸造成形等;大量生产 MC 尼龙件,宜选用注射成形。而单件、小批生产这些产品时,可选用精度和生产率均较低的成形技术,如自由锻造、砂型铸造与机械加工联合的成形技术。

21.2.3　产品形状的复杂程度及尺寸精度要求

1. 产品形状的复杂程度

形状复杂的金属件,特别是内腔形状复杂件,如箱体、泵体、缸体、阀体、壳体、床身等可选用铸造成形;形状复杂的工程塑料件多选用注射成形;形状复杂的陶瓷件多选用注浆成形或热压铸及等静压成形;而形状简单的金属件可选用塑性成形、焊接成形,亦可选用铸造成形;形状简单的工程塑料件可选用中空成形、挤出成形或模压成形;形状简单的陶瓷制件多用模塑成形。

2. 产品的尺寸精度要求

若产品为铸件,尺寸精度要求不高的可采用普通砂型铸造,而尺寸精度要求较高的,则依铸造材料或批量的不同,可选用熔模铸造、气化模铸造、压力铸造及低压铸造成形等。若产品为锻件,精度要求低的多采用自由锻造成形,而精度要求较高的则选用模锻成形、挤压成形等。若产品为塑料件,精度要求低的多选用中空成形,而精度要求高的则选用注射成形。

21.2.4　现有生产条件

现有生产条件是指生产产品的设备能力、人员技术水平及对外协作可能性等。例如生产重型机械产品时(例如万吨水压机),在现场没有大容量的炼钢炉和大吨位的起重运输设备的条件下,常常选用铸造与焊接联合成形,即首先将大件分成几小块铸造,再用焊接拼焊成大铸件。

又如车床上的油盘零件(图 21.2),通常是用薄钢板在压力机下冲压成形,但如果现场条件不具备,则应采取其他成形技术,如:

① 当现场没有薄板材料,也没有大型压力机对薄板进行冲压时,就不得不采用铸造成形(铸件壁厚应比冲压件厚);

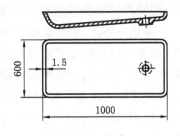

图 21.2　油盘

② 当现场有薄板,但没有大型压力机对薄板进行冲压时,就需要选用经济可行的旋压成形。

21.2.5　利用新工艺、新技术和新材料的可能性

随着工业市场需求的日益增大,用户对产品品种和品质更新的欲望愈来愈强烈,生产性质由成批、大量变为多品种、小批量,因而扩大了新工艺、新技术和新材料应用的范围。为了缩短生产周期,更新产品类型及品质,在可能的条件下应大量采用精密铸造、精密锻造、精密冲裁、冷挤压、液态模锻、超塑成形、注射成形、粉末冶金、陶瓷等

静压成形、复合材料成形及快速成形等新技术,并采用相应的新材料。采用少无余量成形,可使零件近净形化,从而显著提高产品品质和经济效益。

除此之外,为了合理选用成形技术,还必须对各类成形技术的特点、适用范围及与成本和产品品质的因素有比较清楚的了解。

21.3　主要成形技术的特点

21.3.1　金属的铸造成形

铸造是一种历史悠久的金属液态成形技术,六千多年前我国就铸造了青铜宝剑。今天,铸造已是第五大工业领域,年产数千万吨铸件。如果没有铸造成形技术,汽车、家用器具、机械设备等的价格一定会变得很高。它应用如此广泛的原因在于它是液态金属充填型腔成形,适用性强。它具有下列特点。

① 可铸出各种形状复杂,特别是内腔形状复杂的铸件。

② 铸件的大小和所用的金属材料几乎不受限制。可以生产小到几克的纽扣,大到 300 t 的轧钢机架,不论是钢铁还是非铁合金,都可用铸造成形,其中应用最广的铸铁,则只能铸造成形。

③ 铸造成本较低。大多数铸造原材料价格便宜,来源较广泛,可以大量利用废料重熔、重铸,且不需昂贵的设备;铸件形状与零件最终形状又较接近,可以节省大量金属材料和加工工时。

④ 铸件的力学性能,特别是抗冲击性能较低。一般,铸造合金的内部组织晶粒较粗大,铸造生产的工艺复杂,影响铸件品质的因素多,铸件容易产生缺陷,废品率高,故铸件的力学性能不如锻件和焊件,不宜作为承受较大冲击动载荷的零件。

据以上特点,铸造成为金属材料成形优先选用的技术。凡是要求耐磨、减振、价廉、必须用铸铁制造的零件(如活塞环、汽缸套、汽缸体、机床床身、机座等),以及一些形状复杂、用其他方法难以成形的零件(如各类箱体、泵体、叶轮、燃气机涡轮等),几乎只能用铸造成形。按质量计算,在机床、内燃机等机械中,铸件占 70%~90%;在拖拉机中,铸件占 50%~70%;在农业机械中,铸件占 40%~70%。铸件中的 80% 是铸铁件,而且绝大部分是用砂型铸造生产的。随着材料科学与铸造工艺的不断发展,一些传统用金属塑性成形工艺生产的零件,如曲轴、连杆、齿轮等,也逐渐由球墨铸铁件所取代。

在特定的生产条件下,除砂型铸造以外的其他铸造成形技术,如金属型铸造、压力铸造、低压铸造、离心铸造、熔模铸造及气化模铸造等,在提高生产率、获得尺寸精确、表面光洁的铸件方面优于砂型铸造,更适用于少无切削的发展方向,是生产近净形铸件时应选择的成形技术。

铸造成形技术的选用如表 21.1 所示。

表 21.1　铸造成形技术的选用

		砂型铸造	金属型铸造	离心铸造	熔模铸造	低压铸造	压力铸造
零件	材料	任意	铸铁及非铁金属	以铸铁及铜合金为主	所有金属,以铸钢为主	以非铁金属为主	锌合金及铝合金
	形状	任意	用金属型芯时,形状有一定限制	以自由表面为旋转面的为主	任意	用金属铸型与金属型芯时,形状有一定限制	形状有一定限制
	重量/kg	0.01~300 000	0.01~100	0.1~4 000	0.01~10 (100)	0.1~3 000	<50
	最小壁厚/mm	3~6	2~4	2	1	2~4	0.5~1
	最小孔径/mm	4~6	4~6	10	0.5~1	3~6	3(锌合金) 0.8(铝合金)
	致密性	低,中	中,较好	好	较好,好	较好,好	中,较好
	表面质量	低,中	中,较好	中	中,好	较好	好
成本	设备成本	低(手工),中(机器)	较高	较低,中	中	中,高	高
	模具成本	低(手工),中(机器)	较高	低	中,较高	中,较高	高
	工时成本	低(手工),中(机器)	较低	低	中,高	低	低
生产条件	操作技术	高(手工),中(机器)	低	低	中,高	低	低
	工艺准备时间	几天(手工),几周(机器)	几周	几天	几小时~几周	几周	几周~几月
	生产率/(件/(型·h))	<1(手工)~中批(机器)	5~50	2(大件)~36(小件)	1~1 000	5~30	20~200
	最小批量/件	1(手工),20(机器)	1 000	10	10(手工),1 000(机器)	100	10 000
	产品举例	机床床身,缸体,带轮,箱体	铝活塞,铜套	缸套,污水管	汽轮机叶片,成形刀具	大功率柴油机活塞,汽缸头,飞轮壳	汽车、摩托车、电机、散热器,水泵零部件

21.3.2　金属的塑性成形

　　用塑性成形技术制造的金属零件,其晶粒组织较细,没有铸件那样的内部缺陷,其力学性能优于相同材料的铸件。所以,一些要求强度高、抗冲击、耐疲劳的重要零件多采用塑性成形。但与铸造成形相比,塑性成形一般难以获得形状复杂,特别是一些带复杂内腔的零件。常用金属塑性成形的特点及应用概括如下。

1. 自由锻造成形

自由锻造成形适用于单件、小批生产形状简单的锻件,如光轴、阶梯轴、齿轮坯、齿圈、刀杆、吊钩及一些筒类零件,质量从百余克到几百吨。其中单件生产选用手工自由锻造,中小件批量生产选用机器自由锻造。自由锻造的缺点是锻件精度不高,表面粗糙度高,某些凹挡部位不能锻出(须用余块填补),故加工余量大,消耗金属多,而且生产率低,劳动强度大,锻造大型件时,还需用巨型水压机。尽管如此,但它是生产重型锻件的唯一方法,故目前在重型机器制造业中,自由锻造仍占有一定的地位。

2. 模锻成形

模锻成形是将金属材料在锻模模膛内产生塑性变形而获得模锻件,因而模锻件的尺寸较精确,表面光洁,可节约金属、减少材料和机械加工成本;由于模锻件的纤维分布合理(沿模膛分布),故锻件的强度高,耐疲劳性能好,使用寿命也较长。但模锻成形需要专用的模锻设备,且锻模要用昂贵的模具钢制造,模膛加工又困难,故模锻成形的成本高,只适合成批、大量生产时选用。同时,模锻件是在锻模模膛内整体变形;变形抗力大,因受模锻设备吨位的限制,故模锻成形一般只适用于 150 kg 以下的锻件。另外,为了使金属易于充满模膛,模锻件的形状也有一定限制,如不应有薄壁、高肋、多孔和深孔等。

锤上模锻成形的生产率高,主要用于汽车、拖拉机、风动机械及军工产品中一些受力复杂的中小件,其中,曲轴、连杆、齿轮坯是锤上模锻件的典型锻件。

曲柄压力机、摩擦压力机上模锻成形,除适用于杆类、轴类、饼类零件外,还适用于一些锤上模锻所不能成形的局部镦粗件及一端带法兰的不通孔零件。

平锻机上模锻成形的锻件具有两个相互垂直的分模面,易于取出,模膛的斜度小,锻件精度较高。它适于锻造一端镦粗的长杆件(如汽车半轴及进、排气阀)、带法兰的通孔或不通孔件,以及需要两个相互垂直分模面的锻件,如两端带法兰的通孔件等。

此外,还有精密模锻、闭式模锻等先进的成形技术,它们可以使锻件的几何形状、尺寸精度和表面品质符合设计要求,与开式模锻相比,可大大提高金属材料的利用率和锻件精度。

3. 挤压成形

冷挤压是一种生产率高的少无切削加工新技术。挤压件尺寸精确,表面光洁,常具有薄壁、深孔、异形截面等复杂形状,一般不需再进行机械加工,可节约大量金属材料和加工工时。此外,由于挤压过程的加工硬化作用,零件的强度、硬度、耐疲劳性能都有显著提高。而且,挤压时金属在三向压应力状态下变形,有利于改善金属的塑性,因此,不但塑性良好的铜合金、铝合金、低碳钢可以挤压成形,其他中、高碳量的碳素结构钢、合金结构钢、工具钢、奥氏体不锈钢也都可以挤压成形。目前受挤压设备吨位的限制,挤压件的质量一般还只限于 30 kg 以下。为了增大挤压变形量,简化工序,提高生产率与解决设备吨位不足的困难,也可将金属加热到 $100 \sim 800$ ℃之间进行温挤压和热挤压成形,但所得产品的精度与表面品质不如室温下的冷挤成形件好。

目前,挤压成形已广泛用于汽车、拖拉机、风动机械以及一些军工零件与自行车、缝纫机零件的生产。

4. 冷冲压成形

冷冲压成形在室温下进行,主要用来冲压厚度 6 mm 以下的、塑性良好的金属板料、条料和一些非金属材料,如塑料、石棉、硬橡胶板材等。用冷冲压成形技术可以制出形状复杂、质量小而刚度好的薄壁件,其表面品质好,尺寸精度满足一般互换性要求,而不必再经切削加工。由于冷变形后产生加工硬化的结果,冲压件的强度和刚度有所提高。冷冲压易于实现机械化与自动化,生产率高,成品合格率与材料利用率均高,所以冲压件的制造成本较低。但薄壁冲压件的刚度略低,对一些形状、位置精度要求较高的零件,冲压件的应用就受到限制。由于冲压模具费用高,故冲压件只适于成批或大量生产,广泛用于汽车、航空、电动机、电器、仪表、玩具与生活日用器皿等生产领域。

常用金属塑性成形技术的特点及选用如表 21.2 所示。

表 21.2　常用金属塑性成形技术的特点及选用

		锻 造 成 形			挤 压	冷 锻	冲 压 成 形			
		自由锻	模锻	平锻			落料与冲孔	弯曲	拉深	旋压
零件	材料	各种形变合金	各种形变合金	各种形变合金	各种形变合金,特别是铜合金、铝合金及低碳钢	各种形变合金,特别是铜合金、铝合金及低碳钢	各种形变合金板料	各种形变合金板料	各种形变合金板料	各种形变合金板料
	形状	有一定限制	有一定限制	有一定限制	有一定限制	有一定限制	有一定限制	有一定限制	一端封闭的简体	一端封闭的简体
	质量/kg	0.1～200 000	0.01～100	1～100	1～500	0.001～50	—	—	—	—
	壁厚或板厚/mm	最小壁厚 5	最小壁厚 3	ϕ3～230 棒料	最小壁厚 1	最小壁厚 1	最大板厚 10	最大板厚 100	最大板厚 10	最大板厚 10
	最小孔径/mm	10	10	—	20	5	—	—	3	—
	表面品质	差	中	中	中,好	较好,好	—	好	好	好
成本	设备成本	有低有高	高	高	高	中,高	中	低,中	中,高	低,中
	工时成本	低	较高,高	较高,高	中	中,高	中	低,中	较高,高	低
	模具成本	高	中	低,中	中	中	低,中	低,中	低,中	中

续表

		锻 造 成 形			挤 压	冷 锻	冲 压 成 形			
		自由锻	模锻	平锻			落料与冲孔	弯曲	拉深	旋压
	操作技术	高	中	低,中	低,中	低,中	低,中	低,中	低,中	低,中
生产条件	工艺准备时间	几小时	几周～几月	几周～几月	几天～几周	几周	几天～几周	几小时～几天	几周～几月	几小时～几天
	生产率/(件/h)	1～50	10～300	400～900	10～100	10～10 000	100～10 000	10～10 000	10～1 000	10～100
	批量/件	1～100	100～1 000	100～10 000	10～10 000	1 000～10 000	100～10 000	1～10 000	100～10 000	1～100
	常用设备	空气锤,空气-蒸汽锤,水压机	模锻锤,曲柄压力机,摩擦压力机,水压机	平锻机	压力机	冷镦机	冲床	冲床,折弯机,弯管机	曲柄压力机	旋压机

21.3.3 金属的焊接成形

一些单件生产的大型机件,如机架、立柱、箱体、底座、水轮机、蜗壳、转子与空心转轴等,有些是采用焊接成形的。焊接成形具有非常灵活的特点,它能以小拼大;焊件不仅强度与刚度好,而且质量小;可进行异种材料的焊接,材料利用率高;工序简单、工艺准备和生产周期短;一般不需重型与专用设备;产品的改型较方便。例如一些受力复杂的大型机件,对强度、刚度要求均高,若采用锻件必须为之先铸钢锭、钢锭锻造之前还要截头去尾,材料利用率低,且大件自由锻造所用的巨型水压机不是一般工厂所能具备的。若采用铸钢件,则需用大容量炼钢炉,还需巨大的模样与专用砂箱等工艺装备,不但工艺准备周期长,而且单件生产采用这些大型专用装备的成本也不合算,产品改型时,还需改变所有工艺装备,十分麻烦。而采用钢板或型材焊接,或采用铸-焊,锻-焊或冲-焊联合成形技术,其优点就十分明显了。

例如,大型水轮机空心轴毛坯的净质量为47.3 t。它有三种制造方案(图 21.3)。

方案一 整体自由锻造成形(图 a)。本方案需先铸出 200 t 的钢锭,在万吨水压机上进行自由锻造,由于两端法兰不能锻出,只能用余块填补,因而加工余量大,毛坯质量达 110 t,材料利用率只有 23.6%,切削加工需 1 400 台·h。

方案二 两端法兰用铸钢件(砂型铸造成形),轴筒仍用水压机自由锻造成形,然后将轴筒与两个法兰焊接成一体(图 b)。本方案消耗钢 132 t,焊成毛坯后质量为 66 t,材料利用率为 35.8%,切削加工需 1 200 台·h。

方案三 两端法兰用铸钢件,轴筒用厚钢板弯成两个半筒之后,再焊成整个筒体,然后再与法兰焊成一体(图 c)。本方案用钢 102 t,焊成的毛坯质量为 53 t,材料利用率 47%,切削加工只需 1 000 台·h,且不需大型熔炼与锻压设备,一般工厂可以进行生产。

上述三种制造方案的相对直接成本(即材料成本与工时成本之和)之比为 2.2∶1.4∶1.0。若将大型熔炼设备、钢锭加热设备与大型水压机的维修、管理和折旧费用都计算在内,则方案一的生产总成本将超出方案三的 3 倍以上,从中可看出铸-焊联合成形技术的优越性。

根据不同要求,焊接结构还可在同一零件上采用不同材料。例如,铰刀的切削部分采用高速钢,刀柄部分采用 45 钢,然后焊成一体。有时为了简化后续工艺,还可以把工件分段制造,然后再焊接成整体。这些优点都是其他成形技术所不具备的。

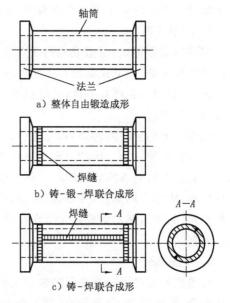

图 21.3　水轮机空心轴三种毛坯的制造方案

但是,焊接是一个不均匀的加热和冷却过程,焊接结构内部容易产生应力与变形,同时焊接结构上的热影响区的力学性能也会有所下降。因此,若采用的工艺措施不当,焊件可能产生不易发现的缺陷,这些缺陷有时还会在使用过程中逐步扩展,导致焊件突然失效,酿成事故。所以重要的焊件必须进行无损探伤,并且作定期检查。

21.3.4　塑料的成形

塑料具有密度小(只有钢材的 1/5～1/7)、比强度和比刚度大、减摩、耐磨、绝缘、易成形、复合能力强等优良的综合性能,因而在工程技术中得到了广泛的应用。塑料成形的工艺很多,且都有各自的特点及适用范围。

1. 注射成形

注射成形是热塑性塑件的主要成形技术,亦可应用于某些热固性塑料件的成形,最适宜用于形状复杂的塑件,尤其是侧向抽芯数量多的塑件;与压缩成形相比,它具有成形周期短、生产率高、塑件品质好且稳定、模具寿命长、易于实现自动化操作等优点。但注射机及其模具费用较高,只有在成批、大量生产条件下选用才合算。而且,注射成形不适于用布基和纤维填充的塑料,因为它们会堵塞注射机的喷嘴。

此外,对于要求尺寸精度和形状精度很高、表面粗糙度低的塑件,还可选用精密注射成形,但需有专门的精密注射机来产生高达 180～250 MPa 的注射压力(普通注射压力为 40～200 MPa)和高的注射速度,并且温度控制要精确,合模系统有足够的刚度,塑料应有良好的流动性和成形性,尺寸与形状稳定性好,抗蠕变性能好。目前用于精密注射成形的塑料有聚碳酸酯、聚酰胺、聚甲醛及 ABS 塑料等。

2. 压塑成形

与注射成形相比,压塑成形的优点是:可采用普通液压机而不需专用注塑机;压制模具结构简单(无浇注系统);压塑件内部取向组织少,收缩率小,性能均匀。其缺点是成形周期长,生产效率低,劳动强度大,塑件精度难以控制,模具寿命短,不易实现自动化生产。

压塑成形适合热固性塑料,尤适合含布基或纤维基填充塑料的成形,其塑件形状一般不如注塑件复杂。压塑成形也适合热塑性塑料的成形,但塑料同样要经历由固态变为黏流态而充满模腔的阶段。热塑性塑料进行压塑成形时,模具需要交替地加热和冷却,故生产周期长,效率低,所以,只是一些流动性很差无法进行注射成形的热塑性塑料(如聚四氟乙烯等),才考虑使用压塑成形。此外,压塑成形还可用来生产发泡塑料制品。

3. 传递成形

传递成形改进了压塑成形的缺点又吸收了注射成形的优点,故塑件飞边尺寸小,尺寸准确,性能均匀,品质较高,模具磨损较小。但比压塑成形的模具成本高,压力大,操作复杂,耗料多。它适用于带有深孔的、形状复杂塑件的成形及带有精细、易碎嵌件的成形,还可用于复合材料件的成形。

4. 挤出成形

挤出成形是一种用途广泛的热塑性塑料件的成形技术,其特点如下:①挤出成形生产过程是连续的,生产效率高,可生产品质均匀、致密的塑件,生产操作简单,工艺控制较容易;②设备成本低,投资少,见效快;③应用范围广,综合生产能力强,主要用来生产连续的型材,如管、棒、丝、板、薄膜、电线电缆的涂层塑件等,也可用于异形型材及中空塑件型坯的生产,还可用于混合、塑化、造粒等的加工。

除此以外,挤出成形还可用于如酚醛、脲醛等不含矿物质,以石棉、碎布等为填料的热固性塑料件的成形,但仅限于少数几种塑料,而且挤出塑件的种类较少。

5. 中空成形

中空成形的优点是所用设备和模具结构简单,缺点是塑件的壁厚不均匀,它适用于容器类及箱体类塑件的成形。

6. 真空成形

真空成形是利用真空负压下将加热的塑料吸塑贴于模具面上而制得塑件的成形技术。与中空成形相比,它的模具简单,模具材料来源广泛,既可用金属也可用木材、石膏等更经济的材料。真空成形多用于药品、电子产品的包装盒、快餐盒、罩壳类等塑件的成形。

7. 浇注成形

浇注成形包括静态浇注、离心浇注、嵌铸、流延铸塑、搪塑及滚塑等多种。浇注成形时塑料为流体状态充填模腔,很少施加压力,故对设备和模具要求不高,适合于形状复杂件及大型件的成形。

21.3.5　粉末冶金、陶瓷及复合材料的成形

1. 粉末冶金成形

粉末冶金是用金属粉末或金属与非金属粉末的混合物做原料,经压制烧结等工序后,制得某些金属制品或金属材料的成形技术。它既是一种生产特种金属材料的方法,又是一种生产少无切削零件的新工艺。其特点如下。

① 可以生产组元彼此不相熔合,且密度、熔点相差悬殊的金属所组成的"伪合金"(如钨-铜电触点材料),也可生产不构成合金的金属与非金属的复合材料(如铁、氧化铝、石棉粉末制成的摩擦材料)。

② 能生产难熔合金(如钨钼合金)或难熔金属及其碳化物的粉末制品(如硬质合金),金属或非金属氧化物、氮化物、硼化物的粉末制品(如金属陶瓷),它们用一般熔炼与铸造成形技术很难生产。

③ 由于烧结时主要组元没有熔化,通常又都在还原性气氛或真空中进行,没有氧化烧损,也不带入杂质,因而能准确控制材料的成分及性能。

④ 可直接制出品质均匀的多孔性制品,如含油轴承、过滤元件等。

⑤ 能直接制出尺寸准确、表面光洁的制品,一般可省去或大大减少切削加工工时,显著降低成本。

但粉末冶金成形也有局限性。因其制品内部有空隙,故其强度比相同成分的锻件或铸件低 20%～30%;压制成形所需的压力大,因而制品的质量受到限制,一般小于 10 kg;压模成本高;只适用于成批、大量生产。

粉末冶金成形可制造的机械零件有铁基或铜基含油轴承,铁基齿轮、凸轮、滚轮、链轮、气门座圈、顶杆套、枪机、模具,铜基或铁基加石墨、二硫化钼、氧化硅、石棉粉末制成的摩擦离合器、刹车片等,还可制造各种刀具、工模具及一些特殊性能的元件,如硬质合金刀具、模具量具、金刚石工具、金属陶瓷刀具、接触点及极耐高温的火箭、宇航零件与核工业零件。

将粉末冶金与精密锻造结合起来形成的粉末冶金锻造成形技术,能制出品质均匀、晶粒细化、无各向异性现象的制品,其性能甚至超过模锻件,可降低模锻设备吨位,减少工装与设备的投资,缩短工艺准备周期,提高材料利用率。这种联合成形技术主要用于汽车工业与农业机械上的齿轮、凸轮、阀头、小型曲轴、连杆等零件的制造。

2. 陶瓷成形

1) 陶瓷成形前的准备

陶瓷成形与大多数成形技术的不同之处在于,它在成形前必须进行制粉。粉体的填充特性及其集合体的组织不仅影响陶瓷制品的外观,而且在很大程度上决定了陶瓷制品烧结后的显微结构,从而影响制品的性能。因工程陶瓷粉体要求粒度细而均匀,一般多采用合成法制取,而较少采用粉碎法,更少用球磨机粉碎。

　　塑化是工程陶瓷成形前的一道工序。因工程陶瓷多为松散的瘠性粒子,无可塑性,故必须加入塑化剂(一般为有机塑化剂),使其具有流动性、可塑性,以利制坯。

　　造粒也是不可缺少的工序。粉料细虽对烧结有利,但其流动性不好,对成形过程不利。故应在加入塑化剂的同时,将粉体制成粒度较粗、具有一定假颗粒级配、流动性好的粒子(或称为团粒),其粒径为 20~80 目(0.85~0.19 mm)。

　　2) 陶瓷成形方法的特点及应用

　　(1) 注浆成形　注浆成形适合制造大型的、形状复杂的、薄壁的制品,在传统工艺中,一般利用浆料自重流入石膏模中成形,目前则采用压力注浆、离心注浆和真空注浆等新技术,以适合形状复杂、精度更高的中小型制品,其中效果较好的有热压铸成形。

　　(2) 挤出成形　挤出成形的优点是污染小,操作易于自动化,可连续生产,效率高,适合管状、棒状制品的成形;其缺点是挤嘴结构复杂,加工精度要求高,对泥料的要求(如细度、溶剂、增塑剂、黏结剂的含量)较高。

　　(3) 轧膜成形　轧膜成形适合生产厚度为 1 mm 以下的薄片状制品。该法不足之处是坯体性能上出现各向异性,烧结时横向收缩大,易出现变形和开裂,不能制造厚度为 0.08 mm 以下的超薄片。

　　(4) 模压成形(干压成形)　模压成形的工艺简单,操作方便,生产周期短,生产效率高,便于自动化生产,坯体密度大,尺寸精确,收缩小,强度高,电性能好,为特种陶瓷生产所常用。其缺点是生产大型坯体较困难,模具磨损大,加工复杂,成本高;只能上下方向加压,压力分布不均,密度不均,收缩不均,而会产生开裂、分层等现象。

　　(5) 等静压成形　等静压成形可较方便地提高成形压力,效果比干压成形好;可以成形一般方法不能生产的、形状复杂的大件及细而长的制品,制品品质好;坯体多向压力均匀,密度高而均匀,烧成收缩小,不易变形;模具制作方便,寿命长,成本低,可少用或不用黏结剂。

　　(6) 流延成形　流延成形设备不复杂,工艺稳定,可连续操作,便于生产自动化,生产效率高,适合制造厚度为 0.2 mm 以下、表面光洁的超薄型制品;但对坯料的强度、粒形要求较高,且因其黏结剂含量高,收缩率高达 20%~21%,因而可能导致制品变形、开裂。

3. 复合材料成形

　　复合材料是指把两种或多种在宏观上成分不同、性质不同的材料以物理方式复合而制得的一种材料,目的是在保留原材料独自特性的基础上,通过复合来提高单一材料所不能具备的综合特性。复合材料的种类较多,如按其基体来分,可分为树脂基复合材料、陶瓷基复合材料和金属基复合材料。

　　1) 树脂基复合材料的成形

　　用于树脂基复合材料的增强物主要为纤维,其中尤以玻璃纤维增强的塑料的成形技术较为成熟,其制品已在国民经济的各个行业得到应用。玻璃纤维增强塑料的成形条件及优缺点如表 21.3 所示,可根据结构件的大小、形状、批量及品质要求,选择不同的成形技术。

表 21.3　玻璃纤维增强塑料的成形条件及优缺点

成形方法	制品举例	优　点	缺　点
手糊成形	长达 50 m 的船壳	1.操作简单;2.模具便宜;3.不限制尺寸;4.设计自由;5.设计变更容易;6.设备简单;7.可涂胶衣	1.工时数多;2.只有单面平滑;3.制品品质受操作者影响
真空袋成形	长达 25 m 的大型制品	1.玻璃纤维含量大;2.表面品质良好;3.孔隙率小;4.蜂窝夹层时与芯材的黏结好;5.其他与手糊成形相同	1.工时数多;2.袋面的品质不如模具内表面好;3.制品品质受操作者影响
加压袋成形		1.可成形圆筒状;2.玻璃纤维含量大;3.密度高,孔隙率小;4.可成形陷槽;5.可预埋芯材嵌件;6.其他与手糊成形相同	1.仅用凹模;2.工时数更多;3.袋面的品质不如模具面好;4.制品品质受操作者影响
高压釜成形	大小为能放到高压釜内的制品	1.可成形陷槽;2.玻璃纤维含量大;3.密度大;4.可预埋芯材和嵌件;5.其他与手糊成形相同	1.工时数多;2.高压釜价格高;3.尺寸受高压釜限制;4.制品品质受操作者影响
喷射成形	长达 10 m 的大型制品	1.装置轻便,投资小;2.玻璃纤维基材便宜;3.成形复杂形状制品时损失少;4.工时数少;5.模具便宜;6.容易现场施工	1.模具外表面的表面加工差;2.操作控制难;3.在简单形状时与手糊成形的工时数无差别
冷压成形	汽艇的船壳	1.模具、夹具便宜;2.模具制作时间短;3.成形压力低;4.可涂胶衣;5.可预埋嵌件;6.工艺操作性比手糊成形好;7.工时数少;8.适于成批(200~10 000件)生产	1.工艺性比金属对模成形的差;2.必须装饰
丙烯酸酯板/纤维增强塑料复合成形	浴盆、防水底盘或汽车底盘	表面品质好	1.工艺性不如喷射成形;2.表面耐热性不够
树脂注入成形	长达 5 m、深至浴盆的深度	1.工艺操作性比手糊成形好;2.模具寿命长;3.制品内外表面品质都好;4.适宜批量为250~5 000件	1.必须修理;2.工艺性比金属对模成形的差
连续层合成形	宽达 2 m 的板状物,长度不限	1.长度自由;2.可自动化;3.模具、夹具便宜;4.表面品质可变;5.可赋予各种形状;6.壁厚均匀	1.最大厚度 4 mm;2.少量生产不经济

续表

成形方法	制品举例	优　点	缺　点
连续挤拉成形	从小型棒状物到直径 250 mm 的圆筒，高 200 mm，宽 1 000 mm 的方管	1.连续操作；2.可用于小型截面物件；3.在一个方向可以得到高强度；4.也可成形截面形状相当复杂的制品	少量生产不经济
纤维缠绕成形	从小型圆筒至直径 4 mm，长度 7 mm 的容器	1.比强度最大；2.材质、方向性均匀；3.可正确地机械加工；4.可自动化；5.使用特殊模具也可成形复杂形状的制品；6.可用预浸纱；7.可成形两端封闭物；8.玻璃纤维成本便宜	1.形状限于回转体或与回转体接近的制品；2.在高压（1～7 MPa）条件下使用时需要衬里
预浸纱压力成形，毡压力成形	从安全帽至长度达 7 m 的船壳	1.经济；2.材料便宜；3.易自动化；4.易调节厚度	1.厚度在 6 mm 以下；2.尺寸受限制
预浸布压力成形	从小型板状物到厚板	1.适于大型平板成形；2.壁厚均匀的制品成形容易；3.玻璃纤维含量大，强度高；4.可成形厚壁层合板；5.也可成形薄壁层合板	1.布的成本高；2.限于形状简单的制品
片状模塑料成形	从小型制品到 100 kg 的制品	1.形状自由；2.易使用注入法；3.适于自动化；4.厚度变化自由；5.细部成形性良好；6.可带嵌件	1.材料价格稍高；2.需要注意材料保管
块状模塑料成形	从小型制品到 10 kg 的制品	1.形状自由；2.易使用注入法；3.适于自动化；4.厚度变化自由；5.细部成形性良好；6.可带嵌件	强度不高
热冲压成形（纤维增强塑料板）	从小型制品到 100 kg 的制品	1.工艺操作性极好；2.可用机械压力；3.制品特性好；4.成形的同时就可进行装饰	1.最小生产批量大；2.形状受限制；3.设备费用高；4.模具价格高
传递成形（块状模塑料）	小型电气零件等	1.制品尺寸精度好；2.成形时毛刺少；3.可带有嵌件	1.制品尺寸受限制；2.模具价格高
注射成形（块状模塑料及纤维增强热塑性塑料）	200 g 以下到 6 kg 的制品	1.适于自动化大量生产；2.工时数少；3.重复性好；4.细部成形好；5.也适于小型精密零件成形	1.制品尺寸受限制；2.模具价格高
离心成形	长达 7m 的圆筒	1.工时数少；2.可自动化；3.模具、夹具便宜；4.内外表面平滑；5.损耗少；6.壁厚均匀、孔隙率少；7.可在外面开螺纹	1.形状限于壁厚一定的圆筒；2.设备价格高

续表

成形方法	制品举例	优　　点	缺　　点
回转成形	—	1.可一体成形大型密闭容器；2.可以干法混合(热塑性树脂)	1.设备价格高；2.成形周期长；3.玻璃纤维的分布难以均匀
回转层合成形	—	1.可一体成形大型圆筒；2.不需模具；3.设备简单；4.工艺性良好；5.材料性能良好；6.可现场成形	形状限于圆筒形
浇注成形	小型电气零件等	1.工艺简单；2.模具、夹具便宜；3.材料利用率高；4.可埋入任意尺寸、形状和数量的嵌件	1.固化速度慢；2.增强效果差

2) 陶瓷基复合材料的成形

陶瓷基复合材料通常是指由纤维、晶须、颗粒及相变增韧的陶瓷材料。在发挥陶瓷基体的耐高温、耐腐蚀、超硬度等优点的基础上，复合的主要目的是克服陶瓷基体的脆性而改善其韧性。目前，在改进陶瓷脆性方面开发了几种有效的工艺方法，但仍存在不少问题，其中有必要进一步在纤维增强陶瓷基复合材料的制备及成形技术上进行开发研究；而晶须增韧陶瓷复合材料的制备技术相对较成熟，将此复合材料应用于热机结构是可行的，但仍需完善制备及成形技术，以稳定和提高其力学性能。以下是几种有应用前景的成形技术。

（1）传统的浆料浸渗成形　浆料浸渗成形在制造长纤维补强玻璃和玻璃纤维增强陶瓷基复合材料上应用较多且较成功。其缺点是只能制作一维或二维纤维增强的复合材料，且由于热压烧结等工艺的限制，只能生产一些结构简单的零件。

（2）短纤维定向排列的浸渗成形　短纤维定向排列的浸渗成形弥补了长纤维浆料浸渗成形的不足，通过定向排列成形工艺，得到了一种分散均匀的、性能优良的短纤维增强复合材料。

（3）熔体浸渗成形　熔体浸渗成形是通过加压将陶瓷熔体浸渗于增韧纤维或颗粒预成形体的间隙内，以制备复合材料制品的一种工艺，其最大优点是能生产出形状复杂的制品。

（4）化学气相浸渗成形　用化学气相浸渗成形，是用涂覆材料的气体在热端发生化学反应并沉积下来浸渗到纤维预制件中，可在较低温度和压力下制造出成分均匀、结构复杂的浸渗复合材料制品，但是沉积速度慢，生产效率低。

3) 金属基复合材料的成形

金属基复合材料的制备及成形技术不如树脂基复合材料成熟，但其性能优于陶瓷基复合材料。金属基复合材料的增强物主要有纤维、晶须和颗粒，其成形技术中属于纤维增强的有熔融浸透法，其中包括热固成形法(热压、热辊、热拉、烧结)、液态成形法(浸润、真空浇注、挤压、压铸)、加压铸造法和真空铸造法，属于颗粒增强的有液态搅拌铸造成形、半固态复合铸造成形、喷射复合成形、离心铸造成形和原位反应成形法。这些方法的主要特点是让金属液能顺利渗透到增强物之间,使增强物与金属基体结合良好,其中尤以真空加压法更能获得均匀、致密的制品。颗粒增强的复合材料的成形特点如表 21.4 所示。

表 21.4　颗粒增强金属基复合材料的成形特点

成 形 工 艺	特　　点	技 术 关 键
液态搅拌铸造成形	整体复合,用于低熔点合金	防止颗粒偏析,防止搅动过程中易吸气
半固态复合铸造成形	整体复合,除用于非铁合金外,还可用于铁合金	简化工艺和设备
喷射铸造成形	整体复合,颗粒与基体密度差小	控制快速凝固,控制增强颗粒含量
离心铸造成形	用于环形、筒形件的外表或内表面的复合,粒子与基体材料的密度差大	控制凝固速度

21.3.6　材料成形技术的最新发展趋势

1. 精密成形

材料成形技术的最新发展趋势是,将大部分粗加工和部分精加工用精密成形来实现,即由净近形技术(Near Net Shape Technology)向净形技术(Net Shape Technology)发展。以轿车为例,其铸件、锻件成形技术的趋势是少无切削,并使整车高强、轻量化,节约材料和能源,减少废料和排放,向绿色清洁成形技术发展,优化生产环境。

2. 材料制备与成形技术一体化

一体化是指各生产环节之间的紧密连接和多工序的综合化。如半固态成形、激光快速成形、连续铸轧及喷射成形等技术,可在一台机器上完成材料和零部件的高效、近净形、短流程成形,是不锈钢、高温合金、钛合金、难熔金属及化合物、陶瓷、复合材料等零部件的最好成形技术。例如,与传统的粉末冶金相比,喷射成形从冶炼到坯件成形可在一个工序完成,省去了制粉、混料、压坯和烧结等多道工序,且可有效地控制材料中的氧含量与纯净度,材料坯件的制造成本大幅度降低。我国在 20 世纪 90年代开始用喷射自由成形技术制备快速凝固铝合金件的研究,现在可制备 400 mm×400 mm×20 mm 的板材,直径 140~350 mm、长度 200~400 mm 的管材。其制备的内径 153 mm 的 Al-8.5Fe-1.3V-1.75Si 的铝合金管坯相对密度达 97% 以上,研制成功的 200 mm×200 mm×200 mm 板坯具有良好的轧制和旋压加工性能、优异的室温和高温性能。还制备成功了 Al-7.5Si-0.4Cu-1.0Mg 的铝合金管材,并开展了用喷射自由成形技术制备颗粒增强快凝铝合金的研究工作。

3. 复合成形

复合成形技术有铸-锻、铸-焊、锻-焊复合和不同塑性成形方法的复合等,如液态模锻、连续铸轧、冲压件的焊接成形等。

1) 连续铸轧技术

随着连续铸造技术的发展,首先出现了连铸连轧技术,它实质上是金属熔体在连铸机结晶器中首先凝固成厚为 50～90 mm 的坯料后,紧接着在后续的连轧机上连轧成板材,将连铸和轧制两个独立的工艺过程衔接在一起;随后又出现的连续铸轧技术,它是直接将金属熔体轧制成半成品带坯或成品带材的工艺,其显著特点是其两个水冷结晶器为旋转的轧辊,熔体在轧辊缝间完成凝固和热轧两个过程,而且在很短的时间(2～3 s)内完成。连续铸轧具有"一步成形"的特点,其投资省、成本低、流程短,广泛用于非铁合金件,特别是铝带的生产上。

2) 挤压压铸技术

挤压压铸(或称多向挤压压铸模锻、液态模锻压铸、压铸模锻)技术的全称是真空挤压压铸模锻工艺与装备及其模具技术,是 1997 年由我国工程技术人员发明的、实现半固态连铸连锻的技术,它可表达为多种具体的工艺与装备,如低压(重力、差压)铸造模锻、普通压铸模锻、半固态充形模锻及全自动液态模锻压铸的工艺与装备等。其形式可以是立式、卧式、热室式、冷室式,可生产非铁合金(如镁合金、铝合金、铜合金等)件和不锈钢件等。

挤压压铸解决了普通压铸和传统挤压铸造(液态模锻)两项技术存在的主要问题,集合了两项技术的优势。挤压压铸的工艺是在压铸充型之后,通过增加挤压补缩工步,以解决传统压铸、真空压铸技术普遍存在的气密性不高(主要是存在缩孔与缩松缺陷)的问题,消除各种收缩性缺陷。

挤压压铸也可说是在压铸机上实现挤压铸造的技术,它极大地拓展了传统压铸机和压铸技术的应用范围。其重大的经济性还在于,一台传统压铸机如以 1.4 MPa 的低压充型,所生产零件的工作投影面积是原来的 80～100 倍。可以说,现有设备的工作台能安装的模具尺寸有多大,低压挤压压铸技术生产的零件尺寸就有多大。

挤压压铸的工艺思想是:在能满足充型的条件下,尽可能采用最低的充型比压和速度。它与传统压铸工艺以高速、高压充型的工艺思想是相对的。它对于低流动性金属所需的低压低速充型,对于厚大零件、带型芯的大型复杂压铸件的生产,是必须的工艺保证。这是它能替代低压、差压、重力铸造及部分大型复杂带型芯铸造工艺的原因。

挤压压铸涉及压铸、挤压铸造和模锻三个领域的技术,其工艺特性又横跨"液态—半固态—固态"成形,涉及低压、差压、重力、连铸连锻和半固态加工等多项特种成形技术。特别是挤压压铸的"低速低压充型,高压挤压补缩"的工艺思想,具有很强的适应力,但参数如何优化组合,有待更深入的研究。

4. 数字化与自动化成形

快速成形技术中的三维反求工程(Reverse Engineering),就是直接将测量物体的数字化点云数据,经特定软件转换成三维零件图形,然后输入快速成形机中,快速自动地成形原型件。又如铸造成形中的"凝固模拟"技术。在计算机应用技术大类中,它归属于计算机辅助工程(CAE,Computer Aided Engineering)技术范畴,因此叫做"铸造 CAE"技术。按照模拟推演这一属性来划分,它也可归属于一项高新技术——"虚拟现实"技术。它将现实过程的演变规律规范化为一定的数学模型和物理模型,并按照这些模型的规范,借助计算机的计算,推演事件演化的未来,以求达到预测铸件凝固效果的目的。

复习思考题

(1) 试述从零件设计到生产出合格产品一般要经历的程序。

(2) 试述选择材料成形技术的原则和依据。

(3) 材料的力学性能是否是决定其成形工艺的唯一因素?简述理由。

(4) 试举出在单件生产和批量生产条件下制造齿轮变速箱体(1 000 mm×600 mm×500 mm,厚度为 12 mm)的成形技术。

(5) 某厂年产图 21.4 所示的接插件 5 万件,至少连续生产五年。要求其导电性能好,抗拉强度不低于 200 MPa,伸长率不低于 15%,售价不能高。请选用合适的材料,并列出四种生产该件的成形技术加以比较。

(6) 图 21.5 所示为不锈钢(2Cr13)套环,批量 25 000 件。试比较用棒料车制、挤压成形、熔模铸造、粉末冶金等四种成形技术的优劣。如只生产 25 件,应选用何种成形技术?

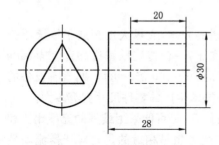

图 21.4　接插件

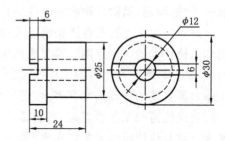

图 21.5　套环

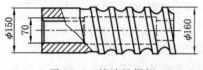

图 21.6　榨油机螺杆

(7) 试为家用电风扇(年产 2 万台)的扇叶与轴承各选用两种材料及成形技术,并加以比较。

(8) 图 21.6 所示为榨油机螺杆,要求有良好的耐磨性与高的疲劳强度,年产 2 000 件,请选择材料及成形技术。

(9) 试为家用热水瓶壳选用两种材料及成形技术,年产 2 万件。

(10) 试为在室温下工作的耐酸泵的泵轮选择在单件、成批及大量生产条件下的三种材料及成形技术。

(11) 你对材料成形技术的发展趋势有何评价。

第 22 章

材料成形技术方案的变更及选用举例

一个新产品的材料成形技术一旦确定、付诸实施后,还需在实际生产中检验,并针对所暴露的不足,进行修订,甚至完全进行变更。其修订的原则和依据以及大多数因素与新产品成形工艺所考虑的因素相同,修订方案的主要依据为产品品质和经济性。

22.1 经济性对材料成形方案的影响

1. 进一步修改产品的结构工艺,降低生产成本

【例1】 图 22.1 所示为可锻铸铁车轮及其铸造工艺方案。原设计铸造工艺方案如图 b 所示,即中心轮毂及轮缘凸台上各安放一冒口,工艺出品率只有 40%。现将零件结构稍加修改,在中央轮毂与轮缘凸台之间加一补贴(该处壁厚增厚,图 c)。这样修改并不影响零件的使用,但只在轮缘用一个侧冒口,便能使铸件实现由中心轮毂向轮缘方向的定向凝固,其工艺出品率提高到了 65%,生产成本也因此而下降。

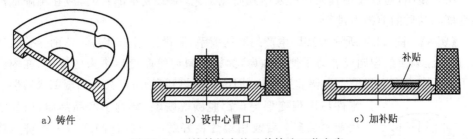

a) 铸件 b) 设中心冒口 c) 加补贴

图 22.1 可锻铸铁车轮及其铸造工艺方案

【例2】 图 22.2 所示为仪表座冲压件。在原设计方案(图 a)中,支架与耳块是分别先经落料、冲孔及弯曲成形为弓形和角形,然后再用点焊工艺焊接到座体上的。这种方案生产工序多,所需模具多,为了点焊时定位准确,还需要特殊夹具,因而成本高,工艺准备时间长。在不影响原零件使用的前提下,对原设计方案进行改进(图 b)后,支架与座体可以一次冲压成形,无须焊接,减少了工序与模具、夹具数量,并缩短了工艺准备时间,从而大大降低了成本。

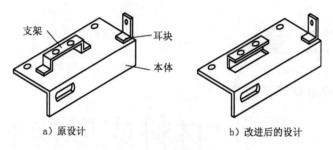

　　　a）原设计　　　　　　　　　　　　　　b）改进后的设计

图 22.2　仪表座冲压件

【例 3】　图 22.3 所示为冲压件。图 a 所示为原结构设计，材料利用率只有 73%；修改设计后（图 b），由于排料紧凑，材料利用率提高到 90%，降低了成本。

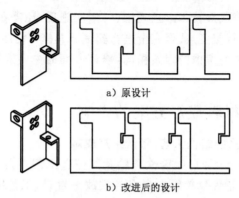

a）原设计

b）改进后的设计

图 22.3　冲压件

2. 改变材料及成形技术，降低原材料成本及加工成本

　　必须说明，通过改用其他材料来达到简化工艺、降低成本的目的，应在不降低产品性能与品质的前提下进行。

　　【例 4】　图 22.4 所示为某厂生产的套筒扳手，原设计用 45 钢，经车削、钻孔、插齿，最后经调质处理制成。为了便于插齿，弥补削减筒壁厚度后带来的影响，在内齿的下方须车一圈退刀槽。在调质工序中，因两次加热到高温（淬火与高温回火），部分

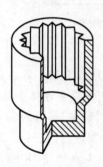

图 22.4　套筒扳手

零件易出现变形与局部脱碳等缺陷，影响了产品品质，而且消耗能源也多。后改用塑性良好的 20 钢，预冲之后一次挤压成形，完全省去了切削加工，齿形保持了封闭、连续的纤维组织。低碳钢淬火后形成的低碳马氏体具有良好的强度、韧性与耐磨性，完全能满足该工件的使用要求。另外，低碳钢产生淬火裂纹及变形的倾向均较小，因而热处理后的合格率也大为提高。该套筒扳手改用 20 钢的挤压毛坯后，生产率成十倍地提高，成本大幅度降低。

　　与此类似，我国不少企业已成功地用球墨铸铁铸造了多种

系列的柴油机曲轴、凸轮轴、连杆、齿轮零件,如某企业生产柴油机曲轴,用球墨铸铁取代 45 钢和 40Cr 锻钢,用砂型铸造成形取代模锻成形,结果成本降低了 50％～80％,加工工时减少了 30％～50％,还提高了曲轴的耐磨性。由此可见,通过合理地改变材料来降低成本还大有潜力可挖。

3. 改变成形技术降低废品率,节约工时及原材料消耗

在批量合适、条件又许可的情况下,应尽可能用先进的成形技术取代落后的技术,以大幅度提高生产率与降低成本,并促进我国机械工业的现代化。

【例 5】 图 22.5 所示为拖拉机半轴零件,材料为 45 钢,年产量 1 万件。原成形技术是采用在空气自由锻锤上拔长,然后在摩擦压力机上终锻成形为如图 22.6a 所示的锻件毛坯。毛坯的左端为盲孔,其花键孔无法在拉床上拉出,只能用插齿机插出或刨出。这样不仅生产率低,切削加工工时成本高,而且不易保证花键孔的精度。后改用如图 22.6b所示的分成两件的自由锻造毛坯(用普通空气自由锻锤锻造),粗车后用拉刀拉出左边套筒的花键孔,然后用摩擦焊将此套筒与

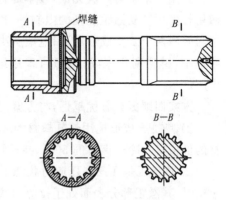

图 22.5 拖拉机半轴

右端另一件锻坯焊接成一整体,再以左端花键孔与右端的中心孔定位,精加工外圆及右端花键轴,这样既保证了精度,又提高了生产率,使制造总成本降低很多。

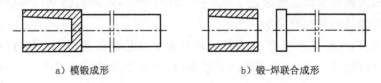

a) 模锻成形   b) 锻-焊联合成形

图 22.6 拖拉机半轴毛坯

【例 6】 图 22.7 所示为发动机上的气门零件,其材料为耐热钢,它有以下几种成形技术方案可供选择。

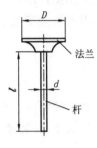

图 22.7 气门

方案一 胎模锻造成形 选用直径较粗的棒料毛坯($D_坯 > d$)加热→在空气自由锻锤上拔长杆部→用胎模镦粗头部法兰。

方案二 平锻机上模锻成形 用气门杆部直径大小的坯料,在平锻机上对头部进行聚料镦锻,因聚料困难,需在锻模模膛内经五个局部镦粗工步,方可锻造成形。

方案三 电热镦粗(电镦)成形 按气门杆部直径选择坯料→将头部进行电热镦粗→在摩擦压力机上将头部法兰进行镦锻成形。

方案四　热挤压成形　选用直径较粗的棒料毛坯($D>D_{坯}>d$)→中频感应加热→在两工位热模锻压力机上挤压杆部(使直径由粗变细至 d)→法兰头部用闭式镦粗成形(头部直径由 $D_{坯}$ 增大到 D)。

方案一劳动强度大,生产率低,仅适合小批生产。

方案二需经四次以上的聚料工步,才能在头部聚积足够的金属,聚料效率不高,且平锻机设备和模具费用极高,仅适用于大批量生产。

方案三聚料可一次完成,效率提高,且毛坯加热和镦粗是局部连续进行的,坯料镦粗长度可不受镦粗规则的限制,一次镦粗的长径比 l/d 可达 15～20,因此只需电镦与终锻两个工步成形即可;电镦解决了多次聚积金属的困难,且劳动条件好,加工余量小,材料利用率高;电镦可采用结构简单的通用性强的工夹具,适用于中小批生产。

方案四则更具有优越性,与方案三相比,它有以下优点。

① 热挤压成形选用热轧棒材为坯料,电镦成形则选用冷拔钢材为坯料。热轧棒材的价格仅为冷轧钢材的 50%,甚至更低,可显著节省原材料费用。

② 热挤压是在三向压应力状态下成形,产品的内在与表面品质均优良,而电热镦粗时,其镦粗部分表面处于拉应力状态,不仅产品的力学性能较差,且表面易于产生裂纹,废品率常高达 6%～8%。

③ 热挤压成形的生产率远远高于电镦成形。

因此,工业发达的国家已普遍采用热挤压成形代替电镦成形来生产气门锻件。轿车上使用的强化发动机转速达 5 000～6 000 r/min,发动机的气门只有用热挤压成形技术才能满足其性能要求。

还需指出,成形技术的改变,必将导致设备及工艺装备费用的增加,这些费用将作为成本分摊给每个产品,所以改用新技术时,必须结合产品批量大小进行考虑,并进行经济分析。

4. 提高生产和管理人员的科技素质

必须明确,人是生产力中第一重要的因素,任何先进的成形技术,均要有相应科技素质的生产者和管理人员才能实施,才能真正有效地发挥作用。因此,生产单位应经常进行各种形式的现代工业技术教育,增强各类人员的科技素质,并严格按工艺文件管理和操作,使成形技术得到经济合理的运用。

22.2　产品品质对材料成形技术的影响

在不改变原有材料的前提下,不同成形技术对产品品质的影响是比较大的。产品品质包括外部品质(如尺寸精度、表面粗糙度等)和内在品质(如晶粒大小,致密度,纤维分布,应力分布,孔洞,裂纹与抗磨、耐蚀、耐热性能等)。

随着市场经济的发展,产品的更新换代周期愈来愈短,竞争激烈。用户除了在经济上要求产品应与其承受能力相适应以外,对产品品质的要求也愈来愈高。面对这种情况,我们必须对产品品质有恰如其分的合理要求。

1. 正确处理产品品质要求与产品成形技术可行性的关系

(1)产品品质与所采用的成形技术有关　例如,熔模铸造比砂型铸造生产的铸件尺寸精度要高,表面品质要好;模锻件的品质优于自由锻件;对非铁金属焊件品质而言,氩弧焊优于手弧焊;注射成形塑件的精度优于压注成形的塑件;用热等静压成形制造的陶瓷制品的品质优于其他成形技术制造的陶瓷制品。

(2)相同成形技术所能达到的产品品质与产品特征有关　例如,熔模铸造成形在一般小件上能获得较好的精度和表面品质,但当应用于大件生产时,其尺寸精度就不理想了,因为大件的蜡模易产生变形。

2. 合理制定产品品质的技术要求和验收标准

(1)对产品品质的要求并非愈高愈好　例如,对砂型铸造的大型铸件笼统地提出"不允许有任何铸造缺陷"的要求就不切实际。合理的验收要求是,对一些重要部位(如机床导轨部分)要求可以高一些,而对其他非配合、非外露表面,要求可低一些,并应规定允许存在的缺陷类型、尺寸大小分布状况及允许修复的范围。

(2)制定技术要求时应了解成形工艺的特点　例如,压铸件的内部常存在微小气孔,因此对压铸件提出进行切削加工和热处理的要求显然是不恰当的。

(3)对重要零件应制定严格的验收标准　例如对于液压阀、油缸、锅炉及压力容器等零件,在技术要求中必须规定在多少压力、多少时间保压下不得渗漏,并规定应通过磁力探伤、X 射线及超声波等无损检测手段进行验收。又如对于桥梁等大型构件,为了保证安全,应规定其热影响区的严格范围,并选用相应的焊接成形技术来实现。

3. 产品的使用要求和品质是促进成形技术改进的动力

(1)产品的使用性能常常对成形技术的确定产生重要影响　在酸、碱介质下工作的零件,如各种阀、泵体、叶轮、轴承等,均有耐蚀、耐磨的要求。这些零件最初用普通铸铁制造,性能差,寿命极短;后用不锈钢铸造,产品性能有了较大提高;自塑料工业发展后就改用塑料注射成形来制造,然而塑料的耐磨性仍不理想;随着陶瓷工业的发展,又改用陶瓷注浆成形、热压铸成形或等静压成形来制造。用在要求耐蚀,又要求耐热工况下的零件,如汽车发动机汽缸中的火花塞,就是用陶瓷成形技术制造的。

(2)用户对产品品质要求的提高推动了成形技术的改进　例如炒菜用的铁锅,传统的成形技术是泥型铸造(图 22.8a),因锅底部有铲除浇道后留下的结疤,既不美观又影响使用,甚至产生渗漏。同时,泥型铸造靠铁液重力充型,为了易于充满,铸铁锅的壁厚不能太薄。而改用挤压铸造技术生产(图 22.8b),可定量浇入铁液,不用浇注系统,直接由上型向下挤压成形。所铸出的铁锅外形美观,壁薄而均匀,质量小,组织致密,不渗漏,使用寿命长,并可节省铁液,生产率高,劳动条件好,便于组织机械化流水线生产。

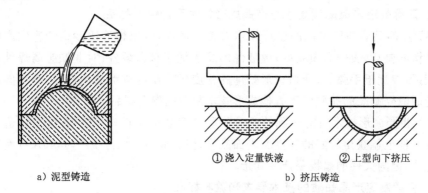

　　a)泥型铸造　　　　　①浇入定量铁液　　②上型向下挤压

b)挤压铸造

图 22.8　铸造铁锅的两种成形技术

4. 应重视产品品质对成批、大量生产的重要性

　　产品的尺寸精度高、表面平整、无氧化皮、无黏砂缺陷、硬度均匀、品质稳定,对成批、大量生产来说是非常重要的。在单件、小批生产时,为了减少工装成本,往往不用专用夹具,毛坯靠划线找正,其精度允许低一些,加工余量也留得大些。可是在大量生产时,特别是在材料成本在总成本中所占比例较大时,改用先进的成形方法提高毛坯精度,就可收到明显的经济效果。因为采用近净形新技术增加的毛坯成本,可以从大量减少切削加工工序及工时中得到补偿甚至有盈余。

　　例如,某工厂制造直柄麻花钻,年产量 200 万件,所用材料为高速钢(当时价格为 8 057 元/t),其材料成本占总成本的 78%。采用轧制成形工艺并设法提高其轧制毛坯精度后,磨削余量由原来的 0.4 mm 减为 0.2 mm,每年从中节约高速钢 47.8 t,仅此一项每年即可节约 38 万余元,另外还可减少磨削工时与砂轮消耗。由此可见,在大量生产时,毛坯精度及相应成形技术的重要性。

22.3　材料成形技术的选择举例

22.3.1　承压油缸毛坯

1. 技术分析

　　承压油缸如图 22.9 所示,其材料为 45 钢,工作压力为 15 MPa,要求水压试验压力为 3 MPa,批量为 200 件/年。图样规定内孔及两端法兰结合面为加工面,不允许有任何缺陷,其余外圆部分不加工。

2. 成形技术方案选择及比较

承压油缸成形技术方案选择及比较如表 22.1 所示。

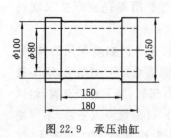

图 22.9　承压油缸

表 22.1　承压油缸毛坯成形技术方案选择与比较

方案	方案名称	工艺简图	工艺说明	优　点	缺　点
一	用圆钢车削加工	(图)	钻 $\phi60$ mm 底孔→粗车外圆及端面→精镗孔至 $\phi80$ mm→粗车外圆及端面→切断	可全部通过水压试验	内外表面加工余量大,切削加工费用高,材料利用率低
二	砂型铸造	(图)	平浇,法兰顶部安置冒口	工艺简单,内孔铸出,加工量小	法兰与缸壁交接处补缩不好,水压试验合格率低,内孔品质不好,冒口浪费钢液
		(图)	立浇,上部用冒口,下法兰端面用冷铁	缩松问题有所改善,内孔品质较好	仍不能全部通过水压试验
三	平锻	(图)	平锻机上锻造	能全部通过水压试验,能锻出通孔,锻件精度高,可锻出法兰及通孔加工余量小	平锻机昂贵,模具成本高,工艺准备时间长,批量太小时不合算
四	模锻	(图)	工件立放	可通过水压试验,能锻出孔(但有连皮)	设备昂贵,模具成本高,不能锻出法兰,外圆面加工余量大
		(图)	工件卧放	可通过水压试验,能锻出法兰	设备昂贵,模具成本高,锻不出孔,内孔的加工余量大
五	胎模锻	(图)	在空气锤上先镦粗、冲孔、带心轴拔长,然后在胎模内带心轴锻出法兰	能全部通过水压试验,可锻出法兰及通孔,加工余量小,设备与模具成本不高	生产率比锤上模锻法低,非加工面上有披缝(但可打磨除去)

续表

方案	方案名称	工 艺 简 图	工 艺 说 明	优　　点	缺　　点
六	焊接	无缝钢管 法兰	用无缝钢管,两端焊上法兰	材料最省,工艺准备时间短,不需要特殊设备,能全部通过水压试验	不易获得此规格的无缝钢管
结　　论		结合批量与现实可行性考虑,以方案五最合理,因为不需要特殊设备,胎模成本不高,能保证产品品质,且原材料供应有保证			

22.3.2　耐酸离心泵

1. 耐酸离心泵的工作原理及主要结构

图 22.10 所示为耐酸离心泵。它主要由泵体、叶轮、后座体和冷却夹套及机械端面密封所组成,其进、出口径分别为 75 mm、65 mm,流量为 20 m³/h,转速为 2 900 r/min,功率为 3 kW,要求输送 100 ℃以下的任意浓度的无机酸、碱、盐溶液,特别是输送氢氟酸时,泵体应具有优良的耐腐蚀性。

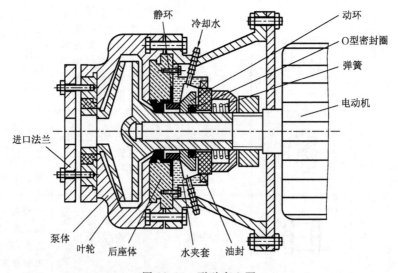

图 22.10　耐酸离心泵

2. 各部件材料及成形技术选择

① 泵体采用聚四氟乙烯压制成形。聚四氟乙烯具有优良的耐腐蚀性,尤其对氢氟酸的耐腐蚀性为一般不锈钢或玻璃钢所不及,泵体形状复杂,故采用压制成形。

② 叶轮采用聚四氟乙烯压制成形与金属联轴器连接。

③ 后座体和冷却水夹套因形状复杂而采用耐蚀合金铸铁铸造成形,与酸接触的部分,内衬采用聚四氟乙烯压制成形。

④ 端面密封件除要求耐蚀外,还要求耐磨,故采用陶瓷和聚四氟乙烯材料、分别

采用陶瓷模压及塑料压制加烧结成形。

3. 使用效果

某药厂使用直径为 1.5 in(38 mm)聚四氟乙烯离心泵,输送体积分数为 30%的盐酸和醋酸钠水溶液等,轴冷却水阀门常开,在 0.2～0.3 MPa 压力下无泄漏现象,使用半年以上无损坏。

4. 技术分析

以上说明,由所选择的材料和成形工艺制造的耐酸离心泵在输送所要求的介质时是可以正常工作的。但聚四氟乙烯不适合输送含微小固体颗粒的介质及高卤化物、芳香族化合物、发烟硫酸和体积分数为 95%的浓硝酸等。如遇这种情况,耐酸泵则必须改用陶瓷材料,并根据其批量和品质要求选用离心注浆成形或真空注浆成形等技术。

22.3.3 汽车轮毂

1. 对汽车轮毂的要求

轮毂(又称轮圈、车铃)是汽车上最重要的零件之一,有宽轮辐、窄轮辐、多轮辐、少轮辐及空心轮辐等许多形状(图 22.11),有钢制轮毂和铝制轮毂之分。轮毂承受着汽车自身和承载质量的作用,受到车辆在启动、制动时动态扭矩的作用,还承受汽车在行驶过程中转弯、凹凸路面、路面障碍物冲击等来自不同方向动态载荷产生的不规则交变受力。轮毂的品质和可靠性不但关系到车辆和车上人员、物资的安全,还影响到车辆在行驶中的平稳性、操纵性、舒适性等,这就要求轮毂动平衡好、抗疲劳强度高、有好的刚度和弹性、尺寸和形状精度高、质量小等。铝合金轮毂具有质量小、散热快、减振性能好、安全可靠、造型美观、尺寸精确、动平衡好等良好的综合性能,满足了上述要求,在安全性、舒适性和轻量化等方面的优点尤其突出,博得了市场青睐,正逐步取代钢制轮毂成为当前的最佳选择。

图 22.11 汽车轮毂的试样举例

2. 铝合金轮毂的成形技术

1) 铸造成形

砂型铸造在铝合金轮毂制造领域已被淘汰,目前采用的是金属型重力铸造、低压铸造、挤压铸造。低压铸造具有生产效率高、铸件组织致密、自动化程度高等特点,可满足汽车铝轮毂的需要,成为近年来国际上制造铝合金轮毂的主流技术,国内总产量的 85% 以上是采用低压铸造生产的。高真空反压铸造成形的轮毂可产生近乎锻造轮毂的效果。铸造轮毂的价格比锻造的便宜,但力学性能稍差,主要用于一般的汽车用轮毂。

2) 锻造成形

锻造轮毂是破碎晶粒的锻态组织,优于铸造轮毂的枝晶状晶粒的铸态组织。与铸造轮毂相比,锻造轮毂的单项力学性能指标普遍高出 30%～50%,强度高两倍,而质量小 20%,不过售价也高两倍。锻造轮毂结构紧凑,可以承受较高的应力。如果车子碾过布满坑凹的路面,铸造轮毂可能变形了,而锻造轮毂却能安然无恙。在造型设计上,它可以设计出比较活泼的细轮辐,能大大减少材料的消耗,提高整车的"承载质量与非承载质量的比值",可以提高操控性能。性能卓越的车(如赛车、载货车和大型客车),全都是采用锻造轮毂。铝合金轮毂锻造成形技术有以下几种。

(1) 固体锻造成形　根据轮毂材质和尺寸,可采用热锻或冷锻。对结构简单的卡车铝轮毂,就可以用热锻成形,用 6 000 t 的压力,把一块加热后的铝锭压成一个轮毂。与热锻轮毂相比,冷锻轮毂的表面粗糙度较低,强度较高,但加工难度较大。

(2) 锻造-旋压成形　对于越来越精美的轿车与摩托车轮毂,用单一的固体锻造是很难制造出来的。这就需要先铸造或锻造出毛坯,然后到锻压机床上进行旋压、精锻。大部分结构很复杂、外观很精美的轮毂,都可用这种成形技术来生产。

(3) 液态模锻成形　采用液态模锻,使铝合金液在高压下结晶,并在结晶过程中产生一定量的塑性变形,以消除缩孔、缩松、气孔等缺陷,产品既具有接近锻件的优良的力学性能,又有精铸件一次成形的高效率、高精度,且投资大大低于低压铸造成形。液态模锻的主要问题是在轮缘与原浇注液面之间容易形成较深的冷隔,必须采取相应的工艺措施才能避免。

(4) 半固态锻造成形　半固态锻造(SSF,Semi-Solid Forging)是介于金属液态成形(铸造和液态锻造)和普通热锻造之间的一种成形技术,其实质是"连铸连锻"。其工艺过程是,先制取细小均匀的球形晶粒铸造坯料,然后按所需质量锯切成锻造坯料,在自动控制加热温度的炉内加热到含有 30%～50%(体积分数)液体的半固态,在轮毂毛坯铸件低压充型结束后,由专用锻压机(对向三锻压低压铸造充型液态模锻轮毂机)分别对轮毂、辐条和轮辋直接进行强制模锻,一次压注成形。它可以生产出结构更复杂、辐条更简洁精细、造型更精美、内部组织更致密的锻造轮毂,其机械强度提高 20% 以上,伸长率提高 50%～100%,冲击韧度提高 200%～500%;表面粗糙度 Ra 达到 $1.6～0.8~\mu m$,可与机械加工出来的镜面反光效果媲美。

　　半固态锻造是在由计算机控制的自动化生产线上进行的,具有生产率高、再现性强、尺寸精密、切削加工量小等优点,是目前铝合金轮毂及其他零件先进的成形技术,而且在此基础上还开发了镁合金锻造轮毂的技术和设备,半固态锻造开辟了我国汽车铝、镁轮毂生产的新途径。

22.3.4　小型汽油发动机

1. 发动机结构及工作原理

　　图 22.12 所示为小型汽油发动机,其主要支承件是缸体和缸盖。缸体内有汽缸,缸内有活塞(其上带活塞环及活塞销)、连杆、曲轴及轴承;缸体的右侧面有凸轮轴;背面有离合器壳、飞轮(图中未画出)等;缸体底部为油底壳;缸盖顶部有进、排气门、挺杆、摇臂、空气滤清器、火花塞及配电系统等。

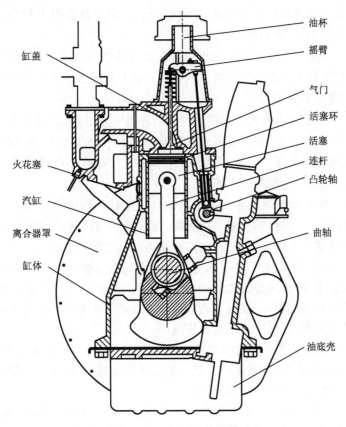

图 22.12　小型汽油发动机

　　工作时,首先由配电系统控制电喷使火花塞点火,汽缸内的可燃气体燃烧膨胀,产生很大的压力,使活塞下行,借助连杆将活塞的往复直线运动转变为曲轴的回转运动;然后通过曲轴上的飞轮储蓄能量,使其转动平稳连续;再通过离合器及齿轮传动机构,将发动机的动力驱动汽车行驶。发动机中的凸轮轴、挺杆、摇臂系统用来控制进、排气门的开闭,周期性地实现进气、点火燃烧、膨胀、活塞下行推动曲轴回转、活塞上升、排气等步骤,连续不断地进行循环工作。

2. 发动机上各主要零件的材料及成形技术选择

(1) 缸体、缸盖　缸体、缸盖为形状复杂件,其内腔尤为复杂,且为基础支承件,有吸振性的要求,同时汽车多为批量生产,故选用灰铸铁 HT200 和机器造型、砂型铸造成形。

但如果是用在摩托车、轿车、快艇或飞机上的发动机缸体、缸盖,由于其质量小,则常选用铸造铝合金材料,并根据批量及耐压要求选用压力铸造或低压铸造成形。

(2) 曲轴、连杆、凸轮轴　曲轴、连杆、凸轮轴多选用珠光体球墨铸铁和机器造型、砂型铸造或金属型覆砂工艺;对于小型的曲轴、连杆及凸轮轴,当毛坯尺寸精度要求较高时,可选用球墨铸铁壳型铸造或熔模铸造;当力学性能要求较高、受冲击负荷较大时,也可采用 45 钢模锻成形。

(3) 活塞　目前,国内外生产汽车活塞最普遍的成形技术是铸造铝合金金属型铸造,船用大型柴油发动机的活塞常采用铝合金低压铸造或液态模锻,以使零件具有较高的致密度和力学性能。

(4) 活塞环　活塞环是箍套在活塞外侧的环槽中,并与汽缸内壁直接接触、进行滑动摩擦的薄片环形零件,要求其有良好的减摩和润滑特性,并应承受活塞头部点火燃烧所产生的高温和高压。一般多选用孕育铸铁 HT250、球墨铸铁或低合金铸铁,并采用机器造型、叠箱造型铸造工艺。

(5) 摇臂　摇臂承受频繁地摇摆及点击气门挺杆的作用力,应有一定的力学性能。同时,摇臂与挺杆接触的头部要求耐磨,除孔之外,其外形基本不加工,故对毛坯的形状和尺寸精度要求较高,因此多选用铸造碳钢精密铸造成形。

(6) 离合器壳及油底壳　离合器壳及油底壳均系薄壁件。油底壳受力要求低,但要求铸造性能好,可选用普通灰铸铁,而离合器壳多选用孕育铸铁或铁素体球铁,它们均用机器造型、砂型铸造成形。当其质量较小时,可选用铸造铝合金压力铸造,并采用低压铸造成形,还可用薄钢板冲压成形。

(7) 飞轮　飞轮承受较大的转动惯量,应有足够的强度,一般选用孕育铸铁或球墨铸铁,并采用机器造型、砂型铸造成形。但高速发动机(如轿车上的发动机)的飞轮转速较高,需选用 45 钢和闭式模锻成形。

(8) 进、排气门　进气门工作温度不高,一般用 40Cr 钢,而排气门则在 600 ℃ 以上的高温下持续工作,多选用含氮的耐热钢。其成形工艺目前国内仍以冷轧杆径圆钢进行电镦头部法兰、并用模锻终锻成形为主,工业发达国家多用更先进的热轧粗圆钢进行热挤压成形技术。

(9) 曲轴轴承及连杆轴承　曲轴轴承及连杆轴承均属滑动轴承,多选用减摩性能优良的铸造铜合金(如 ZCuSn5Pb5Zn5 等),用离心铸造或真空吸铸等技术成形,或采用铝基合金轧制成轴瓦。

除此之外,发动机还用到了一些非金属材料,如缸盖与缸体的密封垫就是用石棉板冲压成形的,多种密封圈是采用模压成形的橡胶制件,在一些无油润滑工作条件下的活塞环可用自润滑性能良好的聚四氟乙烯塑料进行压制及烧结成形,要求耐磨、耐热的气门座圈、挺杆套等,还可用粉末冶金压制成形。

由此可见,发动机上的零件的成形几乎涉及本教材所叙述的所有成形技术,是选择材料及其成形技术的典型实例。

复习思考题

(1) 试举两例说明改变产品的结构对成形工艺经济效益的影响。

(2) 试为家用塑料热水瓶壳选择两种成形方法,条件是:①成批生产;②大量生产。

(3) 图 22.13 所示为空调器中的冷却水管的接头,底部 $\phi7$ mm 的孔为进水孔,而另一端的 4 个 $\phi5$ mm 的孔为出水孔,该件要求壁薄,质量小,散热快,能承受自来水的压力,试为它选择材料及成形技术。

(4) 焊接 500 mm×700 mm×1 200 mm 的容器,所用材料为 1Cr18Ni9Ti 钢,板厚 2 mm,批量 200 件。试从手弧焊、气焊、埋弧焊、氩弧焊、电阻焊、等离子弧焊等中选择一种最合理的焊接技术。若只生产两件,又该如何选择?

(5) 图 22.14 所示为自来水阀体,年产 3 万件,请推荐两种材料及成形技术,并加以比较。为了提高阀体品质与降低成本,你能对阀体的结构提出哪些改进意见?试绘出修改后的简图。

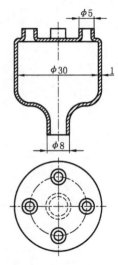

图 22.13　空调器管接头

(6) 某厂要生产如图 22.15 所示的锥齿轮,要求耐冲击、耐疲劳、耐磨损,对力学性能要求较高。当批量分别为 10 件、200 件与 10 000 件时,该如何选择材料及毛坯的成形技术?

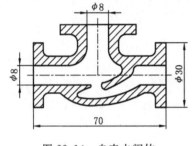

图 22.14　自来水阀体

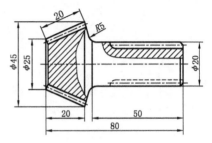

图 22.15　锥齿轮

(7) 某油田需要生产 5 000 个 $\phi60$ mm 的提升石油原油的深井泵的泵轮,试为其选择生产泵轮的材料及相应的成形技术,并说明理由。

(8) 试为大型船用柴油机、高速轿车及普通汽车上的活塞选择材料及成形技术。

(9) 试为汽车驾驶室中的方向盘选择三种材料及成形技术,并进行比较。

(10) F1 赛车、重型卡车和家用小汽车的轮毂应选用什么材料和成形技术?

(11) 试为下列齿轮选择材料及成形方法:

① 承受冲击的高速重载齿轮,$\phi200$ mm,批量 2 万件;

② 不承受冲击的低速中载齿轮,$\phi250$ mm,批量 50 件;

③ 小模数仪表用无油润滑小齿轮,$\phi30$ mm,批量 3000 件;

④ 卷扬机大型人字齿轮,$\phi1\,500$ mm,批量 5 件;

⑤ 钟表用小模数传动齿轮,$\phi15$ mm,批量 10 万件。

[1] 邓文英. 金属工艺学:上册[M]. 5 版. 北京:高等教育出版社,2008.

[2] 王文清,李魁盛. 铸造工艺学[M]. 北京:机械工业出版社,1998.

[3] 陈寿祖,郭晓鹏. 金属工艺学(热加工部分)[M]. 北京:高等教育出版社,1987.

[4] 中国工程学会铸造分会. 铸造手册:第 1 卷铸铁卷[M]. 2 版. 北京:机械工业出版社,2003.

[5] 中国工程学会铸造分会. 铸造手册:第 2 卷铸钢卷[M]. 2 版. 北京:机械工业出版社,2004.

[6] 中国工程学会铸造分会. 铸造手册:第 3 卷铸造非铁合金卷[M]. 2 版. 北京:机械工业出版社,2002.

[7] 中国工程学会铸造分会. 铸造手册:第 4 卷造型材料卷[M]. 2 版. 北京:机械工业出版社,2002.

[8] 中国工程学会铸造分会. 铸造手册:第 5 卷铸造工艺卷[M]. 2 版. 北京:机械工业出版社,2003.

[9] 中国工程学会铸造分会. 铸造手册:第 6 卷特种铸造卷[M]. 2 版. 北京:机械工业出版社,2003.

[10] 王运赣. 快速成形技术[M]. 武汉:华中理工大学出版社,1999.

[11] 杜东福,苟文熙. 冷冲压工艺及模具设计[M]. 长沙:湖南科学技术出版社,2005.

[12] 翁其金. 冷冲压与塑料成形:工艺及模具设计[M]. 北京:机械工业出版社,1990.

[13] 吕炎. 锻压成形理论与工艺[M]. 北京:机械工业出版社,1991.

[14] 林发禹. 特种锻压工艺[M]. 北京:机械工业出版社,1991.

[15] 韩世煊. 多向模锻[M]. 上海:上海人民出版社,1977.

[16] 汪大年. 金属塑性成形原理[M]. 北京:机械工业出版社,1982.

[17] 中国工程学会焊接分会. 焊接手册:第 2 卷材料的焊接卷[M]. 3 版. 北京:机械工业出版社,2008.

[18] 中国工程学会焊接分会. 焊接手册:第 3 卷焊接结构卷[M]. 3 版. 北京:机械工业出版社,2008.

[19] 赵熹华. 压力焊[M]. 北京:机械工业出版社,2003.

[20] 库尔金 C A. 焊接结构生产工艺:机械化与自动化图册[M]. 关桥,等译. 北京:机械工业出版社,1995.

[21] 赵保经. 集成电路封装[M]. 北京:国防工业出版社,1993.

[22] 何康生,曹雄夫. 异种金属焊接[M]. 北京:机械工业出版社,1986.

[23] 姜焕中. 电弧焊及电渣焊[M]. 北京:机械工业出版社,1988.

[24] 王桂平,邱以云. 塑料模具的设计与问答[M]. 北京:机械工业出版社,1999.

[25] 植村益次,牧广. 高性能复合材料最新技术[M]. 贾丽霞,白淳岳,译. 北京:中国建筑工业出版社,1989.

[26] 成都科技大学. 塑料成形工艺[M]. 北京:中国轻工业出版社,1993.

[27] 成都科技大学,北京化工学院,天津轻工业学院,等. 塑料成形模具[M]. 北京:中国轻工业出版社,1993.

[28] 钱知勉. 塑料性能应用手册[M]. 上海:上海科学技术文献出版社,1982.

[29] 塑料模设计手册编写组. 塑料模设计手册[M]. 北京:机械工业出版社,1988.

[30] 陈耀廷. 橡胶加工工艺[M]. 北京:化学工业出版社,1993.

[31] 李郁忠. 橡胶材料及模塑工艺[M]. 西安:西北工业大学出版社,1989.

[32] 王盘鑫. 粉末冶金学[M]. 北京:冶金工业出版社,1997.

[33] 粉末冶金模具手册编写组. 粉末冶金模具手册:模具手册之一[M]. 北京:机械工业出版社,1978.

[34] 王盘鑫. 粉末冶金学[M]. 北京:冶金工业出版社,1997.

[35] 王运炎. 金属材料与热处理[M]. 北京:机械工业出版社,1984.

[36] 皮亚蒂 G. 复合材料进展[M]. 赵渠森,伍临尔,译. 北京:科学出版社,1984.

[37] KAlPAKJIAN S,SCHMID S R. Manufacturing Engineering and Technology[M]. 4 版. 北京:机械工业出版社,2001.

[38] 施江澜. 材料成形技术基础[M].北京:机械工业出版社,2005.

[39] 樊自田. 先进材料及成形工艺[M]. 北京:化学工业出版社,2006.

[40] 韩凤麟. 粉末冶金基础教程:基本原理与应用[M]. 广州:华南理工大学出版社,2005.

[41] 王宣. 快速模具设计与制造技术(高级)[M]. 北京:中国劳动社会保障出版社,2006.

[42] 李宝. 快速成形技术(高级)[M]. 北京:中国劳动社会保障出版社,2006.

[43] 张启运,庄鸿寿. 钎焊手册[M]. 2 版. 北京:机械工业出版社,2008.

[44] 杨青芝. 现代橡胶工艺学[M]. 北京:中国石化出版社,1997.

[45] 申开智. 塑料成型模具[M]. 2 版. 北京:中国轻工业出版社,2006.

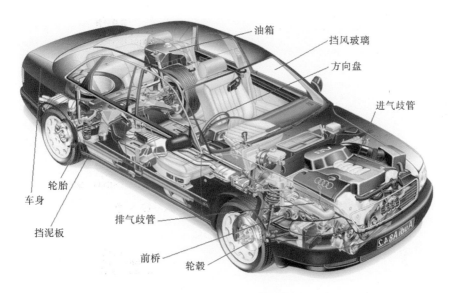

油箱　挡风玻璃　方向盘　进气歧管

轮胎　车身　挡泥板　排气歧管　前桥　轮毂

图 0.1　汽车的主要零部件

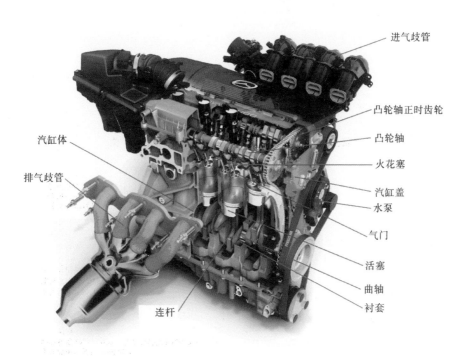

进气歧管

凸轮轴正时齿轮

凸轮轴

火花塞

汽缸盖

水泵

气门

活塞

曲轴

衬套

汽缸体

排气歧管

连杆

图 0.2　汽车发动机的主要零部件

表 4.1　铸造工艺图中符号及表示方法

名　称	符　号	说　明
浇注位置,分型面及分模面	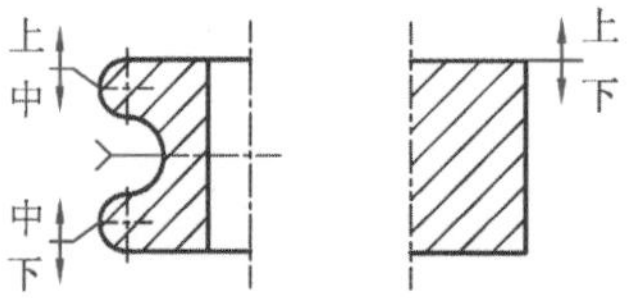	用蓝色或红色线和箭头表示,其中汉字及箭头表示浇注位置,曲、折线及直线表示曲面分型面,直线尾端开叉表示分模面
机械加工余量和起模斜度	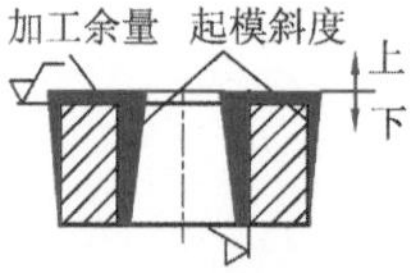	用红线绘出轮廓,剖面处涂以红色(或细网文格);加工余量值用数字表示;有起模斜度时,一并绘出
不铸出的孔和槽	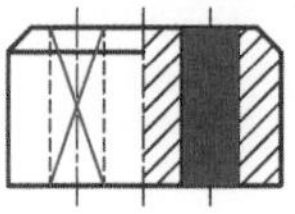	用红"×"表示,剖面涂以红色(或细网文格表示)
型　芯	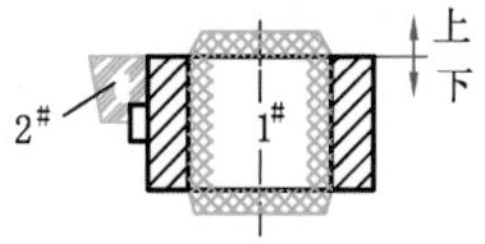	用蓝线绘出芯头,注明尺寸;不同型芯用不同的剖面线或数字序号表示;型芯应按下芯顺序编号
活　块	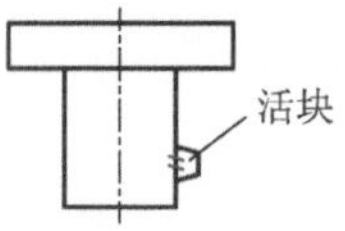	用红色斜短线表示,并注明"活块"
芯　撑	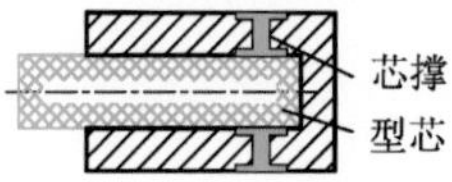	用绿色或蓝色绘出,并注明"芯撑"
浇注系统	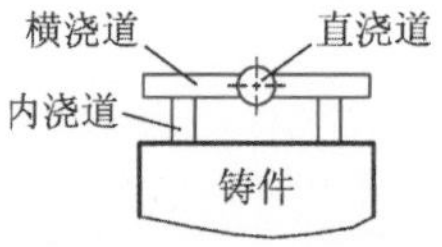	用红色绘出,并注明主要尺寸
冷　铁	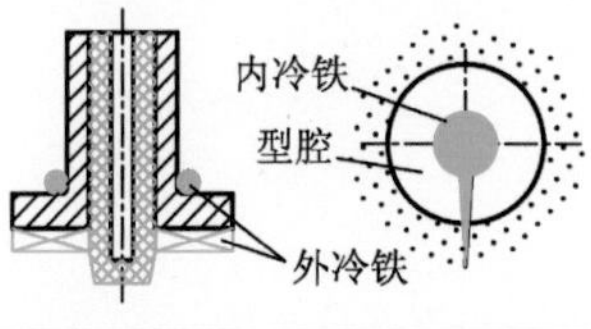	用绿色或蓝色绘出,并注明"冷铁"

铸件色温
铸件：wheel
材质：ZL101A

温度色标
602 ℃
560
519
477
436
394
353
311
270
凝固经历时间14.756555 s

图 4.21　汽车轮毂铸件凝固时的温度场分布

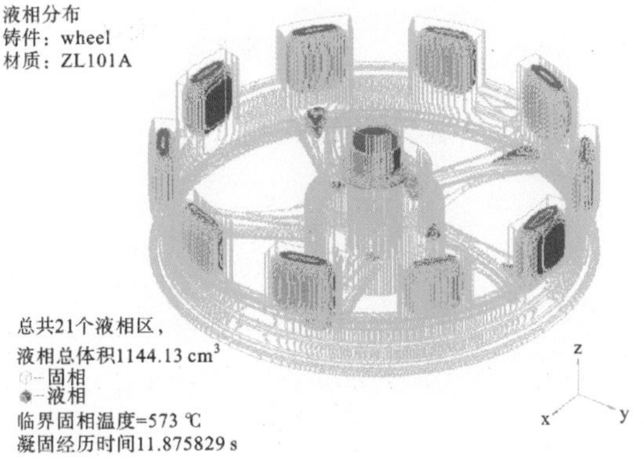

液相分布
铸件：wheel
材质：ZL101A

总共21个液相区，
液相总体积1144.13 cm³
□—固相
●—液相
临界固相温度=573 ℃
凝固经历时间11.875829 s

图 4.22　汽车轮毂零件的液相及缺陷分布（全部）

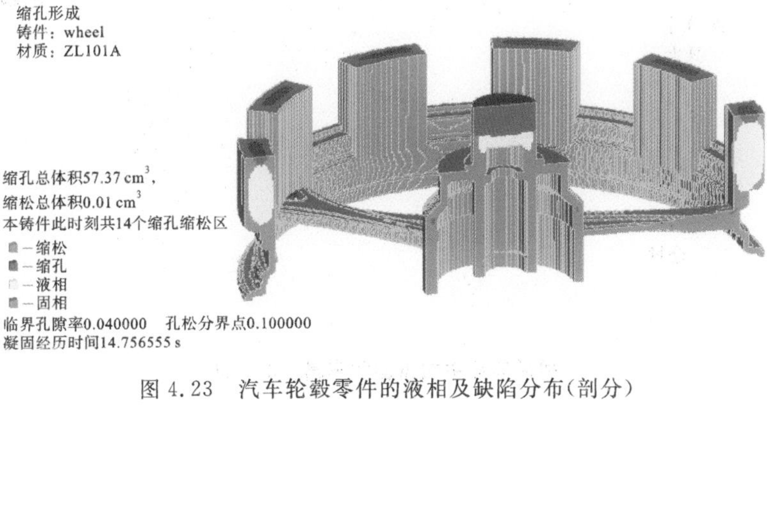

缩孔形成
铸件：wheel
材质：ZL101A

缩孔总体积57.37 cm³，
缩松总体积0.01 cm³
本铸件此时刻共14个缩孔缩松区
■—缩松
■—缩孔
□—液相
■—固相
临界孔隙率0.040000　　孔松分界点0.100000
凝固经历时间14.756555 s

图 4.23　汽车轮毂零件的液相及缺陷分布（剖分）

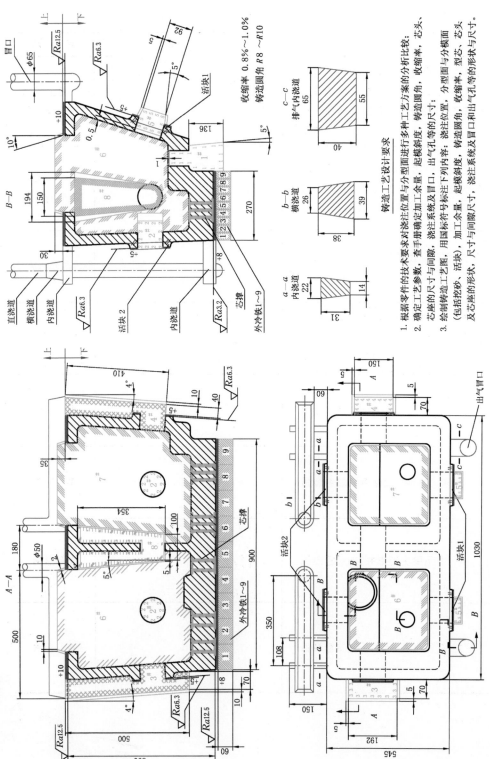

图 4.28 机床底座的铸造工艺图（部分尺寸从略）

收缩率 0.8%～1.0%
铸造圆角 R8～R10

铸造工艺设计要求

1. 根据零件的技术要求对浇注位置与分型面进行多种工艺方案的分析比较。
2. 确定工艺参数，查手册确定加工余量，起模斜度，铸造圆角，收缩率，芯头，芯座的尺寸与间隙，浇注系统及冒口，出气孔等的尺寸。
3. 绘制铸造工艺图，用国标符号标注下列内容：浇注位置，分型面与分模面（包括挖砂、活块），加工余量，起模斜度，铸造圆角，收缩率，型芯，芯头及芯座的形状，尺寸与间隙尺寸，浇注系统及冒口和出气孔等的形状与尺寸。